新世纪土木工程系列规划教材

建 筑 结 构 抗 震

郭海燕　戴素娟　彭亚萍
王子辉　魏　巍　孙黄胜　编著
　　　　　　　冯启明　主审

机械工业出版社

本书依据新颁布的 GB50011—2010《建筑抗震设计规范》等规范，按照教育部规定的土木工程专业培养目标要求编写。本书的编写注重基本概念、基本原理和抗震设计规范的应用。主要内容包括：地震及工程抗震设防的基本知识，场地与地基，结构地震反应分析与抗震验算，多层砌体房屋和底部框架-抗震墙房屋抗震设计，单层工业厂房抗震设计，多层和高层钢筋混凝土房屋结构抗震设计，多层和高层钢结构抗震设计，结构隔震、消能减震控制等。书中主要章节附有例题，每章后有思考题与习题。

本书可作为高等院校土木工程专业的专业课教材，也可为建筑结构设计、施工、监理等工程技术人员提供参考。

图书在版编目（CIP）数据

建筑结构抗震/郭海燕等编著. —北京：机械工业出版社，2010（2025.1 重印）
（新世纪土木工程系列规划教材）
ISBN 978-7-111-30169-1

Ⅰ.①建… Ⅱ.①郭… Ⅲ.①建筑结构-抗震设计-高等学校-教材 Ⅳ.①TU352.104

中国版本图书馆 CIP 数据核字（2010）第 048704 号

机械工业出版社（北京市百万庄大街 22 号　邮政编码 100037）
策划编辑：马军平　责任编辑：马军平
版式设计：张世琴　责任校对：张莉娟
封面设计：张　静　责任印制：常天培
北京机工印刷厂有限公司印刷
2025 年 1 月第 1 版·第 7 次印刷
169mm×239mm · 19.75 印张 · 379 千字
标准书号：ISBN 978-7-111-30169-1
定价：43.00 元

电话服务　　　　　　　　网络服务
客服电话：010-88361066　机 工 官 网：www.cmpbook.com
　　　　　010-88379833　机 工 官 博：weibo.com/cmp1952
　　　　　010-68326294　金 书 网：www.golden-book.com
封底无防伪标均为盗版　　机工教育服务网：www.cmpedu.com

前言

2008年"5.12"汶川大地震发生后，国家组织相关科技人员对震害现场进行了调查分析，对建筑结构的抗震性能和设计方法做了进一步的研究和探索，并取得了一系列研究成果。在此基础上，对GB50011—2001《建筑抗震设计规范》进行了修订。我们按照修订后的GB50011—2010《建筑抗震设计规范》，充分吸收国内外建筑结构抗震的研究成果，并结合多年的教学经验编写了本书。

本书共分8章，第1章为地震与工程抗震设防的基本知识，第2章为场地与地基，第3章为结构地震反应分析与抗震验算，第4章为多层砌体房屋和底部框架-抗震墙房屋抗震设计，第5章为单层工业厂房抗震设计，第6章为多层和高层钢筋混凝土房屋结构抗震设计，第7章为多层和高层钢结构抗震设计，第8章为结构隔震、消能减震控制。参加本书编写工作的有：中国海洋大学郭海燕（第1章和第2章），魏巍（第3章），山东科技大学戴素娟（第5章和第7章），孙黄胜（第8章），济南大学彭亚萍（第6章），烟台大学王子辉（第4章）。全书由郭海燕统稿，由冯启民教授主审。

本书的编写力求文字简练、层次清楚、重点突出。编写时既注重对基本概念和基本原理的阐述，也注重新规范的实践与应用，同时适当地补充了国内外最新科技成果。本书可作为高等院校土木工程专业的建筑结构抗震专业课教材，也可作为土木工程技术人员的参考资料。

本书编写时参考了大量已出版的教材和发表的论文、论著，在此谨对其作者致以诚挚的谢意。

在本书的编写过程中，济南大学的研究生马明、山东科技工学研究生马飞飞参与了例题的计算工作，中国海洋大学的研究生张莉、戴拯参与了文字校对和处理等工作，在此表示感谢。

限于作者水平，书中难免会有疏漏和不妥之处，敬请读者批评指正。

作　者

目录

前言

第1章 地震与工程抗震设防的基本知识 ... 1
1.1 工程地震学基本知识 ... 2
1.2 建筑工程的抗震设防 ... 11
1.3 建筑抗震的概念设计 ... 14
思考题与习题 ... 17

第2章 场地与地基 ... 19
2.1 建筑场地类别划分 ... 19
2.2 地基的抗震验算 ... 22
2.3 地基土的液化及其防治 ... 24
思考题与习题 ... 30

第3章 结构地震反应分析与抗震验算 ... 31
3.1 概述 ... 31
3.2 单自由度弹性体系水平地震反应分析 ... 32
3.3 多自由度弹性体系水平地震反应分析 ... 44
3.4 结构的地震扭转效应 ... 62
3.5 地震剪力调整及最低地震剪力要求 ... 64
3.6 竖向地震作用 ... 65
3.7 结构抗震验算 ... 67
思考题与习题 ... 72

第4章 多层砌体房屋和底部框架—抗震墙房屋抗震设计 ... 74
4.1 震害现象及其特征 ... 74
4.2 多层砌体房屋的结构布置原则 ... 77
4.3 多层砌体房屋的抗震计算 ... 80
4.4 多层砌体结构抗震构造措施 ... 90
4.5 底部框架—抗震墙房屋抗震设计 ... 96
思考题与习题 ... 103

第5章 单层工业厂房抗震设计 ... 104

5.1　概述 ·· 104
　　5.2　单层钢筋混凝土厂房 ··························· 104
　　5.3　单层钢结构厂房 ································· 129
　　5.4　单层砖柱厂房 ···································· 139
　　5.5　计算实例 ··· 144
　　思考题与习题 ··· 157

第6章　多层和高层钢筋混凝土房屋结构抗震设计 ········· 159
　　6.1　震害及其分析 ···································· 159
　　6.2　抗震设计的基本要求 ··························· 166
　　6.3　框架结构的抗震设计 ··························· 175
　　6.4　抗震墙结构的抗震设计 ························ 218
　　6.5　框架-抗震墙结构的抗震设计 ················· 233
　　思考题与习题 ··· 237

第7章　多层和高层钢结构抗震设计 ···················· 238
　　7.1　震害现象及其分析 ······························ 238
　　7.2　抗震设计基本要求 ······························ 240
　　7.3　钢结构抗震计算要点 ··························· 247
　　7.4　钢结构抗震构造措施 ··························· 257
　　7.5　计算实例 ··· 262
　　思考题与习题 ··· 271

第8章　结构隔震和消能减震控制 ······················· 272
　　8.1　结构控制方法分类 ······························ 272
　　8.2　结构隔震 ··· 274
　　8.3　建筑结构消能减震设计 ························ 286
　　思考题与习题 ··· 301

附录 ··· 302
　　附录A　中国地震烈度表 ··························· 302
　　附录B　我国部分城镇抗震设防烈度、设计基本
　　　　　地震加速度和设计地震分组 ··············· 304

参考文献 ·· 307

第1章 地震与工程抗震设防的基本知识

地震是一种自然现象，是地球内部扰动所释放的能量以波的形式由地层传到地表引起的振动。据估计，即使是人们刚能感觉到的轻微地震也要释放出 $10^3 \sim 10^8$ J 的能量，这些能量足以使万吨重的物体升高 1m。而一个 8.5 级的大震，其能量约为 3.6×10^{17} J，比一颗氢弹爆炸所释放的能量还大，相当于一个 10^6 kW 发电站连续十年所发出的电能总和，可见其威力之大。

历史统计资料表明，地球上平均每年发生震级为 8 级以上、震中烈度在 11 度以上的毁灭性地震约 2 次，震级为 7 级以上、震中烈度在 9 度以上的大地震约 20 次，震级在 2.5 级以上的有感地震 15 万次以上。通常地震台上仪器能够记录到的地震至少在 100 万次以上，可见地震发生之频繁。

大地震给人类带来的灾害是巨大的。我国是世界上的多地震国家之一。20 世纪以来，世界上 20 次灾难性地震中共约死亡 101 万人，其中发生在我国的有 2 次（占 10%），共死亡 32.7 万人（约占 32%）。1976 年唐山 7.8 级地震中死亡 24 万多人，伤残 16 万多人，是 20 世纪一次伤亡人数最多的地震。而 2008 年 5 月 12 日发生在我国四川省汶川县的里氏 8.0 级特大地震，更是让人深刻体会到地震灾害的突发性、高破坏性。这次地震造成严重受灾地区达 10 万多平方 km，69226 人遇难，374177 人受伤，18522 人失踪，累计受灾人数近 5000 万人，2314.3 万间房屋损坏，其中倒塌的房屋就达 652.5 万间。地震同时还引发了大量地质灾害，山体滑坡引发村庄、城镇甚至城市房屋的掩埋（图 1-1）。汶川地震是我国建国以来破坏性最强、波及范围最广、救灾难度最大的一次地震，在世界地震史上也是罕见的。2010 年 4 月 14 日，青海玉树 7.1 级地震，又有两千多人遇难，一万多人受伤。

大量资料的统计研究表明，地震活动存在着周期性，其在时间上的分布是不均匀的，有一段时间发生地震较多，震级较大，称为地震活跃期（高潮）；另一段时间发生地震较少，震级较小，称为地震活动平静期（低潮）。地震活动的周期与地震能量的累聚和释放过程有关。大地震释放的能量大，需要积累的时间长，因而一个地区发生一次大地震之前，往往有一段相当长的平静时间，而在地震活跃期，可能发生多次大地震。

对于我国这样的地震灾害高发地区，灾害带来的损失是惨重的，教训是深刻的。面对目前人类尚无法控制的地震，要求我们必须不断吸取经验，加强预防，对地震和抗震的研究工作常抓不懈。因此，提高城镇综合抗震防灾能力，最大限度地减轻地震灾害，搞好新建工程的抗震设计，成为一项重要的根本性的减灾措施。GB 50011—2010《建筑抗震设计规范》规定：抗震设防烈度6度及以上地区的建筑必须进行抗震设计。

图1-1　汶川地震震后航拍照片（网络图片）

本章将针对工程地震学基本知识及工程抗震设计的基本要求两个方面进行介绍。

1.1　工程地震学基本知识

1.1.1　地球的构造

地球是一个平均半径约6400km的椭圆球体，如图1-2所示，由地表至核心可分为性质不同的三个圈层。

1）最外层是相对较薄的地壳，由各种不均匀的岩石组成。地壳厚度变化很大，海洋下一般仅为几km，大陆下的平均厚度为30~40km，在大山脉下厚度更大，如我国青藏高原地壳最厚可达70km。绝大部分地震都发生在这一薄薄的地壳内。

2）地壳之下为地幔，分为上地幔和下地幔，厚约2900km，主要由质地坚硬的橄榄岩组成。

3）最内的球为地核，半径约3500km，分为外核与内核，据推测，外核

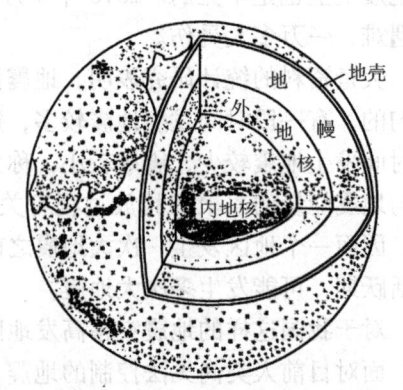

图1-2　地球内部圈层示意图

可能处于液态，而内核可能是固态。地核物质主要是镍和铁。

1.1.2 地震的相关概念及分类

1. 地震的相关概念

（1）震源　指地球内部断层错动并引起周围介质振动的部位，即地震时地下岩石最先开始破裂的部位，是一个有一定深度和范围的区域（也称震源区），但研究地震时常把它看成一个点。

（2）震源深度　如果把震源看成一个点，那么这个点到地面的垂直距离就称为震源深度。

（3）震中　指震源正上方的地面位置，即震源在地面上的投影。震中及其附近的地方称为震中区，也称极震区，是破坏最严重的区域。

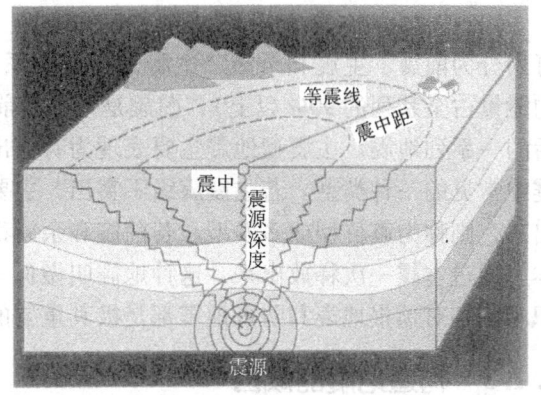

图 1-3　地震的相关概念

（4）震中距　指地面某处（观测点或建筑物）至震中的水平距离。一般来讲，震中距越小，越靠近震中，震感越强烈。

图 1-3 给出了相应的示意图。

2. 地震的分类

地震按照不同标准，可以有多种分类方式。

1）按成因可分为诱发地震和天然地震。诱发地震是由于人工爆破、矿山开采、水库储水等人为活动引发的。天然地震又分为火山地震、陷落地震和构造地震。火山地震是指由于火山爆发导致岩浆猛烈冲出地面而引起的地震；陷落地震是由于地表或地下岩层突然发生大规模陷落和崩塌时所引起的小范围内地面振动；构造地震是由于地壳运动推挤地壳岩层，使其薄弱部分发生断裂错动而引起的地震。构造地震占地震发生总数的 90% 以上，因此在工程上经常讨论的是构造地震。

2）按震源深度可分为浅源地震、中源地震、深源地震。震源深度小于 60km 的为浅源地震，震源深度介于 60～300km 之间的为中源地震，震源深度大于 300km 的为深源地震。世界上绝大多数地震都是浅源地震，震源深度集中在 5～20km，约占地震总数的 95%。对于同样大小的地震，当震源较浅时，波及范围较小，破坏程度较大；当震源深度较大时，波及范围则较大，而破坏程度相对较小。深度超过 100km 的地震在地面一般不会引起灾害。

3）按震级通常可分为微震、有感地震、破坏性地震、强烈地震和特大地震。一般认为，小于2级的地震，人们感觉不到，只有仪器才能记录下来，称为微震；2~4级地震，人可以感觉到，称为有感地震；5级以上地震能引起不同程度的破坏，称为破坏性地震；7级以上地震，则称为强烈地震或大震；8级以上的地震，称为特大地震。

4）按地震形式、地震序列可分为主震型、震群型、孤立型。地震序列一般可划分为前震、主震和余震。主震是指地震系列中最大的一次地震（一般释放的能量占全系列的90%以上），前震是指主震前的一系列小地震，余震是指主震后的一系列地震。主震型地震主要表现为有突出主震的地震序列，这是破坏性地震中常见的一种类型。若主震震级不突出，主要能量由多个震级相近的地震释放出来，则称为震群型或多发型。若前震和余震都很稀少甚至没有，大部分能量基本上通过主震一次释放出来，这种地震叫做孤立型或单发型地震。地震序列的认识和判别对预报地震和防御地震都是极其重要的。

1.1.3 构造地震的成因

所谓构造地震，是指由地壳构造变动而引起的地震。构造地震的发生与地质构造密切相关。这类地震通常发生在地应力比较集中、构造比较脆弱的地段，即原有断层的端点或转折点处与不同断层的交汇处。当地应力在某一地区逐渐增加，增大到超过岩石的极限强度时，在岩石的薄弱处发生断裂和错动，部分应变能突然释放，从而引起振动。

构造地震成因有多种学说予以解释，较为公认的是板块构造学说。

板块构造学说是20世纪60年代初由美国地质学家提出来的。这一学说认为地壳与上地幔顶部厚度约为70~100km的岩石层是由若干大大小小的板块组成，由于岩石层下面强度较低并同带有塑性的地幔岩流层的对流，使得这些板块一直在缓慢地相互运动着、漂移着，相对运动速度平均约为每年几厘米，持续了至少两亿年左右。在运动过程中，地球板块之间的相互作用力会使地壳中的岩层发生变形，从而引起板块之间的互相挤压和冲撞。当板块间的相互作用力聚集到一定程度后，将使地壳的薄弱岩层产生褶皱和弯曲，甚至有些板块呈现插入另一板块下欲使其翘起的趋势。当这种变形积聚到超过岩石所能承受的程度时，就会发生突然破裂或错动。岩层破裂或错动时会激发出一种向四周传播的地震波，当地震波传到地表时，就会引起地面的振动。

全球地壳大致可分为六大板块：亚欧、太平洋、美洲、非洲、印度洋板块和南极板块，各大板块之内还可以划分为许多较小的板块。世界上两个主要地震带都处于这些大板块的交界地区，如图1-4所示。因此，板块构造学说的提出，有助于解释地震带的成因。

第1章 地震与工程抗震设防的基本知识 | 5

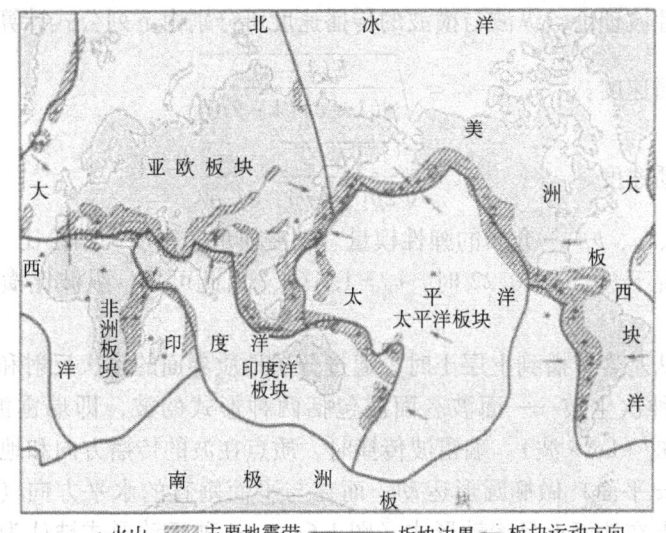

图1-4 地壳板块分布与地震带分布图

1.1.4 地震波与地震动

地震引起的振动以波的形式从震源向各个方向传播并释放能量,这就是地震波。正如把石子投入水中,水波会向四周一圈一圈地扩散一样。地震波是一种弹性波,它包含在地球内部传播的体波和只限于沿地球表面传播的面波。体波在地球内部的传播速度随深度的增加而增大。体波又包括两种形式的波,即纵波和横波。在纵波的传播过程中,其介质质点的振动方向与波的前进方向一致(图1-5a),故又称为压缩或疏密波。纵波的特点是周期短、振幅小,通常在地面引起上下颠簸运动。在横波的传播过程中,其介质质点的振动方向与波的前进方向垂直(图1-5b),故又称为剪切波。横波的周期较长、振幅较大,通常引起地面左右晃动。

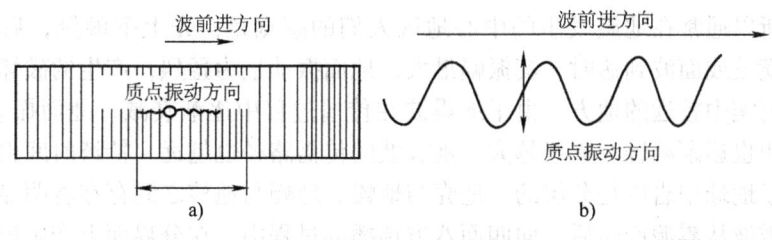

图1-5 体波质点振动形式

根据弹性波理论，纵波与横波的传播速度可分别由下列公式计算：

纵波传播速度。 $\quad v_P = \sqrt{\dfrac{E(1-v)}{\rho(1+v)(1-2v)}}$ （1-1）

横波传播速度。 $\quad v_S = \sqrt{\dfrac{E}{2\rho(1+v)}} = \sqrt{\dfrac{G}{\rho}}$ （1-2）

式中 E、G、ρ、v——介质的弹性模量、切变模量、密度和泊松比。

一般情况下，当 $v = 0.22$ 时，$v_P = 1.67 v_S$。由此可见，纵波比横波传播速度快。

当体波从基岩传播到上层土时，通过分层地质界面的多次反射和折射，将在地表形成一种次生波——面波。面波包括两种形式的波，即瑞雷波（Rayleigh 波）和乐夫波（Love 波）。瑞雷波传播时，质点在波的传播方向和地面法线组成的平面内（xz 平面）做椭圆形运动，而在与平面垂直的水平方向（y 方向）没有振动，质点在地面上呈滚动形式（图1-6a）。这种运动形式被认为是形成地面晃动的主要原因。乐夫波传播时，质点只是在与传播方向相垂直的水平方向（y 方向）运动，在地面上呈蛇形运动形式（图1-6b）。面波的振幅大、周期长，只在地表附近传播，比体波衰减慢，故能传播到很远的地方。

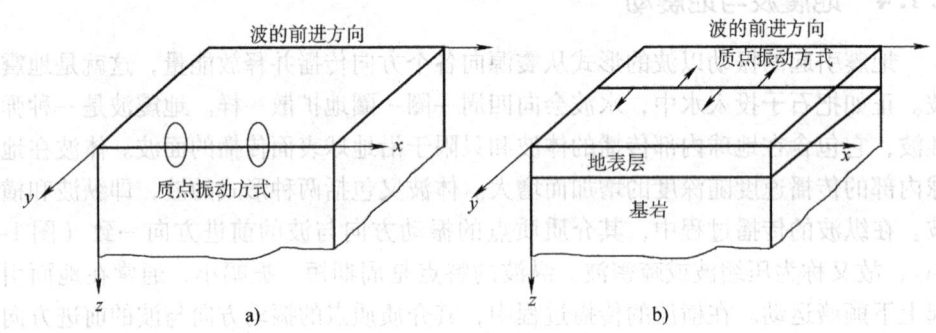

图1-6 面波质点振动形式

波在介质中传播是需要时间的。首先到达的是纵波，继而是横波，面波到达最晚。所以通常在地震发生的中心地区人们的感觉是：先上下颠簸，后左右摇晃，当横波或面波到达时，其振幅最大，地面振动最为猛烈，产生的破坏作用也大。在离震中较远的地方，由于地震波在传播过程中逐渐衰减，地面振动减弱，破坏作用也逐渐减轻。震级越大，地震波的传播路径也越远，持续时间也越长。

由于地球中岩层是分层的，地壳与地幔、地幔与地核之间存在着明显的分界面，地震波从震源产生后，向四面八方传播的过程中，在分界面上产生反射和折射。因此，在地面一点观测到的地震波是多种波的混合，是极为复杂的。

由地震波传播所引发的地表土层振动称为地震动（也称地面运动）。地震动是引起震害的外因，其作用相当于结构分析中的荷载，只不过是以运动的方式出现。

人们一般是通过记录地面运动的加速度来了解地震动的特征的。一般来说，一点处的地震动在空间具有六个方向的分量：东西 WE、南北 NS、上下 UD 及三个转动分量。图 1-7 给出了某地震台测得的某次地震的地面运动加速度时程曲线，由图可知，地震动是一个复杂的现象，地震动记录的最明显特征即是其不规则性。对工程抗震而言，地震动的特性可以通过与工程结构地震破坏密切相关的三要素来描述：

（1）峰值　即地震动加速度时程曲线的峰值，是描述地震动强烈程度的最直观的参数。

（2）频谱　通过对地震记录的频谱分析可以揭示地震动的周期分布特征。地震动不是简单的谐和振动，而是振幅和频率都在变化的随机振动。但是，对于给定的地震动时程，总可以把它看作是由不同频率的简谐波组合而成。频谱即反应了地震动中振幅与频率的关系特性。

（3）持时　即地震动持续时间，反映了地震动往复作用程度的强弱。有些结构的破坏不是在一次大的地震脉冲下发生倒塌破坏，而是从开裂到倒塌经过了几次、几十次甚至几百次的反复振动过程。显然，在结构已经发生开裂时，连续振动的时间越长，则结构倒塌的可能性就越大。

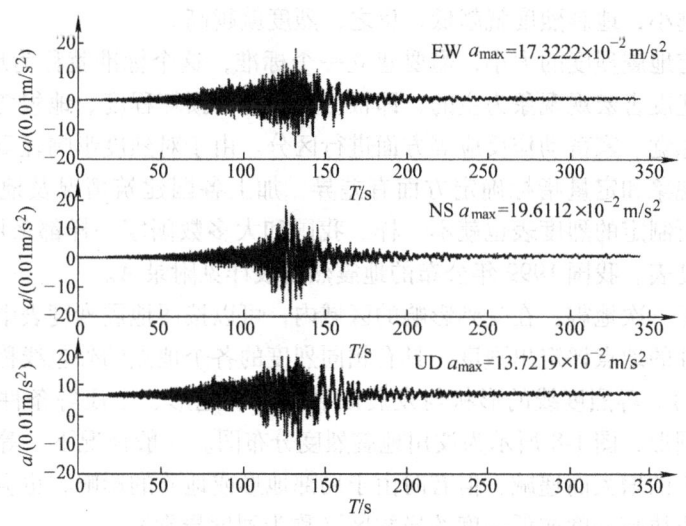

图 1-7　地震台测得的某次地震地面运动加速度时程曲线

1.1.5 地震震级与地震烈度

地震有强有弱，从工程应用来讲，能以定量的形式描述地震的强弱是非常重要的。用来衡量地震强度大小的指标有两种：其一为地震震级，其二为地震烈度。

震级是衡量地震本身强度大小的一种度量指标，通常是用地震时地面运动的振幅来确定的。目前国际上较通用的是里氏震级，最早由美国学者里克特（C. F. Richter）于 1935 年提出，通过一次地震所能释放能量的程度来表示，符号为 M_L。我国使用的震级标准即是里氏震级。

震级与震源所释放的能量 E 的大小有关，可以用下述关系式表达

$$\lg E = 1.5 M_L + 11.8 \tag{1-3}$$

震级表示一次地震释放能量的多少，震级越高，释放的能量越多。震级每增加一级，地震所释放出的能量约增加 30 倍。

同样大小的地震，造成的破坏程度不一定相同；而同一次地震，由于地震波传播的远近和地面地质特性的差异，在不同的地方造成的破坏也是不一样的。地震烈度即是用来衡量地震的破坏程度的一把"尺子"。所谓地震烈度是指某一地区的地面和各类建筑物遭受到一次地震影响的强弱程度，是衡量地震引起的实际后果的一种度量。地震烈度的大小与震源、震中、震级、地质构造和地面建筑物等综合特性有关。一般来讲，震级越大震源越浅，地震烈度越高。距震中越远，地震影响越小，地震烈度就越低，反之，烈度就越高。

为评定地震烈度的大小，需要建立一个标准，这个标准就称为地震烈度表。它是以描述震害宏观现象为主的，即根据建筑物的损坏程度、地貌变化特征、地震时人的感觉、家畜动作反应等方面进行区分。由于对烈度影响轻重的不同，以及在宏观现象和定量指标确定方面有差异，加上各国建筑情况及地表条件的不同，各国所制定的烈度表也就不一样。我国和大多数国家一样都采用分成 12 度的地震烈度表。我国 1999 年公布的地震烈度表详见附录 A。

对应于一次地震，在受到影响的区域内，可以按照地震烈度表中的标准对一些有代表性的地点评定出烈度。具有相同烈度的各个地点的外包线称为等烈度线（或等震线）。等烈度线的形状与发震断裂取向、地形、土质等条件有关，多数近似呈椭圆形，图 1-8 所示为汶川地震烈度分布图。一般情况下，等烈度线的度数随震中距的增大而递减，但有时由于局部地形或地质的影响，也会在某一烈度区内出现小块高一度或低一度的异常区（称为烈度异常）。

利用历史地震的等烈度线资料，对于浅源地震，可以针对不同地区给出宏观的烈度衰减规律

$$M_L = \frac{2}{3}I_0 + 1 \tag{1-4}$$

式中 I_0——震中烈度。

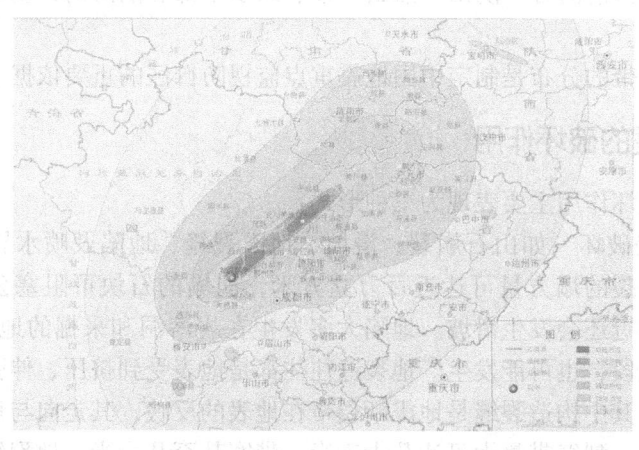

图 1-8 汶川地震烈度分布图

1.1.6 地震带

若将每年发生的地震震中绘到地图上，则可得到震中分布图。而地震带就是指地震集中分布的地区，该地区呈有规律的带状，在地震带内震中密集，在带外地震的分布零散。由震中分布图可以看出地球上最主要的两条地震活动带（图1-4），其一为环太平洋地震带，它像一个巨大的环，环绕太平洋一周，这个地震带是地震活动最强烈的地带，全球约 80% 的地震都发生在这里。其二为亚欧地震带，也称地中海——喜马拉雅地震带。这个地震带全长两万多千米，横贯亚欧大陆南部、非洲西北部，主要分布于欧亚大陆，全世界地震总数的 20% 左右发生于此。

我国位于世界两大地震带的交汇区域，东濒环太平洋地震带，西部和西南部是欧亚地震带所经过的地区，是世界上多地震的国家之一，地震活动频度高、强度大、震源浅，分布广，震灾严重。20 世纪以来，我国共发生 6 级以上地震近 800 次，遍布除贵州、浙江两省和香港特别行政区以外所有的省、自治区、直辖市。我国位于 6 度区以上的城市占城市总数的 70% 以上，近 60% 的大城市位于 7 度及 7 度以上的地震区。

我国的地震活动主要分布在五个地区的 23 条地震带上。这五个地区是：

①台湾省及其附近海域；②）西南地区，主要是西藏、四川西部和云南中西部，是我国最大的一个地震区，也是地震活动最强烈、大地震频繁发生的地区；③西北地区，主要在甘肃河西走廊、青海、宁夏、天山南北麓；④华北地区，主要在太行山两侧、汾渭河谷、阴山—燕山—带、山东中部和渤海湾；⑤东南沿海的广东、福建等地。

中国地震带的分布是制定中国地震重点监视防御区的重要依据。

1.1.7 地震的破坏作用

地震的破坏作用主要表现为三种形式：

(1) 地表破坏　如山石崩裂、滑坡、地面裂缝、地陷及喷水冒砂等。地震造成的山石崩裂的塌方量可达近百万立方米，崩塌的石块可阻塞公路，中断交通，在陡坡附近还会发生滑坡。地陷大多发生在岩溶洞和采掘的地下坑道地区，在喷水冒砂地段，也可能发生。地裂缝往往都是地表受到挤压、伸张、旋扭等力作用的结果，其中构造裂缝是地震断裂带在地表的反映，其走向与地下断裂带一致，规模较大，裂缝带最大可达几十千米，带宽甚至几十米。地裂缝穿过房屋会造成墙和地基的断裂或错动，严重时会造成房屋的倒塌。在地下水位较高的地区，地震的强烈振动会使含水粉细砂层液化，地下水夹着砂子经裂缝或其他通道喷出地面，形成喷水冒砂现象。

(2) 建筑物破坏　如房屋倒塌、桥梁断裂、水坝开裂、铁轨变形等。工程结构的破坏随结构的类型及抗震措施的不同而有较大差别，常见的破坏情况如下：

1) 结构丧失整体稳定性而引起的破坏。地震作用下，由于构件之间的连接失效导致结构物丧失整体稳定性，从而发生局部或整体破坏，如房屋的屋盖等构件塌落，桥梁的桥面从桥墩上滑落等。

2) 结构构件抗力不足而产生的破坏。结构在强烈地震作用下产生的内力将比静力荷载作用时有较大幅度的增加，当内力超过构件本身的抗力时，会使构件失效而引起工程结构的整体破坏，如墙体的开裂、崩塌、承重墙与柱的弯剪破坏等。

3) 地基失效而引发的上部结构破坏。地震时上部结构本身并没有发生破坏，但是由于地基失效（土体液化或震陷等）而造成结构物的倾斜、开裂甚至整体倒塌。

(3) 次生灾害　如水灾、火灾、毒气污染、滑坡、泥石流、海啸等。地震的直接灾害发生后，会引发次生灾害，有时次生灾害所造成的伤亡和损失，比直接灾害还大。1932年日本关东大地震直接因地震倒塌的房屋仅1万幢，而地震时失火却烧毁70万幢。2004年印尼苏门答腊岛附近海域特大地震，由地震引发的印度洋海啸给印尼等国造成巨大人员伤亡，死亡近30万人。2008年我国的汶川地震引起了大量的山体滑坡和泥石流，冲毁了许多城镇和村庄，山体滑坡在地震灾区还形成了多处堰塞湖，对下游居民的生命财产造成了严重的威胁。

1.2 建筑工程的抗震设防

地震带给人类的灾难是惨重的。面对如此强大的自然灾害，人们会想到，如能准确地预测出未来大地震的时间、地点和强度，无疑可以拯救数以万计人的生命，减少地震造成的经济损失。但遗憾的是，迄今为止，地震预测仍处于探索阶段，人类尚未完全掌握地震孕育发展的规律。目前的主要对策是进行工程抗震设防，即对工程结构物进行抗震设计和采取抗震构造措施，最大限度地限制和减轻建筑物的地震破坏，保障人民生命财产的安全。

1.2.1 抗震设防的基本思想

GBJ 11—1989《建筑抗震设计规范》中确立了"三水准设防目标，两阶段设计步骤"的抗震设计思想。实行二十年来，得到了广大设计工程技术人员的认可，达到了在一定的经济条件下最大限度地限制和减轻建筑物由地震引起的破坏，保障人民生命安全，减少经济损失的目的。这一设计思想既符合我国当前的技术和经济情况，也符合国际上近些年来抗震设防的科学发展状况，因此，新修订的 GB 50011—2010《建筑抗震设计规范》继续采用这一基本设计思想。

"三水准设防目标"，即"小震不坏、中震可修、大震不倒"三个水准，要求建筑物在使用期间，对不同频度和强度的地震应具有不同的抵抗能力。具体就是：

1) 当遭受低于本地区抗震设防烈度的多遇地震影响时，建筑物一般不受损坏或不需修理仍可继续使用。

2) 当遭受相当于本地区抗震设防烈度的地震影响时，建筑物可能损坏，经一般修理或不需修理仍可继续使用。

3) 当遭受高于本地区抗震设防烈度预估的罕遇地震影响时，建筑物不致倒塌或发生危及生命的严重破坏。

以上三个水准的地震作用水平是根据我国主要地震区的地震危险性分析结果给出的地震烈度的概率密度函数（图1-9），按三个不同超越概率（或重现期）来区分的：①多遇地震烈度（众值烈度）即50年内超越概率为63.2%，重现期50年；②设防烈度（基本烈度）即50年内超越概率为10%，重现期475年；

③罕遇地震烈度即50年内超越概率为2%～3%，重现期平均约2000年。

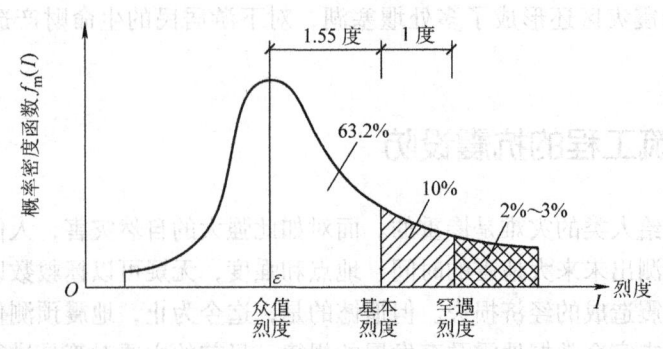

图1-9　地震烈度的概率密度函数曲线

根据地震危险性分析结果的统计分析，若以基本烈度为基准，多遇地震烈度比基本烈度约低1.55度，而罕遇地震烈度比基本烈度约高1度。

三水准设防对建筑物性能的要求：

1）"小震不坏"要求建筑结构基本处于弹性阶段，满足多遇地震作用下的承载力极限状态验算要求及建筑的弹性变形不超过规定的弹性变形限值。

2）"中震可修"要求建筑结构具有相当的延性能力（变形能力），允许进入弹塑性状态，但不发生不可修复的脆性破坏，不需大修仍可使用。

3）"大震不倒"要求建筑具有足够的变形能力，其弹塑性变形不超过规定的弹塑性变形限值，产生严重破坏但不至于倒塌。

《建筑抗震设计规范》规定，在进行建筑结构的抗震设计时应满足上述三水准的抗震设防要求。具体是通过简化的两阶段设计方法来实现的。

第一阶段设计：按第一水准多遇地震烈度对应的地震作用效应和其他荷载效应的组合，验算结构构件的承载能力和结构的弹性变形。

第二阶段设计：按第三水准罕遇地震烈度对应的地震作用效应验算结构的弹塑性变形。

通过第一阶段的设计保证"小震不坏"；通过第二阶段设计保证"大震不倒"；而"中震可修"目前在设计过程中是通过良好的抗震构造措施来实现的。

1.2.2　建筑工程抗震设防依据、设防分类和设防标准

抗震设防的依据是抗震设防烈度，即按照国家规定的权限审批、颁发的文件确定的地震烈度。一般情况下可采用我国地震烈度区划图的地震基本烈度；对做

过抗震防灾规划的城市，可按批准的抗震设防区划进行抗震设防。《建筑抗震设计规范》给出了我国主要城镇（县级及县级以上城镇）中心地区的抗震设防烈度、设计基本地震加速度值（部分内容见附录B）。抗震设防烈度和设计基本地震加速度取值的对应关系见表1-1。

表1-1 抗震设防烈度和设计基本地震加速度值的对应关系

抗震设防烈度	6度	7度	8度	9度
设计基本地震加速度值	0.05g	0.10(0.15)g	0.20(0.30)g	0.40g

注：g为重力加速度。

使用性质不同的建筑物遭受地震破坏后造成的后果是不同的。因此，相应的设防标准也应区别对待。《建筑抗震设计规范》将建筑物按其使用功能的重要性分为四个抗震设防类别：

1）甲类建筑：应属于重大建筑工程和地震时可能发生严重次生灾害的建筑。这类建筑的确定须经国家规定的批准权限批准。

2）乙类建筑：应属于地震时使用功能不能中断或需尽快恢复的建筑，如城市生命线工程（一般包括供水、供电、交通、通信、消防、医疗等系统）的核心建筑。

3）丙类建筑：应属于甲、乙、丁类以外的一般建筑，一般的工业与民用建筑等均属此类。

4）丁类建筑：应属于抗震次要建筑，如一般的仓库、人员较少的辅助建筑物等。

建筑抗震设防类别的划分，应符合GB 50223—2008《建筑抗震设防分类标准》的规定。

对于不同抗震设防类别的建筑，在进行抗震设计时，应采用不同的抗震设防标准。抗震设防烈度为6度时，除有具体规定外，乙类、丙类、丁类建筑可不进行地震作用计算，只需要采取相应的抗震构造措施。抗震设防烈度为6度以上时，具体要求见表1-2。

表1-2 抗震设防标准

建筑物抗震设防类别	地震作用	抗震措施
甲类建筑	地震作用应高于本地区抗震设防烈度的要求，其值应按批准的地震安全性评价结果确定	当抗震设防烈度为6~8度时，应符合本地区抗震设防烈度提高一度的要求，当为9度时，应符合比9度抗震设防更高的要求

(续)

建筑物抗震设防类别	地震作用	抗震措施
乙类建筑	地震作用应符合本地区抗震设防烈度的要求	一般情况下,当抗震设防烈度为6~8度时,应符合本地区抗震设防烈度提高一度的要求,当为9度时,应符合比9度抗震设防更高的要求;地基基础的抗震措施,应符合有关规定
丙类建筑	地震作用应符合本地区抗震设防烈度的要求	应符合本地区抗震设防烈度的要求
丁类建筑	地震作用应符合本地区抗震设防烈度的要求	允许比本地区抗震设防烈度的要求适当降低,但抗震设防烈度为6度时不应降低

1.3 建筑抗震的概念设计

建筑抗震设计一般包括三个层次的内容与要求:

(1) 概念设计 是根据人们在学习和实践中所建立的正确概念,运用人的思维和判断力,正确和全面地把握结构的整体性能,即根据对结构品性(承载能力、变形能力、耗能能力等)的正确把握,合理地确定结构的总体布置与细部构造。

(2) 抗震计算 是对地震作用进行定量分析,确定工程结构及构件的地震效应,再将地震效应与其他荷载组合验算结构及构件的强度与变形。

(3) 抗震构造措施 是指采用满足计算以外的措施,以保证结构整体性、加强局部薄弱环节等,保证抗震计算结果的有效性。

要使建筑物具有较好的抗震性能,首先应从大的方面入手,做好抗震概念设计。概念设计要考虑以下因素:场地条件和场地土的稳定性;抗震结构体系的选取、抗侧力构件的布置;建筑平、立面布置及外形尺寸的确定;非结构构件与主体结构的连接等。

1.3.1 场地和地基的选择

历史震害资料表明,建筑场地的地质、地形、地貌对建筑物震害有显著影响。因此,在抗震设计中,首先要注意场地的选择。

选择建筑场地时，应根据工程地质的有关资料，按表 1-3 划分对建筑抗震有利、不利和危险的地段。《建筑抗震设计规范》规定，宜选择对建筑抗震有利的地段，避开对建筑不利的地段，当无法避开时，应采取适当的抗震措施；在危险地段严禁建造甲、乙类建筑，不应建造丙类建筑。

表 1-3 有利、不利和危险地段的划分

地段类别	地质、地形、地貌
有利地段	稳定基岩，坚硬土，开阔、平坦、密实、均匀的中硬土等
不利地段	软弱土，液化土，条状凸出的山嘴，高耸孤立的山丘，非岩质的陡坡，河岸和边坡边缘，平面分布上成因、岩性、状态明显不均匀的土层（如古河道、疏松的断层破碎带、暗埋的塘浜沟谷及半填半挖地基）等
危险地段	地震时可能发生滑坡、崩塌、地陷、地裂、泥石流等及发震断裂带上可能发生地表位错的部位

地基和基础的设计宜符合下列要求：

1）同一结构单元的基础不宜设置在性质截然不同的地基上。

2）同一结构单元不宜部分采用天然地基部分采用桩基；当采用不同基础类型或基础埋深显著不同时，应根据地震时两部分地基基础的显著差异，在基础、上部结构的相关部位采取相应措施。

3）地基为软弱粘性土、液化土、新近填土或严重不均匀土时，应根据地震时地基不均匀沉降或其他不利影响，采取相应的措施。

1.3.2 选择合理的建筑体型

建筑设计及其抗侧力结构的平面布置宜规则、对称，尽量使结构刚度中心与质量中心相一致，并应具有良好的整体性，以利于减轻结构的地震扭转效应及应力集中现象。建筑的立面和竖向剖面宜规则，结构侧向刚度宜变化均匀，竖向抗侧力构件的截面尺寸和材料强度宜自下而上逐渐递减，避免抗侧力结构的侧向刚度和承载力突变产生薄弱层，造成应力集中。

当存在表 1-4 所列举的平面不规则类型和表 1-5 列举的竖向不规则类型时，应按《建筑抗震设计规范》的要求进行水平地震作用计算和内力调整，并对薄弱部位采取有效的抗震措施。对体型复杂、平立面特别不规则的建筑结构，可按实际需要在适当部位设置防震缝，形成多个较规则的抗侧力结构单元。防震缝应根据抗震设防烈度、结构材料种类、结构类型、结构单元的高度和高差情况，留有足够的宽度，其两侧的上部结构应完全分开。当结构需要设置伸缩缝和沉降缝时，其宽度应符合防震缝的要求。

表1-4 平面不规则的类型

不规则类型	定义
扭转不规则	在规定的水平力作用下,楼层的最大弹性水平位移(或层间位移)大于该楼层两端弹性水平位移(或层间位移)平均值的1.2倍
凹凸不规则	结构平面凹进的一侧尺寸大于相应投影方向总尺寸的30%
楼板局部不连续	楼板的尺寸和平面刚度急剧变化,例如,有效楼板宽度小于该层楼板典型宽度的50%,或开洞面积大于该层楼面面积的30%,或较大的楼层错层

表1-5 竖向不规则的类型

不规则类型	定义
侧向刚度不规则	该层侧向刚度小于相邻上一层的70%,或小于其上相邻三个楼层侧向刚度平均值的80%;除顶层或出屋面小建筑外,局部收进的水平向尺寸大于相邻下一层的25%
竖向抗侧力构件不连续	竖向抗侧力构件(柱、抗震墙、抗震支撑)的内力由水平转换构件(梁、桁架等)向下传递
楼层承载力突变	抗侧力结构的层间受剪承载力小于相邻上一楼层的80%

1.3.3 抗震结构体系的选择

抗震结构体系的选择,应根据建筑的抗震设防类别、抗震设防烈度、建筑高度、场地条件、地基、结构材料和施工等因素,结合技术、经济和使用条件综合比较来确定。一般应符合下列要求:

1) 应具有明确的计算简图和合理的地震作用传递途径。

2) 应避免因部分结构或构件破坏而导致整个结构丧失抗震能力或对重力荷载的承载能力。

3) 应具备必要的抗震承载力,良好的变形能力和消耗地震能量的能力。如果抗震结构体系有较高的抗侧力强度,但缺乏足够的延性,则这样的结构在地震时很容易破坏(如无筋砌体);但如结构有较大的延性,而抗侧力强度不高,在不大的地震作用下结构产生较大的变形(如纯框架结构),地震时也容易破坏。如果结构加上周边约束构件,使其具有较好的变形能力,如框架中设置抗震墙,使其抗侧力强度增加,则上述两种结构的抗震能力都将得到增强。

4) 宜具有合理的刚度和承载力分布,避免因局部削弱或突变形成薄弱部位,产生过大的应力集中或塑性变形集中。对可能出现的薄弱部位,应采取措施提高抗震能力。

5) 结构在两个主轴方向的动力特性宜相近。

此外，合理的结构体系宜设置多道抗震防线，通常应优先选择不负担重力荷载的竖向支承或填充墙，或轴压比不太大、延性较好的抗震墙等构件作为第一道抗震防线的抗侧力构件。如框架-抗震墙结构体系中的抗震墙，处于第一道防线，当抗震墙在一定强度的地震作用下遭受可允许的损坏，刚度降低而部分退出工作并吸收相当的地震能量后，框架部分起到第二道防线的作用。为使抗震结构成为具有多道抗震防线的体系，也可在结构的特定部位设置专门的耗能元件。

另一方面，在抗震结构体系中，应使其结构构件和连接部位具有较好的延性，以提高抗震结构的整体变形能力。结构构件应符合下列要求：

1）砌体结构应按规定设置钢筋混凝土圈梁、构造柱和芯柱，或采用配筋砌体等。

2）混凝土结构构件应合理地选择尺寸、配置纵向受力钢筋和箍筋，避免剪切破坏先于弯曲破坏、混凝土的压溃先于钢筋的屈服、钢筋锚固粘结破坏先于构件破坏。

3）钢结构构件应合理控制尺寸，防止局部或整个构件失稳。

4）预应力混凝土的抗侧力构件应配有足够的非预应力钢筋。

保证抗震结构构件之间的连接具有较好的延性是充分发挥各个构件的强度与变形能力，从而获得整个结构良好抗震能力的重要前提。为了保证各构件间连接的可靠性，构件节点、预埋件的强度均不应低于其连接构件的强度；装配式结构构件之间应采取保证结构整体性的连接措施；预应力混凝土构件的预应力钢筋宜在节点核心区以外锚固。

1.3.4 非结构构件

非结构构件，包括建筑非结构构件和建筑附属机电设备，在抗震设计中往往要给予充分注意。处理不当时，容易造成地震时倒塌伤人，砸坏重要设备，甚至造成主体结构倒塌。具体要求如下：

1）附着于楼、屋面结构上的非结构构件，以及楼梯间的非承重墙体，应与主体结构有可靠的连接或锚固，避免地震时倒塌伤人或砸坏重要设备。

2）框架结构的维护墙和隔墙，应估计其设置对结构抗震的不利影响，避免不合理设置而导致主体结构的破坏。

3）幕墙、装饰贴面与主体结构应有可靠连接，避免地震时脱落伤人。

4）安装在建筑上的附属机械、电气设备系统的支座和连接应符合地震时使用功能的要求，且不应导致相关部件的损坏。

思考题与习题

1. 何为地震动三要素？

2. 什么是地震波？地震波的种类和特性以及引起建筑物的振动现象如何？
3. 什么是地震震级、地震烈度、地震基本烈度和抗震设防烈度？
4. 简述抗震设防"三个水准两阶段设计"的基本内容。
5. 我国建筑抗震设防的类别有哪些？
6. 如何考虑不同类型建筑的抗震设防？

第 2 章 场地与地基

地震对建筑物的破坏作用是通过场地、地基和基础传递给上部的结构体系的。场地与地基在地震时起着传递地震波和支撑上部结构的双重作用,对建筑结构的抗震性能具有重要影响。在建筑结构抗震设计时,地基在地震下变形和失效所造成的上部结构破坏主要依靠场地条件选择和地基抗震措施加以考虑。本章主要介绍场地地段选择、场地类别划分、液化判别和处理等。

2.1 建筑场地类别划分

场地即指建筑物所在地,在平面上大体相当于厂区、自然村或城市中不小于 $1.0km^2$ 的居民区平面面积,且具有相似的反应谱特征。

多次地震破坏结果显示,即使是在同一地震烈度区内,场地土质条件的不同对于建筑物震害的影响也是不同的。这是因为地震波是由基岩传到场地,再由场地传到建筑物的。在地震波通过覆盖土层传向地表的过程中,与土层固有周期相一致的一些频率波群将被放大,而另一些频率波群将被衰减甚至被完全滤掉,这种场地土层的过滤特性与选择放大作用使得建造在不同场地上的建筑物在同一次强地震作用下的破坏程度存在着明显差别。历史震害资料表明,柔性结构(自振周期较长)在软弱地基上容易遭到破坏,在坚硬地基上则比较有利,特别在震中距比较大时,软弱地基上的高柔结构可能遭受共振的威胁。国内外研究也指出,在厚的软弱土层上建造的高层建筑,其地震反应比在硬土上的反应约大 3~4 倍。

场地条件的不同对地震的反应不同已为多次大地震震害现象、理论分析结果和强震观测资料所证实。那么,如何把场地影响的宏观现象应用到工程设计上来?《建筑抗震设计规范》中将建筑场地划分了抗震有利地段、不利地段和危险地段,要求在进行抗震概念设计阶段时尽可能选择对抗震有利的场地和避开不利的场地进行工程建设,从而减轻地震灾害。然而,建设用地的确定要受到地震以外的许多因素的限制,除了对抗震破坏极不利和有严重危险性的场地以外,往往不能排除其作为建设用地。这样,就有必要按照场地对建筑物震害影响的强弱和特征进行分类,以便采取不同的抗震措施。

世界各国对场地类别的划分并不一致。《建筑抗震设计规范》提出:建筑的场地类别应根据场地覆盖层厚度和土层等效剪切波速两个指标进行综合划分,共分为四类（表2-1），其中Ⅰ类分为I_0、I_1两个亚类。当有可靠的剪切波速和覆盖层厚度且其值处于表2-1所列场地类别的分界线附近时，允许按插值方法确定地震作用计算所用的特征周期。

表2-1　各类建筑场地的覆盖层厚度　　　　　　　（单位：m）

等效剪切波速/(m/s)	场地类别				
	I_0	I_1	Ⅱ	Ⅲ	Ⅳ
$v_{se}>500$	0	0			
$500 \geqslant v_{se} > 250$		<5	≥5		
$250 \geqslant v_{se} > 140$		<3	3~50	>50	
$v_{se} \leqslant 140$		<3	3~15	>15~80	>80

2.1.1　场地覆盖层厚度

历史震害资料统计分析表明，震害与场地覆盖层厚度有密切关系，震害随覆盖层厚度的增加而加重。在覆盖层为中等厚度的一般地基上，中等高度房屋的震害比高层建筑的震害较为严重。这是因为场地覆盖层厚度越大对地震动中长周期分量的放大作用就越大。相反，场地覆盖层厚度越薄对地震动短周期分量的放大作用就越大。

《建筑抗震设计规范》中给出了工程中确定场地覆盖层厚度的具体要求：

1) 一般情况下，应按地面至剪切波速大于500m/s且其下卧各层岩土的剪切波速均不小于500m/s的土层顶面的距离确定。

2) 当地面5m以下存在剪切波速大于相邻上层土剪切波速2.5倍的土层，且其下卧岩土的剪切波速均不小于400m/s时，可按地面至该土层顶面的距离确定。

3) 剪切波速大于500m/s的孤石、透镜体，应视同周围土层。

4) 土层中的火山岩硬夹层，应视为刚体，其厚度应从覆盖土层中扣除。

2.1.2　土层等效剪切波速

地震波中的横波（剪切波）在土层的传递速度称为土层剪切波速，用v_s表示，土层剪切波速的大小与土层密度和切变模量有关，是衡量土层坚硬程度的指标，其理论公式为

$$v_s = \sqrt{\frac{G}{\rho}} = \sqrt{\frac{E}{2(1+\nu)\rho}} \tag{2-1}$$

式中　G——土层切变模量；

ρ——土层密度；

E——土层弹性模量；
ν——土层的泊松比。

土层剪切波速的测量，应符合下列要求：

1）在场地初步勘查阶段，对大面积的同一地质单元，测量土层剪切波速的钻孔数量应为控制性钻孔数量的 $\frac{1}{3} \sim \frac{1}{5}$，山间河谷地区可适当减少，但不宜少于 3 个。

2）在场地详细勘查阶段，对单幢建筑，测量土层剪切波速的钻孔数量不宜少于 2 个，数据变化较大时可适当增加；对小区中处于同一地质单元的密集高层建筑群，测量土层剪切波速的钻孔数量可适当减少，但每幢高层建筑下不得少于 1 个。

3）对丁类建筑及层数不超过 10 层且高度不超过 30m 的丙类建筑，当无实测剪切波速资料时，可根据岩土名称和性状按表 2-2 划分土的类型，再利用当地经验在表 2-2 的剪切波速范围内估计各土层的剪切波速。

表 2-2　土的类型划分和剪切波速范围

土的类型	岩土名称和性状	土层剪切波速范围/(m/s)
坚硬土或岩石	稳定岩石，密实的碎石土	$v_s > 500$
中硬土	中密、稍密的碎石土，密实、中密的砾、粗、中砂，$f_{ak} > 200\text{kPa}$ 的粘性土和粉土，坚硬黄土	$500 \geq v_s > 250$
中软土	稍密的砾、粗、中砂，除松散外的细、粉砂，$f_{ak} \leq 200\text{kPa}$ 的粘性土和粉土，$f_{ak} > 130\text{kPa}$ 的填土，可塑黄土	$250 \geq v_s > 140$
软弱土	淤泥和淤泥质土，松散的砂，新近沉积的粘性土和粉土，$f_{ak} \leq 130\text{kPa}$ 的填土，流塑黄土	$v_s \leq 140$

注：f_{ak} 为地基土静承载力特征值（kPa）。

实际工程中，只有单一性质的场地土是很少见的，而且地表土层的组成十分复杂，通常采用等效剪切波速的概念来反映成层场地土层的综合刚度。

假定某场地土层计算深度 d_0 范围内包含 n 层性质不同、厚度分别为 $d_i(i=1,2,\cdots,n)$ 的土层，地震波通过各土层的波速分别为 $v_{si}(i=1,2,\cdots,n)$，则地震波通过各土层所需时间为

$$t = \sum_{i=1}^{n} \frac{d_i}{v_{si}} \tag{2-2}$$

将各土层折算为厚度为 d_0 的单一土层，则得到土层等效剪切波速的计算公式

$$v_{se} = \frac{d_0}{t} = \frac{d_0}{\sum_{i=1}^{n} \dfrac{d_i}{v_{si}}} \tag{2-3}$$

式中　v_{se}——土层等效剪切波速（m/s）；
　　　d_0——土层计算深度（m），取覆盖层厚度和20m两者的较小值；
　　　d_i——计算深度范围内第i层土层的厚度（m）；
　　　v_{si}——计算深度范围内第i层土层的剪切波速（m/s）；
　　　n——计算深度范围内土层的分层数。

【例题 2-1】　某场地钻孔地质资料见表2-3，试确定该场地类别。

表 2-3　某场地钻孔地质资料

土层底部深度/m	土层厚度/m	岩土名称	土层剪切波速/(m/s)
1.5	1.5	杂填土	180
3.5	2.0	粉土	240
7.5	4.0	细砂	310
15.5	8.0	砾砂	550

解：因地表下7.5m以下的土层剪切波速$v_s=550\text{m/s}>500\text{m/s}$，故覆盖层厚度$d_0=7.5\text{m}$。

等效剪切波速为 $v_{se}=\dfrac{7.5}{\dfrac{1.5}{180}+\dfrac{2.0}{240}+\dfrac{4.0}{310}}\text{m/s}=253.6\text{m/s}$。

查表2-1，v_{se}位于250~500m/s之间，且$d_0 \geqslant 5\text{m}$，知该场地属于Ⅱ类场地。

2.2　地基的抗震验算

2.2.1　一般原则

地基是指建筑物基础下面受力层范围内的土层。历史震害资料的统计分析表明，多数的天然地基具有较好的抗震性能，一般土层地基在地震时很少因地基破坏导致结构破坏。基于此，《建筑抗震设计规范》规定，下述在天然地基上的各类建筑可不进行地基抗震承载力的验算。

1）地基主要受力层范围内不存在软弱粘性土层的下列建筑：一般单层厂房、单层空旷房屋、砌体房屋、不超过8层且高度在24m以下的一般民用框架房屋、框架-抗震墙房屋及与其基础荷载相当的多层框架厂房和多层混凝土抗震墙房屋。所谓软弱粘性土层主要是指7度、8度和9度时，地基承载力特征值分别小于80kPa、100kPa和120kPa的土层。

3）《建筑抗震设计规范》规定的可不进行上部结构抗震验算的建筑。

天然地基上只有少数建（构）筑物是因为地基失效而导致上部结构破坏，

而这类地基多为液化地基、易产生震陷的软弱粘土地基或严重不均匀地基。《建筑抗震设计规范》规定不能对其在不加任何处理的情况下,直接将其作为建筑物和构筑物的天然地基。因为,上述地基土虽然在一般静载条件下具有一定的承载力,但在地震时(特别是强烈地震时),地面运动的影响会使其部分甚至全部丧失承载力,产生不均匀沉降和过量沉陷,造成建筑物和构筑物的破坏而影响其正常工作。

对于软弱地基,《建筑抗震设计规范》规定了相应的地基处理措施,如采取地基土置换、振冲挤密、强夯等措施以消除地基的动力不确定性,或采用桩基等深基础以避开可能失效的地基对上部结构的不利影响等。对于液化地基的抗震措施及处理将在本章2.3节详细介绍。

2.2.2 天然地基的抗震验算

虽然造成地基失效的只是一小部分,但这类地基一旦发生破坏,震害相当严重,震后的修复加固也非常困难。考虑到地震作用下地基的变形过程十分复杂,很难进行定量计算,因此《建筑抗震设计规范》规定,对于层数不多的一般建筑物,只要求对地基抗震承载力进行验算,至于地基变形条件,则通过对上部结构或地基基础采取一定的抗震措施来弥补。

地震作用下,建筑物地基土的抗震承载力与地基静承载力是有差别的。研究表明,一般土的动力强度皆比静力强度高,同时考虑到地震作用的偶然性,从工程经济性角度出发,地基在地震作用下的可靠度应该比静力荷载下有所降低,故在确定地基土抗震承载力时其取值可以比地基静承载力大一些。所以《建筑抗震设计规范》采用了地基抗震承载力调整系数来综合反映地基在地震作用下强度的提高和可靠度指标降低两个因素的影响,规定地基抗震承载力应取地基承载力特征值乘以地基抗震承载力调整系数来进行计算,即

$$f_{aE} = \zeta_a f_a \tag{2-4}$$

式中 f_{aE}——调整后的地基土抗震承载力;

ζ_a——地基抗震承载力调整系数,可按表2-4采用;

f_a——深宽修正后的地基承载力特征值,按现行《建筑地基基础设计规范》采用。

表2-4 地基抗震承载力调整系数

岩土名称和性状	ζ_a
岩石,密实的碎石土,密实的砾、粗、中砂,$f_{ak} \geq 300\text{kPa}$ 的粘性土和粉土	1.5
中密、稍密的碎石土,中密和稍密的砾、粗、中砂,密实和中密的细、粉砂,$150\text{kPa} \leq f_{ak} \leq 300\text{kPa}$ 的粘性土和粉土,坚硬黄土	1.3

(续)

岩土名称和性状	ζ_a
稍密的细、粉砂,$100\text{kPa} \leq f_{ak} < 150\text{kPa}$ 的粘性土和粉土,可塑黄土	1.1
淤泥,淤泥质土,松散的砂,杂填土,新近堆积黄土及流塑黄土	1.0

进行地基抗震强度验算时,应将作用于建筑物上的各类荷载与地震作用组合,认为在基础底面所产生的压力呈直线分布,其平均压力和边缘最大压力应符合下列要求

$$p \leq f_{aE} \tag{2-5}$$
$$p_{max} \leq 1.2 f_{aE} \tag{2-6}$$

式中 p——地震作用效应标准组合的基础底面平均压力;

p_{max}——地震作用效应标准组合的基础边缘的最大压力。

这种承载力的验算方法与静力状态下的相似,故称为"拟静力法",即假定地震作用如同静荷载,计算的基底压力应不超过允许承载力的设计值。

《建筑抗震设计规范》规定,高宽比大于 4 的高层建筑,在地震作用下基础底面不宜出现拉应力;其他建筑,基础底面与地基土之间零应力区面积不应超过基础底面面积的 15%。

2.3 地基土的液化及其防治

历次地震灾害调查发现,地震所造成的建筑物和构筑物场地的沉陷、倾斜、滑移及基础上浮等震害很大比例是由于土体液化所引起的,所以必须高度重视场地土的液化问题,判别地基液化的可能性和危害程度以及采取抗震对策是建筑结构抗震设计中十分重要的问题。

2.3.1 地基土液化的原因及其危害

地震时处于地下水位以下的饱和砂土或粉土颗粒在强烈振动下发生相对位移,颗粒结构趋于密实,孔隙水在短时间内排泄不畅而受到挤压,孔隙水压力将急剧增加,这种急剧上升的孔隙水压力不能及时消散,使土颗粒间有效应力减少。当孔隙水压力增加到与剪切面上的法向压应力接近或相等时,土体的抗剪强度等于零,砂土颗粒便犹如"液体",局部或全部处于悬浮状态,使得地基承载力减弱或丧失,甚至喷水冒砂,这种现象通常称为地基土液化。只有饱和砂土或粉土才会出现液化,因此有时也称为"砂土液化"。用公式表达为

$$S \leq (\sigma - u)\tan\varphi \tag{2-7}$$

式中 S、φ——土的抗剪强度及有效内摩擦角;

σ——作用于剪切面上的总法向压应力；

u——孔隙水压力。

式（2-7）中，当 $u=\sigma$ 时，$S=0$，即形成液化。液化时因下部土层的水头压力比较高，所以水向上涌，把土颗粒带到地面上来，即经常在地震区见到的喷水冒砂现象。之后，随着孔隙水逐渐排出，孔隙水压力逐渐减小，砂土颗粒逐渐沉落并重新堆积排列，压力重新由孔隙水传给土粒承受，此时地基土又达到一个新的稳定状态。

地基土的液化可引起地面喷水冒砂、地基不均匀沉陷、地裂或土体滑移，从而造成建筑物的倾斜、开裂、甚至倒塌。由于液化而造成严重震害的例子很多。如 1964 年美国阿拉斯加地震及 1964 年日本新泻地震都曾由于饱和砂土地基液化而失效，造成大量建筑物的不均匀下沉及倾斜甚至翻倒。类似震害在我国海城地震、唐山地震以及汶川地震中也都有发生。

2.3.2 影响地基土液化的因素

震害调查表明，影响地基土液化的因素很多，主要有以下几个方面：

（1）土层地质年代　地质年代的新老表示土层沉积时间的长短。地质年代越古老的土层，长期的固结作用使其固结度、密实度和结构性能越稳定，因此抗液化能力越强。

（2）土的组成　细砂和粗砂相比较，由于细砂的透水性差，地震时容易产生孔隙水的超压作用，故细砂较粗砂容易液化。颗粒均匀的较颗粒级配良好的土容易液化。粉土是粘性土与无粘性砂类土之间的过渡性土壤，其粘性颗粒的含量决定了土壤的性质，也影响到地基土的液化程度。通常土壤的粘性颗粒含量越高，其力学性质就越接近粘土，就越不容易发生液化。因为土中粘性颗粒的增加使土的粘聚力增大，从而增加了抗液化能力。反之，其力学特性将接近砂土，地震时就可能液化。因此，当粉土内粘性颗粒含量超过某一限值时（表 2-5），粉土就不会液化了。

表 2-5　液化时粘性颗粒含量界限值

	烈　度		
	7	8	9
粘性粒径小于 0.005mm 含量 ρ_c（%）	10	13	16

（3）土层的埋深　试验及研究结果表明，砂土层埋深越大，土层上有效覆盖压力就越大，则土的侧限压力也就越大，就越不容易液化。地震调查资料显示，液化砂土层的深度多数在 10m 以内。

（4）地下水位　地下水位浅时较地下水位深时容易发生液化。

(5) 地震烈度和地震持续时间　多次震害调查表明，地震烈度越高，地震持续时间越长，越容易发生液化。

2.3.3　液化的判别

当建筑地基有饱和砂土或饱和粉土时，应经过勘察试验预测在地震时是否会发生液化，并确定是否需要采取某种抗液化措施。液化判别处理的一般原则为：

1) 对存在饱和砂土和饱和粉土（不包含黄土）的地基，除6度设防外，应进行液化判别。6度时，一般情况下可不进行判别和处理，但对液化敏感的乙类建筑可按7度要求进行判别和处理。7~9度时，乙类建筑可按本地区抗震设防烈度的要求进行判别和处理。

2) 经判别存在液化土层的地基，应根据建筑的抗震设防类别、地基的液化等级，结合具体情况采取相应措施。

饱和砂土液化的判别采用两步判别法，即初步判别和标准贯入试验判别。经过初步判别判定为不液化或不考虑液化影响的地基土，可不进行标准贯入试验判别。

1. 初步判别

根据土层的地质年代、土的组成、覆盖层厚度和地下水位的深度等定性判别不液化土。具体规定为：

对饱和砂土或粉土（不含黄土），当符合下列条件之一时，可初步判别为不液化土或可不考虑液化影响：

1) 地质年代为第四纪晚更新世（Q_3）及其以前时，设防烈度为7、8度时可判为不液化。

2) 粉土中的粘粒（粒径小于0.05mm的颗粒）含量百分率，设防烈度为7度、8度、9度时分别不小于10、13和16时，可判为不液化。

3) 天然地基的建筑，当上覆非液化土层厚度和地下水位深度符合下列条件之一时，可不考虑液化影响

$$\begin{aligned} d_u &> d_0 + d_b - 2\mathrm{m} \\ d_w &> d_0 + d_b - 3\mathrm{m} \\ d_u + d_w &> 1.5d_0 + 2d_b - 4.5\mathrm{m} \end{aligned} \quad (2\text{-}8)$$

式中　d_w——地下水位深度（m），可取设计基准期内年平均最高水位，也可取近期内年最高水位；

d_u——上覆盖非液化土层厚度（m），计算时宜将淤泥和淤泥质土层扣除；

d_b——基础埋置深度（m），小于2m时应采用2m；

d_0——液化土特征深度（m），可按表2-6采用。

表 2-6　液化土特征深度 d_0　　　（单位：m）

饱和土类别	设防烈度		
	7度	8度	9度
粉　土	6	7	8
砂　土	7	8	9

注：当区域的地下水位处于变动状态时，应按不利的情况考虑。

2. 标准贯入试验判别

当初步判别地基土存在液化可能时，应采用标准贯入试验进一步判别地面下20m深度范围内是否液化。但对《建筑抗震设计规范》规定的可不进行天然地基及基础的抗震承载力验算的各类建筑，可只判别地面下15m范围内土的液化。若有成熟经验时，也可采用其他判别方法。

标准贯入试验设备由标准贯入器、触探杆和重63.5kg的穿心锤三部分组成（图2-1）。操作时，用钻具钻至试验土层标高以上15cm，先将贯入器打至标高位置，然后在锤的落距为76cm的条件下打入土层30cm，记录锤击数为 $N_{63.5}$。当饱和土标准贯入锤击数（未经杆长修正）小于液化判别标准贯入锤击数临界值时，应判为可液化土，否则为不液化土。

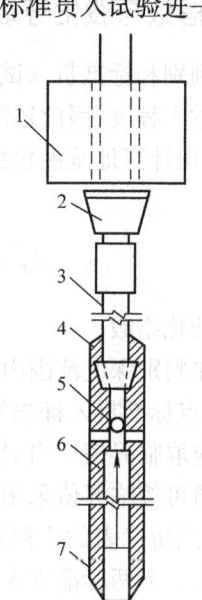

图2-1　标准贯入试验设备示意图
1—穿心锤　2—锤垫　3—触探杆
4—贯入器头　5—出水孔
6—贯入器身　7—贯入器靴

在地面下20m深度范围内，液化判别标准贯入锤击数临界值可按下式计算

$$N_{cr} = N_0 \beta [\ln(0.6 d_s + 1.5) - 0.1 d_w] \sqrt{\frac{3}{\rho_c}} \quad (2\text{-}9)$$

式中　N_{cr}——液化判别标准贯入锤击数临界值；

N_0——液化判别标准贯入锤击数基准值，按表2-7采用；

β——调整系数，设计地震第一组取0.80，第二组取0.95，第三组取1.05；

d_s——饱和土标准贯入点深度（m）；

d_w——地下水位深度（m）；

ρ_c——饱和土的粘粒含量百分率,当小于 3 或为砂土时,应取为 3。

表 2-7 标准贯入锤击数基准值

设计基本地震加速度/g	0.10	0.15	0.20	0.30	0.40
N_0	7	10	12	16	19

从式(2-9)可以看出,临界值 N_{cr} 主要考虑土层所处的深度、地下水位、饱和土的粘粒含量及地震烈度等影响土层液化的主要因素。

2.3.4 液化指数与液化等级

经过初步判别和标准贯入试验判别,只能判别土层是否液化,还不能评价液化土可能造成的危害程度,因此还需进行定量的分析,以便进一步采取相应的抗液化措施。通常,采用计算地基液化指数来确定砂土液化造成的危害程度,具体表达式如下

$$I_{lE} = \sum_{i=1}^{n}\left(1 - \frac{N_i}{N_{cri}}\right)d_i W_i \qquad (2-11)$$

式中 I_{lE}——液化指数;

n——在判别深度范围内钻孔标准贯入试验点的总数;

N_i、N_{cri}——i 点标准贯入锤击数的实测值和临界值,当实测值大于临界值时,应取临界值,当只需判别 15m 范围内的液化值,15m 以下的实测值可按临界值采用;

d_i——i 点所代表的土层厚度(m),可采用与该标准贯入试验点相邻的上、下两标准贯入试验点深度差的一半,但上界不高于地下水位深度,下界不深于液化深度;

W_i——i 土层单位土层厚度的层位影响权函数值(m^{-1})。

W_i 的取值:当该层中点深度不大于 5m 时应采用 10m,等于 20m 时应采用零值,5~20m 时应按内插法取值。

从地基土液化震害实例分析中可以看出,虽同为液化地基,但地面的喷冒情况和对建筑物造成的危害却有很大的不同。故可以按照液化指数 I_{lE} 的大小划分为三个等级(见表 2-8)来区别地基的液化危害程度。

表 2-8 液化等级与液化指数的对应关系

液化等级	轻 微	中 等	严 重
液化指数	$0 < I_{lE} \leq 6$	$6 < I_{lE} \leq 18$	$I_{lE} > 18$

液化等级为轻微时,地面无喷水冒砂,或仅在洼地、河边有零星喷水冒砂点,此时液化危害性小,场地上的建筑一般没有明显的沉降或不均匀沉降。

液化等级为中等时,液化危害增大,喷水冒砂现象频频出现,从轻微到严重均有,多数属中等水平,常导致建筑物产生明显的不均匀沉降或裂缝。

液化等级为严重时,液化危害普遍较重,场地喷水冒砂现象严重,涌砂量大,地面变形明显,覆盖面广,建筑物的不均匀沉降值常达 20~30cm,高重心结构可能产生不允许的倾斜,严重影响使用,修复工作难度增大。

2.3.5 可液化地基处理及抗震措施

地震时,饱和砂土、饱和粉土的液化将引起地基的不均匀沉降,导致建筑物的破坏。倾斜场地的土层液化也往往带来大体积土体滑动而造成严重后果。因此,不宜将未经处理的液化土层作为天然地基持力层。为保障建筑物安全,应根据建筑物的重要性及地基的液化等级,结合具体情况综合考虑来选择液化地基的处理措施。当液化土层较平坦、均匀时,可按表2-9选择适当的抗液化措施。

表2-9 抗液化措施

建筑抗震设防类别	地基的液化等级		
	轻微	中等	严重
乙类	部分消除液化沉陷,或对基础和上部结构处理	全部消除液化沉陷,或部分消除液化沉陷且对基础和上部结构处理	全部消除液化沉陷
丙类	基础和上部结构处理,亦可不采取措施	基础和上部结构处理,或更高要求的措施	全部消除液化沉陷,或部分消除液化沉陷且对基础和上部结构处理
丁类	可不采取措施	可不采取措施	基础和上部结构处理,或其他经济的措施

注:甲类建筑的地基抗液化措施应进行专门研究,但不宜低于乙类的相应要求。

全部消除地基液化沉陷的措施具体应符合下列要求:

1)采用桩基时,桩端伸入液化深度以下稳定土层中的长度(不包括桩尖部分)应按计算确定,且对碎石土,砾、粗、中砂,坚硬粘性土和密实粉土尚不应小于0.5m,对其他非岩石土尚不宜小于1.5m。

2)采用深基础时,基础底面应埋入液化深度以下的稳定土层中,其深度不应小于0.5m。

3)采用加密法,如采用振冲、振动加密、砂桩挤密、强夯等方法对可液化地基进行加固时,应处理至液化深度下界,且处理后土层的标准贯入锤击数的实测值宜大于相应的临界值。

4）当直接位于基底下的可液化土层较薄时，可采用挖除全部液化土层、用非液化土替换全部液化土层的办法，即先采用局部降水，挖去可液化层，然后分层回填砂、砾、碎石、矿渣等并逐层夯实。

5）采用加密法或换土法处理时，在基础边缘以外的处理宽度，应超过基础地面下处理深度的1/2，且不小于基础宽度的1/5。

部分消除地基液化沉陷的措施，应符合下列要求：

1）对地基进行处理时，其处理深度应使处理后的地基液化指数减小，其值不宜大于5；大面积筏基、箱基的中心区域，处理后的液化指数可比上述规定降低1；对独立基础与条形基础，尚不应小于基础底面下液化土特征深度和基础宽度的较大值。注意：中心区域指位于基础外边界以内，沿长宽方向距外边界大于相应方向1/4长度的区域。

2）采用振冲或挤密碎石桩加固后，桩间土的标准贯入锤击数实测值不宜小于相应的临界值。

3）基础边缘以外的处理宽度应符合有关规定。

减轻液化影响的基础和上部结构处理，是指在发生液化的前提下，选择适宜的基础形式和工程构造措施，以减小液化带来的危害。为减轻液化对基础和上部结构的影响，可对基础和上部结构综合采用以下措施：

1）选择合适的基础埋置深度。

2）调整基础底面积，减少基础偏心。

3）加强基础整体性和刚度，如采用箱基、筏基或钢筋混凝土交叉条形基础，加设基础圈梁等。

4）减轻荷载，增强上部结构的整体刚度和均匀对称性，合理设置沉降缝，避免采用对不均匀沉降敏感的结构形式等。

5）管道穿过建筑处应留足够尺寸或采用柔性接头等。

思考题与习题

1. 为什么要划分建筑场地的类别？如何划分？
2. 地基土的抗震承载力如何确定？
3. 什么是地基土的液化？影响地基土液化的主要因素有哪些？
4. 如何判别地基土的液化及其严重程度？
5. 按表2-10的地质资料，确定场地类别。

表2-10　某场地地质资料

土层厚度/m	2.0	5.8	8.1	4.3	5.5
土层剪切波速/(m/s)	180	200	250	420	520

第 3 章 结构地震反应分析与抗震验算

结构的地震作用计算、地震反应分析以及抗震验算是建筑结构抗震设计的重要环节，是确定所设计的结构能否满足"小震不坏、中震可修、大震不倒"的抗震设防要求的关键。本章将对地震作用的计算方法及结构抗震验算的有关内容进行详细介绍。

3.1 概述

3.1.1 地震作用及结构地震反应分析方法

地震时由于地面的往复运动使原来处于静止状态的结构发生强迫振动，这种强迫振动在结构上产生的惯性力称为地震作用。地震作用是地震动通过结构惯性引起的一种间接作用，不同于一般的直接作用于结构上的荷载（如风荷载、雪荷载等），但有时工程上为应用方便而将地震作用等效为某种形式的荷载，通常可称为等效地震荷载。

结构由地震引起的振动称为结构的地震反应，它包括地震在结构中引起的内力、变形、速度、加速度和位移等。结构的地震反应是一种动力反应，反应的大小不仅与外来干扰作用（地震动）的大小及其随时间的变化规律有关，而且还取决于结构本身的动力特性，即结构的自振周期与阻尼等。

由于地震时地面运动为一种极不规则的随机过程，而建筑结构为由各种构件组成的空间体系，动力特性十分复杂，故由地震引起的结构振动是一种很复杂的空间振动。为工程应用方便，在进行结构地震反应分析时，常需作出一系列简化的假定，且需要专门的理论来进行分析。目前工程上广泛采用的方法大致可分为两类：

一类为拟静力方法，或称等效荷载法，即通过反应谱理论用等效的荷载来表示地震对结构的作用，然后根据这一等效荷载用静力分析方法对结构进行内力及位移计算，以校核结构的抗震能力。

另一类为直接动力分析法，即对动力方程进行直接积分，求出结构反应与时间变化的关系，得出时程曲线，故此法亦称时程分析法。

3.1.2 结构动力计算简图

确定结构动力计算简图是进行结构地震反应分析的第一步。其核心内容是对结构质量分布进行简化。

结构质量分布的简化方法主要有两种,一种是简化成连续的分布质量,另一种是简化成集中质量。利用前一种方法建立起来的结构运动方程为偏微分方程的形式,求解和实际应用很不方便。工程上为了简化结构地震反应分析,通常采用集中质量的方法来确定结构动力计算简图,即把具体的结构抽象为质点体系,取结构各区域主要质量的质心为质量集中位置,将该区域主要质量集中在该点上,忽略其他次要质量或将次要质量合并到相邻主要质量上去。

根据体系质点的数目可以分为单质点体系和多质点体系。

(1) 单质点体系 是指可以将结构参与振动的全部质量集中于一点,用无质量的弹性直杆支承于地面上的体系。例如,单层多跨等高厂房、水塔等,由于它们的质量主要集中于屋盖或塔顶水箱处,故可将这些结构简化为单质点体系,如图 3-1 所示。

(2) 多质点体系 多(高)层建筑的楼面部分是结构的主要质量,通常将某层楼面(如第 i 层)的使用荷载及其上下两相邻层(如第 i 和 $i+1$ 层)之间的结构自重(图中阴影部分)集中于该层的楼面标高处,形成一个多质点体系,如图 3-2 所示。

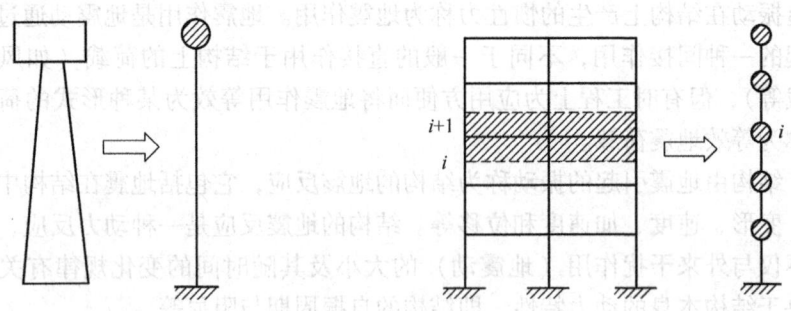

图 3-1 单质点体系计算模型　　图 3-2 多质点体系计算模型

所谓自由度是指确定运动过程中任一时刻结构各质点的位置所需确定的独立几何参数的数目。空间中的一个自由质点具有三个自由度,对于结构体系上的质点,由于受到结构构件的约束,其自由度数可能小于自由质点的自由度数。

根据体系自由度的数目可以分为单自由度体系和多自由度体系。下面将分别介绍单自由度弹性体系和多自由度弹性体系的地震反应分析方法。

3.2 单自由度弹性体系水平地震反应分析

地震时地面运动有三个平动分量(两个水平向和一个竖向)。若忽略体系的轴向变形，一个单质点弹性体系在单一水平地震作用下，质点只有单向水平位移，可以作为一个单自由度体系来分析。

3.2.1 运动方程的建立

结构动力分析的首要目的是计算已知结构在承受给定随时间变化荷载作用下的位移-时间过程。描述动力位移的数学表达式称为结构的运动方程，而这些方程的解就提供了所求的结构的位移时程。

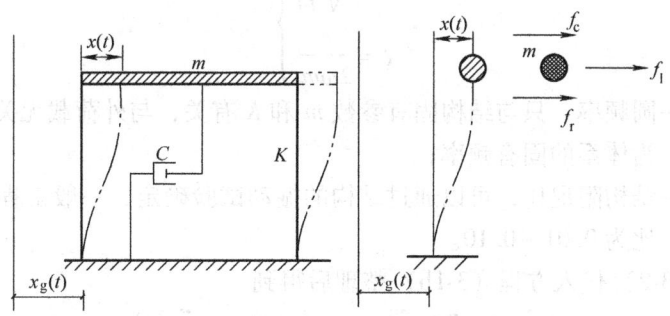

图 3-3 单质点弹性体系在水平地震作用下的变形与受力简图

如图 3-3 所示，单自由度弹性体系，质量为 m，弹性直杆的侧移刚度系数为 K。设地震时地面的水平位移为 $x_g(t)$，质点相对地面的水平位移为 $x(t)$，则质点的总位移为 $x_g(t) + x(t)$。取质点作为隔离体，由动力学原理可知，作用在质点上的水平力有三种：惯性力、弹性恢复力及阻尼力。

（1）惯性力 f_I　根据牛顿第二定理，惯性力的大小等于质点的质量与绝对加速度的乘积，其方向与绝对加速度的方向相反，即

$$f_I = -m[\ddot{x}_g(t) + \ddot{x}(t)]$$

（2）弹性恢复力 f_r　弹性恢复力是使质点从振动位置恢复到平衡位置的力，根据胡克定律，该力的大小与质点偏离平衡位置的位移成正比，方向相反，即

$$f_r = -Kx(t)$$

（3）阻尼力 f_c　阻尼力是使结构振动逐渐衰减的力。结构在振动过程中，由于材料的内摩擦、构件连接处的摩擦以及结构周围介质（空气、水等）对振动的阻力等因素，使其振动能量受到损耗而振幅不断衰减。阻尼力的计算有几种不同的理论，目前工程计算中应用最多的是粘滞阻尼理论，即假定阻尼力与质点的相对速度成正比，方向相反，亦即

$$f_c = -c\dot{x}(t)$$

式中　c——阻尼系数。

根据达朗贝尔（D'Alembert）原理，在质点运动的任一瞬时，作用在质点上的弹性恢复力、阻尼力、惯性力相平衡，即

$$f_r + f_c + f_I = 0$$

将 f_I、f_r、f_c 表达式代入后，可以推导出在水平地震作用下单自由度弹性体系的运动方程为

$$-m[\ddot{x}_g(t) + \ddot{x}(t)] - c\dot{x}(t) - Kx(t) = 0 \tag{3-1a}$$

或

$$m\ddot{x}(t) + c\dot{x}(t) + Kx(t) = -m\ddot{x}_g(t) \tag{3-1b}$$

为了将式（3-1）进一步简化，令

$$\left.\begin{array}{l} \omega = \sqrt{\dfrac{K}{m}} \\ \zeta = \dfrac{c}{2\omega m} \end{array}\right\} \tag{3-2}$$

式中 ω——圆频率，只与结构固有参数 m 和 K 有关，与外荷载无关，因此也称为体系的固有频率；

ζ——结构阻尼比，可以通过结构的振动试验确定，一般工程结构的阻尼比为 0.01~0.10。

将式（3-2）代入方程（3-1b）整理后得到

$$\ddot{x}(t) + 2\zeta\omega\dot{x}(t) + \omega^2 x(t) = -\ddot{x}_g(t) \tag{3-3}$$

式（3-3）为一常系数二阶非齐次常微分方程，其通解由两部分组成：一为齐次解，一为特解。前者代表体系的自由振动，后者代表体系在地震作用下的强迫振动。

3.2.2 运动方程的解

1. 方程的齐次解

对应方程（3-3）的齐次方程为 $\ddot{x}(t) + 2\zeta\omega\dot{x}(t) + \omega^2 x(t) = 0$，即取式（3-3）等号右边的荷载项等于零，表示质点在振动过程中无外部干扰，体系做自由振动。

对于一般结构，由于其阻尼比较小（$\zeta < 1$），齐次方程的解可表示为

$$x(t) = e^{-\zeta\omega t}(A\cos\omega' t + B\sin\omega' t)$$

式中 ω'——有阻尼单自由度弹性体系的圆频率，$\omega' = \omega\sqrt{1-\zeta^2}$。

A，B——任意常数，由初始条件确定。

若假定 $t=0$ 时体系的初始位移和初始速度分别为 $x(0)$ 和 $\dot{x}(0)$，则

$$A = x(0), \quad B = \frac{\dot{x}(0) + \zeta\omega x(0)}{\omega'}$$

进一步得到

$$x(t) = e^{-\zeta\omega t}\left[x(0)\cos\omega' t + \frac{\dot{x}(0) + \zeta\omega x(0)}{\omega'}\sin\omega' t\right] \tag{3-4}$$

根据式（3-4）可以绘出有阻尼单自由度体系自由振动的位移时程曲线，如

图 3-4 所示。可知，有阻尼自由振动的曲线是一条逐渐衰减的波动曲线，即其振幅随时间的增加而逐渐减小，且阻尼比 ζ 越大，振幅的衰减越快。

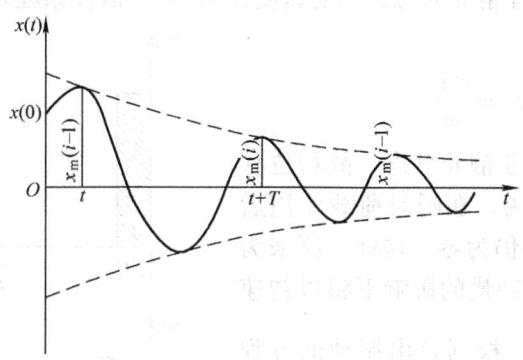

图 3-4　有阻尼状态下单自由度弹性体系的自由振动位移时程曲线

2. 自振周期与自振频率

当 $\zeta = 0$ 时，得到无阻尼单自由度体系自由振动位移表达式

$$x(t) = x(0)\cos\omega t + \frac{\dot{x}(0)}{\omega}\sin\omega t$$

由上式可知其为一周期函数，即如果给时间以一个增量 $T = \frac{2\pi}{\omega}$，则位移 $x(t)$ 的数值不变，同时速度 $\dot{x}(t)$ 的数值也不变，也就是每隔一个 T 时间，质点又回到原来的运动状态。T 称为结构的自振周期，它是体系振动一次所需要的时间，单位为 s。

将式（3-2）代入后得到

$$T = \frac{2\pi}{\omega} = 2\pi\sqrt{\frac{m}{K}} \tag{3-5}$$

自振周期的倒数即为单位时间内质点振动的次数，称为频率 f，即

$$f = \frac{1}{T} \tag{3-6}$$

频率 f 的单位为 1/s，或称为 Hz。

由式（3-5）和式（3-6）可得

$$\omega = \frac{2\pi}{T} = 2\pi f \tag{3-7}$$

3. 方程的特解——杜哈曼（Duhamel）积分

设一荷载作用于单质点体系，荷载随时间的变化如图 3-5a 所示。荷载 P 与其作用时间 Δt 的乘积称为冲量，当作用时间为瞬时 dt 时，则称 $P\mathrm{d}t$ 为瞬时冲

量。根据动量定律，冲量等于动量的增量，即

$$P\mathrm{d}t = m\dot{x}(t) - m\dot{x}(0)$$

设体系原先处于静止状态，则初速度$\dot{x}(0) = 0$，故体系在瞬时冲量作用下获得的速度为

$$\dot{x}(t) = \frac{P\mathrm{d}t}{m}$$

而原本体系处于静止状态，故初位移$x(0) = 0$。可以认为，在瞬时荷载作用后的瞬间，体系位移仍为零。这样，原来为静止的体系在瞬时冲量的影响下将以初速度$\frac{P\mathrm{d}t}{m}$作自由振动。根据自由振动的方程式，并令其中的$x(0) = 0$和$\dot{x}(0) = \frac{P\mathrm{d}t}{m}$，则可得到瞬时脉冲作用下单自由度体系的自由振动位移时程表达式（图3-5b为时程曲线）

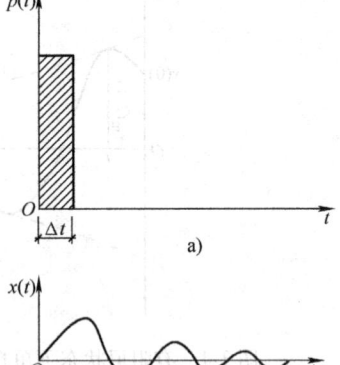

图3-5 瞬时冲量及其引起的自由振动

$$x(t) = \mathrm{e}^{-\zeta\omega t}\frac{P\mathrm{d}t}{m\omega'}\sin\omega' t \tag{3-8}$$

运动方程（3-3）的特解就是质点由地震地面运动引起的强迫振动，地震地面运动一般为不规则往复运动，因此可以从上述瞬时冲量的概念出发进行推导。将图3-6a所示的地面运动加速度时程曲线看作是无穷多个连续作用的微分脉冲组成。图中的阴影部分就是一个微分脉冲，它在$t = \tau - \mathrm{d}\tau$时刻开始作用在体系上，其作用时间为$\mathrm{d}\tau$，大小为$-\ddot{x}_g(\tau)\mathrm{d}\tau$。在这一瞬时冲量作用下，质点的自由振动方程可由式（3-8）得到。只需将式中的$P\mathrm{d}t$改为$-\ddot{x}_g(\tau)\mathrm{d}\tau$，并取$m = 1$，同时将$t$改为$t - \tau$，即可得到体系由任意$t = \tau$时刻的地面脉冲$-\ddot{x}_g(\tau)\mathrm{d}\tau$引起的自由振动

$$\mathrm{d}x(t) = \begin{cases} 0 & t < \tau \\ -\mathrm{e}^{-\zeta\omega(t-\tau)}\dfrac{\ddot{x}_g(\tau)\mathrm{d}\tau}{\omega'}\sin\omega'(t-\tau) & t \geq \tau \end{cases}$$

只要把这无穷多个脉冲作用后产生的自由振动叠加起来即可求得体系在地震过程中的总位移反应，即对上式进行积分得

$$x(t) = \int_0^t \mathrm{d}x(t) = -\frac{1}{\omega'}\int_0^t \ddot{x}_g(\tau)\mathrm{e}^{-\zeta\omega(t-\tau)}\sin\omega'(t-\tau)\mathrm{d}\tau \tag{3-9}$$

式 (3-9) 称为杜哈曼 (Duhamel) 积分，它与式 (3-4) 之和构成了微分方程式 (3-3) 的通解，即

$$x(t) = e^{-\zeta\omega t}\left[x(0)\cos\omega' t + \frac{\dot{x}(0) + \zeta\omega x(0)}{\omega'}\sin\omega' t\right]$$

$$-\frac{1}{\omega'}\int_0^t \ddot{x}_g(\tau)e^{-\zeta\omega(t-\tau)}\sin\omega'(t-\tau)d\tau \tag{3-10}$$

当体系初始处于静止状态时，其初位移 $x(0)$ 和初速度 $\dot{x}(0)$ 均等于零，则式 (3-10) 第一项自由振动项为零（即使体系初位移和初速度不为零，由于阻尼的存在使得体系自由振动很快衰减，通常也不需考虑此项），故杜哈曼积分式 (3-9) 即为单自由度体系地震位移反应的计算公式。考虑到实际工程结构阻尼比 ζ 很小，可近似取 $\omega' = \omega\sqrt{1-\zeta^2} \approx \omega$，故计算弹性体系的地震位移反应公式可写成

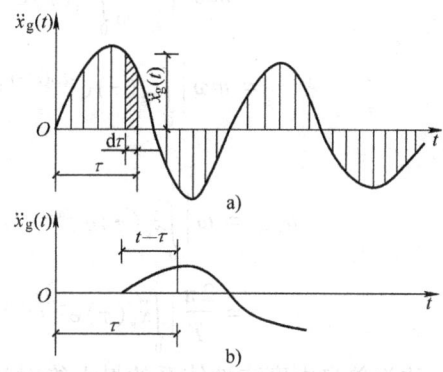

图 3-6 有阻尼单自由度弹性体系地震作用下运动方程解答图示
a) 地面运动加速度时程曲线
b) 微分脉冲引起的自由振动

$$x(t) = -\frac{1}{\omega}\int_0^t \ddot{x}_g(\tau)e^{-\zeta\omega(t-\tau)}\sin\omega(t-\tau)d\tau \tag{3-11}$$

3.2.3 水平地震作用与地震加速度反应谱

由式 (3-1a)，当地面在地震作用下作水平运动时，作用于单自由度弹性体系质点上的惯性力 $-m[\ddot{x}_g(t) + \ddot{x}(t)]$ 可以得到如下表达方式

$$-m[\ddot{x}_g(t) + \ddot{x}(t)] = Kx(t) + c\dot{x}(t)$$

上式等号右边的阻尼项相对于弹性恢复力项很小，可略去不计，故有

$$-m[\ddot{x}_g(t) + \ddot{x}(t)] = Kx(t) \tag{3-12}$$

这样，在地震作用下质点任一时刻的相对位移 $x(t)$ 将与该时刻的瞬时惯性力 $-m[\ddot{x}_g(t) + \ddot{x}(t)]$ 成正比。因此，可以认为这一相对位移是由于惯性力的作用引起的，虽然惯性力并不是真实作用于质点上的力，但惯性力对结构体系的作用和地震对结构体系的作用效果相当，所以通常把这一惯性力看作是一种反映地震对结构体系影响的等效作用，称为水平地震作用。

由式（3-12）可知，水平地震作用是时间 t 的函数，可通过数值积分方法计算出在各个时刻的值。事实上，要对实际的工程结构进行抗震验算，并不需要知道每一时刻的地震作用数值，而只需求出其最大值即可。所以，结构在地震过程中所受到的最大水平地震作用可以表示为

$$F = |-m(\ddot{x}_g(t) + \ddot{x}(t))|_{max} = |Kx(t)|_{max}$$

$$= m\omega^2 \left| -\frac{1}{\omega}\int_0^t \ddot{x}_g(\tau) e^{-\zeta\omega(t-\tau)} \sin\omega(t-\tau) d\tau \right|_{max}$$

$$= m\omega \left| \int_0^t \ddot{x}_g(\tau) e^{-\zeta\omega(t-\tau)} \sin\omega(t-\tau) d\tau \right|_{max} \quad (3\text{-}13)$$

令

$$a_{max} = \omega \left| \int_0^t \ddot{x}_g(\tau) e^{-\zeta\omega(t-\tau)} \sin\omega(t-\tau) d\tau \right|_{max}$$

$$= \frac{2\pi}{T} \left| \int_0^t \ddot{x}_g(\tau) e^{-\zeta\frac{2\pi}{T}(t-\tau)} \sin\frac{2\pi}{T}(t-\tau) d\tau \right|_{max} \quad (3\text{-}14)$$

a_{max} 称为单自由度弹性体系的最大绝对加速度。其值取决于地震时的地面加速度 $\ddot{x}_g(\tau)$、结构的自振频率 ω（或自振周期 T）以及阻尼比 ζ。

若给定地震加速度记录和体系的阻尼比，则 a_{max} 仅是体系自振周期 T 的函数。以 T 为横坐标，以 a_{max} 为纵坐标可绘制出一条关系曲线，称这类曲线为地震加速度反应谱曲线。

根据反应谱曲线，对于任何单自由度弹性体系，如果已知其自振周期和阻尼比，就可以从曲线中查得该体系在某给定地震记录下的最大绝对加速度 a_{max}。

图 3-7 给出了根据 1940 年埃尔森特罗（El-Centro）地震加速度记录所计算出的不同阻尼比的加速度反应谱。图 3-8 给出了不同场地条件上的平均加速度反应谱。

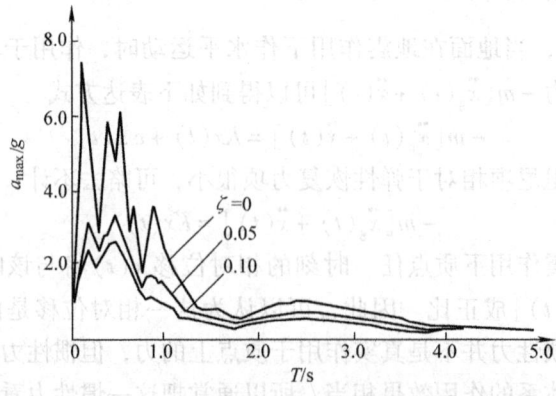

图 3-7　1940 年 El-Centro 地震加速度反应谱曲线

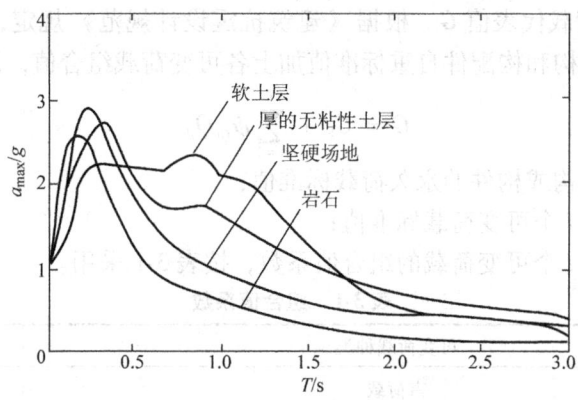

图 3-8 不同场地条件的平均加速度反应谱（$\zeta = 0.05$）

由以上图中可以看出地震加速度反应谱的一些特点：

1) 反应谱曲线为多峰点的不规则曲线，阻尼比值对反应谱的影响很大，它不仅能降低结构反应的幅值，而且可以削平不少峰点，使反应谱曲线变得平缓。当阻尼比等于零时，反应谱的谱值最大，峰点比较突出。

2) 当结构周期小于某个值时，幅值随周期急剧增大；当大于这个值时，振幅随周期快速下降。

3) 土质条件对反应谱的形状有很大的影响。土质越松软，加速度反应谱峰值所对应的结构周期也越长。土质坚硬时则偏于较短的周期。

由式 (3-13) 和式 (3-14) 可知，水平地震作用的绝对最大值可表示为单自由度弹性体系的最大加速度 a_{max} 与质点质量 m 的乘积，即

$$F = ma_{max} \tag{3-15}$$

利用地震加速度反应谱对结构进行地震作用计算，使得抗震计算这一动力问题转化为相当于静力荷载作用下的静力计算问题，这给结构地震反应分析带来了极大的简化。

3.2.4 地震系数、动力放大系数、水平地震影响系数

式 (3-15) 为计算水平地震作用的基本公式，为便于应用，在式中引入能表示地震动强弱的地面运动最大加速度 $|\ddot{x}_g(t)|_{max}$ 而将其改写成如下形式

$$F = ma_{max} = mg \cdot \frac{|\ddot{x}_g(t)|_{max}}{g} \cdot \frac{a_{max}}{|\ddot{x}_g(t)|_{max}} = Gk\beta = G\alpha \tag{3-16}$$

式中　G——重力荷载代表值；

k、β、α——地震系数、动力系数和水平地震影响系数。

G、k、β、α 都具有一定的工程意义，详述如下：

(1) 重力荷载代表值 G　根据《建筑抗震设计规范》规定，建筑的重力荷载代表值应取结构和构配件自重标准值加上各可变荷载组合值，即

$$G = G_k + \sum_{i=1}^{n} \psi_{Qi} Q_{ik} \tag{3-17}$$

式中　G_k——结构或构件的永久荷载标准值；

　　　Q_{ik}——第 i 个可变荷载标准值；

　　　ψ_{Qi}——第 i 个可变荷载的组合值系数，按表 3-1 采用。

表 3-1　组合值系数

可变荷载种类		组合值系数
雪荷载		0.5
屋面积灰荷载		0.5
屋面活荷载		不计入
按实际情况计算的楼面活荷载		1.0
按等效均布荷载计算的楼面活荷载	藏书库、档案馆	0.8
	其他民用建筑	0.5
起重机(吊车)悬吊物重力	硬钩式起重机	0.3
	软钩式起重机	不计入

注：硬钩式起重机的吊重较大时，组合值系数应按实际情况采用。

(2) 地震系数 k　是指地面运动最大加速度与重力加速度的比值，即

$$k = \frac{|\ddot{x}_g(t)|_{max}}{g}$$

地震系数反映了该地区基本烈度的大小。基本烈度越高，地震系数 k 值越大，而与结构性能无关。当基本烈度确定后，地震系数 k 为常数。根据统计分析，烈度每增加一度，地震系数 k 值大致增加一倍。《建筑抗震设计规范》规定的对应于各地震基本烈度的 k 值见表 3-2。

表 3-2　地震系数 k 与基本烈度的关系

基本烈度	6	7	8	9
地震系数 k	0.05	0.10(0.15)	0.20(0.30)	0.40

注：括号中数值对应于设计基本地震加速度为 $0.15g$、$0.30g$ 的地区。

(3) 动力放大系数 β　指单自由度弹性体系的最大加速度反应与地面运动最大加速度的比值，即

$$\beta = \frac{a_{max}}{|\ddot{x}_g(t)|_{max}} = \frac{1}{|\ddot{x}_g(t)|_{max}} \frac{2\pi}{T} \left| \int_0^t \ddot{x}_g(t) e^{-\zeta \frac{2\pi}{T}(t-\tau)} \sin \frac{2\pi}{T}(t-\tau) d\tau \right|_{max}$$

它是量纲为一的量，主要反映结构的动力效应，表示由于地震地面运动使得质点的最大绝对加速度比地面最大加速度放大了多少倍。用 β 作为纵坐标，以 T 作为横坐标，可绘制出一条 β-T 曲线，称为动力系数反应谱曲线或 β 谱曲线。它实际上就是相对于地面最大加速度的加速度反应谱，两者在形状上完全一致。

（4）水平地震影响系数 α　为单质点弹性体系在地震时以重力加速度为单位的质点最大加速度反应，即

$$\alpha = k\beta = \frac{|\ddot{x}_g(t)|_{max}}{g} \cdot \frac{a_{max}}{|\ddot{x}_g(t)|_{max}} = \frac{a_{max}}{g}$$

当基本烈度确定后，地震系数 k 为常数，α 仅随 β 值而变化。同样，α-T 曲线也与 a_{max}-T 曲线的形状相同，只是纵坐标为 $\frac{a_{max}}{g}$。

3.2.5　抗震设计反应谱

影响地震反应谱的因素很多，结构体系的阻尼、地震动的特性等都将影响地震反应谱曲线。并且地震是随机的，不同的加速度时程 $\ddot{x}_g(t)$ 可以算得不同的反应谱曲线。在进行工程结构设计时，由于无法预知该建筑物将会遭遇到怎样的地震，也就无法确定相应的地震反应谱。因此，仅用某一次地震加速度时程所得到的反应谱曲线作为设计标准来计算地震作用是不恰当的。而且，依据某一次地震所绘制的反应谱曲线极为不规则，很难在实际抗震设计中应用。为此，必须根据同一场地上所得到的大量强震地面运动加速度记录分别计算出相应的反应谱曲线，按照影响反应谱曲线形状的因素进行分类，然后按每种分类进行统计分析，求出其中最有代表性的平均反应谱曲线（通常称其为标准反应谱）。

抗震设计反应谱即是以标准反应谱为基础，基于可靠度理论而人为拟订的规则平滑反应谱。

1. 地震影响系数谱曲线

GB J11—1989《建筑抗震设计规范》（简称《89 规范》）提出了反映地震和场地特征的地震影响系数 α-T 曲线。它是设计反应谱的具体表达，其周期范围是 0～3s，阻尼比为 0.05，适用于一般的砖石结构和钢筋混凝土结构。

近些年来，随着高层建筑高度的不断增加以及高层钢结构、隔震消能结构的出现，《89 规范》的设计反应谱已经不能适应建筑结构发展的需要。2001 年我国对《89 规范》进行了修订，修订后的设计反应谱其范围由 3s 延伸到 6s，在 $5T_g$ 以内与《89 规范》相同，从 $5T_g$ 起改为倾斜下降段，斜率为 0.02，保持了规范的延续性，如图 3-9 所示。

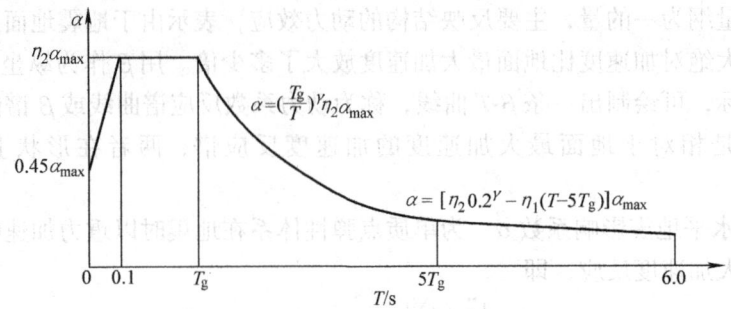

图 3-9 地震影响系数谱曲线

α—地震影响系数 α_{max}—地震影响系数最大值 η_1—直线下降段的下降斜率调整系数
γ—衰减指数 T_g—特征周期 η_2—阻尼调整系数 T—结构自振周期

2. 地震影响系数最大值 α_{max}

由 $\alpha = k\beta$ 知：当基本烈度确定后，地震系数 k 为常数，水平地震影响系数 α 仅随 β 值而变化。通过大量的计算分析表明，在相同阻尼比情况下，β 的最大值 β_{max} 的离散性不是很大。为简化计算，《建筑抗震设计规范》取 $\beta_{max} = 2.25$（对应 $\zeta = 0.05$）。进而有 $\alpha_{max} = k\beta_{max} = 2.25k$，由此可以得到水平影响系数最大值 α_{max} 与基本烈度的关系。

为了把"三水准设防"和"两阶段设计"的设计原则具体化、规范化，确定了对应第二水准（基本烈度）要求的 α_{max} 之后，还需确定对应于低于本地区设防烈度的多遇地震和高于本地区设防烈度的罕遇地震的 α_{max} 值。

根据统计资料，多遇地震烈度比基本烈度低约 1.55 度，其对应的 k 值约为相应基本烈度 k 值的 1/3 左右，相当于地震作用值乘以 0.35，从而得到用于第一阶段设计验算的水平地震影响系数最大值。而罕遇地震烈度比基本烈度高 1 度左右（在不同的基本烈度地区有所差别），其对应的 k 值相当于基本烈度对应 k 值的 1.5~2.2 倍，从而可以得到用于第二阶段设计验算的水平地震影响系数最大值。具体数值列于表 3-3。

表 3-3 水平地震影响系数最大值 α_{max}

地震影响	设防烈度			
	6 度	7 度	8 度	9 度
多遇地震	0.04	0.08(0.12)	0.16(0.24)	0.32
罕遇地震	0.28	0.50(0.72)	0.90(1.20)	1.40

注：括号中数值分别用于设计基本地震加速度为 $0.15g$ 和 $0.30g$ 的地区。

在图 3-9 中，当自振周期 $T = 0$ 时，结构视为一刚体，其最大反应加速度将与地面加速度相等，即 $\beta = 1$，故此时

$$\alpha = k \frac{k\beta_{max}}{\beta_{max}} = \frac{\alpha_{max}}{2.25} = 0.45\alpha_{max}$$

即 $0.45\alpha_{max}$ 对应于 $\beta=1$(不放大)时的地震动；α_{max} 对应于 $\beta=2.25$ 时的地震动。

3. 特征周期 T_g

宏观震害资料表明，在强震中距震中较远的高柔建筑，其震害比发生在同一地区的中、小地震中距震中较近的严重得多，这说明随着震源机制不同、震级大小、震中距远近的变化，在同样场地条件的反应谱形状有较大差别。

特征周期 T_g 是反应谱峰值拐点处的周期，反映了当结构的自振周期与场地自振周期相等或接近时，由于共振作用使得结构的地震反应放大。特征周期对应的反应谱的峰值位置与场地类别和震中距直接相关，在《89规范》中，适当考虑了震级、震中距对谱形状的影响，区分为抗震设计近震和抗震设计远震两组地震影响系数曲线。我国新的地震动参数区划图已较好地考虑了地震震级大小、震中距和场地条件的影响，将同一类场地的反应谱特征周期分为三个区。在 GB 50011—2010《建筑抗震设计规范》中分为三个组，分别为第一组、第二组和第三组。

特征周期 T_g 应根据场地类别和设计地震分组按表3-4采用。计算8、9度罕遇地震作用时，其值应增加0.05s。

表3-4 特征周期值 （单位：s）

设计地震分组	场地类别				
	I_0	I_1	II	III	IV
第一组	0.20	0.25	0.35	0.45	0.65
第二组	0.25	0.30	0.40	0.55	0.75
第三组	0.30	0.35	0.45	0.65	0.90

4. 建筑结构地震影响系数曲线的阻尼调整和形状参数

当建筑结构的阻尼比 ζ 按有关规定不等于0.05时，地震影响系数曲线的阻尼调整系数和形状参数应符合下列规定：

1) 曲线下降段的衰减指数 γ 应按下式确定

$$\gamma = 0.9 + \frac{0.05 - \zeta}{0.3 + 6\zeta}$$

2) 直线下降段的下降斜率调整系数 η_1 应按下式确定

$$\eta_1 = 0.02 + \frac{0.05 - \zeta}{4 + 32\zeta}$$

当 $\eta_1 < 0$ 时，取 $\eta_1 = 0$。

3) 阻尼调整系数 η_2 应按下式确定

$$\eta_2 = 1 + \frac{0.05 - \zeta}{0.08 + 1.6\zeta}$$

当 $\eta_2 < 0.55$ 时，取 $\eta_2 = 0.55$。

【例题 3-1】 一单层单跨框架如图 3-10a 所示。假设屋盖平面内刚度为无穷大，屋盖重力荷载代表值为 2240kN。忽略柱的自重，框架柱抗侧移刚度系数为 $K_1 = K_2 = 5.2 \times 10^3$ kN/m，结构阻尼比 0.05。已知设防烈度为 7 度，设计基本地震加速度为 $0.10g$，设计地震分组为第一组，Ⅱ类场地。试求该结构在多遇地震时的水平地震作用。

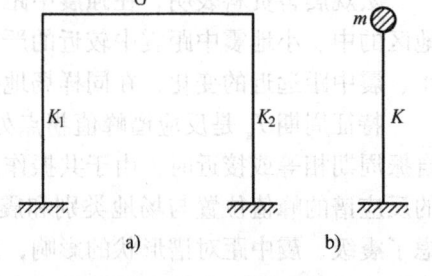

图 3-10　例题 3-1 图
a) 单层单跨框架　b) 计算模型

【解】　由于结构的质量集中于屋盖处，水平振动时可以简化为单自由度体系，如图 3-10b 所示。

1) 求结构体系的自振周期 T。

质点集中质量 $m = \dfrac{G}{g} = \dfrac{2240}{9.8} \times 10^3 \text{kg} = 228.6 \times 10^3 \text{kg}$

柱抗侧移刚度为两柱抗侧移刚度之和，即 $K = K_1 + K_2 = 10.4 \times 10^3$ kN/m

结构自振周期为 $T = 2\pi\sqrt{\dfrac{m}{K}} = 2\pi\sqrt{\dfrac{228.6 \times 10^3}{10.4 \times 10^3 \times 10^3}}\text{s} = 0.93\text{s}$

2) 多遇地震时的水平地震作用。当设防烈度为 7 度（设计基本地震加速度为 $0.10g$）且为多遇地震时，查表 3-3 得 $\alpha_{\max} = 0.08$；由Ⅱ类场地、设计地震分组为第一组，查表 3-4 得特征周期 $T_g = 0.35\text{s}$。由于阻尼比 $\zeta = 0.05$，则知 $\gamma = 0.9$，$\eta_1 = 0.02$，$\eta_2 = 1.0$。

因 $T_g < T < 5T_g = 1.75\text{s}$，所以 α 处于地震影响系数曲线下降段，即

$$\alpha = \left(\frac{T_g}{T}\right)^\gamma \eta_2 \alpha_{\max} = \left(\frac{0.35}{0.93}\right)^{0.9} \times 1.0 \times 0.08 = 0.033$$

则多遇地震时的水平地震作用为 $F = \alpha G = 0.033 \times 2240\text{kN} = 74.3\text{kN}$

3.3　多自由度弹性体系水平地震反应分析

在实际的建筑结构中，大量的多（高）层工业与民用建筑、工业厂房等，由于质量比较分散，都应简化为多自由度体系来分析。多自由度弹性体系的地震反应分析要比单自由度弹性体系复杂得多，本节将重点介绍两种基本方法：振型分解反应谱法和底部剪力法。

3.3.1 水平地震作用下多自由度体系的运动方程

对于大多数质量和刚度分布比较均匀和对称的多（高）层结构，往往不需要考虑地震作用转动分量的影响，只在结构的两个主轴方向分别考虑水平地震作用，所以，在单一方向水平地震作用下的一个 n 质点的结构体系自由度数为 n。

图 3-11 给出的是多自由度体系在单向水平地震 $x_g(t)$ 作用下的变形示意图。取任意质点 i 为隔离体，m_i 为该质点的集中质量，则作用在其上的力有：

惯性力 $f_{Ii}(t)$

$$f_{Ii}(t) = -m_i[\ddot{x}_i(t) + \ddot{x}_g(t)]$$

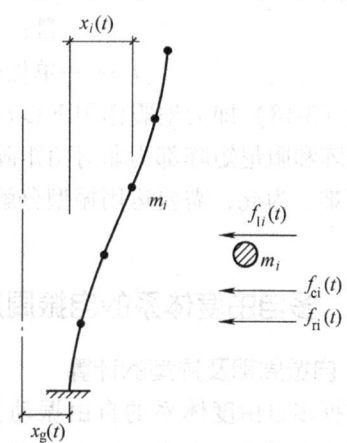

图 3-11 地震作用下多自由度体系计算简图

弹性恢复力 $f_{ri}(t)$

$$f_{ri}(t) = -[K_{i1}x_1(t) + K_{i2}x_2(t) + \cdots + K_{in}x_n(t)] = -\sum_{j=1}^{n} K_{ij}x_j(t)$$

阻尼力 $f_{ci}(t)$

$$f_{ci}(t) = -[C_{i1}\dot{x}_1(t) + C_{i2}\dot{x}_2(t) + \cdots C_{in}\dot{x}_n(t)] = -\sum_{j=1}^{n} C_{ij}\dot{x}_j(t)$$

式中 $x_i(t)$、$\dot{x}_i(t)$、$\ddot{x}_i(t)$——质点 i 在 t 时刻相对于基础的位移、速度和加速度；

K_{ij}——刚度系数，即为质点 j 处产生单位侧移，而其他质点保持不动时，在质点 i 处引起的弹性反力；

C_{ij}——阻尼系数，即质点 j 处产生单位速度，而其他质点保持不动时，在质点 i 处产生的阻尼力。

根据达朗贝尔（D'Alembert）原理，以上作用在质点上的三种力在质点运动的任一瞬时都保持相互平衡，即

$$f_{Ii}(t) + f_{ri}(t) + f_{ci}(t) = 0$$

进一步得到

$$m_i\ddot{x}_i(t) + \sum_{j=1}^{n} C_{ij}\dot{x}_j(t) + \sum_{j=1}^{n} K_{ij}x_j(t) = -m_i\ddot{x}_g(t)$$

体系有 n 个质点，可写出 n 个如上式的方程，将其组成微分方程组并用矩阵形式表达为

$$[M]\{\ddot{x}(t)\} + [C]\{\dot{x}(t)\} + [K]\{x(t)\} = -[M]\{I\}\ddot{x}_g(t) \qquad (3-18)$$

式中　　　　　　　　$[M]$——质量矩阵，是一对角矩阵；
　　　　　　　　　$[K]$、$[C]$——刚度矩阵和阻尼矩阵，两者均为 $n \times n$ 阶方阵；
　　$\{x(t)\}$、$\{\dot{x}(t)\}$、$\{\ddot{x}(t)\}$——各质点相对于基础的位移、速度和加速度的列矢量；
　　　　　　　　　$\{I\}$——单位列矢量。

　　式（3-18）即为地震作用下多自由度有阻尼体系的运动方程。由于方程中的刚度矩阵和阻尼矩阵都为非对角矩阵，存在着耦联，这样给运动方程的求解带来很大困难。为此，需要运用振型分解和振型正交性原理来进行解耦，以简化求解过程。

3.3.2　多自由度体系的自振周期与振型分析

1. 自振周期及振型的计算

根据多自由度体系的自由振动分析可以得到体系的自振周期（自振频率）以及相应的振型。由式（3-18）可以得到多自由度体系的无阻尼自由振动方程

$$[M]\{\ddot{x}(t)\} + [K]\{x(t)\} = 0 \quad (3-19)$$

设其解的形式为

$$\{x(t)\} = \{X\}\sin(\omega t + \phi)$$

式中　$\{X\}$——体系的振动幅值向量；
　　　ϕ——初相角。

微分两次得到

$$\{\ddot{x}(t)\} = -\omega^2 \{X\}\sin(\omega t + \phi) = -\omega^2 \{x(t)\}$$

将 $\{x(t)\}$、$\{\ddot{x}(t)\}$ 的表达式代入式（3-19），因 $\sin(\omega t + \phi) \neq 0$，可以得到

$$([K] - \omega^2[M])\{X\} = 0 \quad (3-20)$$

由于体系振动过程中 $\{X\} \neq 0$（否则体系就不可能产生振动），因此，为了得到 $\{X\}$ 的非零解，根据线性代数理论，式（3-20）的系数行列式必须等于零，即

$$|[K] - \omega^2[M]| = \begin{vmatrix} K_{11} - \omega^2 m_1 & K_{12} \cdots & K_{1i} & K_{1n} \\ K_{21} & K_{22} - \omega^2 m_2 \cdots & K_{2i} \cdots & K_{2n} \\ \vdots & \vdots & \vdots & \vdots \\ K_{i1} & K_{i2} \cdots & K_{ii} - \omega^2 m_i \cdots & K_{in} \\ \vdots & \vdots & \vdots & \vdots \\ K_{n1} & K_{n2} \cdots & K_{ni} \cdots & K_{nn} - \omega^2 m_n \end{vmatrix}$$

$$= 0 \quad (3-21)$$

式（3-21）称为体系的频率方程或特征方程。展开后是一个以 ω^2 为未知数

的 n 次代数方程,求解可以得到方程的 n 个根(特征值),将其由小到大顺序地排列为 $\omega_1^2 < \omega_2^2 < \cdots < \omega_n^2$,即为体系的 n 个自振频率。利用式(3-5)可以求得个 n 自振周期,将其由大到小顺序地排列为 $T_1 > T_2 > \cdots > T_n$。自振频率 ω_1 和自振周期 T_1 称为第一频率和第一周期(或基本频率和基本周期)。

将求得的自振频率值依次回代到式(3-20),便可得到对应于每一频率值时体系各质点的相对振幅值。在振动过程中的任意时刻,体系各个质点振幅之间的比例始终保持不变。用这些相对振幅值绘制的体系各质点的侧移曲线就是对应于该频率的主振型,或简称为振型。与 ω_1 相应的振型称为第一振型或基本振型,其他则统称为高阶振型。通常,体系有多少个自由度就有多少个频率,相应的就有多少个主振型,它们是体系的固有特性。

【例题 3-2】 图 3-12a 所示为某两层框架结构的计算简图,楼面和屋面的集中质量均为 m,各层层间剪切刚度均为 K,试求该结构的自振频率和振型。

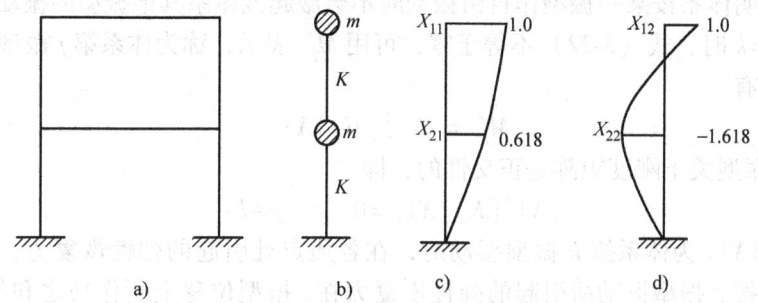

图 3-12 例题 3-2 图

【解】 结构为二自由度体系,其质量矩阵和刚度矩阵分别为

$$[M] = \begin{bmatrix} m & 0 \\ 0 & m \end{bmatrix}, \quad [K] = \begin{bmatrix} 2K & -K \\ -K & K \end{bmatrix}$$

由式(3-21)得频率方程为 $|[K] - \omega^2[M]| = \begin{vmatrix} 2K - \omega^2 m & -K \\ -K & K - \omega^2 m \end{vmatrix} = 0$

将上式展开,解得

$$\omega^2 = \frac{3Km \pm \sqrt{(3Km)^2 - K^2 m^2}}{2m^2} = (1.5 \pm 1.118)\frac{K}{m}$$

则 $\omega_1 = \sqrt{(1.5 - 1.118)\frac{K}{m}} = 0.618\sqrt{\frac{K}{m}}$, $\omega_2 = \sqrt{(1.5 + 1.118)\frac{K}{m}} = 1.618\sqrt{\frac{K}{m}}$

将 ω_1、ω_2 分别代入式(3-20),解得

第一振型 $\dfrac{X_{11}}{X_{21}} = \dfrac{2K - 0.382K}{K} = \dfrac{1}{0.618}$

第二振型 $\dfrac{X_{12}}{X_{22}} = \dfrac{2K - 2.618K}{K} = -\dfrac{1}{1.618}$

相应的体系第一、第二振型曲线如图 3-12c、d 所示。

2. 主振型的正交性

多自由度弹性体系作自由振动时,各振型对应的频率各不相同,任意两个不同的振型之间存在着正交性。

1) 振型关于质量矩阵是正交的,即

$$\{X\}_j^T [M] \{X\}_k = 0 \quad (j \ne k) \tag{3-22}$$

式中 $\{X\}_j、\{X\}_k$ ——体系第 $j、k$ 振型的振幅矢量。

其物理意义是:某一振型在振动过程中所引起的惯性力不在其他振型上做功,这说明体系按某一振型作自由振动时不会激起该体系其他振型的振动。

当 $j = k$ 时,式 (3-22) 不等于零,可用 M_j^* 表示,称为体系第 j 振型的广义质量,则有

$$M_j^* = \{X\}_j^T [M] \{X\}_j \tag{3-23}$$

2) 振型关于刚度矩阵是正交性的,即

$$\{X\}_j^T [K] \{X\}_k = 0 \quad \{j \ne k\} \tag{3-24}$$

$[K]\{X\}_k$ 为体系按 k 振型振动时,在各质点处引起的弹性恢复力,上式表示该体系按 k 振型振动所引起的弹性恢复力在 j 振型位移上所作功之和等于零,即体系按某一振型振动时,它的势能不会转移到其他振型上去。

当 $j = k$ 时,式 (3-24) 不等于零,可用 K_j^* 表示,称为体系第 j 振型的广义刚度,则有

$$K_j^* = \{X\}_j^T [K] \{X\}_j \tag{3-25}$$

3) 振型关于阻尼矩阵是正交的,由于阻尼矩阵是质量矩阵和刚度矩阵的线性组合,运用振型关于质量和刚度矩阵的正交性原理,振型关于阻尼矩阵也是正交的,即

$$\{X\}_j^T [C] \{X\}_k = 0 \quad (j \ne k) \tag{3-26}$$

同理,当 $j = k$ 时,可得 j 振型的广义阻尼 C_j^* 为

$$C_j^* = \{X\}_j^T [C] \{X\}_j \tag{3-27}$$

3. 振型分解

按照振型叠加原理,任一质点 m_i 在任一时刻的位移 $x_i(t)$ 可以通过振型的线性组合来表示,即

$$x_i(t) = \sum_{j=1}^{n} q_j(t) X_{ji} \tag{3-28}$$

$q_j(t)$ 实际上表示在质点任一时刻的位移中第 j 振型所占的分量,称为第 j 振型的广义坐标,是以振型为坐标系的位移值,与 $x_i(t)$ 一样是时间的函数。

写成矩阵形式

$$\{x(t)\} = [X]\{q(t)\} \tag{3-29a}$$

式中

$$\{x(t)\} = \begin{Bmatrix} x_1(t) \\ x_2(t) \\ \vdots \\ x_i(t) \\ \vdots \\ x_n(t) \end{Bmatrix}; \quad [X] = \begin{Bmatrix} \{X\}_1 \\ \{X\}_2 \\ \vdots \\ \{X\}_i \\ \vdots \\ \{X\}_n \end{Bmatrix} = \begin{bmatrix} X_{11} & X_{21} & \cdots & X_{j1} & \cdots & X_{n1} \\ X_{12} & X_{22} & \cdots & X_{j2} & \cdots & X_{n2} \\ \vdots & \vdots & & \vdots & & \vdots \\ X_{1i} & X_{2i} & \cdots & X_{ji} & \cdots & X_{ni} \\ \vdots & \vdots & & \vdots & & \vdots \\ X_{1n} & X_{2n} & \cdots & X_{jn} & \cdots & X_{nn} \end{bmatrix};$$

$$\{q(t)\} = \begin{Bmatrix} q_1(t) \\ q_2(t) \\ \vdots \\ q_j(t) \\ \vdots \\ q_n(t) \end{Bmatrix}$$

同理,结构体系的速度列矢量、加速度列矢量可分别表示为

$$\{\dot{x}(t)\} = [X]\{\dot{q}(t)\} \tag{3-29b}$$

$$\{\ddot{x}(t)\} = [X]\{\ddot{q}(t)\} \tag{3-29c}$$

以上三式即为多自由度弹性体系的各种反应量按振型进行分解的表达式。

3.3.3 利用振型分解法求解多自由度弹性体系的地震反应

将式 (3-29) 代入运动方程式 (3-18),得到

$$[M][X]\{\ddot{q}(t)\} + [C][X]\{\dot{q}(t)\} + [K][X]\{q(t)\} = -[M]\{I\}\ddot{x}_g(t)$$

将上式等号两边各项左乘 $\{X\}_j^T$,得

$$\{X\}_j^T[M][X]\{\ddot{q}(t)\} + \{X\}_j^T[C][X]\{\dot{q}(t)\} + \{X\}_j^T[k][X]\{q(t)\}$$
$$= -\{X\}_j^T[M]\{I\}\ddot{x}_g(t) \tag{3-30}$$

根据振型关于质量矩阵、刚度矩阵和阻尼矩阵的正交性原理对上式进行化简,具体过程如下:

式(3-30)等号左边的第一项为

$$\{X\}_j^T[M][X]\{\ddot{q}(t)\} = \{X\}_j^T[M][\{X\}_1 \{X\}_2 \cdots \{X\}_j \cdots \{X\}_n] \begin{Bmatrix} \ddot{q}_1(t) \\ \ddot{q}_2(t) \\ \vdots \\ \ddot{q}_j(t) \\ \vdots \\ \ddot{q}_n(t) \end{Bmatrix}$$

$$= \{X\}_j^T[M]\{X\}_1 \ddot{q}_1(t) + \{X\}_j^T[M]\{X\}_2 \ddot{q}_2(t) + \cdots$$
$$+ \{X\}_j^T[M]\{X\}_j \ddot{q}_j(t) + \cdots + \{X\}_j^T[M]\{X\}_n \ddot{q}_n(t)$$

可知上式中除了 $\{X\}_j^T[M]\{X\}_j \ddot{q}_j(t)$ 一项以外,其余项均等于零,故得

$$\{X\}_j^T[M]\{X\}\{\ddot{q}(t)\} = \{X\}_j^T[M]\{X\}_j \ddot{q}_j(t)$$

同理,式(3-30)等号右边第二项和第三项,利用振型对阻尼矩阵和刚度矩阵的正交性可写成

$$\{X\}_j^T[C]\{X\}\{\dot{q}(t)\} = \{X\}_j^T[C]\{X\}_j \dot{q}_j(t)$$
$$\{X\}_j^T[K]\{X\}\{q(t)\} = \{X\}_j^T[K]\{X\}_j q_j(t)$$

代回式(3-30),整理得到

$$\{X\}_j^T[M]\{X\}_j \ddot{q}_j(t) + \{X\}_j^T[C]\{X\}_j \dot{q}_j(t) + \{X\}_j^T[K]\{X\}_j q_j(t)$$
$$= -\{X\}_j^T[M]\{I\} \ddot{x}_g(t)$$

再引入式(3-23)、式(3-25)、式(3-27)的广义质量、广义刚度和广义阻尼的符号,则上式可写成

$$M_j^* \ddot{q}_j(t) + C_j^* \dot{q}_j(t) + K_j^* q_j(t) = -\{X\}_j^T[M]\{I\} \ddot{x}_g(t) \qquad (3-31)$$

广义阻尼、广义刚度与广义质量有下列关系

$$\left. \begin{array}{l} C_j^* = 2\zeta_j \omega_j M_j^* \\ K_j^* = \omega_j^2 M_j^* \end{array} \right\} \qquad (3-32)$$

式中 ζ_j、ω_j——体系第 j 振型的阻尼比和圆频率。

将式(3-32)代入式(3-31),并用 j 振型的广义质量除等式两端,得

$$\ddot{q}_j(t) + 2\zeta_j \omega_j \dot{q}_j(t) + \omega_j^2 q_j(t) = \frac{-\{X\}_j^T[M]\{I\}}{\{X\}_j^T[M]\{X\}_j} \ddot{x}_g(t) = -\gamma_j \ddot{x}_g(t) \quad \{j = 1, 2, \cdots, n\}$$

(3-33)

式中 γ_j——j 振型的振型参与系数，表达式为

$$\gamma_j = \frac{\{X\}_j^T[M]\{I\}}{\{X\}_j^T[M]\{X\}_j} = \frac{\sum_{i=1}^{n} m_i X_{ji}}{\sum_{i=1}^{n} m_i X_{ji}^2} = \frac{\sum_{i=1}^{n} X_{ji} G_i}{\sum_{i=1}^{n} X_{ji}^2 G_i} \qquad (3\text{-}34)$$

γ_j 实际上是当各质点位移 $x_1 = x_2 = \cdots x_j = \cdots = x_n = 1$ 时的 q_j 值，满足以下关系式

$$\sum_{j=1}^{n} \gamma_j X_{ji} = 1 \qquad (j = 1,2,\cdots,n) \qquad (3\text{-}35)$$

在式（3-33）中，依次取 $j = 1$，2，$\cdots$，n，可得 n 个独立微分方程，即在每一方程中仅含有一个未知量 q_j，由此可分别解得 q_1，q_2，$\cdots$，q_n。可以看到，式（3-33）与单自由度体系在地震作用下的运动微分方程式（3-3）在形式上基本相同，只是等号右边多了一个系数 γ_j，所以方程式（3-33）的解可以比照方程式（3-3）的解写出

$$q_j(t) = -\frac{\gamma_j}{\omega_j} \int_0^t \ddot{x}_g(\tau) e^{-\zeta_j \omega_j (t-\tau)} \sin\omega_j(t-\tau) d\tau \qquad (3\text{-}36)$$

或

$$q_j(t) = \gamma_j \Delta_j(t) \qquad (3\text{-}37)$$

式中

$$\Delta_j(t) = -\frac{1}{\omega_j} \int_0^t \ddot{x}_g(\tau) e^{-\zeta_j \omega_j (t-\tau)} \sin\omega_j(t-\tau) d\tau \qquad (3\text{-}38)$$

$\Delta_j(t)$ 即相当于阻尼比为 ζ_j、自振频率为 ω_j 的单自由度弹性体系在地震作用下的位移反应。

将式（3-36）代入式（3-28），得

$$x_i(t) = \sum_{j=1}^{n} q_j(t) X_{ji} = \sum_{j=1}^{n} \gamma_j \Delta_j(t) X_{ji} \qquad (3\text{-}39)$$

由式（3-39）可知，多自由度弹性体系在地震作用下任一质点处水平位移 $x_i(t)$ 可通过分解为各阶振型的地震反应来求解，故称振型分解法。

3.3.4 多自由度弹性体系的水平地震作用

1. 振型分解反应谱法

多自由度弹性体系在地震时质点所受的惯性力就是质点的地震作用。因此质点 i 上的水平地震作用可表示为

$$F_i(t) = -m_i[\ddot{x}_g(t) + \ddot{x}_i(t)] \qquad (3\text{-}40)$$

由式（3-35）知 $\sum_{j=1}^{n} \gamma_j X_{ji} = 1$，故 $\ddot{x}_g(t)$ 可以写成如下形式

$$\ddot{x}_g(t) = \sum_{j=1}^{n} \gamma_j \ddot{x}_g(t) X_{ji}$$

将上式及式（3-39）代入（3-40），得

$$F_i(t) = -m_i \sum_{j=1}^{n} \gamma_j X_{ji} [\ddot{x}_g(t) + \ddot{\Delta}_i(t)] \tag{3-41}$$

$F_i(t)$的最大值即为作用在体系上的最大水平地震作用，但计算$|F_i(t)|_{max}$比较繁杂，工程中通常采用的方法是先求出对应于每一振型的最大地震作用及其相应的地震作用效应，然后将这些效应进行组合。具体计算过程如下。

作用在第j振型第i质点上的地震作用（见图3-13）最大值为

$$F_{ji} = |F_{ji}(t)|_{max} = m_i \gamma_j X_{ji} |\ddot{x}_g(t) + \ddot{\Delta}_j(t)|_{max} = m_i \gamma_j X_{ji} a_{max}(\zeta_j, \omega_j) \tag{3-42}$$

将$\alpha_j = a_{max}(\zeta_j, \omega_j)/g$和$G_i = m_i g$代入上式，得到利用振型分解反应谱法求解$j$振型$i$质点的水平地震作用标准值的计算公式

$$F_{ji} = \alpha_j \gamma_j X_{ji} G_i (i = 1,2,\cdots,n; j = 1,2,\cdots,n) \tag{3-43}$$

式中　α_j——相应于j振型自振周期T_j的水平地震影响系数，按图3-9确定；
　　　γ_j——j振型的振型参与系数，按式（3-34）计算；
　　　X_{ji}——j振型i质点的振型位移；
　　　G_i——质点i的重力荷载代表值。

对于层间剪切型结构，j振型地震作用下各楼层水平地震层间剪力按下式计算

$$V_{ji} = \sum_{k=i}^{n} F_{jk} \quad (i = 1,2,\cdots,n) \tag{3-44}$$

由式（3-43）可知，振型分解反应谱法确定的相应于各振型的地震作用F_{ji}均为最大值。所以，按F_{ji}所求得的地震作用效应S_j也是最大值。但是，相应于各振型的最大地震作用效应S_j不会同时发生，这样就出现了如何将S_j进行组合以确定合理的地震作用效应问题。《建筑抗震设计规范》基于地震时地面运动为平稳随机过程且各振型地震效应之间相互独立的假定，给出了多质点弹性体系地震作用效应的平方和开方法（SRSS法），即

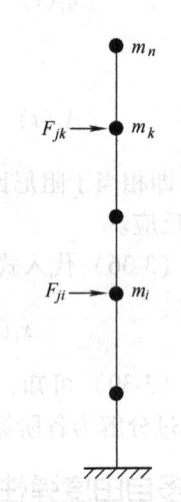

图3-13　j振型水平地震作用

$$S_{Ek} = \sqrt{\sum S_j^2} \tag{3-45}$$

式中　S_j——j振型水平地震作用产生的作用效应，包括弯矩、剪力、轴向力等内力及变形；
　　　S_{Ek}——考虑振型组合后的结构总地震作用效应。

必须注意，将各振型的地震作用效应以平方和开方法求得结构地震作用效应，与将各振型的地震作用先以平方和开方法进行组合，随后计算其作用效应，两者的结果是不同的。因为地震作用有正有负，经平方后，全为正值，故采用后

一方法时,将夸大结构所受的地震作用效应。

一般,各个振型在地震总反应中的贡献随着频率的增加而迅速减少,故频率最低的几个振型往往控制着最大反应。在实际计算中一般采用 2~3 个振型即可。《建筑抗震设计规范》规定,当基本周期大于 1.5s 或房屋高宽比大于 5 时,考虑到周期较长的结构的各个自振频率较接近,可适当增加参与组合的振型个数。

【例题 3-3】 图 3-14a 所示为位于泉州市的某三层框架结构示意图,已知 $G_1 = G_2 = 26.46$kN, $G_3 = 17.64$kN, $K_1 = 1800$kN/m, $K_2 = 1200$kN/m, $K_3 = 600$kN/m,各层层高均为 3.5m。Ⅱ类场地,阻尼比 ζ 取 0.05。试用振型分解反应谱法计算多遇地震时结构的层间地震剪力及顶层位移。

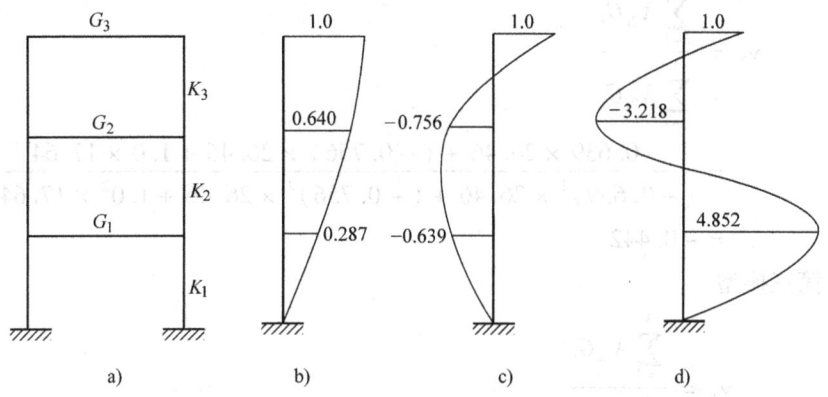

图 3-14 例题 3-3 图

【解】 1) 计算结构体系的自振周期和振型(过程略)。

$$T_1 = 0.573\text{s}, \{X\}_1^T = \{0.287 \quad 0.640 \quad 1.0\}^T$$
$$T_2 = 0.260\text{s}, \{X\}_2^T = \{-0.639 \quad -0.756 \quad 1.0\}^T$$
$$T_3 = 0.167\text{s}, \{X\}_3^T = \{4.852 \quad -3.218 \quad 1.0\}^T$$

振型曲线如图 3-14b~d 所示。

2) 计算各振型的地震影响系数 α_j。查附录 B 知泉州市抗震设防烈度为 7 度(设计基本地震加速度为 0.15g)、设计地震分组为第二组。根据表 3-3 知多遇地震时 $\alpha_{\max} = 0.12$;由表 3-4 查得Ⅱ类场地、设计地震分组为第二组的 $T_g = 0.40$s;当阻尼比 $\zeta = 0.05$ 时, $\gamma = 0.9$, $\eta_1 = 0.02$, $\eta_2 = 1.0$。

根据图 3-9 的地震影响系数谱曲线,可知:

第一振型, $T_g < T_1 < 5T_g$, 处于曲线指数下降段,故

$$\alpha_1 = \left(\frac{T_g}{T_1}\right)^\gamma \eta_2 \alpha_{\max} = \left(\frac{0.40}{0.573}\right)^{0.9} \times 1.0 \times 0.12 = 0.087$$

第二振型，$0.1s < T_2 < T_g$，处于曲线平台段，故 $\alpha_2 = \alpha_{max} = 0.12$。
第三振型，$0.1s < T_3 < T_g$，处于曲线平台段，故 $\alpha_3 = \alpha_{max} = 0.12$。

3）计算各振型的振型参与系数 γ_j。

第一振型

$$\gamma_1 = \frac{\sum_{i=1}^{3} X_{1i} G_i}{\sum_{i=1}^{3} X_{1i}^2 G_i} = \frac{0.287 \times 26.46 + 0.640 \times 26.46 + 1.0 \times 17.64}{0.287^2 \times 26.46 + 0.640^2 \times 26.46 + 1.0^2 \times 17.64} = 1.375$$

第二振型

$$\gamma_2 = \frac{\sum_{i=1}^{3} X_{2i} G_i}{\sum_{i=1}^{3} X_{2i}^2 G_i}$$

$$= \frac{-0.639 \times 26.46 + (-0.756) \times 26.46 + 1.0 \times 17.64}{(-0.639)^2 \times 26.46 + (-0.756)^2 \times 26.46 + 1.0^2 \times 17.64}$$

$$= -0.442$$

第三振型

$$\gamma_3 = \frac{\sum_{i=1}^{3} X_{3i} G_i}{\sum_{i=1}^{3} X_{3i}^2 G_i}$$

$$= \frac{4.852 \times 26.46 + (-3.218) \times 26.46 + 1.0 \times 17.64}{4.852^2 \times 26.46 + (-3.218)^2 \times 26.46 + 1.0^2 \times 17.64}$$

$$= 0.047$$

4）计算各振型各楼层的水平地震作用。

第一振型　　$F_{1i} = \alpha_1 \gamma_1 X_{1i} G_i$

　　　　　　$F_{11} = 0.087 \times 1.375 \times 0.287 \times 26.46 \text{kN} = 0.908 \text{kN}$

　　　　　　$F_{12} = 0.087 \times 1.375 \times 0.640 \times 26.46 \text{kN} = 2.026 \text{kN}$

　　　　　　$F_{13} = 0.087 \times 1.375 \times 1.0 \times 17.64 \text{kN} = 2.11 \text{kN}$

第二振型　　$F_{2i} = \alpha_2 \gamma_2 X_{2i} G_i$

　　　　　　$F_{21} = 0.12 \times (-0.442) \times (-0.639) \times 26.46 \text{kN} = 0.897 \text{kN}$

　　　　　　$F_{22} = 0.12 \times (-0.442) \times (-0.756) \times 26.46 \text{kN} = 1.06 \text{kN}$

　　　　　　$F_{23} = 0.12 \times (-0.442) \times 1.0 \times 17.64 \text{kN} = -0.936 \text{kN}$

第三振型　　$F_{3i} = \alpha_3 \gamma_3 X_{3i} G_i$

$$F_{31} = 0.12 \times 0.047 \times 4.852 \times 26.46 \text{kN} = 0.724 \text{kN}$$
$$F_{32} = 0.12 \times 0.047 \times (-3.218) \times 26.46 \text{kN} = -0.48 \text{kN}$$
$$F_{33} = 0.12 \times 0.047 \times 1.0 \times 17.64 \text{kN} = 0.099 \text{kN}$$

5) 计算各振型的地震作用效应。

第一振型 $V_{1i} = \sum_{k=i}^{n} F_{1k}$

$$V_{11} = (2.11 + 2.026 + 0.908) \text{kN} = 5.044 \text{kN}$$
$$V_{12} = (2.11 + 2.026) \text{kN} = 4.136 \text{kN}$$
$$V_{13} = 2.11 \text{kN}$$

第二振型 $V_{2i} = \sum_{k=i}^{n} F_{2k}$

$$V_{21} = (-0.936 + 1.06 + 0.897) \text{kN} = 1.021 \text{kN}$$
$$V_{22} = (-0.936 + 1.06) \text{kN} = 0.124 \text{kN}$$
$$V_{23} = -0.936 \text{kN}$$

第三振型 $V_{3i} = \sum_{k=i}^{n} F_{3k}$

$$V_{31} = (0.724 - 0.48 + 0.099) \text{kN} = 0.343 \text{kN}$$
$$V_{32} = (0.099 - 0.48) \text{kN} = -0.381 \text{kN}$$
$$V_{33} = 0.099 \text{kN}$$

6) 计算水平地震作用效应——各层层间剪力。

$$S_{Ek1} = \sqrt{V_{11}^2 + V_{21}^2 + V_{31}^2} = \sqrt{5.044^2 + 1.02^2 + 0.343^2} \text{kN} = 5.16 \text{kN}$$
$$S_{Ek2} = \sqrt{V_{12}^2 + V_{22}^2 + V_{32}^2} = \sqrt{4.136^2 + 0.124^2 + (-0.381)^2} \text{kN} = 4.16 \text{kN}$$
$$S_{Ek3} = \sqrt{V_{13}^2 + V_{23}^2 + V_{33}^2} = \sqrt{2.11^2 + (-0.936)^2 + 0.099^2} \text{kN} = 2.31 \text{kN}$$

7) 计算各振型水平地震作用产生的顶点位移。

第一振型

$$\Delta_{13} = \frac{V_{11}}{K_1} + \frac{V_{12}}{K_2} + \frac{V_{13}}{K_3} = \left(\frac{5.044}{1800} + \frac{4.136}{1200} + \frac{2.11}{600}\right) \text{m} = 9.76 \times 10^{-3} \text{m}$$

第二振型

$$\Delta_{23} = \frac{V_{21}}{K_1} + \frac{V_{22}}{K_2} + \frac{V_{23}}{K_3} = \left(\frac{1.02}{1800} + \frac{0.124}{1200} + \frac{-0.936}{600}\right) \text{m} = -0.89 \times 10^{-3} \text{m}$$

第三振型

$$\Delta_{33} = \frac{V_{31}}{K_1} + \frac{V_{32}}{K_2} + \frac{V_{33}}{K_3} = \left(\frac{0.343}{1800} + \frac{-0.381}{1200} + \frac{0.099}{600}\right) \text{m} = 0.038 \times 10^{-3} \text{m}$$

8）计算水平地震作用效应——顶点位移。

$$\Delta_3 = \sqrt{\Delta_{13}^2 + \Delta_{23}^2 + \Delta_{33}^2} = \sqrt{9.76^2 + 0.89^2 + 0.038^2} \times 10^{-3}\text{m} = 9.8 \times 10^{-3}\text{m}$$

2. 底部剪力法

按振型分解反应谱法确定多自由度体系水平地震作用时需要计算结构的各阶自振周期和振型，计算量较大，一般情况下无法采用手算，必须通过计算机辅助计算。为了简化起见，对于高度不超过 40m、以剪切变形为主且质量和刚度沿高度分布比较均匀的结构，以及近似于单质点体系的结构（理论分析表明这类结构的特点是：地震位移反应以基本振型为主，可以忽略高阶振型的影响），可以采用底部剪力法进行计算。具体计算过程如下：

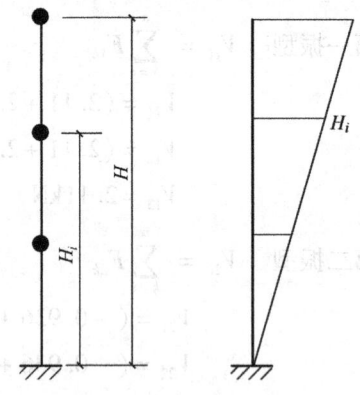

图 3-15 底部剪力法计算简图

假定这类结构体系的基本振型为倒三角形（图 3-15），即任意质点的第一振型位移与该质点距离地面的高度成正比

$$X_{1i} = \eta H_i$$

式中 η——比例常数。

根据式（3-43），作用在第 i 质点上的水平地震作用可表示为

$$F_i = F_{1i} = \alpha_1 \gamma_1 \eta H_i G_i \tag{3-46}$$

而结构底部的总剪力应为体系各质点水平地震作用之和

$$F_{Ek} = \sum_{i=1}^{n} F_i = \alpha_1 \gamma_1 \eta \sum_{i=1}^{n} H_i G_i \tag{3-47}$$

由式（3-34）知

$$\gamma_1 = \frac{\sum_{i=1}^{n} X_{ji} G_i}{\sum_{i=1}^{n} X_{ji}^2 G_i} = \frac{\sum_{i=1}^{n} G_i H_i}{\eta \sum_{i=1}^{n} G_i H_i^2}$$

代入得到

$$F_{Ek} = \alpha_1 \eta \sum_{i=1}^{n} G_i H_i \cdot \frac{\sum_{i=1}^{n} G_i H_i}{\eta \sum_{i=1}^{n} G_i H_i^2} = \alpha_1 \frac{\left(\sum_{i=1}^{n} G_i H_i\right)^2}{\sum_{i=1}^{n} G_i H_i^2} \cdot \frac{\sum_{i=1}^{n} G_i}{\sum_{i=1}^{n} G_i} = \alpha_1 \chi \sum_{i=1}^{n} G_i$$

$$\tag{3-48}$$

式中 χ——等效系数,$\chi = \dfrac{\left(\sum\limits_{i=1}^{n} G_i H_i\right)^2}{\sum\limits_{i=1}^{n} G_i H_i^2 \cdot \sum\limits_{i=1}^{n} G_i}$。

大量计算资料的统计分析表明,对于 n 质点体系,当各质点质量相等,并沿高度方向均匀分布时,$\chi = \dfrac{3(n+1)}{2(2n+1)}$。对于单质点体系,$\chi = 1$;对于无穷多质点体系,$\chi = 0.75$。《建筑抗震设计规范》规定取 $\chi = 0.85$,所以式(3-48)可改写为

$$F_{Ek} = \alpha_1 G_{eq} \tag{3-49}$$

式中 F_{Ek}——结构总水平地震作用标准值,即结构底部剪力的标准值;
  α_1——相应于结构基本自振周期的水平地震影响系数,按图3-9确定;
  G_{eq}——结构等效总重力荷载,单质点应取总重力荷载代表值,多质点可取总重力荷载代表值的85%,即 $G_{eq} = 0.85 \sum\limits_{i=1}^{n} G_i$。

在求得结构的总水平地震作用 F_{Ek} 后,就可将它分配于各个质点,以求得各质点上的地震作用。

由式(3-47)可得

$$\alpha_1 \gamma_1 \eta = \dfrac{F_{Ek}}{\sum\limits_{i=1}^{n} H_i G_i}$$

代入式(3-46),得

$$F_i = \dfrac{G_i H_i}{\sum\limits_{j=1}^{n} G_j H_j} F_{Ek} \tag{3-50}$$

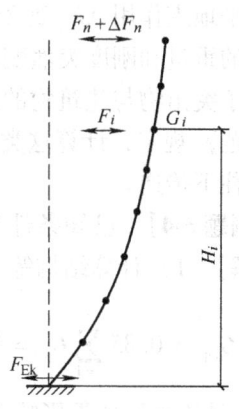

图3-16 顶部附加水平地震作用修正

需要注意的是,由于上述公式表达的地震作用分布仅考虑了第一振型的影响,故仅适用于基本周期 $T_1 \leqslant 1.4 T_g$ 的结构(其中 T_g 为特征周期)。通过大量的地震反应动力分析发现,当结构基本周期 $T_1 > 1.4 T_g$ 时,按式(3-50)计算得到的结构顶部地震剪力偏小,这是由于高阶振型对结构反应的影响主要体现在结构上部的缘故,因此对于基本周期 $T_1 > 1.4 T_g$ 的结构必须考虑到高阶振型的影响,对式(3-50)进行调整。《建筑抗震

设计规范》规定取顶部附加水平地震作用 ΔF_n 作为集中的水平力加在结构的顶部来加以修正（图3-16）。

$$\Delta F_n = \delta_n F_{Ek} \tag{3-51}$$

式中　δ_n——顶部附加地震作用系数，对于多层钢筋混凝土房屋和钢结构房屋，δ_n 可根据特征周期 T_g 及结构基本周期 T_1 由表3-5确定，对多层内框架砖房可取 $\delta_n = 0.2$，其他房屋可采用0.0。

表3-5　顶部附加地震作用系数

T_g/s	$T_1 > 1.4T_g$	$T_1 < 1.4T_g$
≤0.35	$0.08T_1 + 0.07$	
0.35~0.55	$0.08T_1 + 0.01$	0.0
>0.55	$0.08T_1 - 0.02$	

这样，修正后质点 i 的水平地震作用就成为

$$F_i = \frac{G_i H_i}{\sum_{j=1}^{n} G_j H_j} F_{Ek}(1 - \delta_n) \tag{3-52}$$

此时，结构的底部总剪力仍按式（3-49）计算。进而，可以确定各层层间剪力为

$$\left. \begin{aligned} V_1 &= F_{Ek} \\ V_i &= \sum_{j=i}^{n} F_j + \Delta F_n \end{aligned} \right\} \tag{3-53}$$

前面已提到，底部剪力法适用于重量和刚度沿高度分布比较均匀的结构。当建筑物顶部有突出屋面的小建筑如屋顶间、女儿墙、烟囱等时，应将上述附加的集中水平地震作用 ΔF_n 置于主体房屋的顶层而不应置于小建筑的顶部。且由于该部分的重量和刚度突然变小，将产生鞭梢效应，使其地震反应特别强烈，其程度取决于突出物与建筑物的质量比、刚度比以及场地条件。为简化计算，《建筑抗震规范》规定，计算这类小建筑的地震效应时宜乘以增大系数3，且此增大部分不应往下传递。

【例题3-4】 已知条件与例3-3完全相同。试用底部剪力法进行计算。

【解】　1）计算结构等效总重力荷载代表值 G_{eq}。

$$G_{eq} = 0.85 \sum_{i=1}^{n} G_i = 0.85 \times (26.46 + 26.46 + 17.64) = 59.98 \text{kN}$$

2）计算水平地震影响系数 α_1。由例3-3知

$$T_1 = 0.573\text{s}, \ T_g = 0.4\text{s}, \ \alpha_{max} = 0.12, \ \alpha_1 = \left(\frac{0.40}{0.573}\right)^{0.9} \times 1.0 \times 0.12 = 0.087$$

3) 计算结构总的水平地震作用标准值 F_{Ek}。

$$F_{Ek} = \alpha_1 G_{eq} = 0.087 \times 59.98 \text{kN} = 5.22 \text{kN}$$

4) 计算各层的水平地震作用标准值。因 $T_1 = 0.573\text{s} > 1.4T_g = 1.4 \times 0.4\text{s} = 0.56\text{s}$，故需要考虑结构顶部附加地震作用。查表 3-5，知 $\delta_n = 0.08T_1 + 0.01 = 0.08 \times 0.573 + 0.01 = 0.0558$，则 $\Delta F_n = \delta_n F_{Ek} = 0.0558 \times 5.22 \text{kN} = 0.291 \text{kN}$。

由式 $F_i = \dfrac{G_i H_i}{\sum\limits_{k=1}^{3} G_k H_k}(1 - \delta_n) F_{Ek}$ 计算得各层水平地震作用

$$F_1 = \frac{26.46 \times 3.5}{26.46 \times 3.5 + 26.46 \times 7.0 + 17.64 \times 10.5} \times (1 - 0.0558) \times 5.22 \text{kN} = 0.986 \text{kN}$$

$$F_2 = \frac{26.46 \times 7.0}{26.46 \times 3.5 + 26.46 \times 7.0 + 17.64 \times 10.5} \times (1 - 0.0558) \times 5.22 \text{kN} = 1.97 \text{kN}$$

$$F_3 = \frac{17.64 \times 10.5}{26.46 \times 3.5 + 26.46 \times 7.0 + 17.64 \times 10.5} \times (1 - 0.0558) \times 5.22 \text{kN} = 1.97 \text{kN}$$

5) 计算各层层间剪力 V_i。

$$V_1 = F_{Ek} = 5.22 \text{kN}$$

$$V_2 = F_2 + F_3 + \Delta F_n = 4.23 \text{kN}$$

$$V_3 = F_3 + \Delta F_3 = 2.26 \text{kN}$$

6) 计算顶层位移。

$$\Delta_3 = \frac{V_1}{K_1} + \frac{V_2}{K_2} + \frac{V_3}{K_3} = \left(\frac{5.22}{1800} + \frac{4.23}{1200} + \frac{2.26}{600}\right)\text{m} = 0.01 \text{m}$$

上述计算结果与例 3-3 用振型分解反应谱法计算得到的结果非常接近。可见，只要建筑物高度小于 40m，以剪切变形为主且质量和刚度沿高度分布比较均匀的结构，采用底部剪力法可以得到满意的结果。

3.3.5 结构基本周期的近似计算

多自由度体系的自振周期及相应的振型可通过频率方程 $|[K] - \omega^2 [M]| = 0$ 求得，但当结构的自由度较多（超过 3 个）时，手算就过于繁杂了。为此，在实际工程计算中常采用一些近似方法。而在利用底部剪力法计算水平地震作用时，仅需要知道结构的基本周期即可，本节将介绍两种常用的求解结构基本周期的近似方法：能量法和顶点位移法。

1. 能量法

能量法也称为瑞雷（Rayleigh）法。此法的理论基础是能量守恒原理，即一个无阻尼的弹性体系自由振动时，任一时刻的动能与变形位能之和保持不变。

设一 n 质点体系在自由振动时其中任一质点 i 的瞬时位移和瞬时速度分别为

$$x_i(t) = X_i \sin(\omega t + \varphi)$$
$$\dot{x}_i(t) = X_i \omega \cos(\omega t + \varphi)$$

故体系动能为

$$T = \frac{1}{2}\sum_{i=1}^{n} m_i \dot{x}_i^2(t) = \frac{1}{2}\omega^2 \cos^2(\omega t + \varphi)\sum_{i=1}^{n} m_i X_i^2$$

变形能为

$$U = \frac{1}{2}\sum_{i=1}^{n} K_i x_i^2(t) = \frac{1}{2}\sin^2(\omega t + \varphi)\sum_{i=1}^{n} K_i X_i^2$$

最大动能为

$$T_{\max} = \frac{\omega^2}{2}\sum_{i=1}^{n} m_i X_i^2$$

最大变形能为

$$U_{\max} = \frac{1}{2}\sum_{i=1}^{n} K_i X_i^2$$

为简化计算，通常近似取当重力荷载水平作用于质点上时的结构变形曲线作为结构的一阶振型，即 $X_i \approx \Delta_i$。故体系的最大动能和最大变形能可以表示为

$$T_{\max} = \frac{\omega^2}{2}\sum_{i=1}^{n} m_i \Delta_i^2$$

$$U_{\max} = \frac{1}{2}\sum_{i=1}^{n} m_i g \Delta_i$$

式中 Δ_i——当重力荷载水平作用于结构上时，第 i 层处产生的水平位移。

在结构振动过程中，当位移达到最大时，其变形能达到最大值 $U_{\max}$，而此时动能为零；当结构到达静平衡位置时，动能达到最大值 $T_{\max}$，此时变形能为零。根据能量守恒原理，有

$$T_{\max} = U_{\max}$$

即

$$\frac{\omega^2}{2}\sum_{i=1}^{n} m_i \Delta_i^2 = \frac{1}{2}\sum_{i=1}^{n} m_i g \Delta_i$$

由上式可以求出 ω，进而确定结构的基本周期为

$$T_1 = \frac{2\pi}{\omega} = 2\pi\sqrt{\frac{\sum_{i=1}^{n} m_i \Delta_i^2}{g\sum_{i=1}^{n} m_i \Delta_i}} \approx 2\sqrt{\frac{\sum_{i=1}^{n} G_i \Delta_i^2}{\sum_{i=1}^{n} G_i \Delta_i}} \tag{3-54}$$

上述能量法中采用了近似的振型曲线来计算基本周期，因此所得的基本周期值也是近似的。

2. 顶点位移法

顶点位移法是利用均匀分布重力荷载水平作用下的结构顶点位移来确定体系基本周期的一种近似方法。

图 3-17a 所示为一质量均匀的悬臂直杆，其单位长度的重力荷载为 q。当悬臂直杆发生弯曲振动时，其基本周期可表示为

$$T_\mathrm{b} = 1.78 \sqrt{\frac{qH^4}{gEI}}$$

当悬臂直杆发生剪切振动时，其基本周期可表示为

$$T_\mathrm{s} = 1.28 \sqrt{\frac{\xi qH^2}{GA}}$$

式中　EI、GA——杆的弯曲刚度和剪切刚度；
　　　ξ——切应力分布不均匀系数。

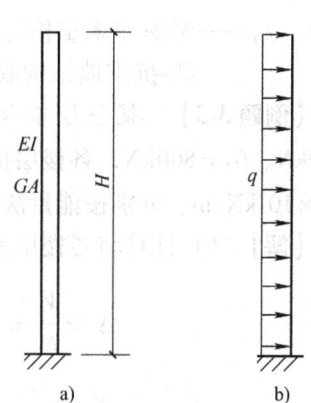

图 3-17　顶点位移法计算基本周期

悬臂直杆在均布重力荷载水平作用下（图 3-17b），发生弯曲变形时的顶点位移为 $\Delta_\mathrm{b} = \dfrac{qH^4}{8EI}$，发生剪切变形时的顶点位移为 $\Delta_\mathrm{s} = \dfrac{\xi qH^2}{2GA}$，则可得到杆分别按弯曲振动和剪切振动时用顶点位移表示的基本周期计算公式

$$T_\mathrm{b} = 1.6\sqrt{\Delta_\mathrm{b}} \tag{3-55}$$

$$T_\mathrm{s} = 1.8\sqrt{\Delta_\mathrm{s}} \tag{3-56}$$

若杆按弯曲剪切振动，顶点位移为 Δ，则基本周期可按下式计算

$$T = 1.7\sqrt{\Delta} \tag{3-57}$$

以上各公式中，顶点位移的单位为 m，周期的单位为 s。对于一般多层框架结构，只要求得框架在集中楼（屋）盖的重力荷载水平作用时的顶点位移，即可求出其基本周期值。

3. 基本周期的修正

在按能量法和顶点位移法求解基本周期时，没有考虑非承重构件（如填充墙）对结构刚度的影响，这将使得理论计算的周期偏大，导致地震作用偏小而趋于不安全。因此，为使计算结果更接近实际情况，应对理论分析结果进行折减，对式（3-54）和式（3-57）分别乘以折减系数，得到

$$T_1 = 2\psi_T \sqrt{\frac{\sum_{i=1}^{n} G_i \Delta_i^2}{\sum_{i=1}^{n} G_i \Delta_i}} \tag{3-58}$$

$$T_1 = 1.7\psi_T \sqrt{\Delta} \tag{3-59}$$

式中 ψ_T——考虑非承重构件影响的周期折减系数，框架结构取 0.6~0.7，框架-抗震墙结构取 0.7~0.8，抗震墙结构取 1.0。

【例题3-5】 某三层框架结构，各层重力荷载代表值分别为 $G_1 = G_2 = 1200\text{kN}$、$G_3 = 800\text{kN}$，各楼层抗侧移刚度分别为 $K_1 = K_2 = 4.5 \times 10^4 \text{kN/m}$、$K_3 = 4.0 \times 10^4 \text{kN/m}$。分别按能量法和顶点位移法计算结构基本自振周期。

【解】 1) 计算将各楼层重力荷载水平作用于结构时引起的侧移值。

$$\Delta_1 = \frac{V_1}{K_1} = \frac{1200 + 1200 + 800}{45000}\text{m} = 0.0711\text{m}$$

$$\Delta_2 = \frac{V_2}{K_2} + \Delta_1 = \frac{1200 + 800}{45000}\text{m} + 0.0711\text{m} = 0.1155\text{m}$$

$$\Delta_3 = \frac{V_3}{K_3} + \Delta_2 = \frac{800}{40000}\text{m} + 0.1155\text{m} = 0.1355\text{m}$$

2) 按能量法计算基本周期。

$$T_1 = 2\psi_T \sqrt{\frac{\sum_{i=1}^{n} G_i \Delta_i^2}{\sum_{i=1}^{n} G_i \Delta_i}}$$

$$= 2 \times 0.7 \times \sqrt{\frac{800 \times 0.1355^2 + 1200 \times 0.1155^2 + 1200 \times 0.0711^2}{800 \times 0.1355 + 1200 \times 0.1155 + 1200 \times 0.0711}}\text{s}$$

$$= 0.466\text{s}$$

3) 按顶点位移法计算基本周期。

$$T_1 = 1.7\psi_T \sqrt{\Delta} = 1.7 \times 0.7 \times \sqrt{0.1355}\text{s} = 0.438\text{s}$$

3.4 结构的地震扭转效应

结构在地震作用下除了发生平移振动外，还会发生扭转振动。震害资料分析表明，扭转作用会加重结构的地震破坏，甚至在某些情况下将成为导致结构破坏的主要因素。引起扭转的原因主要有两个：一是外因，即地震作用下的地面运动是一种多维随机振动，存在转动分量，或地震时地面各点的运动存在着相位差；另一个是内因，即结构本身的不对称性导致其质量中心与刚度中心不重合。本节将介绍在水平地震作用下由于结构偏心而产生的结构地震扭转效应。

《建筑抗震设计规范》规定：对于质量和刚度分布明显不对称的结构应通过计算计入水平地震作用的扭转影响。建筑结构估计水平地震作用扭转影响时，应按下列规定计算其地震作用和作用效应：

1) 规则结构不进行扭转耦连计算时，平行于地震作用方向的两个边榀，其地震作用效应应乘以增大系数。一般情况下，短边可按 1.15 采用，长边可按 1.05 采用；当扭转刚度较小时，宜按不小于 1.3 采用。角部构件宜同时乘以两个方向各自的增大系数。

2) 需进行扭转耦连计算的结构可采用扭转耦连振型分解法计算地震作用及其效应。详述如下：

平动扭转耦连振动时结构的计算模型可简化为一串联刚片体系。假定楼盖平面内刚度无穷大，每层刚片取两个正交的水平位移和一个平面内的转角共三个自由度。则 j 振型 i 层的水平地震作用标准值可按下列公式计算

$$\begin{cases} F_{xji} = \alpha_j \gamma_{tj} X_{ji} G_i \\ F_{yji} = \alpha_j \gamma_{tj} Y_{ji} G_i \\ F_{tji} = \alpha_j \gamma_{tj} r_i^2 \varphi_{ji} G_i \end{cases} \quad (3-60)$$

式中　F_{xji}、F_{yji}、F_{tji}——j 振型 i 层的 x 方向、y 方向和转角方向的地震作用标准值；

X_{ji}、Y_{ji}——j 振型 i 层质心在 x、y 方向的水平相对位移；

φ_{ji}——j 振型 i 层的相对扭转角；

r_i——i 层转动半径，可取 i 层绕质心的回转半径，即 $r_i \sqrt{\dfrac{J_i}{m_i}}$，

m_i 为第 i 层的质量，J_i 为第 i 层绕质心的转动惯量；

γ_{tj}——计入扭转的 j 振型的参与系数。

γ_{tj} 可按下列公式确定：

当仅考虑 x 方向地震作用时

$$\gamma_{tj} = \gamma_{xj} = \frac{\sum_{i=1}^{n} X_{ji} G_i}{\sum_{i=1}^{n} (X_{ji}^2 + Y_{ji}^2 + \varphi_{ji}^2 r_i^2) G_i}$$

当仅考虑 y 方向地震作用时

$$\gamma_{tj} = \gamma_{yj} = \frac{\sum_{i=1}^{n} Y_{ji} G_i}{\sum_{i=1}^{n} (X_{ji}^2 + Y_{ji}^2 + \varphi_{ji}^2 r_i^2) G_i}$$

当取与 x 方向斜交夹角为 θ 的地震作用时

$$\gamma_{tj} = \gamma_{xj}\cos\theta + \gamma_{yj}\sin\theta$$

对于结构的地震扭转效应，利用式（3-60）计算各振型的最大扭转地震作用后，仍需进行振型组合以求得结构总的地震作用效应。由于多层偏心结构的振动为平移扭转耦联振动，各振型的频率间隔比较小，用平方和开平方（SRSS）法进行振型组合将带来较大误差。因此，考虑到相近频率振型之间的相关性，采用完全二次项组合法（CQC 法）计算地震作用效应。

1) 单向水平地震作用的扭转效应，可按下列公式确定

$$S_{Ek} = \sqrt{\sum_{j=1}^{m} \sum_{k=1}^{m} \rho_{jk} S_j S_k} \tag{3-61}$$

$$\rho_{jk} = \frac{8\zeta_j \zeta_k (1+\lambda_T) \lambda_T^{1.5}}{(1-\lambda_T^2)^2 + 4\zeta_j \zeta_k (1+\lambda_T)^2 \lambda_T} \tag{3-62}$$

式中 S_j、S_k——j、k 振型地震作用标准值的效应，可取前 9~15 个振型；

ρ_{jk}——j 振型与 k 振型的耦联系数；

ζ_j、ζ_k——j、k 振型的阻尼比；

λ_T——k 振型与 j 振型的自振周期比。

2) 双向水平地震作用的扭转效应，可按下列公式中的较大值确定

$$S_{Ek} = \sqrt{S_x^2 + (0.85 S_y)^2} \text{ 或 } S_{Ek} = \sqrt{S_y^2 + (0.85 S_x)^2} \tag{3-63}$$

式中 S_x、S_y——x 方向、y 方向单向水平地震作用，按式（3-61）计算的扭转效应。

3.5 地震剪力调整及最低地震剪力要求

《建筑抗震设计规范》规定：结构抗震计算，一般情况下可不计入地基与结构相互作用的影响。8 度和 9 度时建造于 Ⅲ、Ⅳ 类场地，采用箱基、刚性较好的筏基和桩箱联合基础的钢筋混凝土高层建筑，当结构基本自振周期为特征周期的 1.2~5 倍时，若计入地基与结构动力相互作用的影响，对刚性地基假定计算的水平地震剪力可按下列规定折减，其层间变形可按折减后的楼层剪力计算。

1) 高宽比小于 3 的结构，各楼层水平地震剪力的折减系数可按下式计算

$$\psi = \left(\frac{T_1}{T_1 + \Delta T}\right)^{0.9} \tag{3-64}$$

式中 ψ——计入地基与结构动力相互作用后的地震剪力折减系数；

T_1——按刚性地基假定确定的结构基本自振周期；

ΔT——计入地基与结构动力相互作用的附加周期，可按表 3-6 采用。

表 3-6　附加周期　　　　　　　　　（单位：s）

烈 度	场 地 类 别	
	Ⅲ类	Ⅳ类
8 度	0.08	0.20
9 度	0.10	0.25

2) 高宽比不小于 3 的结构，底部的地震剪力按 1 款规定折减，顶部不折减，中间各层按线性插入值折减。

3) 折减后的各楼层水平地震剪力，应符合如下最小地震剪力的要求。

《建筑抗震设计规范》规定，抗震验算时，结构任一楼层的水平地震剪力应符合下式要求

$$V_{Eki} > \lambda \sum_{j=i}^{n} G_j \tag{3-65}$$

式中 V_{Eki}——第 i 层对应于水平地震作用标准值的楼层剪力；

λ——剪力系数，不应小于表 3-7 规定的楼层最小地震剪力系数值，对竖向不规则结构的薄弱层，尚应乘以 1.15 的增大系数；

G_j——第 j 层的重力荷载代表值。

表 3-7　楼层最小地震剪力系数值

类　　别	6 度	7 度	8 度	9 度
扭转效应明显或基本周期小于 3.5s 的结构	0.008	0.016(0.024)	0.032(0.048)	0.064
基本周期大于 5.0s 的结构	0.006	0.012(0.018)	0.024(0.032)	0.040

注：1　基本周期介于 3.5s 和 5.0s 之间的结构，可插入取值。
　　2　括号中数值分别用于设计基本地震加速度为 0.15g 和 0.30g 的地区。

3.6　竖向地震作用

地震地面运动的竖向分量会引起结构竖向振动。震害调查表明，在高烈度区，竖向地震的影响十分明显，尤其对高柔结构（如高层建筑、高耸结构以及大跨度结构）的影响尤为显著。因此，《建筑抗震设计规范》规定：对于烈度为 8、9 度的大跨度和长悬臂结构及 9 度时的高层建筑等，应考虑竖向地震作用。

该规范中按不同结构类型规定了相应的计算方法。

3.6.1 高层建筑的竖向地震作用计算

根据大量强震记录资料统计分析，竖向地震具有如下特点：

1）竖向地震动力系数 β 谱曲线与水平地震 β 谱曲线相差不大。

2）竖向地震动加速度峰值与水平地震动加速度峰值的比大都为 1/2～2/3。

因此，《建筑抗震设计规范》规定，竖向地震影响系数与周期的关系曲线可以沿用水平地震影响系数曲线；其竖向地震影响系数最大值 α_{vmax} 为水平地震影响系数最大值 α_{max} 的 65%。

分析表明，高层建筑的竖向振动特点为：竖向自振周期很短，一般为 0.1～0.2s，处于地震影响系数曲线平台段；竖向地震反应以第一振型为主，且该振型接近于倒三角形。因此，这类结构的竖向地震作用可采用类似于水平地震作用的底部剪力法来进行简化计算。计算简图如图 3-18 所示。

参照式（3-49）、式（3-50），可知结构总竖向地震作用标准值 F_{Evk} 和第 i 层的竖向地震作用标准值 F_{vi} 分别为

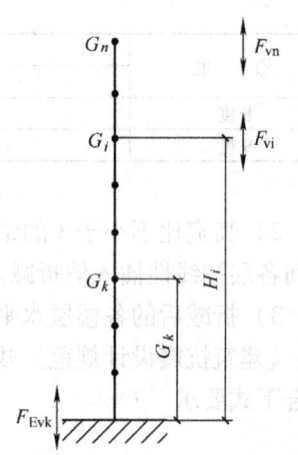

图 3-18 结构竖向地震作用计算简图

$$F_{Evk} = \alpha_{vmax} G_{eq} \tag{3-66}$$

$$F_{vi} = \frac{G_i H_i}{\sum_{j=1}^{n} G_j H_j} F_{Evk} \tag{3-67}$$

式中 F_{Evk}——结构总竖向地震作用标准值；

F_{vi}——质点 i 的竖向地震作用标准值；

α_{vmax}——竖向地震影响系数的最大值，可取水平地震影响系数最大值的 65%；

G_{eq}——结构等效总重力荷载，可取其重力荷载代表值的 75%。

而第 i 层由竖向地震作用产生的轴向力为

$$N_{vi} = \sum_{j=i}^{n} F_{vj} \tag{3-68}$$

将轴向力 N_{vi} 按该层各竖向构件（柱、墙等）所承受的重力荷载代表值的比例分配到各竖向构件，并乘以增大系数 1.5。

3.6.2 大跨度结构的竖向地震作用计算

大量地震反应分析表明，对平板型网架、大跨度屋盖、长悬臂结构等大跨度结构的各主要构件，其竖向地震作用内力与重力荷载内力的比值一般相差不大，《建筑结构抗震设计规范》规定这类结构的竖向地震作用标准值可采用静力法，按下式计算

$$F_{vi} = \xi_v G_i \tag{3-69}$$

式中 ξ_v——竖向地震作用系数，对于平板型网架和跨度大于24m的屋架，按表3-8采用，对于长悬臂和其他大跨度结构，8度时取$\xi_v = 0.10$，9度时取$\xi_v = 0.20$，当设计基本地震加速度为$0.30g$时，取$\xi_v = 0.15$。

G_i——结构或构件的重力荷载代表值。

表3-8 竖向地震作用系数

结构类型	烈度	场 地 类 别		
		Ⅰ类	Ⅱ类	Ⅲ、Ⅳ类
平板型网架钢屋架	8度	可不计算(0.10)	0.08(0.12)	0.10(0.15)
	9度	0.15	0.15	0.20
钢筋混凝土屋架	8度	0.10(0.15)	0.13(0.19)	0.13(0.19)
	9度	0.20	0.25	0.25

注：括号中数值分别用于设计基本地震加速度为$0.30g$的地区。

3.7 结构抗震验算

《建筑抗震设计规范》采用了两阶段设计方法来实现三个水准的抗震设防目标。第一阶段设计是按多遇地震作用效应和其他荷载效应的基本组合验算构件截面抗震承载力以及结构的弹性变形；第二阶段设计是在罕遇地震作用下验算结构的弹塑性变形。

3.7.1 结构抗震验算的一般规定

各类建筑结构的地震作用，应符合下列规定：

1) 一般情况下，可在建筑结构的两个主轴方向分别计算水平地震作用并进行抗震验算，各方向的水平地震作用应由该方向抗测力构件承担。

2) 有斜交抗侧力构件的结构，当相交角度大于15°时，应分别计算各抗侧力构件方向的水平地震作用。

3) 质量和刚度分布明显不对称、不均匀的结构，应考虑双向水平地震作用下的扭转影响；其他情况，可以采用调整地震作用效应的方法考虑扭转影响。

4) 8度和9度时的大跨度和长悬臂结构及9度时的高层建筑,应考虑竖向地震作用。

《建筑抗震设计规范》根据建筑类别、设防烈度以及结构的规则程度和复杂性,为各类建筑结构的抗震计算规定了以下三种基本计算方法:

1) 高度不超过40m,以剪切变形为主且质量和刚度沿高度分布比较均匀的结构,以及近似于单质点体系的结构,可采用底部剪力法等简化方法。

2) 一般建筑结构,宜采用振型分解反应谱法。

3) 特别不规则的结构、甲类建筑和表3-9所列高度范围的高层建筑,应采用时程分析法进行多遇地震下的补充计算,可取多条时程曲线计算结果的平均值与振型分解反应谱法计算结果的较大值。

表3-9 采用时程分析的房屋高度范围

烈度、场地类别	房屋高度范围/m
8度Ⅰ、Ⅱ类场地和7度	>100
8度Ⅲ、Ⅳ类场地	>80
9度	>60

3.7.2 结构抗震承载力验算

《建筑抗震设计规范》规定:

1) 6度时的建筑(不规则建筑及建造于Ⅳ类场地上较高的高层建筑除外),以及生土房屋和木结构房屋等,可不进行截面抗震验算,但应符合有关的抗震措施要求。

2) 6度时不规则建筑及建造于Ⅳ类场地上较高的高层建筑,7度和7度以上的建筑结构(生土房屋和木结构房屋等除外),应进行多遇地震作用下的截面抗震验算。

3) 采用隔震设计的建筑结构,其抗震验算应符合有关规定。

进行结构构件的截面抗震验算时,应采用如下设计表达式

$$S \leqslant R/\gamma_{RE} \tag{3-70}$$

式中 R——结构构件承载力设计值;

γ_{RE}——承载力抗震调整系数,取值范围为0.75~1.0,一般都小于1.0,其实质含义是提高构件的承载力设计值,除另有规定外,应按表3-10采用,当仅计算竖向地震作用时,各类结构构件的承载力抗震调整系数均宜采用1.0;

S——考虑地震作用效应和其他荷载效应的基本组合得到的结构构件内力设计值,包括组合的弯矩、轴力和剪力设计值,按下式计算

$$S = \gamma_G S_{GE} + \gamma_{Eh} S_{Ehk} + \gamma_{Ev} S_{Evk} + \psi_w \gamma_w S_{wk} \tag{3-71}$$

式中 γ_G——重力荷载分项系数,一般情况下应采用1.2,当重力荷载效应对

构件承载能力有利时，不应大于1.0；

γ_{Eh}、γ_{Ev}——水平、竖向地震作用分项系数，应按表3-11采用；

γ_w——风荷载分项系数，应采用1.4；

S_{GE}——重力荷载代表值的效应，有起重机时，尚应包括悬吊物重力标准值的效应；

S_{Ehk}、S_{Evk}——水平、竖向地震作用标准值的效应，尚应乘以相应的增大系数或调整系数；

S_{wk}——风荷载标准值的效应；

ψ_w——风荷载组合值系数，一般结构取0.0，风荷载起控制作用的高层建筑取0.2。

表3-10 承载力抗震调整系数

材料	结构构件	受力状态	γ_{RE}
钢	柱，梁，支撑，节点板件，螺栓，焊缝	强度	0.75
	柱，支撑	稳定	0.80
砌体	两端均有构造柱、芯柱的抗震墙	受剪	0.90
	其他抗震墙	受剪	1.0
混凝土	梁	受弯	0.75
	轴压比小于0.15的柱	偏压	0.75
	轴压比不小于0.15的柱	偏压	0.80
	抗震墙	偏压	0.85
	各类构件	受剪、偏拉	0.85

表3-11 地震作用分项系数

地震作用	γ_{Eh}	γ_{Ev}
仅计算水平地震作用	1.3	0.0
仅计算竖向地震作用	0.0	1.3
同时计算水平与竖向地震作用（水平地震为主）	1.3	0.5
同时计算水平与竖向地震作用（竖向地震为主）	0.5	1.3

3.7.3 结构抗震变形验算

结构在地震作用下的变形验算是结构抗震设计的重要组成部分，包括多遇地震作用下的变形验算和罕遇地震作用下的变形验算。

1. 多遇地震作用下结构的抗震变形验算

为控制建筑物的非结构构件（包括围护墙、隔墙、幕墙、内外装修等）在多遇地震作用下的破坏程度，保证建筑的正常使用功能，以减少震后的修复费用，须对表 3-12 所列各类结构在低于本地区设防烈度的多遇地震作用下的变形加以验算，其楼层内最大的层间弹性位移应符合下式要求

$$\Delta u_e \leq [\theta_e] h \tag{3-72}$$

式中　Δu_e——多遇地震作用标准值产生的楼层内最大的弹性层间位移；
　　　$[\theta_e]$——弹性层间位移角限值，宜按表 3-12 采用；
　　　h——计算楼层层高。

计算 Δu_e 时，除弯曲变形为主的高层建筑外，可不扣除结构整体弯曲变形；应计入扭转变形，各作用分项系数均采用 1.0；钢筋混凝土结构构件的截面刚度可采用弹性刚度。

表 3-12　弹性层间位移角限值

结 构 类 型	$[\theta_e]$
钢筋混凝土框架	1/550
钢筋混凝土框架-抗震墙、板柱-抗震墙、框架-核芯筒	1/800
钢筋混凝土抗震墙、筒中筒	1/1000
钢筋混凝土框支层	1/1000
多、高层钢结构	1/250

表 3-12 给出的 $[\theta_e]$ 值，主要依据的是国内外大量试验研究和有限元分析结果，以钢筋混凝土构件开裂时的层间位移角作为多遇地震作用下结构弹性层间位移角限值。而钢结构在弹性阶段的层间位移角限值则是参照国外有关规范的规定而确定的。

2. 罕遇地震作用下结构的抗震变形验算

为防止结构在罕遇地震作用下，由于薄弱楼层（部位）弹塑性变形过大而倒塌，必须对延性要求较高的下列结构进行弹塑性变形验算：

1) 8 度 Ⅲ、Ⅳ 类场地和 9 度时，高大的单层钢筋混凝土柱厂房的横向排架。
2) 7~9 度时楼层屈服强度系数小于 0.5 的钢筋混凝土框架结构和框排架结构。
3) 高度大于 150m 的钢结构。
4) 甲类建筑和 9 度时乙类建筑中的钢筋混凝土结构和钢结构。
5) 采用隔震和消能减震设计的结构。

要求计算得到的结构薄弱层（部位）弹塑性层间位移应符合下式要求

$$\Delta u_p \leq [\theta_p] h \tag{3-73}$$

式中　$[\theta_p]$——弹塑性层间位移角限值，可按表 3-13 采用，对钢筋混凝土框
　　　　　　　架结构，当轴压比小于 0.40 时，可提高 10%，当柱子全高的

箍筋构造比抗震规范中规定的最小配箍特征值大 30% 时，可提高 20%，但累计不超过 25%；

h——薄弱层楼层高度或单层厂房上柱高度。

表 3-13 弹塑性层间位移角限值

结构类型	$[\theta_p]$
单层钢筋混凝土柱排架	1/30
钢筋混凝土框架	1/50
底部框架砖房中的框架-抗震墙	1/100
钢筋混凝土框架-抗震墙、板柱-抗震墙、框架-核芯筒	1/100
钢筋混凝土抗震墙、筒中筒	1/120
多、高层钢结构	1/50

表 3-13 中 $[\theta_p]$ 值是依据震害经验、试验研究和计算分析结果，以构件（梁、柱、墙）和节点达到极限变形时的层间极限位移角作为罕遇地震作用下结构弹塑性层间位移角限值。

结构在罕遇地震作用下薄弱层（部位）弹塑性变形计算可采用下列方法：

1) 不超过 12 层且层刚度无突变的钢筋混凝土框架结构和框排架结构、单层钢筋混凝土柱厂房可采用规范规定的简化方法。

2) 除 1) 中以外的建筑结构，可采用静力弹塑性分析方法或弹塑性时程方法。

3) 规则结构可采用弯剪层模型或平面杆系模型，属于规范规定的不规则结构应采用空间结构模型。

结构薄弱层（部位）弹塑性层间位移的简化计算，宜符合下列要求：

1) 结构薄弱层（部位）的位置可按下列情况确定：①楼层屈服强度系数沿高度分布均匀的结构，可取底层；②楼层屈服强度系数沿高度分布不均匀的结构，可取该系数最小的楼层（部位）和相对较小的楼层，一般不超过 2~3 处；③单层厂房，可取上柱。

2) 薄弱楼层的弹塑性层间位移可按下列公式计算

$$\Delta u_p = \eta_p \Delta u_e \tag{3-74}$$

或

$$\Delta u_p = \mu \Delta u_y = \frac{\eta_p}{\xi_y} \Delta u_y \tag{3-75}$$

式中 Δu_p——弹塑性层间位移；

Δu_y——层间屈服位移；

μ——楼层延性系数；

Δu_e——罕遇地震作用下按弹性分析的层间位移；

η_p——弹塑性层间位移增大系数，当薄弱层（部位）的屈服强度系数不小于相邻层（部位）该系数平均值的 0.8 时，可按表 3-14 采用，当不大于该平均值的 0.5 时，可按表内相应数值的 1.5 倍采用，其他情况可采用内插法取值；

ξ_y——楼层屈服强度系数，指按构件实际配筋和材料强度标准值计算的楼层受剪承载力与按罕遇地震作用标准值计算的楼层弹性地震剪力的比值，即

$$\xi_y = \frac{V_y}{V_e} \tag{3-76}$$

式中 V_y——按构件实际配筋和材料强度标准值计算的楼层受剪承载力；

V_e——罕遇地震作用下楼层弹性地震剪力。

当各楼层的屈服强度系数 ξ_y 均大于 0.5 时，该结构就不存在塑性变形明显集中的薄弱层，故无需进行罕遇地震作用下抗震变形验算验算。否则，楼层屈服强度系数最小或相对较小的楼层往往率先屈服并出现较大的层间弹塑位移。故可以根据楼层屈服强度系数来确定结构薄弱层的位置。

表 3-14 弹塑性层间位移增大系数

结构类型	总层数 n 或部位	ξ_y		
		0.5	0.4	0.3
多层均匀框架结构	2~4	1.30	1.40	1.60
	5~7	1.50	1.65	1.80
	8~12	1.80	2.00	2.20
单层厂房	上柱	1.30	1.60	2.00

思考题与习题

1. 什么是地震作用？什么是地震反应？
2. 什么是设计反应谱？
3. 动力系数、地震系数、地震影响系数的物理意义是什么？有何关系？
4. 结构抗震计算方法主要有哪几种，其优缺点分别是什么？适用条件如何？
5. 什么情况下需要考虑竖向地震作用的影响？如何确定？
6. 通常情况下，结构应进行的抗震验算内容有哪些？
7. 试用振型分解反应谱法计算某钢筋混凝土三层框架结构在多遇地震时的层间地震剪力。已知结构各层重力荷载标准值为 $G_1 = 19600\text{kN}$、$G_2 = 14700\text{kN}$、$G_3 = 9800\text{kN}$，周期和振型

为 $T_1 = 0.433\text{s}$、$T_2 = 0.208\text{s}$、$T_3 = 0.134\text{s}$，$\{X\}_1 = \begin{Bmatrix} 0.301 \\ 0.648 \\ 1.0 \end{Bmatrix}$，$\{X\}_2 = \begin{Bmatrix} -0.676 \\ -0.601 \\ 1.0 \end{Bmatrix}$，$\{X\}_3 = \begin{Bmatrix} 4.019 \\ -3.035 \\ 1.0 \end{Bmatrix}$。抗震设防烈度为 8 度，设计基本加速度峰值为 $0.2g$，设计地震分组为第二组，II 类场地，阻尼比为 0.05。

8. 图 3-19 所示为山西太原市某三层钢筋混凝土结构（剪切型）计算模型，已知结构的自振频率 $\omega_1 = 14.5\text{rad/s}$，结构阻尼比为 0.05，试采用底部剪力法计算：

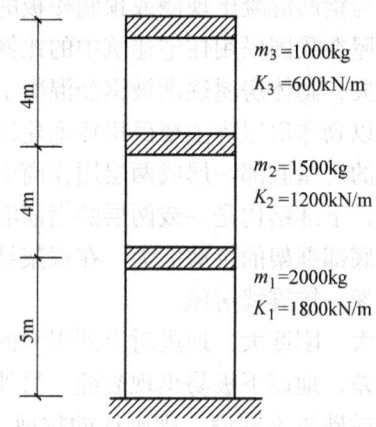

图 3-19　题 8 图

1）多遇地震下作用在结构各楼层上的水平地震作用。
2）多遇地震下结构的最大顶点位移。
3）用顶点位移法近似求结构的基本周期。

第4章 多层砌体房屋和底部框架——抗震墙房屋抗震设计

通过人工砌筑，用砂浆把块材相互粘结起来，形成砌体。这里的块材主要是指烧结普通粘土砖、烧结多孔粘土砖、混凝土小型空心砌块。砌体房屋是指内、外承重墙均是砌体，楼板为钢筋混凝土现浇或预制楼板的房屋。由于块材易于就地取材、成本低，砌体房屋在我国民用住宅建筑中的比例很高。只是近年来，由于保护耕地、防治水土流失，砌体房屋逐渐被钢筋混凝土结构或钢结构代替，但在北方广大农村和乡镇仍以砌体房屋为主要民用住宅建筑。

由于商业目的，临街的房屋底部一层或两层用作商店，而上部建筑仍作为住宅使用。从房屋结构上看，下部结构是一或两层的钢筋混凝土框架结构，上部为砌体结构的房屋，为加强底部框架的抗剪能力，在框架结构内需要布置一定数量的抗震墙，这就是底部框架——抗震墙房屋。

由于砌体房屋的自重大、刚度大、地震时受到很大的地震作用，而且砌体材料抗弯剪及抗拉的性能很差，地震下极易出现裂缝。另外，砌体房屋的施工质量的影响较大，若接槎不良或砂浆不饱满，则砌体的抗剪、抗压承载力大大折减，减弱了砌体结构的抗震性能。因此，砌体房屋在地震中的破坏率比较高。据对1976年发生的唐山地震中砌体房屋的调查，倒塌率为63.2%。唐山地震之后，我国工程技术人员提出在砌体中设置钢筋混凝土圈梁和构造柱的抗震构造方法，既提高了砌体的延性，又加强了结构的完整性。历次震害调查表明，不仅在7度和8度区，甚至在9度区，砌体房屋震害较轻或基本完好的实例也很多。2008年5月12日发生的汶川特大地震中，许多砌体房屋倒塌，但调查表明，严格按当时的《建筑抗震设计规范》设计，且施工质量好的砌体房屋大多无损伤，所以，如果能针对砌体结构的特点，进行合理设计，采取适当措施，确保施工质量，砌体房屋的抗震性能是能够得到充分发挥的。

4.1 震害现象及其特征

4.1.1 震害现象

砌体房屋的震害可概括为两类：一类是倒塌；另一类是墙体出现不同程度的裂缝而使房屋发生损坏。

1. 倒塌

(1) 整体倒塌 如图 4-1 所示，当房屋的整体性好而底层强度不足时，则底层先倒塌，从而上层倾倒；当房屋的整体性差，而上层墙体又过于薄弱，往往上层先散塌，底层楼板被砸毁，这样一层一层破坏，致使整个房屋倒塌。

(2) 上部倒塌 当房屋的上层自重很大、刚度差，或当上层砌体的强度很小、整体性又差时，房屋可能发生上部倒塌。

(3) 局部倒塌 当房屋个别部位的整体性特别差，纵墙与横墙间联系不好；平面或立面上有显著的局部突出；抗震缝预留位置不当，或者抗震缝宽度不足，致使地震发生时相邻两部分结构碰撞，都有可能产生局部倒塌。其中，外纵墙全部脱开横墙而倒塌的现象较为常见，如图 4-2 所示。

图 4-1 房屋整体倒塌

图 4-2 房屋外纵墙倒塌

2. 裂缝

在地震作用下，墙体裂缝主要有"X"形、水平和竖向三种类型裂缝。

(1) "X"形裂缝 这种裂缝产生的原因是墙体在竖向压力和反复水平剪力作用下产生的，因此，凡与主地震方向平行的墙体，常出现这种类型裂缝。当主地震方向与房屋的横向平行，房屋两端的山墙易出现"X"形裂缝，这是因为山墙的刚度大，分配到的水平地震剪力也大，而且山墙的压应力小，抗剪承载力也小。如图 4-3 所示，虽然山墙出现裂缝，但没有倒塌，因为在房屋角部设置了构造柱；若主地震方向与房屋的纵向平行，在窗间墙上也常出现"X"形裂缝，如图 4-4 所示，窗间墙受损严重；如果主地震方向与纵横墙成某一角度时，常在房屋的角部由于纵横墙上的斜裂缝相遇而发生房屋的角部倒塌。

(2) 水平裂缝 这种裂缝大多发生在外纵墙的窗口上、下皮处。当房屋纵墙承重，横墙间距大而房屋刚度又小时，则纵墙在出平面受弯情况下产生水平裂缝。

(3) 竖向裂缝 这种裂缝大多出现在纵横墙交接处或变化较大的两种体系交接处。

图 4-3　山墙 "X" 形裂缝　　　　　图 4-4　纵墙 "X" 形裂缝

3. 其他破坏

（1）墙角破坏　这种破坏形式在震害中较为常见，其产生主要原因是墙角位于房屋尽端，房屋整体对其约束作用差；纵、横产生的裂缝往往在墙角处相遇；加之在地震作用下所产生的扭转效应使墙角处于较为复杂的应力状态，应力也较为集中。特别是当房屋尽端处布置空旷房间时，横墙少，约束更差，更易产生这种形式的破坏，甚至造成建筑物角部局部倒塌。

（2）纵横墙连接破坏　这种形式的震害也较为常见。一般是因为施工时纵、横墙没有很好的咬槎，连接差，加之地震时两个方向的地震作用，使连接处受力复杂、应力集中，这种破坏可导致整片纵墙外闪甚至倒塌。

（3）楼梯间破坏　主要是墙体破坏，而楼梯本身很少破坏。这是因为楼梯在水平方向的刚度大，不容易破坏，而楼梯间的墙体在高度方向缺乏有力支撑，空间刚度差，特别是在顶层空间，墙高而稳定性差，更容易造成破坏。若楼梯设在房屋尽端，其破坏更为严重。

（4）楼盖与屋盖的破坏　楼盖与屋盖是房屋建筑的主要构件，它将建筑物垂直方向的和水平方向的地震作用传给墙体，再由墙体传给基础。无论是整浇或装配式楼盖，在地震中很少有因楼盖（或屋盖）本身承载力、刚度不足而造成破坏的。整浇楼盖往往由于墙体倒塌而破坏。装配式楼盖则可能因在墙体上的支撑长度过小，或由于板与板之间、板与墙之间缺乏足够的拉结而塌落。

楼盖的梁端则可能因支撑长度过短而自墙内拔出，造成梁的塌落。当梁端无梁垫，或梁垫尺寸不足，在垂直方向地震作用下，梁下墙体出现垂直裂缝或将墙体压碎。

（5）附属构件的破坏　由于这些构件与建筑物本身连接较差等原因，地震时造成大量破坏。如 6~7 度区内，突出屋面的小烟囱、女儿墙、门脸或附墙烟囱大量倒塌；无筋砖过梁开裂、下坠；板条抹灰平顶开裂、剥落；隔墙的顶端和两侧边出现裂缝等。8 度区破坏更为普遍。

4.1.2 震害特征

1) 平面或立面不规则，又没有设置抗震缝的房屋破坏较为严重。
2) 纵墙承重的房屋震害比横墙承重房屋严重。
3) 横墙承重，但横墙间距大的房屋破坏严重。
4) 突出屋面的小塔楼、女儿墙的震害较为严重。
5) 未设置钢筋混凝土圈梁和构造柱的房屋破坏较为严重。
6) 采用预制楼板，但预制楼板之间及板与墙之间没有可靠拉结的房屋倒塌比较严重。
7) 房屋的梁端、转角、楼梯间及附属结构的震害较为严重。
8) 在平面上采用两种水平刚度差异较大的不同结构，如局部采用底部框架，而其他部分为砌体结构的房屋的震害较为严重。

4.2 多层砌体房屋的结构布置原则

多层砌体房屋的结构布置是一种概念设计。概念设计在结构设计中具有重要作用，因为实际结构的复杂性，设计人员不可能用一种简单的计算模型来准确模拟结构的实际受力及破坏状态。因此，必须在总结以往房屋震害经验的基础上，对房屋结构的选型及平、立面布置进行总体上的规定，避免类似的震害再次发生。

4.2.1 建筑平面及结构布置

结构布置对多层房屋的抗震性能影响很大，合理的结构布置可使房屋具有很好的抗震性能。多层砌体房屋的平面及结构布置应遵循以下原则：

1) 优先选取横墙承重或纵横墙共同承重的结构体系。
2) 纵横向砌体抗震墙的布置应符合下列要求：①宜均匀对称，沿平面内宜对齐，沿竖向应上下连续，且纵横向墙体的数量不宜相差过大；②平面轮廓凹凸尺寸，不应超过典型尺寸的50%，当超过典型尺寸的25%时，房屋转角处应采取加强措施；③楼板局部大洞口的尺寸不宜超过楼板宽度的30%，且不应在墙体两侧同时开洞；④房屋错层的楼板高差超过500mm时，应按两层计算，且错层部位的墙体应采取加强措施；⑤同一轴线上的窗间墙宽度宜均匀；墙面洞口的面积，6、7度时不宜大于墙面总面积55%，8、9度时不宜大于50%；⑥在房屋宽度方向的中部应设置内纵墙，其累计长度不宜小于房屋总长度的60%（高宽比大于4的墙段不计入）。
3) 房屋有下列情况之一时宜设置防震缝，缝两侧均应设置墙体，缝宽应根据烈度和房屋高度确定，可采用50~100mm：①房屋立面高差在6m以上；②房屋有错层，且楼板高差较大；③各部分结构刚度、质量截然不同。

4) 楼梯间不宜设置在房屋的尽端和转角处。

5) 不应在房屋转角处设置转角窗。

6) 横墙较少、跨度较大的房屋，宜采用现浇钢筋混凝土楼盖、屋盖。

7) 不应采用无锚固的钢筋混凝土预制挑檐。

8) 同一结构单元的基础（或桩承台）宜采用同一类型的基础，底面宜埋置在同一标高上，否则应增设基础圈梁并按1:2的台阶逐步放坡。

4.2.2 多层砌体房屋的层数和高度

砌体的块材是一种脆性材料，延性差，如房屋层数太多，自重很大，水平地震力也相应增大，地震时因墙体的开裂而产生出平面的错动，就可导致下层墙体压垮。震害调查表明：随着层数的增多，房屋的破坏程度也随之加重，倒塌率随房屋的层数近似成正比。因此，《建筑抗震设计规范》第7.1.2条对多层房屋的层数和高度有所限制，具体要求如下：

1) 一般情况下，房屋的层数和总高度不应超过表4-1的规定。

表4-1 房屋的层数和总高度限值　　　　　　　　（单位：m）

房屋类别		最小抗震墙厚度/mm	烈度和设计基本地震加速度									
			6		7				8				9
			0.05g		0.10g		0.15g		0.20g		0.30g		0.40g
			高度	层数	高度	层数	高度	层数	高度	层数	高度	层数	高度	层数
多层砌体房屋	普通砖	240	21	7	21	7	21	7	18	6	15	5	12	4
	多孔砖	240	21	7	21	7	18	6	18	6	15	5	9	3
	多孔砖	190	21	7	18	6	15	5	15	5	12	4	—	—
	小砌块	190	21	7	21	7	18	6	18	6	15	5	9	3
底部框架-抗震墙砌体房屋	普通砖	240	22	7	22	7	19	6	16	5	—	—	—	—
	多孔砖	240	22	7	22	7	19	6	16	5	—	—	—	—
	多孔砖	190	22	7	19	6	16	5	13	4	—	—	—	—
	小砌块	190	22	7	22	7	19	6	16	5	—	—	—	—

注：1. 房屋的总高度指室外地面到主要屋面板板顶或檐口的高度，半地下室从地下室室内地面算起，全地下室和嵌固条件好的半地下室应允许从室外地面算起；对带阁楼的坡屋面应算到山尖墙的1/2高度处。

2. 室内外高差大于0.6m时，房屋总高度应允许比表中数据适当增加，但不应多于1m。

3. 乙类的多层砌体房屋应允许按本地区设防烈度查表，但层数应减少一层且总高度应降低3m，不应采用底部框架—抗震墙砌体房屋。

4. 本表小砌块砌体房屋不包括配筋混凝土空心小型砌块砌体房屋。

2）对于医院、教学楼等横墙较少的多层砌体房屋，总高度应比表 4-1 的规定降低 3m，层数相应减少一层；各层横墙很少的多层砌体房屋，还应再减少一层。这里，横墙较少是指同一楼层内开间大于 4.20m 的房间占该层总面积的 40% 以上，其中开间不大于 4.20m 的房间占该层总面积小于 20%，且开间大于 4.80m 的房间占该层总面积的 50% 以上横墙很少。

3）6、7 度时，横墙较少的丙类多层砖砌体住宅楼，当按规定采取加强措施并满足抗震承载力要求时，其高度和层数应允许仍按表 4-1 的规定采用。

4）采用蒸压灰砂砖和蒸压粉煤灰砖的砌体房屋，当砌体的抗剪强度仅达到普通粘土砖砌体的 70% 时，房屋的层数应比普通砖房减少一层，总高度应减少 3m；当砌体的抗剪强度达到普通粘土砖砌体的取值时，房屋层数和总高度的要求同普通砖房屋。

5）多层砌体承重房屋的层高，不应超过 3.6m；当使用功能确有需要时，采用约束砌体等加强措施的普通砖墙体的层高不应超过 3.9m。

6）底部框架-抗震墙砌体房屋的底部，层高不应超过 4.5m；当底层采用约束砌体抗震墙时，底层的层高不应超过 4.2m。

4.2.3 房屋的高宽比

震害调查表明，在 8 度地区，五、六层的砌体房屋都会发生比较明显的整体弯曲破坏，底层外墙产生水平裂缝并向内延伸至横墙。这说明，当烈度高、房屋高宽比较大时，地震作用所产生的倾覆力矩所引起的弯曲应力很容易超过砌体的抗拉强度而导致墙体出现水平裂缝。《建筑抗震设计规范》规定只对多层砌体房屋进行水平抗剪承载力验算，一般不要求作房屋整体弯曲计算，因此，可通过控制房屋的总高宽比来保证房屋的整体抗弯。《建筑抗震设计规范》7.1.4 条规定了多层砌体房屋总高度与总宽度的最大比值，宜符合表 4-2 的要求。

表 4-2 房屋最大高宽比

烈　　度	6	7	8	9
最大高宽比	2.5	2.5	2.0	1.5

注：1. 单面走廊房屋的总宽度不包括走廊宽度。
　　2. 建筑平面接近正方形时，其高宽比宜适当减小。

4.2.4 房屋抗震横墙的间距

横向水平地震作用主要由横墙承担。因此，横墙必须具有足够的承受水平地震作用的能力，同时楼（屋）盖还必须具备足够的水平刚度以保证将水平地震作用传递给横墙。楼（屋）盖的水平刚度与横墙间距有关，在其他条件相同时，横墙的间距越小，则楼（屋）盖的水平刚度就越大。若横墙的间距过大，楼（屋）

盖的水平刚度太小，地震作用还未传到横墙时，纵墙就有可能先破坏。因此，《建筑抗震设计规范》7.1.5 条规定，房屋抗震横墙的间距不应超过表 4-3 的要求。

表 4-3　房屋抗震横墙的间距　　　　　　　　　　　　（单位：m）

房屋类别		烈　　度			
		6	7	8	9
多层砌体房屋	现浇或装配整体式钢筋混凝土楼、屋盖；	15	15	11	7
	装配式钢筋混凝土楼、屋盖；	11	11	9	4
	木屋盖	9	9	4	—
底部框架-抗震墙砌体房屋	上部各层	同多层砌体房屋			—
	底层或底部两层	18	15	11	—

注：1. 多层砌体房屋的顶层，除木屋盖外的最大横墙间距应允许适当放宽，但应采取相应的加强措施。

　　2. 多孔砖抗震横墙厚度为 190mm 时，最大横墙间距应比表中数值减少 3m。

4.2.5　房屋的局部尺寸

当墙上开洞时，宜使各墙段宽度均匀一致，且洞口应离开纵、横墙连接处一定距离，以免削弱两者连接处的完整性。《建筑抗震设计规范》7.1.6 条规定了房屋中砌体墙段的局部尺寸限值，宜符合表 4-4 的要求。

表 4-4　房屋的局部尺寸限制　　　　　　　　　　　　（单位：m）

部　　位	6 度	7 度	8 度	9 度
承重窗间墙最小宽度	1.0	1.0	1.2	1.5
承重外墙尽端至门窗洞边的最小距离	1.0	1.0	1.2	1.5
非承重外墙尽端至门窗洞边的最小距离	1.0	1.0	1.0	1.0
内墙阳角至门窗洞边的最小距离	1.0	1.0	1.5	2.0
无锚固女儿墙（非出入口处）的最大距离	0.5	0.5	0.5	0.0

注：1. 局部尺寸不足时应采取局部加强措施弥补，且最小宽度不宜小于 1/4 层高和表列数据的 80%。

　　2. 出入口处的女儿墙应有锚固。

4.3　多层砌体房屋的抗震计算

多层砌体房屋的高度一般小于 40m 且质量和刚度沿高度分布比较均匀，以剪切变形为主，可采用底部剪力法计算其水平地震作用，并按《建筑抗震设计规范》的相关规定调整地震作用效应。

4.3.1　计算简图

如图 4-5 所示，以抗震缝所划分的结构单元作为计算单元，各楼层仅作水平运动，且将各楼层的重力荷载集中到楼（屋）盖顶面标高处。各楼层的重力荷载包括楼（屋）盖自重，活荷载组合值及上、下各半层的墙体重量之和。计算简图中的底部固定端位置的确定方法是：当基础埋深较浅时，取基础顶面；当基础埋深较深时，取室外地坪下 0.5m 处；当设有整体刚度很大的全地下室时为地下室顶板上皮；当地下室整体刚度较小或为半地下室时，取至地下室室内地坪处，此时，地下室顶板也算一层楼面。

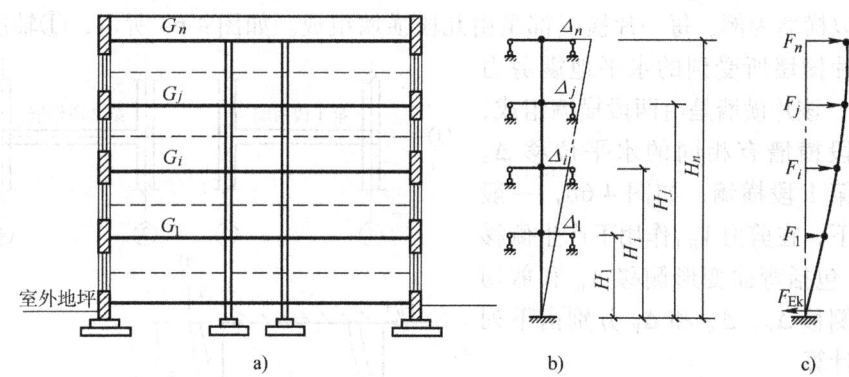

图 4-5　多层房屋抗震计算简图

a）多层砌体房屋　b）计算简图　c）地震作用分布

由于砌体房屋的基本周期一般情况下均处于地震影响系数 α 曲线的平台段，所以地震影响系数取最大值 α_{max}，结构底部总水平地震作用标准值 F_{Ek} 按下式计算

$$F_{Ek} = \alpha_{max} G_{eq} \quad (4-1)$$

式中　G_{eq}——结构等效总重力荷载，对多层房屋取总重力荷载代表值的 85%。

α_{max}——水平地震影响系数最大值，按表 3-3 取值。

第 i 层（质点）的水平地震作用按下式计算

$$F_i = \frac{G_i H_i}{\sum_{j=1}^{n} G_j H_j} F_{Ek} \quad (4-2)$$

作用在第 i 层的地震剪力 V_i 为 i 层以上各楼层地震作用之和，即

$$V_i = \sum_{i}^{n} F_j \quad (4-3)$$

对于突出屋面的屋顶间、女儿墙、烟囱等，其地震作用应乘以增大系数 3，以考虑鞭梢效应。但增大的两倍不应往下传递，即计算房屋下层层间地震剪力时不考虑上述地震作用增大部分的影响。

4.3.2　水平地震剪力的分配

楼层地震剪力 V_i 是作用在结构单元第 i 楼层上的剪力。先要把它分配到同

一楼层的各片墙体上去,再把每片墙上的地震剪力分配到各段墙体上去,这样才能对每一段墙体的抗震承载力进行验算。但实际计算时,并不需要对每一段墙体的抗震承载力进行验算。对砌体房屋可只选择从属面积较大或竖向应力较小的墙段进行截面抗震承载力验算。

1. 每一段墙的侧移刚度及分配的剪力

以横墙为例,每一片横墙都是由几段横墙组成。如图 4-6a 所示,⑴轴所在的这片横墙所受到的水平地震剪力为 V_{ij},该片横墙是由两段横墙组成,这两段横墙有相同的水平位移 Δ。对于第 1 段横墙,如图 4-6b,一般情况下,在剪力 $V_{ij,1}$ 作用下产生侧移 Δ,Δ 包括弯曲变形侧移 Δ_M 和剪切变形侧移 Δ_V。Δ_M 和 Δ_V 分别由下列公式计算

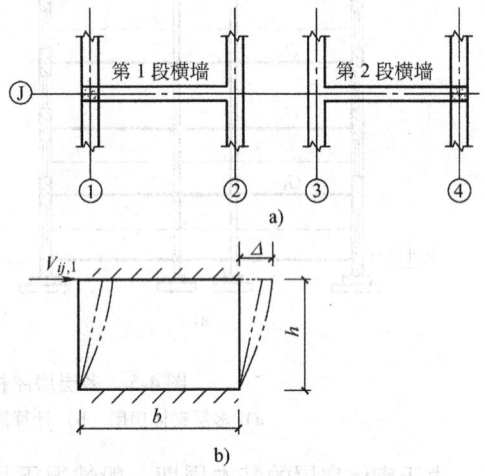

图 4-6 横墙及其水平变形

$$\Delta_M = \frac{1}{Et}\left(\frac{h}{b}\right)^3 V_{ij,1} \quad (4\text{-}4)$$

$$\Delta_V = \frac{\zeta h}{GA} V_{ij,1} \quad (4\text{-}5)$$

式中 b、t、h——墙段的宽、厚和高度,墙段的高度和宽度分别指层高和墙段长;

A——墙段截面面积,$A = b \times t$;

E、G——砌体的弹性模量和切变模量;

ζ——截面上切应力分布不均匀系数,对矩形截面 $\zeta = 1.2$。

由于

$$\Delta = \Delta_M + \Delta_V = \left[\frac{1}{Et}\left(\frac{h}{b}\right)^3 + \frac{\zeta h}{GA}\right]V_{ij,1} \quad (4\text{-}6)$$

所以

$$V_{ij,1} = \frac{1}{\left[\frac{1}{Et}\left(\frac{h}{b}\right)^3 + \frac{\zeta h}{GA}\right]}\Delta = K_{ij,1}\Delta \quad (4\text{-}7)$$

$$K_{ij,1} = \frac{1}{\left[\frac{1}{Et}\left(\frac{h}{b}\right)^3 + \frac{\zeta h}{GA}\right]} \quad (4\text{-}8)$$

$K_{ij,1}$ 即为第 1 段横墙的层间等效侧向刚度,简称侧向刚度。如取 $G = 0.4E$,$\zeta =$

1.2，则有

$$K_{ij,1} = \frac{1}{\frac{1}{Et}\left(\frac{h}{b}\right)^3 + \frac{1.2h}{0.4Ebt}} = \frac{Et}{(h/b)[(h/b)^2 + 3]} \tag{4-9}$$

由此可见，当 h/b 较小时，弯曲变形很小，可略去不计；当 h/b 较大时，$K_{ij,1}$ 较小，此墙段在该层中的作用可略去不计。所以，《建筑抗震设计规范》第 7.2.3 条规定：

当 $h/b < 1$ 时，可只考虑剪切变形，即

$$K_{ij,1} = \frac{Et}{3h/b} = \frac{EA}{3h} \tag{4-10}$$

当 $4 \geqslant h/b \geqslant 1$ 时，应同时考虑弯曲变形和剪切变形，即用式（4-9）计算墙段侧向刚度；当 $h/b > 4$ 时，可不考虑该墙段的侧向刚度。

同理，可计算出第 2 段横墙的层间等效侧向刚度 $K_{ij,2}$，则①轴所在的横墙侧向刚度为

$$K_{ij} = K_{ij,1} + K_{ij,2} \tag{4-11}$$

由式（4-7）可知，若一片横墙有 m 个墙段，则各段横墙承担的剪力之和即为该片墙体承担的剪力

$$V_{ij} = \sum_{l=1}^{m} K_{ij,l} \Delta \tag{4-12}$$

水平位移 $\Delta = V \bigg/ \sum_{l=1}^{m} K_{ij,l}$，第 l 段横墙承担的剪力为

$$V_{ij,l} = \frac{K_{ij,l}}{\sum_{l=1}^{m} K_{ij,l}} V_{ij} \tag{4-13}$$

式（4-13）表明，对同一片墙体，各段墙所分配的剪力是按侧向刚度大小来分配的。

在实际计算中，对小开口墙段可先按不开洞的毛墙面计算墙段的侧向刚度，再根据开洞率乘以表 4-5 的洞口影响系数，从而避免了复杂计算。

表 4-5 墙段洞口影响系数

开洞率	0.10	0.20	0.30
影响系数	0.98	0.94	0.88

注：1. 开洞率为洞口面积与墙段毛面积之比；窗洞高度大于层高 50% 时，按门洞对待。
  2. 洞口中线偏离墙段中线大于墙段长度的 1/4 时，表中影响系数折减 0.9；门洞的洞顶高度大于层高 80% 时，表中数据不适用；窗洞高度大于 50% 层高时，按门洞对待。

但对于大开口墙段（窗洞高度大于层高50%），宜按门窗洞口划分墙段，窗间墙及门窗间墙是剪切破坏的薄弱位置，窗上和窗下的矮墙及门上的矮墙一般不会发生剪切破坏，各墙段的高度不再是楼层高度。墙段高度的取法为：窗间墙取窗洞高；门间墙取门洞高；门、窗之间的墙取窗洞高；尽端墙取紧靠尽墙的门洞或窗洞高，如图4-7所示。

2. 地震剪力在每片墙体中的分配

当地震主方向与房屋横向平行时，只考虑各横墙承受地震剪力。第 i 层地震作用剪力应由第 i 层各片横墙共同承受，每片墙受到的地震作用与每片墙的刚度及楼（屋）盖的刚度有关。

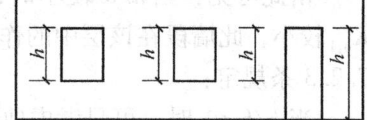

图4-7　墙段高度 h 的取法

（1）对于现浇和装配整体式钢筋混凝土楼（屋）盖等刚性楼盖房屋　图4-8a 所示为第 i 层墙体布置，在水平地震剪力 V_i 的作用方向上布置了 m 片墙体。由于楼板可视为无穷刚性，因此第 i 层楼盖在水平地震剪力 V_i 作用下整体发生水平相对侧移 Δ_i。设第 j 墙的抗侧移刚度为 K_{ij}，则第 j 片墙受到的地震剪力（图4-8b）为

$$V_{ij} = \Delta_i K_{ij} \quad (4\text{-}14)$$

因为

$$V_i = \sum_{j=1}^{m} V_{ij} \quad (4\text{-}15)$$

所以

$$\Delta_i = \frac{V_i}{\sum_{j=1}^{m} K_{ij}} \quad (4\text{-}16)$$

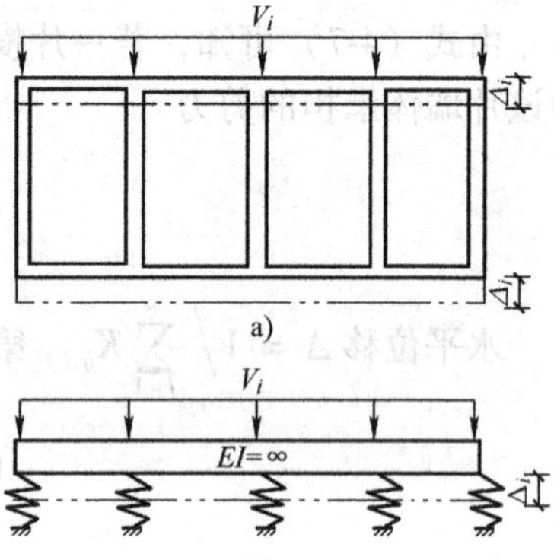

将式（4-16）代入式（4-14），得

$$V_{ij} = \frac{K_{ij}}{\sum_{j=1}^{m} K_{ij}} V_i \quad (4\text{-}17)$$

即第 j 片墙所受到的地震作用效应 V_{ij} 按各片墙体侧向刚度比例分配总楼层剪力 V_i，这一规律与一片墙体中各墙段的剪力分配是相同的。

图4-8　刚性楼盖横墙的水平位移

因刚性楼盖房屋中，横墙长度较大，在计算楼层地震剪力在各墙片中的分配时，因弯曲变形小，侧向刚度计算一般可只考虑剪切变形的影响，即用式（4-10）计算。如果各片墙的高度 h_i 相同，材料相同，亦即 E 相同，则式（4-17）简化为

$$V_{ij} = \frac{A_{ij}}{A_i} V_i \quad (4\text{-}18)$$

式中　A_{ij}、A_i——第 i 层第 j 片墙的横截面面积和第 i 层所有横向受力墙体的横截面面积之和。

(2) 对于木楼盖等柔性楼盖房屋 由于这类楼盖的水平刚度较小,在水平地震作用下,楼盖除产生水平侧移外,还产生弯曲变形,楼盖类似于一个多跨简支梁,如图 4-9 所示。横墙即为各跨简支梁的弹性支座,墙的位移值与墙的支撑反力有关。由于地震作用的大小与房屋的重力

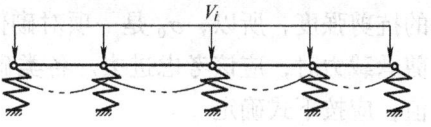

图 4-9　柔性楼盖计算简图

荷载成正比,所以第 j 片墙所承受的地震剪力 V_{ij} 即可按该片墙两侧相邻墙体之间一半面积从属面积上的有效重力荷载比例分配 V_i,即

$$V_{ij} = \frac{G_{ij}}{G_i} V_i \tag{4-19}$$

式中　G_{ij}——第 i 层第 j 片墙从属面积上承担的有效重力荷载;
　　　G_i——第 i 层总的从属面积上承担的有效重力荷载。

当楼层单位面积上的有效重力荷载相等时,可进一步简化为按各墙片的承载面积比进行分配,即

$$V_{ij} = \frac{S_{ij}}{S_i} V_i \tag{4-20}$$

式中　S_{ij}——第 i 层第 j 片墙的从属面积;
　　　S_i——第 i 层楼层总面积。

(3) 对于装配式钢筋混凝土楼(屋)盖房屋 装配式楼盖的刚度介于刚性楼盖和柔性楼盖之间,属中等刚性楼盖。对装配式钢筋混凝土楼盖等中等刚度楼盖房屋,每片墙的地震剪力可取上述两种方法的平均值,即

$$V_{ij} = \frac{1}{2} \left(\frac{K_{ij}}{\sum_{j=1}^{m} K_{ij}} + \frac{G_{ij}}{G_i} \right) V_i \tag{4-21}$$

或

$$V_{ij} = \frac{1}{2} \left(\frac{A_{ij}}{A_i} + \frac{S_{ij}}{S_i} \right) V_i \tag{4-22}$$

3. 纵向楼层地震剪力的分配

对于房屋纵向,因其尺寸一般比横向大,且纵墙间距一般也较小,所以无论哪种楼盖房屋纵向地震剪力都可按纵墙的侧移刚度按比例分配给各片及各段纵墙。

4.3.3　墙体抗震强度验算

1. 无筋砌体抗剪强度理论

除了地震作用在墙体中引起的切应力外,还有由于竖向荷载引起的正应力

σ_0，后者可以减小墙体内主拉应力和增大灰缝内摩擦力，无形之中提高了砌体的抗剪强度，所以，σ_0 是一项对砌体抗剪强度有利的因素，在确定砌体抗震抗剪承载力时，应该考虑进去。各类砌体沿阶梯形截面破坏的抗震抗剪强度计算值，应按下式确定

$$f_{vE} = \zeta_N f_v \tag{4-23}$$

式中 f_{vE}——砌体沿阶梯形截面破坏抗震抗剪强度设计值；

f_v——非抗震设计的砌体抗剪强度设计值，按现行《砌体结构设计规范》采用；

ζ_N——砌体抗震抗剪强度的正应力影响系数，应按表 4-6 采用。

表 4-6 砌体抗震抗剪强度的正应力影响系数

砌体类别	σ_0/f_v							
	0.0	1.0	3.0	5.0	7.0	10.0	12.0	≥16.0
普通砖、多孔砖	0.80	0.99	1.25	1.47	1.65	1.90	2.05	—
小砌块	—	1.23	1.69	2.15	2.57	3.02	3.32	3.92

注：σ_0 为对应于重力荷载代表值的砌体截面平均压应力。

式（4-23）中的砖砌体的正应力影响系数 ζ_N 是以主拉应力达到砌体抗拉强度的抗剪强度（主拉理论）为基础统计归纳的，而砌块的正应力影响系数 ζ_N 是以砂浆抗剪强度与摩擦力之和作为砌体抗剪强度（剪摩理论）得到的。

2. 砌体截面抗震承载力验算

对多层砌体房屋，应选择不利的墙段进行截面抗剪承载力验算。不利的墙段一般是承载面积较大或竖向应力较小的墙段。

（1）普通砖、多孔砖墙体的截面抗震受剪承载力，应按下列规定验算

1）一般情况下，应按下式验算

$$V \leqslant f_{vE} A / \gamma_{RE} \tag{4-24}$$

式中 V——墙体剪力设计值，为地震剪力标准值的 1.3 倍；

f_{vE}——砖砌体沿阶梯形截面破坏的抗震抗剪强度设计值；

A——墙体横截面面积，多孔砖取毛截面面积；

γ_{RE}——承载力抗震调整系数，一般承重墙体 $\gamma_{RE}=1$，两端均有构造柱约束的承重墙体 $\gamma_{RE}=0.9$，自重墙体 $\gamma_{RE}=0.75$。

2）采用水平配筋的墙体应按下式验算

$$V \leqslant \frac{1}{\gamma_{RE}}(f_{vE}A + \zeta_s f_y A_s) \tag{4-25}$$

式中 A——墙体横截面面积，多孔砖取毛截面面积；

f_y——钢筋抗拉强度设计值；

A_s——层间墙体竖向截面的钢筋总截面面积，其配筋率应不小于 0.07% 且不大于 0.17%；

ζ_s——钢筋参与工作系数，可按表 4-7 采用。

表 4-7 钢筋参与工作系数

墙体高宽比	0.4	0.6	0.8	1.0	1.2
ζ_s	0.10	0.12	0.14	0.15	0.12

3）当按式（4-24）、式（4-25）验算不满足要求时，可计入设置于墙段中部、截面不小于 240mm×240mm 且间距不大于 4m 的构造柱对受剪承载力的提高作用，按下列简化方法验算

$$V \leqslant \frac{1}{\gamma_{RE}}[\eta_c f_{vE}(A - A_c) + \zeta_c f_t A_c + 0.08 f_{yc} A_{sc} + \zeta_s f_{yh} A_{sh}] \tag{4-26}$$

式中 A_c——中部构造柱的横截面总面积（对横墙和内纵墙，$A_c > 0.15A$ 时，取 0.15A；对外纵墙 $A_c > 0.25A$ 时，取 0.25A）；

A_{sh}——层间墙体竖向截面的总水平钢筋面积，无水平钢筋时取 0；

A_{sc}——中部构造柱的纵向钢筋截面总面积（配筋率不小于 0.6%，大于 1.4% 时取 1.4%）；

f_t——中部构造柱的混凝土轴心抗拉强度设计值；

f_{yh}、f_{yc}——墙体水平钢筋、构造柱钢筋的抗拉强度设计值；

ζ_c——中部构造柱参与工作系数，居中设一根时取 0.5，多于一根时取 0.4；

ζ_s——钢筋参与工作系数，可按表 4-7 采用；

η_c——墙体的约束修正系数，一般情况取 1.0，构造柱间距不大于 2.8m 时取 1.1。

（2）小砌块墙体的截面抗震受剪承载力验算 一般按下式验算

$$V \leqslant \frac{1}{\gamma_{RE}}[f_{vE} A + (0.3 f_t A_c + 0.05 f_y A_s)\zeta_c] \tag{4-27}$$

式中 f_t——芯柱混凝土轴心抗拉强度设计值；

A_c——芯柱截面总面积；

A_s——芯柱钢筋截面总面积；

ζ_c——芯柱参与工作系数，可按表 4-8 采用。

当同时设置芯柱和构造柱时，构造柱截面可作为芯柱截面，构造柱钢筋可作为芯柱钢筋。

表 4-8　芯柱参与工作系数

填孔率 ρ	$\rho<0.15$	$0.15\leqslant\rho<0.25$	$0.25\leqslant\rho<0.5$	$\rho\geqslant0.5$
ζ_c	0.0	1.0	1.10	1.15

注：填孔率指芯柱根数（含构造柱和填实孔洞数量）与孔洞总数之比。

【例题 4-1】 某四层砖砌体房屋，首层平面及剖面图如图 4-10 所示，设防烈度为 8 度，设计基本地震加速度为 $0.2g$，设计地震分组第一组。楼盖、屋盖为现浇板，横墙承重，墙体采用普通粘土砖，砖强度等级为 MU15，砂浆强度等级为 M5。试验算该房屋在多遇地震时横墙的抗剪承载力。

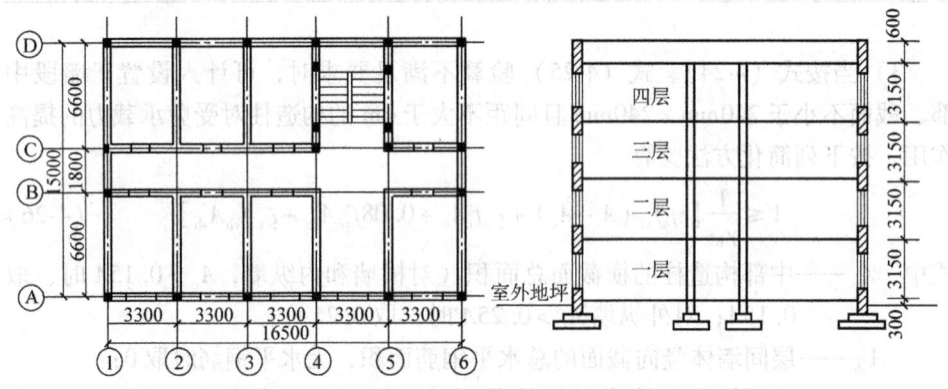

图 4-10　房屋平面和剖面图

【解】 **1. 各层地震作用计算**

（1）计算结构总重力荷载代表值 G_E　重力荷载取值原则：恒荷载 100%，雪荷载、楼面活荷载取 50%，屋面活荷载不考虑。经计算：

屋面重力荷载平均值　　　$q_屋=2.5\text{kN/m}^2$

楼面重力荷载平均值　　　$q_楼=3.5\text{kN/m}^2$

每层墙体总重　　　　　　$G_墙=1650\text{kN}$

每层建筑面积　　　　　　$A\approx255\text{m}^2$

将楼层上下各半层墙体重量与楼层重量集中于该楼层标高处，得各层重力荷载代表值：

四层顶　　$G_4=\left(140+\dfrac{1650}{2}+2.5\times255\right)\text{kN}\approx1602\text{kN}$

（其中 140kN 为屋顶女儿墙重）

三层顶　　$G_3=(1650+3.5\times255)\text{kN}\approx2542\text{kN}$

二层顶　　$G_2=2542\text{kN}$

首层顶　　$G_1=2752\text{kN}$

结构总重力代表值为

$G_E = \Sigma G_i = G_1 + G_2 + G_3 + G_4 = (2752 + 2542 + 2542 + 1602)\text{kN} = 9438\text{kN}$

（2）计算总地震作用 F_{Ek} 及各楼层地震作用 F_i 根据房屋的剖面尺寸，将房屋计算简图简化为4-11所示图形。

对于多层砌体房屋，在设防烈度为8度，基本地震加速度为$0.2g$，多遇地震时，查表3-3得，$\alpha_{max} = 0.16$，则

$G_{eq} = 0.85 G_E = 0.85 \times 9438\text{kN} = 8022\text{kN}$

$F_{Ek} = \alpha_{max} G_{eq} = 0.16 \times 8022\text{kN} = 1284\text{kN}$

$\Sigma G_j H_j = (2752 \times 3.95 + 2542 \times 7.10 + 2542 \times 10.25 +$

$1602 \times 13.4)\text{kN} \cdot \text{m} = 76440\text{kN} \cdot \text{m}$

$F_1 = \dfrac{G_1 H_1}{\Sigma G_j H_j} F_{Ek} = \dfrac{2752 \times 3.95}{76440} \times 1284\text{kN} = 182.5\text{kN}$

$F_2 = \dfrac{G_2 H_2}{\Sigma G_j H_j} F_{Ek} = \dfrac{2542 \times 7.10}{76440} \times 1284\text{kN} = 303.2\text{kN}$

$F_3 = \dfrac{G_3 H_3}{\Sigma G_j H_j} F_{Ek} = \dfrac{2542 \times 10.25}{76440} \times 1284\text{kN} = 437.6\text{kN}$

$F_4 = \dfrac{G_4 H_4}{\Sigma G_j H_j} F_{Ek} = \dfrac{1602 \times 13.4}{76440} \times 1284\text{kN} = 360.6\text{kN}$

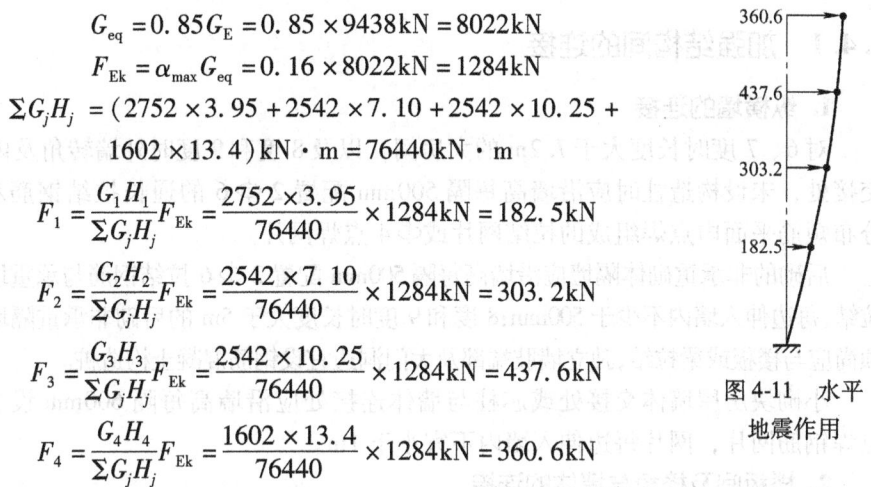

图4-11 水平地震作用

2. 横墙抗震受剪承载力验算

选择不利的墙段进行截面抗剪承载力验算。不利的墙段一般是承载面积较大或竖向应力较小的墙段。选顶层楼梯间的横墙为例，进行抗震受剪承载力验算。

顶层的层间地震剪力为

$V_4 = F_4 = 360.6\text{kN}$

由于横墙没有开洞，各墙段的高度、宽度相同，且楼板为刚性楼板，因此，各墙段的侧向刚度相同，楼梯间横墙段分配的地震剪力为

$V'_4 = \dfrac{1}{12} \times 360.6\text{kN} = 30.05\text{kN}$

在楼层半高处墙体的平均压应力为 $\sigma_0 = 0.051\text{N/mm}^2$

非抗震设计的墙体抗剪强度设计值为 $f_v = 0.11\text{N/mm}^2$

根据 σ_0/f_v 的大小，查表4-6得砌体抗震抗剪强度的正应力影响系数为 $\zeta_N = 0.89$，砌体的抗震抗剪强度的设计值为 $f_{vE} = 0.89 \times 0.11\text{N/mm}^2 = 0.098\text{N/mm}^2$

在不考虑中部两个构造柱对抗剪承载力的贡献情况下，有

$f_{vE} A/\gamma_{RE} = 0.098 \times 1.59 \times 10^6\text{kN}/0.9 = 170\text{kN} \geq V'_4$，抗震受剪承载力满足要求。

同理，可验算其他墙体的抗震受剪承载力。

4.4 多层砌体结构抗震构造措施

抗震构造措施是根据以往的震害经验，从定性角度弥补抗震计算的不足。在抗震设计中，抗震计算与构造措施同等重要。各种构造措施的主要目的在于加强结构的整体性，提高结构薄弱环节的抗震能力。

4.4.1 加强结构间的连接

1. 纵横墙的连接

对 6、7 度时长度大于 7.2m 的大房间，以及 8 度和 9 度时外墙转角及内外墙交接处，未设构造柱时应沿墙高每隔 500mm 配置 2Φ6 的通长拉结钢筋和Φ4 分布短筋平面内点焊组成的拉结网片或Φ4 点焊网片。

后砌的非承重砌体隔墙应沿墙高每隔 500mm 配置 2Φ6 拉结钢筋与承重墙或柱拉结，每边伸入墙内不少于 500mm；8 度和 9 度时长度大于 5m 的后砌非承重隔墙的墙顶尚应与楼板或梁拉结，独立墙肢端部及大门洞边宜设钢筋混凝土构造柱。

小砌块房屋墙体交接处或芯柱与墙体连接处应沿墙高每隔 600mm 设置Φ4 点焊钢筋网片，网片每边伸入墙内不宜小于 1m。

2. 楼板间及楼板与墙体的连接

当板的跨度大于 4.8m 并与外墙平行时，靠外墙的预制板侧边应与墙或圈梁拉结（图 4-12）。对房屋端部大房间的楼板，6 度时房屋的屋盖和 7~9 度时房屋的楼盖、屋盖，当圈梁设在板底时，钢筋混凝土预制板应相互拉结（图 4-13），并应与梁、墙或圈梁拉结。

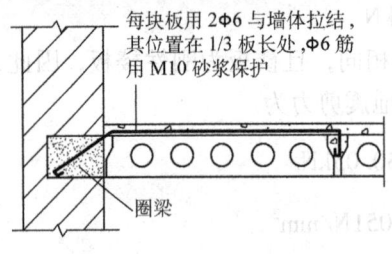
图 4-12 预制板与外墙的拉结

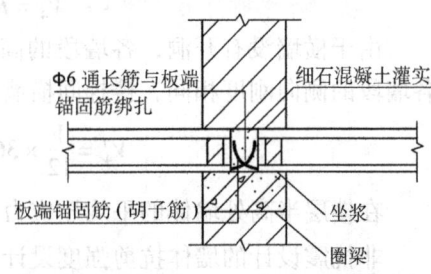
图 4-13 预制板与内墙或圈梁的拉结

现浇钢筋混凝土楼板或屋面板伸进纵、横墙内的长度不应小于 120mm；对装配式钢筋混凝土楼板或屋面板，当圈梁未设在板的同一标高时，板端伸进外墙的长度不应小于 120mm，板端伸进内墙的长度不应小于 100mm，在梁上不应小于 80mm。

对装配式楼板应要求坐浆，以增强与墙体的粘结。

3. 梁、屋架与墙、柱或圈梁的拉结

楼、屋盖的钢筋混凝土梁或屋架应与墙、柱（包括构造柱）或圈梁可靠连接，不得采用独立砖柱。跨度不小于6m大梁的支承构件应采用组合砌体等加强措施，并应满足承载力要求。

坡屋顶房屋的屋架应与顶层圈梁可靠连接，檩条或屋面板应与墙、屋架可靠连接，房屋出入口处的檐口瓦应与屋面构件锚固。采用硬山搁檩时，顶层内纵墙顶宜增砌支撑山墙的踏步式墙垛，并设置构造柱。

4. 其他连接

门窗洞口处不应采用砖过梁，过梁在砖墙上的支撑长度，6~8度时不应小于240mm，9度时不应小于360mm。对于预制阳台，6、7度时应与圈梁和楼板的现浇板带可靠连接，8、9度时不应采用预制阳台。

4.4.2 钢筋混凝土构造柱、芯柱的设置和构造要求

在多层砌体结构中，无筋砌体本身是脆性材料，利用约束条件（钢筋混凝土圈梁、构造柱或芯柱等），可以提高墙体的抗剪强度。在墙体开裂之后，构造柱与圈梁所形成的约束体系可以有效地限制墙体的散落，使开裂墙体以滑移、摩擦等方式大量消耗地震能量，增加砌体的延性约3~4倍，保证房屋不致倒塌。

1. 钢筋混凝土构造柱

（1）钢筋混凝土构造柱的设置

1）对多层砖房，钢筋混凝土构造柱的设置部位，一般情况下应符合表4-9的要求。

表4-9 砖房构造柱设置要求

房屋层数				设置部位	
6度	7度	8度	9度		
四、五	三、四	二、三		楼、电梯间四角，楼梯段上下端对应的墙体处；外墙四角和对应转角；错层部位横墙与外纵墙交接处；大房间内外墙交接处；较大洞口两侧	隔12m或单元横墙与外纵墙交接处；楼梯间对应的另一侧内横墙与外纵墙交接处
六、七	五	四	二		隔开间横墙（轴线）与外墙交接处，山墙与内纵墙交接处
八	≥六	≥五	≥三		内墙（轴线）与外墙交接处；内墙的局部较小墙垛处；内纵墙与横墙（轴线）交接处

注：较大洞口：内墙指不小于2.1m的洞口，外墙在内外墙交接处已设置构造柱时应允许适当放宽，但洞侧墙体应加强。

2)对外廊式和单面走廊式的多层房屋应根据房屋增加一层后的层数,按表4-9的要求设置构造柱,且单面走廊两侧的纵墙均应按外墙处理。

3)对横墙较少的房屋,应根据房屋增加一层的层数,按表4-9的要求设置构造柱;当横墙较少的房屋为外廊式或单面走廊式时,应按2)的要求设置构造柱;但6度不超过四层、7度不超过三层和8度时不超过二层时,应按增加两层的层数对待。

4)各层横墙很少的房屋,应按增加二层的层数,设置构造柱。

5)采用蒸压灰砂砖和蒸压粉煤灰砖的砌体房屋,当砌体的抗剪强度仅达到普通粘土砖砌体的70%时,应根据增加一层的层数按上述1)~4)的要求设置构造柱;但6度不超过四层、7度不超过三层和8度时不超过二层时,应按增加两层的层数对待。

(2)钢筋混凝土构造柱的构造要求

1)构造柱最小截面尺寸可采用240mm×180mm(墙厚为190mm时为180mm×190mm),纵向钢筋宜采用4Φ12,箍筋间距不宜大于250mm,且在柱上下端适当加密。6、7度时超过六层,8度时超过五层和9度时,构造柱纵筋宜采用4Φ14,箍筋间距不应大于200mm,房屋四角的构造柱可适当加大截面和配筋。

2)对钢筋混凝土构造柱的施工,要求先砌墙、后浇筑混凝土,墙、柱连接处宜砌成马牙槎,并应沿墙高每隔500mm设2Φ6水平钢筋和Φ4分布短筋平面内点焊组成的拉结网片或Φ4点焊钢筋网片,每边伸入墙内不宜少于1m,如图4-14所示;6、7度时底部1/3楼层,8度时底部1/2楼层,9度时全部楼层,上述拉结钢筋网片应沿墙体水平通长设置。

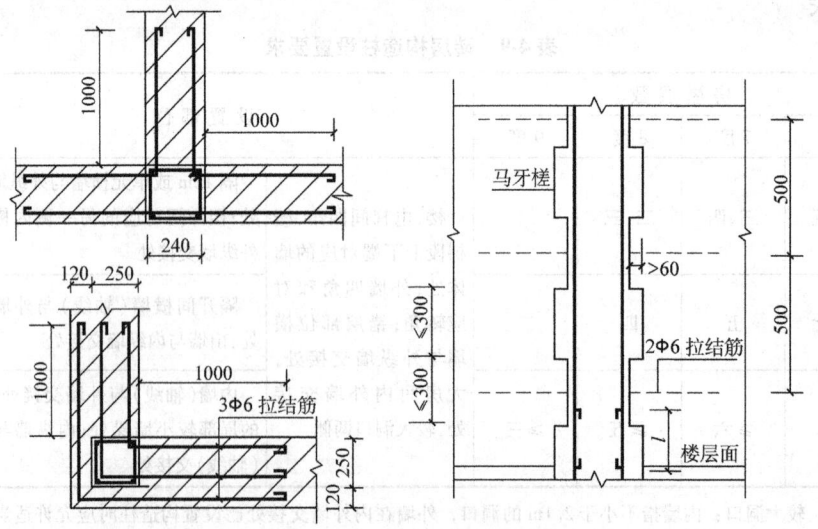

图4-14 构造柱与墙体的连接

3) 构造柱与圈梁连接处,构造柱的纵筋应在圈梁纵筋内穿过,保证构造柱纵筋上下贯通。

4) 构造柱可不单独设置基础,但应伸入室外地面下 500mm,或锚入埋深小于 500mm 的基础圈梁内。

5) 房屋高度和层数接近于表 4-1 的限值时,纵、横墙内构造柱间距尚应符合以下要求:①横墙内的构造柱间距不宜大于层高的两倍;下部 1/3 楼层的构造柱间距适当减小;②当外纵墙开间大于 3.9m 时,应另设加强措施。内纵墙的构造柱间距不宜大于 4.2m。

2. 钢筋混凝土芯柱

(1) 多层小砌块房屋钢筋混凝土芯柱的设置　多层小砌块房屋应按表 4-10 要求设置钢筋混凝土芯柱。对外廊式和单面走廊式的多层房屋、横墙较少的房屋、各层横墙很少的房屋,尚应分别根据钢筋混凝土构造柱设置要求中的 2)、3)、4) 关于增加层数的对应要求,按表 4-10 的要求设置芯柱。

(2) 多层小砌块房屋钢筋混凝土芯柱的构造要求

1) 混凝土小砌块房屋芯柱截面不小于 $120mm \times 120mm$。

2) 芯柱混凝土强度等级,不应低于 C20。

3) 芯柱的竖向钢筋应贯通墙身且应与每层圈梁连接;插筋不应小于 1Φ12,6、7 度时超过五层、8 度时超过四层和 9 度时,插筋不应少于 1Φ14。

4) 芯柱应伸入室外地面下 500mm 或与埋深小于 500mm 的基础圈梁相连。

5) 为提高墙体抗震受剪承载力而设置的芯柱,宜在墙体内均匀布置,最大净距不宜超过 2m。

6) 多层小砌块房屋墙体交接处或芯柱与墙连接处应设置拉结钢筋网片,网片可采用直径 4 mm 的钢筋点焊而成,沿墙高间距不大于 600mm,并应沿墙体水平通长设置;6、7 度时底部 1/3 楼层,8 度时底部 1/2 楼层,9 度时全部楼层,上述拉结钢筋网片沿墙高间距不大于 400mm。

表 4-10　小砌块房屋芯柱设置要求

房屋层数				设置的部位	设置数量
6 度	7 度	8 度	9 度		
四、五	三、四	二、三		外墙转角,楼梯间四角;楼梯斜梯段上下端对应的墙体处;大房间内外墙交接处,错层部位横墙与外纵横交接处;隔 12m 或单元墙与外纵墙交接处	外墙转角,灌实 3 个孔;内外墙交接处,灌实 4 个孔;楼梯斜梯段上下端对应墙体处,灌实 2 个孔
六	五	四		同上;隔开间横墙(轴线)与外纵墙交接处	

(续)

房屋层数				设置的部位	设置数量
6度	7度	8度	9度		
七	六	五	二	同上；各内墙(轴线)与外纵墙交接处；内纵墙与横墙(轴线)交接处和洞口两侧	外墙转角，灌实5个孔；内外墙交接处，灌实4个孔；内墙交接处，灌实4~5个孔；洞口两侧，各灌实1个孔
	七	≥六	≥三	同上；横墙内芯柱间距不宜大于2m	外墙转角，灌实7个孔；内外墙交接处，灌实5个孔；内墙交接处，灌实4~5个孔；洞口两侧，各灌实1个孔

注：外墙转角、内外墙交接处、楼梯间四角等部位，应允许采用钢筋混凝土构造柱代替部分芯柱。

4.4.3 现浇钢筋混凝土圈梁的设置与构造要求

圈梁是与构造柱联合使用的一项重要的构造措施。圈梁在砌体结构抗震中可以发挥多方面的作用。它可以加强纵横墙的连接、增强楼盖的整体性、增加墙体的稳定性；它可以有效地约束墙体裂缝的开展，从而提高墙体的抗震能力；它还可以有效地抵抗由于地震或其他原因所引起的地基不均匀沉降对房屋的破坏作用。一般要求圈梁宽度宜与墙厚相同，当墙厚 $h \geq 240mm$，其宽度不宜小于 $2h/3$，圈梁高度不小于120mm，纵向钢筋不应少于 $4\Phi 10$，箍筋间距不大于300mm。

1. 设置要求

装配式钢筋混泥土楼、屋盖或木楼、屋盖的砖房，横墙承重时应按表4-11的要求设置圈梁；纵墙承重时应每层设置圈梁，且抗震横墙上的圈梁间距应比表4-11内的要求适当加密。现浇或装配整体式钢筋混凝土楼、屋盖与墙体有可靠连接的房屋，应允许不另设圈梁，但楼板沿墙体周边应加强配筋并应与相应的构造柱钢筋可靠连接。

表4-11 多层砖房现浇钢筋混凝土圈梁设置要求

墙 类	设防烈度		
	6、7	8	9
外墙及内纵墙	屋盖处及每层楼盖处	屋盖处及每层楼盖处	屋盖处及每层楼盖处
内横墙	同上；屋盖处间距不应大于4.5m；楼盖处间距不应大于7.2m；构造柱对应部位	同上；各层所有横墙，且间距不应大于4.5m；构造柱对应部位	同上；各层所有横墙

对多层小砌块房屋，现浇钢筋混凝土圈梁也按表4-11的要求设置，圈梁宽度不应小于190mm，配筋不应少于 $4\Phi 12$，箍筋间距不应大于200mm。

2. 构造要点

1) 圈梁应闭合，遇有洞口圈梁应上下搭接，圈梁宜与预制板设在同一标高或紧靠板底。

2) 圈梁在表4-11的要求间距内无横墙时，应利用梁或板缝中配筋替代圈梁。

3) 圈梁的截面高度不应小于120mm，配筋应符合表4-13的要求；因地基为软弱粘性土、液化土、新近填土或严重不均匀土而设置加强基础整体性和刚性的基础圈梁时，其截面高度不应小于180mm，配筋不应少于4Φ12。

表4-12 砖房圈梁配筋要求

配 筋	设 防 烈 度		
	6、7	8	9
最小纵筋	4Φ10	4Φ12	4Φ14
最大箍筋间距/mm	250	200	150

4.4.4 横墙较少的丙类多层砖砌体房屋构造加强措施

对于丙类多层砖砌体房屋，当横墙较少且总高度和层数接近或达到表4-1规定限值时，应采取以下加强措施：

1) 房屋的最大开间尺寸不宜大于6.6m。

2) 同一结构单元内横墙错位数量不宜超过横墙总数的1/3，且连续错位不宜多于两道；错位的墙体交接处均应增设构造柱，且楼、屋面板应采用现浇钢筋混凝土板。

3) 横墙和内纵墙上洞口的宽度不宜大于1.5m，外纵墙上洞口的宽度不宜大于2.1m或开间尺寸的一半，且内外墙上洞口位置不应影响内外纵墙与横墙的整体连接。

4) 所有纵横墙均应在楼、屋面标高处设置加强的现浇钢筋混凝土圈梁：圈梁的截面高度不宜小于150mm，上下纵筋均不应小于3Φ10，箍筋不应小于Φ6，间距不大于300mm。

5) 所有纵横墙交接处及横墙的中部，均应增设满足下列要求的构造柱：在横墙内的柱距不宜大于层高，在纵墙内的柱距不宜大于4.2m，最小截面尺寸不宜小于240mm×240mm（墙厚为190mm时为180mm×190mm），配筋宜符合表4-13的要求。

6) 同一结构单元的楼、屋面板应设置在同一标高处。

7) 房屋底层和顶层的窗台标高处，宜设置沿纵横墙通长的水平现浇钢筋混凝土带；其截面高度不小于60mm，宽度不小于墙厚，纵筋不少于2Φ10，横向分布钢筋的直径不小于6mm，且其间距不大于200mm。

表4-13 增设构造柱的纵筋和箍筋设置要求

位置	纵向钢筋			箍筋		
	最大配筋率（%）	最小配筋率（%）	最小直径/mm	加密区范围/mm	加密区间距/mm	最小直径/mm
角柱	1.8	0.8	14	全高	100	6
边柱			14	上端700 下端500		
中柱	1.4	0.6	12			

4.4.5 楼梯间的设计

楼梯间的震害往往较重，而地震时楼梯间是疏散人员和进行救灾的通道。因此，对其抗震结构措施要给予足够的重视。具体构造要求如下：

1）顶层楼梯间横墙和外墙宜沿墙高每隔500mm设2Φ6通长钢筋和Φ4分布短筋平面内点焊组成的拉结网片或Φ4点焊网片。7~9度时其他各层楼梯间墙体应在休息平台或楼层半高处设置60mm厚的钢筋混凝土带或配筋砖带，纵向钢筋不宜少于2Φ10，配筋砖带不少于3皮，每皮配筋不少于Φ6，砂浆强度等级不低于M7.5，且不低于同层墙体的砂浆强度等级。

2）楼梯间及门厅内墙阳角处的大梁支撑长度不应小于500mm，并应与圈梁连接。

3）装配式楼梯应与平台板的梁可靠连接，8、9度时不应采用装配式楼梯段；不应采用墙中悬挑式踏步或踏步竖肋插入墙体的楼梯，也不应采用无筋砖砌栏板。

4）突出屋顶的楼、电梯间，构造柱应伸到顶部，并与顶部圈梁连接。所有墙体应沿墙高每隔500mm设2Φ6通长拉结钢筋和Φ4分布短筋平面内点焊组成的拉结网片或Φ4点焊网片。

4.5 底部框架—抗震墙房屋抗震设计

底部框架—抗震墙砌体房屋是我国现阶段经济条件下特有的一种结构。强烈地震灾害表明，当这类房屋设计不合理时，其底部可能发生变形集中，出现较大的侧移而破坏，甚至倒塌。仅十多年来，各地进行了许多试验研究和分析计算，对这类结构有进一步认识，但总体上仍需持谨慎态度。

底部框架—抗震墙房屋主要指上部结构为砌体房屋，底部一层或两层为钢筋混凝土框架，并布置一定数量抗震墙的多层房屋。这类房屋底部能提供较大空间，而上面各层可用于住宅、旅馆或办公楼，一般建于商业区的街道两侧。

这类房屋因底部刚度小、上部刚度大，竖向刚度急剧变化，抗震性能较差，地震时往往底部出现变形集中、产生过大侧移而发生严重破坏，甚至倒塌。为了防止底部因变形集中而发生严重的震害，在抗震设计中必须在结构底部加设抗震墙，不得采用纯框架布局。

底层框架—抗震墙房屋框架的抗震等级，6、7、8度可分别按三、二、一级采用；混凝土墙体的抗震等级，6、7、8度可分别按三、三、二级采用。混凝土墙体和框架的抗震构造应满足相应等级要求。

4.5.1 底部框架—抗震墙房屋的结构布置原则

底部框架—抗震墙房屋的结构布置，应符合下列要求：

1）上部的砌体抗震墙与底部的框架梁或抗震墙应对齐或基本对齐。

2）房屋的底部，应沿纵横两个方向设置一定数量的抗震墙，并应均匀对称布置或基本均匀对称布置。6度且总层数不超过四层的底层框架—抗震墙房屋，应允许采用嵌砌于框架之间的约束普通砖砌体或小砌体的砌体抗震墙，但应计入砌体墙对框架的附加轴力和附加剪力，并进行底层的抗震验算，且同一方向不应同时采用钢筋混凝土抗震墙和约束砌体抗震墙；其余情况，8度时应采用钢筋混凝土抗震墙，6、7度时应采用钢筋混凝土抗震墙或配筋小砌块砌体抗震墙。

3）底层框架—抗震墙房屋的纵横两个方向，第二层与底层侧向刚度的比值，6、7度时不应大于2.5，8度时不应大于2.0，且均不应小于1.0。

4）底部两层框架—抗震墙房屋的纵横两个方向，底层与底部第二层侧向刚度应接近，第三层与底部第二层侧向刚度的比值，6、7度时不应大于2.0，8度时不应大于1.5，且均不应小于1.0。

5）底部框架—抗震墙房屋的抗震墙应设置条形基础、筏形基础或柱基。

底部抗震横墙的间距应符合表4-3的要求。底部框架—抗震墙房屋的总高度和层数，不宜超过表4-1的限制。

4.5.2 底部框架—抗震墙房屋的抗震计算

底部框架砌体房屋的抗震计算可采用底部剪力法。计算时取地震影响系数 $\alpha_{\max}$，顶部附加地震影响系数 $\delta_n = 0$。底部框架中的框架柱与抗震墙按弹塑性方法设计，考虑塑性内力重分布。因为剪力墙刚度大，分配的地震剪力也大，在弹性阶段，忽略框架柱的抗剪贡献，而由抗震墙承担全部纵横向的地震剪力。在结构进入弹塑性阶段后，考虑到抗震墙的损伤，由抗震墙和框架柱共同承担地震剪力。另外，为避免底部薄弱层的出现，应适当提高底部剪力设计值。《建筑抗震设计规范》对底部框架—抗震墙的地震作用效应作如下调整：

1）对底部框架—抗震墙房屋，底层的纵向和横向地震剪力设计值均应乘以增大系数，其值应在1.2~1.5范围内选用，第二层与底层侧向刚度比大者应取大值。

2）对于底部两层框架—抗震墙房屋，底层和第二层的纵向和横向地震剪力设计值均应乘以增大系数，其值应在1.2~1.5范围内选用，第三层与第二层的侧向刚度比大者应取大值。

3）底层或底部两层的纵向和横向地震剪力设计值应全部由该方向的抗震墙承担，并按各抗震墙侧向刚度比例分配。

底部框架—抗震墙砌体房屋，底部框架的地震作用效应宜采用以下方法确定：

1）底部框架柱的地震剪力和轴向力，宜按下列规定调整：①框架柱承担的地震剪力设计值可按各抗侧力构件有效侧向刚度比例分配确定，有效侧向刚度的取值，框架不折减，混凝土墙可乘以折减系数0.30，砖墙可乘以折减系数0.20；②框架柱的轴力应计入地震倾覆力矩引起的附加轴力，上部砖房可视为刚体，底部各轴线承受的地震倾覆力矩，可近似按底部抗震墙和框架的侧向刚度的比例分配；③当抗震墙之间楼盖长宽比大于2.5时，框架柱各轴线承担的地震剪力和轴向力尚应计入楼盖平面内变形的影响。

2）底部框架—抗震墙房屋的钢筋混凝土托墙梁计算地震组合内力时，应采用合适的计算简图。若考虑上部墙体与托墙梁的组合作用，应计入地震时墙体开裂对组合作用的不利影响，可调整有关的弯矩系数、轴力系数等计算参数。

根据以上规定，底部剪力设计值为

$$V_1 = \xi \alpha_{\max} G_{eq} \tag{4-28}$$

式中 ξ——底层地震剪力增大系数。

单根框架柱所承担的地震剪力为

$$V_c = \frac{K_c}{0.3\Sigma K_{wc} + 0.2\Sigma K_{wm} + \Sigma K_c} V_1 \tag{4-29}$$

式中 K_{wc}、K_{wm}、K_c——一片混凝土抗震墙、一片砖砌体抗震墙、一根钢筋混凝土框架柱的弹性侧移刚度。

此外，框架柱的设计尚需考虑地震倾覆力矩引起的附加轴力。作用于整个房屋底层的地震倾覆力矩为（图 4-15）

$$M_1 = \sum_{i=2}^{n} F_i(H_i - H_1) \tag{4-30}$$

每榀框架所承担的地震倾覆力矩，可近似按底部抗震墙和框架的侧向刚度的比例分配。

一片抗震墙承担的倾覆力矩为

$$M_w = \frac{K_w'}{\sum K_w' + \sum K_f'} M_1 \tag{4-31}$$

一榀框架承担的倾覆力矩为

$$M_f = \frac{K_f'}{\sum K_w' + \sum K_f'} M_1 \tag{4-32}$$

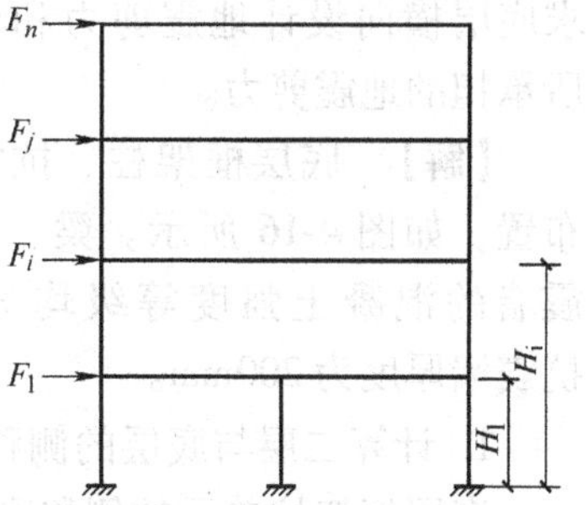

式中 K_w'——底部一片抗震墙的侧向刚度；

K_f'——一榀框架的侧向刚度；

图 4-15 地震倾覆力矩

根据剪力墙和框架柱的变形协调条件，可推导出 K_w'、K_f' 的表达式

$$K_w' = \cfrac{1}{\cfrac{h}{EI} + \cfrac{1}{C_\varphi I_\varphi}} \tag{4-33}$$

$$K_f' = \cfrac{1}{\cfrac{h}{E\sum A_i x_i^2} + \cfrac{1}{C_Z \sum F_i x_i^2}} \tag{4-34}$$

式中 h——基础顶面至框架层顶面的距离；

A_i、F_i——一榀框架中第 i 根柱子的水平截面面积和基础底面积；

C_Z、C_φ——地基抗压和抗弯刚度系数（kN/m^3）；

I、I_φ——抗震墙抗震墙水平截面和基础底面至全部框架柱和抗震墙水平截面形心轴的惯性矩；

x_i——第 i 根框架柱形心至全部框架柱和抗震墙水平截面形心轴的惯性矩；

E——抗震墙材料弹性模量。

倾覆力矩 M_f 在框架中产生的附加轴力为

$$N_{ci} = \pm \frac{A_i x_i}{\sum A_i x_i^2} M_f \tag{4-35}$$

式中 A_i——第 i 根框架柱横截面面积；

x_i——第 i 根框架柱到所在框架中和轴（即框架柱群重心）的距离。

底部框架—抗震墙房屋框架以上砌体结构的抗震计算与多层砌体房屋相同。

【例题 4-2】 例 4-1 中多层砖房改为底部框架—抗震墙房屋，上部各层均不变，底层平面改动，如图 4-16 所示，柱截面尺寸为 400mm × 400mm，混凝土强度等级为 C30。试求底层横向设计地震剪力和框架柱所承担的地震剪力。

【解】 底层框架柱、抗震墙的布置，如图 4-16 所示。梁、柱、抗震墙的混凝土强度等级均为 C30，抗震墙厚度为 200mm。

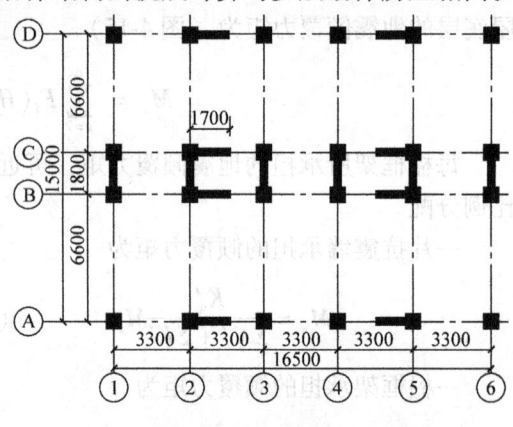

图 4-16 框架柱及抗震墙的平面布置

1. 计算二层与底层的侧移刚度比

底层框架柱单元的侧移刚度（近似按带两端完全嵌固计算）为

$$K_c = \frac{12EI}{H^3} = \frac{12 \times 3.0 \times 10^7 \times 0.4^4/12}{3.95^3} \text{kN/m}$$
$$= 1.25 \times 10^4 \text{kN/m}$$

单片混凝土抗震墙的侧移刚度：

①-⑥轴线上

$h/b = (3.95 - 0.7)/1.4 = 2.32$（假设框架梁高 700mm）

$$K_{wc1} = \frac{Et}{(h/b)[(h/b)^2 + 3]} = \frac{3.0 \times 10^7 \times 0.2}{2.32 \times (2.32^2 + 3)} \text{kN/m} = 3.0 \times 10^5 \text{kN/m}$$

Ⓐ-Ⓓ轴线上：$h/b = (3.95 - 0.5)/1.5 = 2.3$（假设框架梁高 500mm）

$$K_{wc2} = \frac{Et}{(h/b)[(h/b)^2 + 3]} = \frac{3.0 \times 10^7 \times 0.2}{2.3 \times (2.3^2 + 3)} = 3.1 \times 10^5 \text{kN/m}$$

故底层横向侧移刚度为

$$K_1 = 24 \times K_c + 6 \times K_{wc1} = 2.4 \times 10^6 \text{kN/m}$$

二层横向侧移刚度为

$$K_2 = \frac{G\Sigma A_i}{\xi H} = \frac{0.4 \times 1600 \times 1.83 \times 10^3 \times 19.0}{1.2 \times 3.95} \text{kN/m} = 4.69 \times 10^6 \text{kN/m}$$

$$1.0 < \frac{K_2}{K_1} = 1.95 < 2.0 \text{（满足规范要求）}$$

2. 求底层横向设计地震剪力

底层改为框架—抗震墙结构后，结构底层重力荷载 $G_1 = 2634\text{kN}$

$G_{eq} = 7922\text{kN}$

故 $V_1 = \xi\alpha_{max}G_{eq} = 1.4 \times 0.16 \times 7922\text{kN} = 1774.5\text{kN}$

3. 计算框架柱所承担的地震剪力

$$V_c = \frac{K_c}{0.3\Sigma K_{wc} + \Sigma K_c}V_1$$

$$= \frac{1.25 \times 10^4 \times 1774.5}{0.3 \times 6 \times 3.0 \times 10^5 + 24 \times 1.25 \times 10^4}\text{kN} = 26.4\text{kN}$$

4.5.3 抗震构造措施

总体上看，底部框架—抗震墙砌体房屋比多层砌体房屋抗震性能稍弱，现行《建筑抗震设计规范》对底部框架—抗震墙砌体房屋的抗震构造措施更为严格，具体措施如下：

1. 过渡层墙体的抗震构造要求

对于过渡层，即底部框架—抗震墙相邻的上一砌体楼层，在以往的地震中破坏较重，因此，应对过渡层墙体应给予足够的重视，其构造应满足以下要求：

1）上部砌体墙的中心线宜与底部的框架梁、抗震墙的中心线重合；构造柱或芯柱宜与框架柱上下贯通。

2）过渡层应在底部框架柱、混凝土墙或约束砌体墙的构造柱所对应处设置构造柱或芯柱；墙体内的构造柱间距不宜大于层高；芯柱除按表4-10 设置外，最大间距不宜大于1m。

3）过渡层构造柱的纵向钢筋，6、7 度时不宜少于4Φ16，8 度时不宜少于4Φ18。过渡层芯柱的纵向钢筋，6、7 度时不宜少于每孔1Φ16，8 度时不宜少于每孔1Φ18。一般情况下，纵向钢筋应锚入下部的框架柱或混凝土墙内；当纵向钢筋锚固在托墙梁内时，托墙梁的相应位置应加强。

4）过渡层的砌体墙在窗台标高处，应设置沿纵横墙通长的水平现浇钢筋混凝土带；其截面高度不小于60mm，宽度不小于墙厚，纵向钢筋不少于2Φ10，横向分布筋的直径不小于6mm 且其间距不大于200mm。此外，砖砌体墙在相邻构造柱间的墙体，应沿墙高每隔360mm 设置2Φ6 通长水平钢筋和Φ4 分布短筋平面内点焊组成的拉结网片或Φ4 点焊钢筋网片，并锚入构造柱内；小砌块砌体墙芯柱之间沿墙高应每隔400mm 设置Φ4 通长水平点焊钢筋网片。

5）过渡层的砌体墙，凡宽度不小于1.2m 的门洞和2.1m 的窗洞，洞口两侧宜增设截面不小于120mm×240mm（墙厚190mm 时为120mm×190mm）的构造柱或单孔芯柱。

6）当过渡层的砌体抗震墙与底部框架梁、墙体不对齐时，应在底部框架内设置托墙转换梁，并且过渡层砖墙或砌块墙应采取比第4）项更高的加强措施。

2. 底部采用钢筋混凝土墙时的构造要求

底部框架—抗震墙砌体房屋的底部采用钢筋混凝土墙时，其截面和构造应满足以下要求：

1）墙体周边应设置梁（或暗梁）和边框柱（或框架柱）组成的边框；边框梁的截面宽度不宜小于墙板厚度的1.5倍，截面高度不宜小于墙板厚度的2.5倍；边框柱的截面高度不宜小于墙板厚度的2倍。

2）墙板的厚度不宜小于160mm，且不应小于墙板净高的1/20；墙体宜开设洞口形成若干墙段，各墙段的高宽比不宜小于2。

3）墙体的竖向和横向分布钢筋配筋率均不应小于0.30%，并应采用双排布置；双排分布钢筋间拉筋的间距不应大于600mm，直径不应小于6mm。

4）墙体的边缘构件可按钢筋混凝土框架结构关于一般部位的规定设置。

3. 底部采用约束砖砌体墙和约束小砌块砌体墙时的构造要求

当6度设防的底部框架—抗震墙砖房的底部采用约束砖砌体墙时，其构造应符合下列要求：

1）砖墙厚不应小于240mm，砌筑砂浆强度等级不应低于M10，应先砌墙后浇框架。

2）沿框架柱每隔300mm配置2ϕ8水平钢筋和ϕ4分布短筋平面内点焊组成的拉结网片，并沿砖墙水平通长设置；在墙体半高处尚应设置与框架柱相连的钢筋混凝土水平系梁。

3）墙长大于4m时和洞口两侧，应在墙内增设钢筋混凝土构造柱。

当6度设防的底部框架—抗震墙砌块房屋的底部采用约束小砌块砌体墙时，其构造应符合下列要求：

1）墙厚不应小于190mm，砌筑砂浆强度等级不应低于Mb10，应先砌墙后浇框架。

2）沿框架柱每隔400mm配置2ϕ8水平钢筋和ϕ4分布短筋平面内点焊组成的拉结网片，并沿砌块墙水平通长设置；在墙体半高处尚应设置与框架柱相连的钢筋混凝土水平系梁，系梁截面不应小于190mm×190mm，纵筋不应小于4ϕ12，箍筋直径不应小于ϕ6，间距不应大于200mm。

3）墙体在门、窗洞口两侧应设置芯柱，墙长大于4m时，应在墙内增设芯柱；其余位置，宜采用钢筋混凝土构造柱替代芯柱。

4. 框架柱的构造要求

1）柱的截面不应小于400mm×400mm，圆柱直径不应小于450mm。

2）柱的轴压比，6度时不宜大于0.85，7度时不宜大于0.75，8度时不宜大于0.65。

3）柱的纵向钢筋最小总配筋率，当钢筋的强度标准值低于400MPa时，中柱在6、7度时不应小于0.9%，8度时不应小于1.1%；边柱、角柱和混凝土抗震墙端柱在6、7度时不应小于1.0%，8度时不应小于1.2%。

4）柱的箍筋直径，6、7度时不应小于8mm，8度时不应小于10mm，并应全高加密箍筋，间距不大于100mm。

5）柱的最上端和最下端组合的弯矩设计值应乘以增大系数，一、二、三级的增大系数应分别按1.5、1.25和1.15采用。

5. 楼盖的构造要求

1）过渡层的楼板应采用现浇钢筋混凝土板，厚度不应小于120mm，并应少开洞，开小洞。当楼板洞口尺寸大于800mm时，洞口周边应设置圈梁。

2）其他楼层，采用装配式钢筋混凝土楼板时，均应设现浇圈梁；采用现浇钢筋混凝土板时应允许不设圈梁，但楼板沿墙体周边应加强配筋，并应与相应的构造柱可靠连接。

6. 钢筋混凝土托墙梁的构造要求：

1）钢筋混凝土托墙梁的截面宽度不应小于300mm，梁的截面高度不应小于跨度的1/10。

2）箍筋的直径不应小于8mm，间距不应大于200mm；梁端在1.5倍梁高且不小于1/5梁净跨范围内，以及上部墙体的洞口处和洞口两侧各500mm且不小于梁高的范围内，箍筋间距不应大于100mm。

3）沿梁高应设腰筋，数量不应少于2ϕ14，间距不应大于200mm。

4）梁的主筋和腰筋应按受拉钢筋的要求锚固在柱内，且支座上部的纵向钢筋在柱内的锚固长度应符合钢筋混凝土框支梁的有关要求。

7. 材料强度等级要求

1）框架柱、抗震墙和托墙梁的混凝土强度等级不应低于C30。

2）过渡层砌体块材的强度等级不应低于MU10，砌体砂浆强度等级不应低于M10，砌块砌体砌筑砂浆强度等级不应低于Mb10。

思考题与习题

1. 怎样理解多层砖房震害的一般规律？
2. 多层砌体房屋楼盖刚度类型对楼层地震剪力在横墙中的分配有何影响？
3. 在多层砌体结构中设置圈梁的作用是什么？
4. 怎样理解底部框架房屋底部框架的设计原则？
5. 如图4-10所示，某四层砖混办公楼，采用装配式钢筋混凝土楼盖，墙体厚度均为240mm，采用粘土砖MU10，混合砂浆M5，设防烈度为7度，设计基本地震加速度值为0.10g，设计地震分组为第一组。试验算首层③轴横向墙体截面抗震承载力。

第 5 章　单层工业厂房抗震设计

本章介绍了单层厂房的震害特点、抗震设计原则及抗震构造措施。阐述了单层厂房结构横向抗震计算的原理，包括计算模型的建立、结构自振周期和地震作用的计算。对于单层厂房纵向抗震计算，主要介绍了修正刚度法，包括纵向自振周期的计算、柱列地震作用、纵向构件刚度的计算和地震作用分配、各构件的抗震承载力验算。要求结合单层厂房抗震计算实例的学习，掌握单层厂房纵横向抗震计算方法，熟悉房屋抗震构造设计的主要内容。

5.1　概述

单层厂房在工业建筑中广泛采用，按其主要承重构件材料的不同，分为钢筋混凝土柱厂房、钢结构厂房和砖柱厂房等。其中大多数为装配式钢筋混凝土柱厂房，它通常是由钢筋混凝土柱、钢筋混凝土屋架或钢屋架以及有檩或无檩的钢筋混凝土屋盖组成的装配式结构。跨度在 15m 以内，高度在 6.6m 以下，无桥式起重机的中、小型车间和仓库可采用砖柱（墙壁柱）承重的结构；跨度在 36m 以上且有重型起重机的厂房常采用钢结构。近年来，单层轻钢厂房迅速发展，但多为不设桥式起重机的车间和仓库。震害调查表明，单层工业厂房的抗震性能取决于各构件及整体结构的抗震能力，设计时通过对其进行合理的结构布置，正确选用构件并进行相应的抗震强度验算，加强构造措施等来提高其抗震能力。

5.2　单层钢筋混凝土厂房

5.2.1　震害现象及分析

单层厂房的震害主要表现为屋盖系统、排架柱、支撑系统、围护墙体等的破坏。

1. 屋盖系统

单层钢筋混凝土柱厂房大部分采用无檩屋盖，即大型屋面板；少量采用有檩屋盖。在地震作用下，无檩屋盖的破坏较严重。

（1）钢筋混凝土无檩屋盖

1）无檩屋盖的大型屋面板在地震作用下，与屋架上弦的连接发生破坏，从而错动移位，常因移位较大而引起屋面板从屋架上坠落（图 5-1），导致砸坏机器设备或由于屋架上弦失去平面外支撑而失稳倾斜，甚至倒塌（图 5-2）。产生这种震害的原因是：屋面板与屋架上弦或与天窗架焊接不牢，或者屋面板支座的支撑长度不足引起屋面板与屋架之间的拉脱。

图 5-1　屋面板坠落　　　　　　　　图 5-2　屋架倒塌

2）在地震作用下屋架震害表现为：屋架发生部分杆件的局部破坏或屋架的整榀倒塌（图 5-2）。其主要原因是屋盖整体刚度不足，支撑布置不完整或不合理等。

3）出屋面天窗架立柱开裂、折断。6 度、7 度时，立柱出现裂缝；8 度、9 度时，立柱甚至折断倒塌，天窗架的倒塌，可能把屋盖砸塌。下沉式（井式）天窗，在地震中一般无震害，性能明显优于出屋面天窗架。

（2）钢筋混凝土有檩屋盖　钢筋混凝土有檩屋盖震害较无檩屋盖轻，主要表现为屋面檩条的移位、下滑和塌落。此震害产生的主要原因是屋架与檩条之间连接不好，尤其在屋面坡度较大情况下，更容易造成移位和下滑。如 1975 年海城地震时，鞍山（7 度区）某厂 26m 高的机修铸钢清理车间天窗屋盖全部槽瓦屋面板从天窗架上塌落；唐山地震时，8 度区的天津市也产生上述震害。产生这类震害的主要原因是屋面瓦、板与檩条间连接不好，且屋面瓦、板之间无拉结。因而在地震作用下相互间发生移位，在屋面坡度较大的情况下，易造成下滑和塌落。

2. 排架柱

排架柱是单层钢筋混凝土厂房的主要抗侧力构件。排架柱具有一定的承载能力和抗侧刚度，在 7~9 度地震作用下，未发生因排架柱破坏而导致整个厂房倒塌的震害。排架柱的震害特点为：①阶形柱的上柱根部为薄弱环节，在上柱根部和起重机梁标高处出现水平裂缝；②下柱靠近地面处开裂，严重者混凝土剥落，纵向钢筋压曲（图5-3）；③不等高厂房高低跨交接处中柱支承低跨屋盖牛腿上截面部位的柱截面出现水平裂缝；④平腹双肢柱和薄壁开孔预制腹板工字形柱发生剪切破坏；⑤大柱网厂房中部、根部破坏等。

3. 支撑系统

单层钢筋混凝土柱厂房的支撑系统包括屋盖支撑、天窗架支撑和柱间支撑三部分。地震时破坏最多最严重的是凸出屋面的天窗架支撑和厂房纵向柱列的柱间支撑，屋盖支撑的震害不多。

1) 天窗架支撑的破坏主要是两侧竖向支撑杆件失稳。交叉支撑斜杆压曲时，则出现支撑斜杆与天窗架立柱连接节点的拉脱。

2) 柱间支撑是厂房纵向抗震的主要抗侧力构件，具有较大的抗侧刚度。其破坏主要出现在8度及8度以上地震区，7度区较少。破坏的主要特征是支撑斜杆的压屈（图5-4）与柱的连接节点的拉脱。

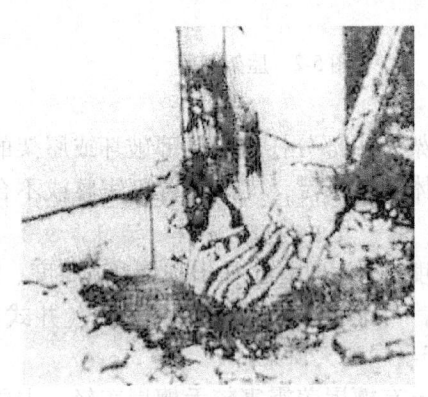

图5-3　柱根混凝土破坏　　　　　　图5-4　柱间支撑压屈

4. 围护墙体

单层钢筋混凝土柱厂房的围护墙是出现震害较多的部位。随着地震烈度的增加，出现外闪、开裂直至倒塌的现象，发生这些震害的主要原因是墙体本身的抗震能力低，墙体与主体结构缺乏牢固拉结，高大墙体的稳定性较差等（图5-5、图5-6）。震害调查表明：砌体围护墙，尤其是山墙，凡与柱没有形成牢固拉结的或山墙抗风柱不到顶的，在6度时就可能外倾或倒塌；封檐墙和山墙的山尖部分由于鞭梢效应的影响，动力反应大，在地震中往往破坏较早，也较重；采用钢筋混凝土大型墙板与柱柔性连接，或采用轻质墙板围护墙的厂房结构，在8度、9度时基本完好，显示出良好的抗震性能。

第5章 单层工业厂房抗震设计

图 5-5 墙体局部或全部倒塌

图 5-6 墙面倒塌

5.2.2 抗震设计基本要求

震害和试验研究表明，单层工业厂房的抗震性能，取决于结构构件和结构整体的抗震能力。设计时需依据概念设计的思想，在结构的体型及总体布置等方面采取有效的措施，提高厂房的抗震能力。主要内容包括厂房的结构布置和选型、厂房结构构件设置及保证结构整体性措施等。

1. 结构布置和选型

（1）厂房结构布置 单层钢筋混凝土柱厂房的平面和竖向布置应尽量简单、规则、对称和均匀，使厂房在地震作用下各部分结构变形协调，避免局部刚度突变和应力集中，防止造成整个厂房结构相互变形不协调而加重震害。结构布置的主要要求为：

1）厂房的同一结构单元内不应采用不同的结构形式；厂房端部应设置屋架，不应采用山墙承重；厂房单元内不应采用横墙和排架柱混合承重；厂房各柱列的侧移刚度宜均匀。

2）厂房内上起重机的铁梯不应靠近防震缝设置；多跨厂房各跨上起重机的铁梯不宜设置在同一横向轴线附近。

3）工作平台宜与厂房主体结构脱开。

（2）厂房的防震缝设置 当厂房的平面或竖向布置不规则时，应采用防震缝将其分成规则的独立结构单元。主要有下列规定：

1）厂房体型复杂或有贴建的房屋和构筑物，宜设防震缝。

2）两个主厂房之间的过渡跨至少应有一侧采用防震缝与主厂房脱开，以防止由于两个主厂房振动不协调而导致过渡跨破坏或倒塌。

3）防震缝的宽度：在厂房纵横跨交接处、大柱网厂房或不设柱间支撑的厂房，可采用 100～150mm，其他情况可采用 50～90mm。

2. 屋盖体系

应尽可能选用轻型屋盖、下沉式屋盖，减轻屋盖重量，降低屋盖重心，同时设置合理有效的支撑体系，使整个屋盖具有良好的刚度和空间整体性，减轻地震的作用。

（1）天窗架的设置　设置天窗会削弱厂房屋盖的整体性，天窗凸出屋面时纵向震害较重。因此，天窗架的设置宜满足下列要求：

1）天窗宜采用凸出屋面较小的避风型天窗；有条件或 9 度时，宜采用下沉式天窗。

2）凸出屋面的天窗宜采用钢天窗架；6~8 度时，可采用矩形截面杆件的钢筋混凝土天窗架。

3）天窗架不宜从厂房结构单元第一间开始设置，8 度和 9 度时，天窗架宜从厂房单元端部第三柱间开始设置。

4）天窗屋盖的端壁板和侧板宜采用轻型板材，不应采用端壁极代替天窗架。

（2）屋架的设置　屋架是单层厂房屋盖的主要承重构件。经过抗震设计的屋架系统具有一定的抗震能力。震害调查表明，很少出现因屋架结构破坏而引起的重大震害。但由于屋架材料及结构形式的不同，在地震作用下的反应也存在着差异。厂房屋架设置应根据跨度、柱距和所在地区的地震烈度、场地等情况综合考虑，尽可能采用较好抗震性能的钢屋架或重心较低的预应力混凝土屋架和钢筋混凝土屋架。另外，还需满足下列要求：

1）跨度不超过 15m 时，可采用钢筋混凝土屋面梁。

2）跨度大于 24m 时，或 8 度Ⅲ、Ⅳ类场地和 9 度时，应优先采用钢屋架。

3）柱距为 12m 时，可采用预应力混凝土托架（梁）；当采用钢屋架时，亦可采用钢托架（梁）。

4）有凸出屋面天窗架的屋盖不宜采用预应力混凝土或钢筋混凝土空腹屋架。

5）8 度（0.3g）和 9 度时，跨度大于 24m 的厂房不宜采用大型屋面板。

（3）支撑的设置　合理地布置屋盖支撑和柱间支撑，可保证厂房结构的刚度和空间整体性。

屋盖支撑能有效地保证屋盖的整体性，在地震作用下，当屋面板因发生错动、移位或坠落不能提供屋架的平面外有效支承时，屋盖支撑将是保证屋盖整体刚度的第二道防线，可避免屋盖的整体倒塌。单层钢筋混凝土柱厂房屋盖的结构形式分为有檩体系和无檩体系，设计屋盖支撑系统时，应按照屋盖的结构形式进行合理设置，保证屋盖系统的整体刚度。有檩屋盖的支撑布置应符合表 5-1 的要求；无檩屋盖的支撑布置应符合表 5-2 的要求；有中间井式天窗时应符合表 5-3 的要求。8 度和 9 度跨度不大于 15m 的厂房屋盖采用屋面梁时，可仅在厂房单元两端各设竖向支撑一道；单坡屋面梁的屋盖支撑布置，宜按屋架端部高度大于900mm的屋盖支撑布置执行。

表5-1 有檩屋盖的支撑布置

支撑名称		烈 度		
		6度、7度	8度	9度
屋架支撑	上弦横向支撑	厂房单元端开间各设一道	厂房单元端开间及厂房单元端长度大于66m的柱间支撑开间各设一道 天窗开洞范围的两端各增设局部的支撑一道	厂房单元端开间及厂房单元长度大于42m的柱间支撑开间各设一道 天窗开洞范围的两端各增设局部的上弦横向支撑一道
	下弦横向支撑	同非抗震设计		
	跨中竖向支撑			
	端部竖向支撑	屋架端部高度大于900mm时，厂房单元端开间及柱间支撑开间各设一道		
天窗架支撑	上弦横向支撑	厂房单元天窗端开间各设一道	厂房单元天窗端开间及每隔30m各设一道	厂房单元天窗端开间及每隔18m各设一道
	两侧竖向支撑	厂房单元天窗端开间及每隔36m各设一道		

表5-2 无檩屋盖的支撑布置

支撑名称		烈 度		
		6度、7度	8度	9度
屋架支撑	上弦横向支撑	屋架跨度小于18m时同非抗震设计，跨度不小于18m时在厂房单元端开间各设一道	厂房单元端开间及柱间支撑开间各设一道，天窗开洞范围的两端各增设局部的支撑一道	
	上弦通长水平系杆	同非抗震设计	沿屋架跨度不大于15m设一道，但装配整体式屋面可不设 围护墙在屋架上弦高度有现浇圈梁时，其端部处可不另设	沿屋架跨度不大于12m设一道，但装配整体式屋面可不设 围护墙在屋架上弦高度有现浇圈梁时，其端部处可不另设
	下弦横向支撑		同非抗震设计	同上弦横向支撑
	跨中竖向支撑			
两端竖向支撑	屋架端部高度≤900mm		厂房单元端开间各设一道	厂房单元端开间每隔48m各设一道
	屋架端部高度>900mm	厂房单元端开间各设一道	厂房单元端开间及柱间支撑开间各设一道	厂房单元端开间、柱间支撑开间及每隔30m各设一道

(续)

支撑名称		烈度		
		6度、7度	8度	9度
屋架支撑	天窗两侧竖向支撑	厂房单元天窗端开间及每隔30m各设一道	厂房单元天窗端开间每隔24m各设一道	厂房单元天窗端开间每隔18m各设一道
	上弦横向支撑	同非抗震设计	天窗跨度≥9m时,厂房单元天窗端开间及柱间支撑开间各设一道	厂房单元端开间及柱间支撑开间各设一道

表5-3 中间井式天窗无檩屋盖支撑布置

支撑名称		6度、7度	8度	9度
上弦横向支撑 下弦横向支撑		厂房单元端开间各设一道	厂房单元端开间及柱间支撑开间各设一道	
上弦通长水平系杆		天窗范围内屋架跨中上弦节点处设置		
下弦通长水平系杆		天窗两侧及天窗范围内屋架下弦节点处设置		
跨中竖向支撑		有上弦横向支撑开间设置,位置与下弦通长系杆相对应		
两端竖向支撑	屋架端部高度≤900mm	同非抗震设计		有上弦横向支撑开间,且间距不大于48m
	屋架端部高度>900mm	厂房单元端开间各设一道	有上弦横向支撑开间,且间距不大于48m	有上弦横向支撑开间,且间距不大于30m

支撑的截面形状要使杆件用料经济,同时又有较好的刚度。

屋盖的交叉支撑,一般多用单角钢,竖杆或系杆用两个等边或不等边角钢通过垫板组成对称形或十字形截面。

柱间支撑是保证厂房纵向刚度、承受纵向地震作用的重要抗侧力构件。柱间支撑设置不当,地震时会导致柱列纵向变位过大,加剧厂房的纵向震害,甚至引起厂房倒塌。柱间支撑的设置,应符合下列要求:

1)按厂房单元布置柱间支撑。一般情况下,应在厂房单元中部设置上、下柱间支撑;对于有起重机或8度和9度的厂房,宜在厂房单元两端增设上柱支撑;当厂房单元较长或8度Ⅲ、Ⅳ类场地和9度时,可在厂房单元中部1/3区段内设置两道柱间支撑。

2)8度时跨度不小于18m的多跨厂房中柱和9度时多跨厂房各柱,柱顶宜设置通长水平压杆,此压杆可与梯形屋架支座处通长水平系杆合并设置,钢筋混凝土系杆端头与屋架间的空隙应采用混凝土填实。

3)柱间支撑的杆件应采用型钢,宜采用交叉形式,其中斜杆与水平面的交角不宜大于55°。为避免支撑杆件的失稳破坏,应控制柱间支撑的长细比,其最大长细比不宜超过表5-4的规定值。

表5-4 交叉支撑斜杆的最大长细比

位 置	烈 度			
	6度和7度 Ⅰ、Ⅱ类场地	7度Ⅲ、Ⅳ类场地和8度 Ⅰ、Ⅱ类场地	8度Ⅲ、Ⅳ类场地和9度 Ⅰ、Ⅱ类场地	9度 Ⅲ、Ⅳ类场地
上柱支撑	250	250	200	150
下柱支撑	200	200	150	150

3. 排架柱设置

钢筋混凝土柱是厂房主要的承重构件，它支撑整个屋盖系统，其抗震性能决定了整个厂房结构的抗震能力。设计时，要求排架柱具有足够的刚度和一定的延性，同时还要避免柱的抗侧刚度过大而不利于抗震。

排架柱分为单肢柱和双肢柱，不同的截面形式其抗震性能也不同。其中，矩形和普通工字形截面单肢柱的抗震性能较好，但自重较大，使用上受到一定限制；双肢柱的自重较轻，但抗震性能不好。因此，要根据不同的部位和地震烈度，合理地确定柱的类型。

1) 8度和9度时，宜采用矩形、工字形截面柱或斜腹杆双肢柱，不宜采用薄壁工字形柱、腹板开孔工字形柱、预制腹板的工字形柱和管柱。

2) 柱底至室内地坪以上500mm范围内和阶形柱的上柱，宜采用矩形截面。

4. 围护结构

在单层钢筋混凝土柱厂房中，围护墙体属于非结构构件，砌体墙不仅是围护结构，而且需具有抗侧力功能。围护墙体的布置应避免对主体结构产生不利影响，抗震设计时必须充分重视墙体的作用。

1) 单层钢筋混凝土柱厂房的围护墙体宜采用轻质墙板或钢筋混凝土大型墙板，因为其强度高、整体性好，震害明显轻于砌体围护墙。当外侧柱距为12m时应采用轻质墙板或钢筋混凝土大型墙板；不等高厂房的高跨封墙和纵横向厂房交接处的悬墙宜采用轻质墙板；8度、9度时应采用轻质墙板。

2) 多跨厂房的砌体围护墙宜采用外贴式，不宜采用嵌砌式，并与柱可靠拉结。砌体内隔墙不宜嵌砌于柱间，应与柱脱开或与柱柔性连接，以减轻对柱的不利影响。

3) 高大的山墙，采用到顶的抗风柱和墙顶沿屋面的卧梁来提高抗震性能。

5.2.3 抗震计算要点

1. 不作内力分析和抗震验算的范围

7度Ⅰ、Ⅱ类场地，柱高不超过10m且结构单元两端均有山墙的单跨及等高多跨厂房（锯齿厂房除外），根据震害和工程实例分析，其地震作用效应不起控制作用，为了减少抗震设计的工作量，其排架的纵、横向可不作抗震分析和截面抗震验算。但应满足《建筑抗震设计规范》的有关抗震构造措施。

2. 横向抗震计算

（1）计算简图　单层钢筋混凝土柱无檩和有檩屋盖厂房的横向抗震计算，一般情况下，宜考虑屋盖的横向弹性变形，按多质点空间结构分析。当符合一定条件时，可采用平面排架计算，并按规定对排架柱的地震剪力和弯矩进行调整。对于轻型屋盖厂房，柱距相等时，按平面排架计算，计算时，取一个柱距的单榀平面排架为计算单元，将厂房分布重力荷载进行集中。一般单层单跨和单层等高多跨厂房将厂房质量集中于屋盖标高处，使其简化为单质点体系（图 5-7），两跨不等高厂房可简化为两质点体系（图 5-8），三跨均不等高厂房可简化为三质点体系（图 5-9）。由于在计算自振周期和计算地震作用时采取的简化假定不同，因而它们的计算简图和重力荷载集中方法也各不相同。

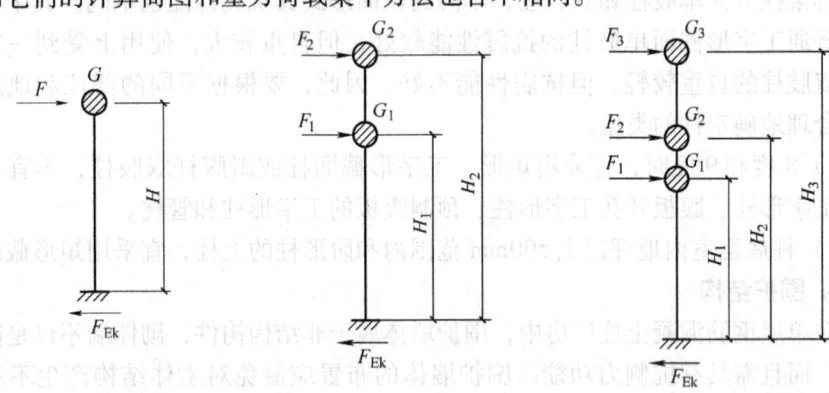

图 5-7　单质点体系　　　图 5-8　两质点体系　　　图 5-9　三质点体系

1）计算自振周期时的质量集中。

对于单跨或多跨等高厂房

$$G_1 = 1.0G_{屋盖} + 0.5G_{雪} + 0.5G_{积灰} + 0.5G_{起重机梁} + 0.25G_{柱} + 0.25G_{纵墙} + 1.0G_{檐墙} \tag{5-1}$$

对于两跨不等高厂房

$$G_1 = 1.0G_{低跨屋盖} + 0.5G_{低跨雪} + 0.5G_{低跨积灰} + 0.5G_{低跨起重机梁} + 0.25G_{低跨边柱} + 0.25G_{低跨外纵墙} + 1.0G_{低跨檐墙} + 1.0G_{中柱高跨起重机梁} + 0.25G_{中柱下柱} + 0.5G_{中柱上柱} + 0.5G_{高跨封墙} \tag{5-2}$$

$$G_2 = 1.0G_{高跨屋盖} + 0.5G_{高跨雪} + 0.5G_{高跨积灰} + 0.5G_{高跨边柱起重机梁} + 0.25G_{高跨边柱} + 0.25G_{高跨外纵墙} + 1.0G_{高跨檐墙} + 1.0G_{高跨封墙檐墙} + 0.5G_{中柱上柱} + 0.5G_{高跨封墙} \tag{5-3}$$

起重机桥架对排架的自振周期影响很小，因此，不考虑起重机桥架的重力荷载。高低跨交接处的高跨起重机梁的重力荷载代表值,以就近集中为原则,可集中于低跨屋盖处,也可集中到高跨屋盖处。靠近低跨屋盖处时,可集中于低跨屋盖处,质点等效集中系数为1.0;集中于高跨及低跨屋盖之间时,可分别集中到高跨和低跨屋盖处,其质点等效集中系数均为0.5。

2)计算地震作用的质量集中。计算地震作用时的重力荷载代表值,起重机梁、柱和纵墙的等效换算系数按柱底或墙底截面弯矩等效的原则确定。质点的重力荷载代表值可按下式计算:

对于单跨或多跨等高厂房

$$G_1 = 1.0G_{屋盖} + 0.5G_{雪} + 0.5G_{积灰} + 0.75G_{起重机梁} + 0.5G_{柱} + 0.5G_{纵墙} + 1.0G_{檐墙} \tag{5-4}$$

对于两跨不等高厂房

$$G_1 = 1.0G_{低跨屋盖} + 0.5G_{低跨雪} + 0.5G_{低跨积灰} + 0.75G_{低跨起重机梁} + 0.5G_{低跨边柱} + \\ 0.5G_{低跨外纵墙} + 1.0G_{低跨檐墙} + 1.0G_{中柱高跨起重机梁} + 0.5G_{中柱下柱} + \\ 0.5G_{中柱上柱} + 0.5G_{高跨封墙} \tag{5-5}$$

$$G_2 = 1.0G_{高跨屋盖} + 0.5G_{高跨雪} + 0.5G_{高跨积灰} + 0.75G_{高跨边柱起重机梁} + 0.5G_{高跨边柱} + \\ 0.5G_{高跨外纵墙} + 1.0G_{高跨檐墙} + 1.0G_{高跨封墙檐墙} + 0.5G_{中柱上柱} + 0.5G_{高跨封墙} \tag{5-6}$$

对凸出屋面的天窗,在屋盖处集中为一个质点。对于设有桥式起重机的厂房,除上述质量集中外,还应考虑起重机桥架的重力荷载。如系硬勾式起重机,尚应考虑最大吊重的30%。一般将某跨起重机桥架的重力荷载集中于该跨任一柱起重机梁的顶面标高处。如两跨不等高厂房均设有起重机,则在确定厂房地震作用时应按四个集中质点考虑(图5-10)。

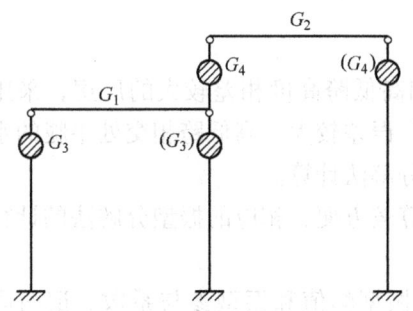 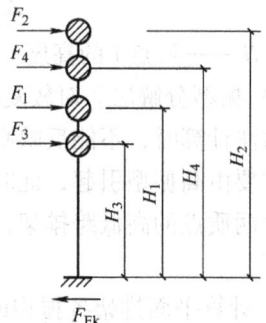

图5-10 四个质点体系

(2) 自振周期计算

1) 单质点体系(图5-7)的横向基本周期可按下式计算

$$T_1 = 2\pi\sqrt{\frac{m}{K}} = 2\pi\sqrt{\frac{G_1\delta_{11}}{g}} \approx 2\sqrt{G_1\delta_{11}} \tag{5-7}$$

式中　m、G_1——质点等效总质量、重力荷载代表值（kN）；
　　　K——单质点体系的抗侧移刚度（kN/m）；
　　　g——重力加速度；
　　　δ_{11}——单位水平力作用于集中质点上引起的侧向位移（m/kN）。

2）多质点体系，采用能量法理论，其基本周期可按下式计算

$$T_1 = 2\sqrt{\frac{\sum_{i=1}^{n} G_i u_i^2}{\sum_{i=1}^{n} G_i u_i}} \quad (i = 1, 2, \cdots, n) \tag{5-8}$$

式中　G_i——质点 i 的重力荷载代表值；
　　　u_i——将各质点重力荷载代表值作为水平力作用于各质点后，质点 i 的水平侧移。

3）横向自振周期的修正。考虑纵墙影响及屋架与柱连接的固结作用，对钢筋混凝土屋架与钢筋混凝土柱厂房，有纵墙时周期折减系数取 0.8，无纵墙时周期折减系数取 0.9。

（3）排架地震作用的计算

1）底部剪力法。用底部剪力法（见第 3 章）计算地震作用时，作用于排架底部的总地震剪力标准值为

$$F_{Ek} = \alpha_1 G_{eq} \tag{5-9}$$

质点 i 的水平地震作用标准值为

$$F_i = \frac{G_i H_i}{\sum_{j=1}^{n} G_j H_j} F_{Ek} \quad (i = 1, 2, \cdots, n) \tag{5-10}$$

式中　H_i——质点 i 的高度。

2）振型分解法。对较复杂的厂房，如高低跨高度相差较大的厂房，采用底部剪力法计算时，不能反映高振型的影响，误差较大。高低跨相交处牛腿的水平拉力主要由高振型引起，此时需采用振型分解法计算。

对两质点的高低跨排架，用柔度法计算较方便，相应的振型分解法的计算步骤如下：

a. 计算平面排架各振型的自振周期、振型幅值和振型参与系数。记两质点的水平位移坐标分别为 x_1 和 x_2，其质量分别为 m_1 和 m_2，第一、二振型的圆频率分别为 ω_1、ω_2，则有

$$\frac{1}{\omega_{1,2}^2} = \frac{1}{2}\left[(m_1\delta_{11} + m_2\delta_{22}) \pm \sqrt{(m_1\delta_{11} - m_2\delta_{22})^2 + 4m_1 m_2 \delta_{12}\delta_{21}}\right] \tag{5-11}$$

取 $\omega_1 < \omega_2$，则第一、二自振周期分别为

$$T_1 = \frac{2\pi}{\omega_1}, \quad T_2 = \frac{2\pi}{\omega_2} \tag{5-12}$$

记第 i 振型第 j 质点的幅值为 $X_{ij}(i, j = 1, 2)$，则有

$$\left.\begin{array}{l} X_{11} = 1, \quad X_{12} = \dfrac{1 - m_1 \delta_{11} \omega_1^2}{m_2 \delta_{12} \omega_1^2} \\ \\ X_{21} = 1, \quad X_{22} = \dfrac{1 - m_1 \delta_{11} \omega_2^2}{m_2 \delta_{12} \omega_2^2} \end{array}\right\} \tag{5-13}$$

第一、二振型参与系数

$$\gamma_1 = \frac{m_1 X_{11} + m_2 X_{12}}{m_1 X_{11}^2 + m_2 X_{12}^2}, \quad \gamma_2 = \frac{m_1 X_{21} + m_2 X_{22}}{m_1 X_{21}^2 + m_2 X_{22}^2} \tag{5-14}$$

b. 计算各振型的地震作用和地震内力。记第 i 振型第 j 质点的地震作用为 F_{ij}，则有

$$F_{ij} = \alpha_i \gamma_i X_{ij} G_j, \quad i, j = 1, 2 \tag{5-15}$$

即

$$\left.\begin{array}{l} F_{11} = \alpha_1 \gamma_1 X_{11} G_1, \quad F_{12} = \alpha_1 \gamma_1 X_{12} G_2 \\ F_{21} = \alpha_2 \gamma_2 X_{21} G_1, \quad F_{22} = \alpha_2 \gamma_2 X_{22} G_2 \end{array}\right\} \tag{5-16}$$

然后按结构力学方法求出各振型的地震内力。

c. 计算最终的地震内力。设某一内力 S 在第一振型的地震作用下的值为 S_1，在第二振型的地震作用下的值为 S_2，则该地震内力的最终值 $S_{最终}$ 为

$$S_{最终} = \sqrt{S_1^2 + S_2^2} \tag{5-17}$$

（4）排架地震作用效应的计算与调整　求得各质点的水平地震作用后，可将各质点处的地震作用视为静力荷载，分别作用于各质点的相应位置，再用结构力学的方法进行平面排架的内力计算，求出排架各构件控制截面的地震作用效应后，对计算结果作如下调整：

1）考虑空间作用及扭转影响的调整。对于有砖山墙或横墙的钢筋混凝土屋盖厂房，在地震作用下存在着明显的空间作用影响。《建筑抗震设计规范》规定，在进行横向地震作用分析时，其地震剪力和弯矩应考虑空间工作和扭转影响的效应。各截面的地震作用效应（剪力和弯矩）分别乘以表 5-5 相应的调整系数。

2）高低跨交接处上柱地震作用效应的调整。不等高厂房高低跨交接处钢筋混凝土柱，支承低跨屋盖牛腿以上的各截面，按底部剪力法求得的地震剪力和弯矩应乘以增大系数，其值可按下式采用

$$\eta = \zeta \left(1 + 1.7 \frac{n_h}{n_0} \cdot \frac{G_{EL}}{G_{Eh}} \right) \tag{5-18}$$

式中　η——地震剪力和弯矩的增大系数；
　　　ζ——不等高厂房高低跨交接处的空间工作影响系数，可按表5-6采用；
　　　n_h——高跨的跨数；
　　　n_0——计算跨数，仅一侧有低跨时应取总跨数，两侧均有低跨时应取总跨数与高跨跨数之和；
　　　G_{EL}——集中于交接处一侧各低跨屋盖标高处的总重力荷载代表值；
　　　G_{Eh}——集中于高跨柱顶标高处的总重力荷载代表值。

表5-5　钢筋混凝土柱（除高低跨交接处上柱外）考虑空间工作和扭转影响的效应调整系数

屋盖	山墙		屋盖长度/m										
			≤30	36	42	48	54	60	66	72	78	84	90	96
钢筋混凝土无檩屋盖	两端山墙	等高厂房			0.75	0.75	0.75	0.80	0.80	0.80	0.85	0.85	0.85	0.90
		不等高厂房			0.85	0.85	0.85	0.90	0.90	0.90	0.95	0.95	0.95	1.00
	一端山墙		1.05	1.15	1.20	1.25	1.30	1.30	1.30	1.30	1.35	1.35	1.35	1.35
钢筋混凝土有檩屋盖	两端山墙	等高厂房			0.80	0.85	0.90	0.95	0.95	1.00	1.00	1.05	1.05	1.10
		不等高厂房			0.85	0.90	0.95	1.00	1.00	1.05	1.05	1.10	1.10	1.15
	一端山墙		1.00	1.05	1.10	1.10	1.15	1.15	1.15	1.20	1.20	1.20	1.25	1.25

表5-6　高低跨交接处钢筋混凝土上柱空间工作影响系数

屋盖	山墙	屋盖长度/m										
		≤36	42	48	54	60	66	72	78	84	90	96
钢筋混凝土无檩屋盖	两端山墙		0.70	0.76	0.82	0.88	0.94	1.00	1.06	1.06	1.06	1.06
	一端山墙	1.25										
钢筋混凝土有檩屋盖	两端山墙		0.90	1.00	1.05	1.10	1.10	1.15	1.15	1.15	1.20	1.20
	一端山墙	1.05										

3）有起重机厂房地震作用效应的调整

在单层厂房中，起重机桥架是一个较大的移动质量，地震时将引起厂房的局部振动，导致所在排架的地震作用效应增大。因此，应考虑起重机桥架的不利影响，对由起重机桥架引起的地震剪力和弯矩应乘以增大系数。按底部剪力法计算时的步骤如下：①计算一台起重机对一根柱产生的最大重力荷载 G_c；②计算该起重机重力荷载对一根柱产生的水平地震作用；③计算排架的地震作用效应；④将地震作用效应乘以表5-7的增大系数。

表 5-7 桥架引起的地震剪力和弯矩增大系数

屋盖类型	山墙	边柱	高低跨柱	其他中柱
钢筋混凝土无檩屋盖	两端山墙	2.0	2.5	3.0
	一端山墙	1.5	2.0	2.5
钢筋混凝土有檩屋盖	两端山墙	1.5	2.0	2.5
	一端山墙	1.5	2.0	2.0

计算起重机重力荷载对柱的水平地震作用可以采用两种计算方法：

a. 当桥架不作为一个质点时，该水平地震作用可按下式近似计算

$$F_c = \alpha_1 G_c \frac{H_c}{H} \tag{5-19}$$

式中 F_c——起重机桥架引起的并作用于一根柱起重机梁顶面处的水平地震作用；

α_1——相应于排架基本周期 T_1 的地震影响系数；

H_c——起重机梁的顶面高度；

H——起重机梁所在柱的高度。

b. 当桥架作为一个质点时，该处的水平地震作用可直接由底部剪力法求出。

4）地震作用效应的调整。考虑突出屋面的天窗架对横向排架的刚性作用，突出屋面的带有斜撑杆的三铰拱式钢筋混凝土和钢天窗架的横向抗震计算可采用底部剪力法；当跨度大于 9m 或 9 度时，天窗架的地震作用效应应乘以增大系数 1.5，以考虑高阶振型的影响。

（5）排架内力组合　抗震设计中，单层钢筋混凝土柱厂房横向排架的内力组合是指水平地震作用引起的内力与相应的竖向荷载引起的内力的不利组合。组合时一般不考虑风荷载效应和起重机横向水平制动力引起的内力，也不考虑竖向地震作用。内力组合公式为

$$S = \gamma_G S_{GE} + \gamma_{Eh} S_{Ehk} \tag{5-20}$$

式中 γ_G——重力荷载分项系数；

γ_{Eh}——水平地震作用分项系数；

S_{GE}——重力荷载代表值的效应；

S_{Ehk}——水平地震作用标准值的效应。

（6）构件抗震承载力验算

1）排架柱的抗震验算。钢筋混凝土排架柱一般按偏心受压构件进行截面抗震承载力验算，应满足下列要求

$$S \leq \frac{R}{\gamma_{RE}} \tag{5-21}$$

式中 S——排架横向地震作用效应与其他荷载效应的最不利组合，对单层厂房结构，通常取重力荷载效应与水平地震作用效应的组合；

R——柱的承载力设计值，按《混凝土结构设计规范》所列偏心受压构件的承载力计算公式计算；

γ_{RE}——承载力抗震调整系数，对钢筋混凝土偏心受压柱，当轴压比小于0.15时，取0.75，当轴压比不小于0.15时，取0.80。

2）柱牛腿的抗震验算。支承起重机梁的牛腿，可不进行抗震验算；支承低跨屋盖的牛腿（柱肩），其纵向受拉钢筋截面面积 A_s 按下式确定

$$A_s \geq \left(\frac{N_G a}{0.85 h_0 f_y} + 1.2 \frac{N_E}{f_y} \right) \gamma_{RE} \tag{5-22}$$

式中 A_s——纵向水平受拉钢筋的截面面积；

N_G——柱牛腿面上重力荷载代表值产生的压力设计值；

a——重力作用点至下柱近侧边缘的距离，当小于 $0.3h_0$ 时采用 $0.3h_0$；

h_0——牛腿最大竖向截面的有效高度；

N_E——柱牛腿面上地震组合的水平拉力设计值；

γ_{RE}——承载力抗震调整系数，可采用1.0。

3）其他部位的抗震验算。8度Ⅲ、Ⅳ类场地和9度时，带有小立柱的拱形和折线型屋架或上弦节间较长且矢高较大的屋架，屋架上弦宜进行抗扭验算。

3. 单层厂房纵向抗震计算

震害表明，在纵向水平地震作用下，厂房结构的破坏程度大于横向地震作用下的情况。并且厂房沿纵向的破坏多数发生在中柱列，这是由于整个屋盖在平面内发生了变形，外纵向围护墙承担了部分地震作用，使各柱列承受的地震作用不同。采用考虑屋盖纵向变形和砖围护墙刚度退化等多种因素的厂房纵向计算方法，其分析结果与震害规律较为一致。在工程计算中，对于单跨或等高多跨的钢筋混凝土柱厂房，常使用修正刚度法进行纵向抗震分析。

（1）修正刚度法　该方法适用于单跨或多跨等高钢筋混凝土无檩和有檩屋盖及有较完整支撑系统的轻型屋盖，并且柱顶标高不大于15m且平均跨度不大于30m的单跨或等高多跨的钢筋混凝土柱厂房。计算时，取整个抗震缝区段为纵向计算单元，按整体计算基本周期和纵向地震作用，求出纵向地震作用后，考虑到围护墙及柱间支撑对厂房空间作用的影响，对柱列的纵向侧移刚度进行修正，再按修正后的柱列刚度在各柱列间分配地震作用，使结果接近于按空间分析的结果。

1）纵向基本周期的计算。

a. 按单质点体系确定。假定整个厂房屋盖为一理想刚体，将所有的柱列重力荷载代表值按动能等效原则集中到屋盖标高处，并与屋盖重力荷载代表值合

并，同时将各柱列侧移刚度也加在一起，形成单质点体系。在周期计算中，考虑屋盖的变形影响，引入修正系数 ψ_T，使得计算周期接近于厂房实际基本周期

$$T_1 = 2\pi\psi_T \sqrt{\frac{\sum G_i}{g\sum K_i}} \approx 2\psi_T \sqrt{\frac{\sum G_i}{\sum K_i}} \tag{5-23}$$

$$G_i = 1.0G_{屋盖} + 0.5G_{雪} + 0.5G_{积灰} + 0.5G_{起重机梁} + 0.25G_{柱} + 0.35G_{纵墙} + 0.25G_{横墙} \tag{5-24}$$

式中　G_i——第 i 柱列集中到屋盖标高处的等效重力荷载代表值；

　　　$\sum K_i$——第 i 柱列侧移刚度，等于柱列所有柱、支撑和砖墙侧移刚度之和；

　　　ψ_T——厂房自振周期修正系数，按表 5-8 采用。

表 5-8　钢筋混凝土屋盖厂房的纵向周期修正系数 ψ_T

纵向围护墙	无檩屋盖		有檩屋盖	
	边跨无天窗	边跨有天窗	边跨无天窗	边跨有天窗
砖墙	1.45	1.50	1.60	1.65
无墙、石棉瓦、挂板	1.0	1.0	1.0	1.0

b. 按《建筑结构抗震设计规范》方法确定。纵向基本周期可根据不同情况，按下列公式确定：

砖围护墙厂房。

$$T_1 = 0.23 + 0.00025\psi_1 l \sqrt{H^3} \tag{5-25}$$

式中　ψ_1——屋盖类型系数，大型屋面板钢筋混凝土屋架可采用 1.0，钢屋架采用 0.85；

　　　l——厂房跨度（m），多跨厂房可取各跨的平均值；

　　　H——基础顶面至柱顶的高度（m）。

敞开、半敞开或墙板与柱子柔性连接的厂房：

基本周期按式（5-25）计算后，需乘以下列围护墙影响系数

$$\psi_2 = 2.6 - 0.002l \sqrt{H^3} \tag{5-26}$$

式中　ψ_2——围护墙影响系数，小于 1.0 时采用 1.0。

2）柱列地震作用的计算。

a. 柱列柱顶地震作用标准值。对等高多跨钢筋混凝土屋盖的厂房，各纵向柱列的柱顶标高处的地震作用标准值

$$F_i = \alpha_1 G_{eq} \frac{K_{ai}}{\sum\limits_{i=1}^{m} K_{ai}} \tag{5-27}$$

$$K_{ai} = \psi_3 \psi_4 K_i \tag{5-28}$$

式中 F_i——第 i 柱列柱顶标高处的纵向地震作用标准值;

α_1——相应于厂房纵向基本自振周期的水平地震影响系数;

G_{eq}——厂房单元柱列总等效重力荷载代表值;

K_i——第 i 柱列柱顶的总侧移刚度,应包括第 i 柱列内柱和上、下柱间支撑的侧移刚度及纵墙的折减侧移刚度的总和,贴砌的砖围护墙侧移刚度的折减系数,可根据柱列侧移值的大小,采用 0.2~0.6;

K_{ai}——第 i 柱列柱顶的调整侧移刚度;

ψ_3——柱列侧移刚度的围护墙影响系数,可按表 5-9 采用,有纵向砖围护墙的四跨或五跨厂房,由边柱列数起的第三柱列,可按表内相应数值的 1.15 倍采用;

ψ_4——柱列侧移刚度的柱间支撑影响系数,纵向为砖围护墙时,边柱列可采用 1.0,中柱列可按表 5-10 采用。

表 5-9 围护墙影响系数

围护墙类别和烈度		柱列和屋盖类别				
		边柱列	中柱列			
			无檩屋盖		有檩屋盖	
240 砖墙	370 砖墙		边跨无天窗	边跨有天窗	边跨无天窗	边跨有天窗
	7 度	0.85	1.7	1.8	1.8	1.9
7 度	8 度	0.85	1.5	1.6	1.6	1.7
8 度	9 度	0.85	1.3	1.4	1.4	1.5
9 度		0.85	1.2	1.3	1.3	1.4
无墙、石棉瓦或挂板		0.90	1.1	1.1	1.2	1.2

表 5-10 纵向采用砖围护墙的中柱列柱间支撑影响系数

厂房单元内设置下柱支撑的柱间数	中柱列下柱支撑斜杆的长细比					中柱列无支撑
	≤40	41~80	81~120	121~150	>150	
一柱间	0.9	0.95	1.0	1.1	1.25	1.4
二柱间			0.9	0.95	1.0	

b. 起重机梁顶标高处纵向地震作用标准值。对等高多跨钢筋混凝土屋盖厂房,柱列各起重机梁顶标高处的纵向地震作用标准值为

$$F_{ci} = \alpha_1 G_{ci} \frac{H_{ci}}{H_i} \tag{5-29}$$

式中 F_{ci}——第 i 柱列在起重机梁顶标高处的纵向地震作用标准值；
G_{ci}——集中于第 i 柱列起重机梁顶标高处的等效重力荷载代表值；
H_{ci}——第 i 柱列起重机梁顶高度；
H_i——第 i 柱列柱顶高度。

3）凸出屋面天窗架地震作用的计算。天窗架的纵向抗震计算，采用空间结构分析法，并计及屋盖平面弹性变形和纵墙的有效刚度；对于柱高不超过 15m 的单跨和等高多跨混凝土无檩屋盖厂房的天窗架纵向地震作用计算，采用底部剪力法计算时，天窗架的地震作用效应应乘以按下列规定的增大系数：

对于单跨、边跨屋盖或有纵向内隔墙的中跨屋盖

$$\eta = 1 + 0.5n \tag{5-30}$$

对于其他中跨屋盖

$$\eta = 0.5n \tag{5-31}$$

式中 η——效应增大系数；
n——厂房跨数，超过四跨时取 $n=4$。

(2) 纵向构件刚度计算

1）柱的侧移刚度。对于等截面柱，其侧移刚度为

$$K_c = \mu \frac{3E_c I_c}{H^3} \tag{5-32}$$

式中 E_c——柱混凝土的弹性模量；
I_c——柱在所考虑方向的截面惯性矩；
H——柱的高度；
μ——屋盖、起重机梁等纵向构件对柱侧移刚度的影响系数，当无起重机时，$\mu = 1.1$，有起重机时，$\mu = 1.5$。

2）纵墙的侧移刚度。

a. 上下端嵌固的无洞单肢墙。当单位水平力作用于墙的顶部时（图5-11），考虑其弯曲和剪切变形，该处产生的侧移为

$$\delta_{w1} = \frac{h^3}{12EI_w} + \frac{\xi h}{GA_w} \tag{5-33}$$

式中 h、b——墙肢的高度、宽度和厚度；
E、G——砖墙的弹性模量和切变模量，$G = 0.4E$；
I_w——砖墙的水平截面惯性矩，$I_w = tb^3/12$；
A_w——砖墙的水平截面面积，$A_w = tb$；
ξ——切应变不均匀系数，取 $\xi = 1.2$。

引入墙肢高宽比 $\rho = h/b$，代入式 (5-33) 可得

$$\delta_{w1} = \frac{\rho^3 + 3\rho}{Et} \tag{5-34}$$

该墙肢的侧移刚度为

$$K_w = \frac{1}{\delta_{w1}} \tag{5-35}$$

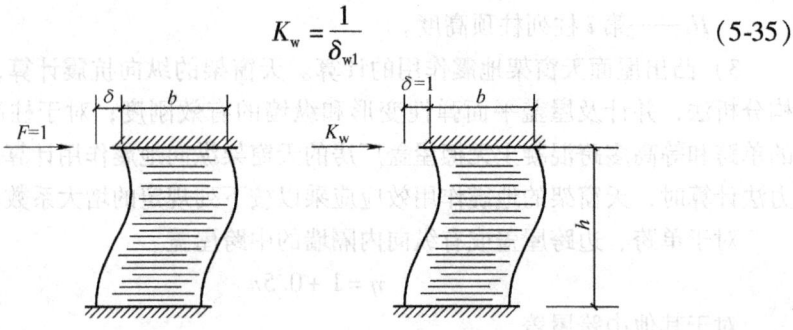

图 5-11 上下嵌固墙的柔度和刚度

b. 多层多肢贴砌砖墙（图 5-12）。洞口将砖墙分为侧移刚度不同的若干层。墙体的侧移刚度依据在单位水平力作用下侧移等于各层砖墙的侧移之和的原则来计算。在计算各层墙体的柔度时，对无洞口层的墙体只考虑剪切变形；窗间墙视为两端嵌固的墙段，计算时需同时考虑剪切变形和弯曲变形。

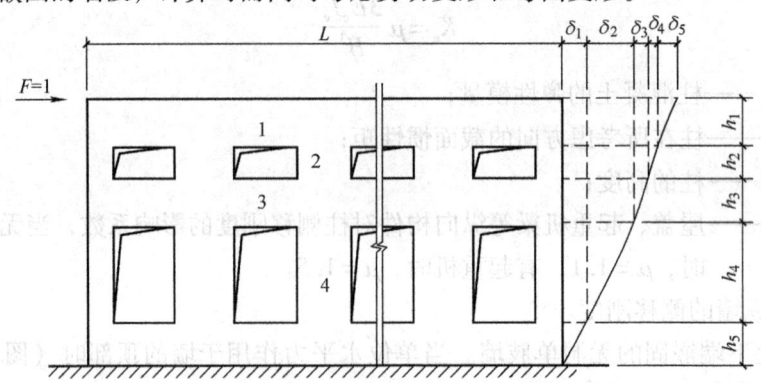

图 5-12 多层多肢贴砌砖墙的侧移

第 i 层无洞口层墙体的柔度为

$$\delta_i = \frac{3\rho_i}{Et_i} \tag{5-36}$$

式中 t_i、ρ_i——第 i 层墙的厚度和高宽比。

第 i 层多段（m 段）窗间墙的柔度为

$$\delta_i = \sum_{j=1}^{m} \frac{\rho_{ij}^3 + 3\rho_{ij}}{Et_{ij}} \tag{5-37}$$

式中 t_{ij}、ρ_{ij}——第 i 层第 j 段窗间墙的厚度和高宽比；

　　　　m——第 i 层窗间墙的总数。

多层（n 层）墙体的柔度为

$$\delta_w = \sum_{i=1}^{n} \delta_i \tag{5-38}$$

从而多层墙体的刚度为

$$K_w = \frac{1}{\delta_w} \tag{5-39}$$

3）柱间支撑的侧移刚度。柱间支撑一般由钢筋混凝土柱、起重机梁和型钢杆件共同组成，属于超静定结构。简化计算时，通常假定各杆件铰接，忽略水平杆和竖杆的轴向变形，只考虑型钢斜杆的轴向变形，按静定桁架结构计算。在同一高度的两根交叉斜杆中一根受拉、另一根受压；受拉斜杆和受压斜杆的应力比值因斜杆的长细比不同而不同（图5-13）。

4）柱列侧移刚度。柱列的侧移刚度为

$$K_i = \sum_{j=1}^{m} K_{cij} + \sum_{j=1}^{n} K_{bij} + \psi_K \sum_{j=1}^{q} K_{wij} \tag{5-40}$$

式中　K_i——第 i 柱列的柱顶纵向侧移刚度；

　　　K_{cij}——第 i 柱列第 j 柱的纵向侧移刚度；

　　　K_{bij}——第 i 柱列第 j 片柱间支撑的纵向侧移刚度；

　　　K_{wij}——第 i 柱列第 j 柱间纵墙的纵向侧移刚度；

m、n、q——第 i 柱列的柱、柱间支撑、柱间纵墙的数目；

　　　ψ_K——贴砌砖墙的刚度降低系数，对地震烈度为 7 度、8 度和 9 度，可分别取 0.6、0.4 和 0.2。

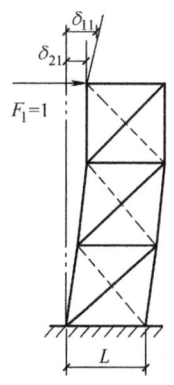 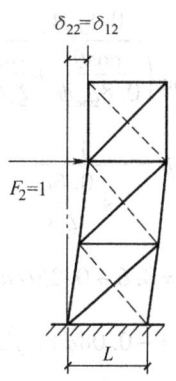 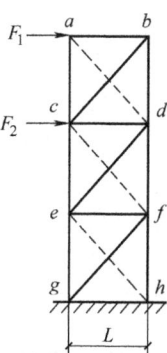

图 5-13　刚性支撑

(3) 构件地震作用的分配 计算出柱列的纵向地震作用并求出纵向构件侧移刚度后,就可将地震作用按刚度比例分配给柱列中的各个构件。

(4) 纵向构件抗震承载力验算

1) 排架柱。由于按刚度分配承担的地震作用内力较小,一般不进行纵向地震作用下的强度验算。

2) 柱间支撑。

a. 斜杆长细比不大于200的柱间支撑在单位侧向力作用下的水平位移

$$u = \sum \frac{1}{1+\varphi_i} u_{ti} \tag{5-41}$$

式中 u——单位侧向力作用点的位移;

φ_i——第 i 节间斜杆轴心受压稳定系数,按《钢结构设计规范》采用;

u_{ti}——单位侧向力作用下第 i 节间仅考虑拉杆受力的相对位移。

b. 长细比不大于200的斜杆截面可仅按抗拉验算,但应考虑压杆的卸载影响,其拉力可按下式确定

$$N_t = \frac{l_i}{(1+\psi_c \varphi_i) s_c} V_{bi} \tag{5-42}$$

式中 N_t——第 i 节间支撑斜杆抗拉验算时的轴向拉力设计值;

l_i——第 i 节间斜杆的全长;

ψ_c——压杆卸载系数,压杆长细比为60、100和200时,可分别采用0.7、0.6和0.5;

V_{bi}——第 i 节间支撑承受的地震剪力设计值;

s_c——支撑所在柱间的净距。

c. 柱间支撑与柱连接节点预埋件的锚件采用锚筋时,其截面抗震承载力宜按下列公式验算

$$N \leqslant \frac{0.8 f_y A_s}{\gamma_{RE} \left(\dfrac{\cos\theta}{0.8 \zeta_m \psi} + \dfrac{\sin\theta}{\zeta_r \zeta_v} \right)} \tag{5-43}$$

$$\psi = \frac{1}{1 + \dfrac{0.6 e_0}{\zeta_r s}} \tag{5-44}$$

$$\zeta_m = 0.6 + 0.25 t/d \tag{5-45}$$

$$\zeta_v = (4 - 0.08 d) \sqrt{f_c/f_y} \tag{5-46}$$

式中 A_s——锚筋总截面面积;

γ_{RE}——承载力抗震调整系数,采用1.0;

N——预埋板的斜向拉力,采用全截面屈服点强度计算的支撑斜杆轴向力的1.05倍;

e_0——斜向拉力对锚筋合力作用线的偏心距,应小于外排锚筋之间距离的20%;

θ——斜向拉力与其水平投影的夹角;

ψ——偏心影响系数;

s——外排锚筋之间的距离;

ζ_m——预埋板弯曲变形影响系数;

t——预埋板厚度;

d——锚筋直径;

ζ_r——验算方向锚筋排数的影响系数,二、三和四排可分别采用1.0、0.9和0.85;

ζ_v——锚筋的受剪影响系数,大于0.7时应采用0.7。

d. 柱间支撑与柱连接节点预埋件的锚件采用角钢加端板时(图5-14),其截面抗震承载力宜按下列公式验算

$$N \leqslant \frac{0.7}{\gamma_{RE}\left(\dfrac{\sin\theta}{V_{u0}} + \dfrac{\cos\theta}{\psi N_{u0}}\right)} \quad (5-47)$$

$$V_{u0} = 3n\zeta_r \sqrt{W_{min}bf_tf_c} \quad (5-48)$$

$$N_{u0} = 0.8nf_tA_s \quad (5-49)$$

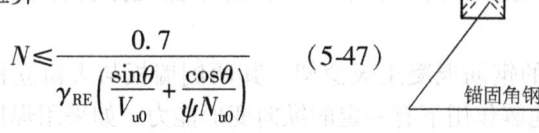

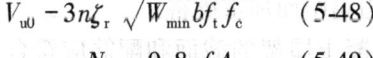

图5-14 支撑与柱的连接

式中 n、b——角钢根数、角钢肢宽;

W_{min}——与剪力方向垂直的角钢最小截面系数;

A_s——单根角钢的截面面积;

f_t——角钢抗拉强度设计值。

3)抗风柱。抗风柱虽非厂房主要承重构件,但对厂房纵向抗震起重要作用。《建筑抗震设计规范》规定,对高大山墙的抗风柱按8度和9度抗震设防时,应进行平面外的截面抗震验算。另外,当抗风柱与屋架下弦相连接时,连接点应设在下弦横向支撑节点处,并验算下弦横向支撑杆件的截面和连接节点的抗震承载力。

5.2.4 抗震构造措施

1. 屋盖系统

(1)有檩屋盖 有檩屋盖构件的连接应符合下列要求:①檩条应与混凝土

屋架（屋面梁）焊牢，并应有足够的支承长度；②双脊檩应在跨度 1/3 处相互拉结；③压型钢板应与檩条可靠连接，瓦楞铁、石棉瓦等应与檩条拉结。

（2）无檩屋盖 无檩屋盖自重较大，但屋面整体性较好，空间作用较强。无檩屋盖构件的连接应符合下列要求：①大型屋面板应与屋架（屋面梁）焊牢，靠柱列的屋面板与屋架（屋面梁）的连接焊缝长度不宜小于 80mm；②6 度和 7 度时，有天窗厂房单元的端开间，或 8 度和 9 度时各开间，宜将垂直屋架方向两侧相邻的大型屋面板的顶面彼此焊牢；③8 度和 9 度时，大型屋面板端头底面的预埋件宜采用角钢并与主筋焊牢；④非标准屋面板宜采用装配整体式接头，或将板四角切掉后与屋架（屋面梁）焊牢；⑤屋架（屋面梁）端部顶面预埋件的锚筋，8 度时不宜少于 4ϕ10，9 度时不宜少于 4ϕ12。

（3）屋盖支撑 屋盖支撑应符合下列要求：①天窗开洞范围内，在屋架脊点处应设上弦通长水平压杆，8 度Ⅲ、Ⅳ类场地和 9 度时，梯形屋架端部上节点应沿厂房纵向设置通长水平压杆；②屋架跨中竖向支撑在跨度方向的间距，6~8 度时不大于 15m，9 度时不大于 12m，当仅在跨中设一道时，应设在跨中屋架屋脊处，当设两道时，应在跨度方向均匀布置；③屋架上、下弦通长水平系杆与竖向支撑宜配合设置；④柱距不小于 12m 且屋架间距不小于 6m 的厂房，托架（梁）区段及其相邻开间应设下弦纵向水平支撑；⑤屋盖支撑杆件宜用型钢。

（4）天窗架 对突出屋面的钢筋混凝土天窗架，其两侧墙板与天窗立柱宜采用螺栓连接，使节点在纵向地震作用下有一定的纵向变形能力。如采用焊接等刚性连接方式，由于延性较低，容易造成应力集中而加重震害。

（5）混凝土屋架的截面和配筋要求 混凝土屋架的截面和配筋应符合下列要求：①屋架上弦第一节间和梯形屋架端竖杆的配筋，6 度和 7 度时不宜少于 4ϕ12，8 度和 9 度时不宜少于 4ϕ14；②梯形屋架的端竖杆截面宽度宜与上弦宽度相同；③拱形和折线形屋架上弦端部支撑屋面板的小立柱，截面不宜小于 200mm×200mm，高度不宜大于 500mm，主筋 6 度和 7 度时不宜少于 4ϕ12，8 度和 9 度时不宜少于 4ϕ14，箍筋可采用ϕ6，间距宜为 100mm。

2. 柱

（1）排架柱的配筋构造 排架柱的纵向钢筋无特别要求，抗震构造的重点是箍筋加密范围和加密构造。

1）排架柱箍筋的加密区范围。箍筋加密的范围：柱头取 500mm 和柱截面长边的较大值；阶形柱中部取牛腿（柱肩）至起重机梁顶以上 300mm；牛腿（柱肩）取全高；柱根取基础顶面至室内地坪以上 500mm；变形受限制部位（支撑节点、平台、嵌砌内隔墙、披屋等处）取上下各 300mm。

2）排架柱箍筋加密区的箍筋间距、肢距。排架柱的箍筋加密区的箍筋间距不应大于100mm，箍筋肢距和最小直径应符合表5-11的规定。

表5-11 柱加密区箍筋最大肢距和最小箍筋直径　　　（单位：mm）

烈度和场地类别		6度和7度Ⅰ、Ⅱ类场地	7度Ⅲ、Ⅳ类场地和8度Ⅰ、Ⅱ类场地	8度Ⅲ、Ⅳ类场地和9度
箍筋最大肢距/mm		300	250	200
箍筋最小直径	一般柱头和柱根	ϕ6	ϕ8	ϕ8(ϕ10)
	角柱柱头	ϕ8	ϕ10	ϕ10
	上柱牛腿和有支撑的柱根	ϕ8	ϕ8	ϕ10
	有支撑的柱头和柱变位受约束部位	ϕ8	ϕ10	ϕ12

注：括号内数值用于柱根。

（2）排架柱柱顶预埋钢板和柱箍筋加密区的抗震构造　厂房柱侧向受约束且剪跨比不大于2的排架柱，柱顶预埋钢板和柱箍筋加密区的构造尚应符合下列要求：

1）柱顶预埋钢板沿排架平面方向的长度，宜取柱顶的截面高度，且不得小于截面高度的1/2及300mm。

2）屋架的安装位置，宜减小在柱顶的偏心，其柱顶轴向力的偏心距不应大于截面高度的1/4。

3）柱顶轴向力排架平面内的偏心距在截面高度的1/6～1/4范围内时，柱顶箍筋加密区的箍筋体积配筋率：9度不宜小于1.2%；8度不宜小于1.0%；6、7度不宜小于0.8%。

4）加密区箍筋宜配置四肢箍，肢距不大于200mm。

（3）山墙抗风柱的抗震构造　震害表明，在强烈地震作用下，抗风柱的柱头和上、下柱的根部都会产生裂缝、甚至折断的现象。因此，应对抗风柱的柱头和上、下柱的根部适当加强，具体要求：

1）抗风柱柱顶以下300mm和牛腿（柱肩）面以上300mm范围内的箍筋，直径不宜小于6mm，间距不应大于100mm，肢距不宜大于250mm。

2）抗风柱的变截面牛腿（柱肩）处，宜设置纵向受拉钢筋。

（4）大柱网厂房柱的抗震构造　大柱网厂房柱的震害特点主要是：①因柱根的承载力和延性不足，柱根出现对角破坏，混凝土酥碎剥落，纵筋压曲；②因柱轴压比差异，中柱的破坏率和破坏程度大于边柱。

大柱网厂房的抗震构造要求：

1）柱截面宜采用正方形或接近正方形的矩形，边长不宜小于柱高的1/8～

1/16。

2）重屋盖厂房地震组合的柱轴压比，6、7度时不宜大于0.8，8度时不宜大于0.7，9度时不应大于0.6。

3）纵向钢筋宜沿柱截面周边对称配置，间距不宜大于200mm，角部宜配置直径较大的钢筋。

4）柱根基础顶面至室内地坪以上1m且不小于柱全高的1/6、柱顶以下500mm且不小于柱截面长边尺寸应进行箍筋加密；箍筋直径、间距和肢距应符合表5-11。

3. 柱间支撑

厂房柱间支撑的设置和构造，应符合下列要求：

1）下柱支撑的下节点位置和构造措施，应保证将地震作用直接传给基础（图5-15）；当6度和7度（0.10g）不能直接传给基础时，应考虑支撑对柱和基础的不利影响，采取加强措施。

2）交叉支撑在交叉点应设置节点板，其厚度不应小于10mm，斜杆与交叉节点板应焊接，与端节点板宜焊接。

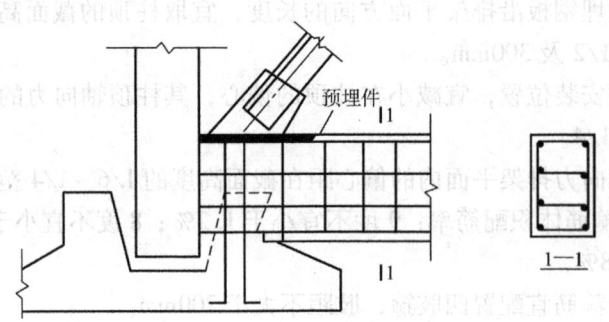

图5-15 支撑下节点设在基础顶系梁上

4. 构件的连接节点

厂房结构构件的连接节点包括屋架与柱的连接，柱预埋件，抗风柱、牛腿（柱肩）、柱与柱间支撑连接处的预埋件等。

1）屋架（屋面梁）与柱顶的连接，8度时宜采用螺栓，9度时宜采用钢板铰，亦可采用螺栓，屋架（屋面梁）端部支承垫板的厚度不宜小于16mm。

2）柱顶预埋件的锚筋，8度时不宜少于4Φ14，9度时不宜少于4Φ16；有柱间支撑的柱，柱顶预埋件应增设抗剪钢板。

3）山墙抗风柱的柱顶，应设置预埋件，使柱顶与端屋架的上弦（屋面梁上翼缘）可靠连接。连接部位应位于上弦横向支撑与屋架的连接处，不符合时可在支撑中增设次腹杆或设置型钢梁，将水平地震作用传至节点部位。

4) 支承低跨屋盖的中柱牛腿（柱肩）的预埋件，应与牛腿（柱肩）中柱按计算承受水平拉力部分的纵向钢筋焊接，且焊接的钢筋，6 度和 7 度时不应少于 2Φ12，8 度时不应少于 2Φ14，9 度时不应少于 2Φ16。

5) 柱间支撑与柱连接节点预埋件的锚件，8 度Ⅲ、Ⅳ类场地和 9 度时，宜采用角钢加端板，其他情况可采用 HRB335 级热轧钢筋，但锚固长度不应小于 30 倍锚筋直径或增设端板。

6) 厂房中的起重机走道板、端屋架与山墙间的填充小屋面板、天沟板、天窗端壁板和天窗侧板下的填充砌体等构件应与支承结构有可靠的连接。

5.3 单层钢结构厂房

5.3.1 震害现象及分析

国内外的多次地震经验表明，钢结构厂房具有良好的抗震性能。在 7~9 度地震作用下，主体结构（钢屋架和钢柱）未发现有明显的损伤，只是一些局部构件的损坏。在 10 度地震作用下，单层钢结构厂房的部分结构开始出现损坏。在 7~9 度地震作用下，厂房结构的震害主要发生在承受地震侧向力的支撑系统和承受弯矩和剪力的钢柱柱脚支承处。其破坏特征为杆件的失稳变形和连接节点的断裂或拉脱（图 5-16）。

1. 柱间支撑的破坏

其破坏特征与钢筋混凝土柱厂房的相似，在 7~9 度地震作用下，柱间支撑的斜杆出现压曲及与钢柱连接的节点破坏。当支撑斜杆交叉处的节点板刚度不足时，还会出现节点板的失稳变形（图 5-17）。

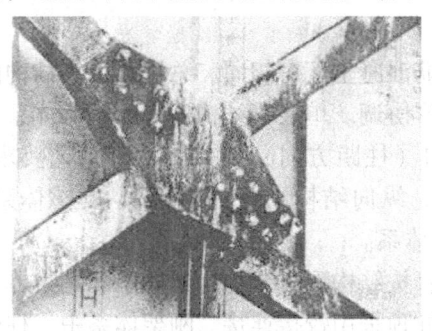
图 5-16 支撑节点破坏

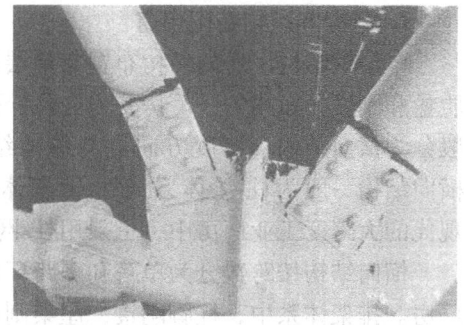
图 5-17 圆管桁架节点板弯折屈曲

柱间支撑与钢柱连接节点的破坏表现为：

1）当节点焊接连接时，震后焊缝开裂或节点板破裂，严重者甚至将钢柱的腹板拉裂。

2）当节点为螺栓连接时，出现的破坏部位是：①螺孔处节点板断裂；②支撑杆的螺栓孔边缘断裂；③连接螺栓截面剪断；④支撑杆端部节点断裂；⑤节点板与钢柱的连接处破坏。

震害统计表明，螺栓连接节点的损坏率高于焊接连接节点，原因是螺栓连接在节点上的开孔削弱了节点板的受力面积，造成孔边应力集中，致使断裂破坏。

2. 钢柱柱脚支座连接破坏

其破坏特征是柱脚底座的锚固螺栓剪断或拉坏，甚至拔出。柱脚连接的破坏使钢柱失去稳定，导致厂房因柱倾斜而倒塌。钢柱柱脚支座连接破坏的主要原因是柱脚的锚固强度不足。锚固（地脚）螺栓承受不了钢柱传来的地震弯矩和剪力，致使螺栓拉断或剪断，或者螺栓埋入基座内的锚固长度过短，致使锚栓拔出破坏。

此外，还有少量厂房的屋盖支撑产生杆件失稳变形或连接节点板开裂等破坏。

5.3.2 抗震设计一般要求

以前我国只有重型单层工业厂房（如冶金、重型机械、电力、造船等厂房）才采用钢结构。因此，已建重型厂房的抗震加固和新建重型厂房的抗震设防是单层钢结构厂房抗震设计面临的主要课题。近10余年来轻型钢结构单层厂房发展较快，主要用于无起重机、无重型悬挂设备与管道或厂房内起重机的起重量较小的工业厂房。这种轻型钢结构厂房有其自身的特点，其抗震设计应按相应的规范或标准执行。

1. 结构体系和结构布置

单层钢结构厂房的结构布置与单层钢筋混凝土厂房相同。总原则仍为结构的质量和刚度分布均匀、厂房受力合理、变形协调。单层钢结构厂房的结构体系一般分为横向结构（跨度方向）与纵向结构（柱距方向）体系。由于工艺要求，横向结构一般为柱-梁体系或柱-屋架体系，纵向结构则是柱-连系梁-支撑体系。现代的大跨度工业厂房中，也采用柱-网架体系。

横向结构按跨数分为单跨和多跨厂房；按结构形式分为排架体系和刚架体系厂房。排架体系中，柱脚刚接，屋架则与柱顶采用铰接连接。刚架体系中，柱脚可以刚接或铰接，屋架或实腹式钢梁则与柱顶刚接；多跨厂房的横向结构有等高和不等高之分。

纵向结构一般处理成支撑-铰接框架形式，柱脚与基础，柱与纵向连系梁、起重机梁、支撑构件之间按铰接连接设计。在大柱距厂房中，通常纵向还有托架结构。

传统重型工业厂房的屋盖结构为无檩体系，视工艺需要还可能设有天窗架，用于采光、通风。近年来越来越多的工业厂房采用彩色压型钢板作为屋盖覆面材料的有檩体系，该体系保温性能好，重量轻，但屋盖结构的整体刚度比无檩屋盖体系弱。在可能的情况下，屋面可利用和压型钢板位于同一平面的透明采光板采光，通风通过设置风机来解决，能基本消除突出屋顶的天窗结构，有利于厂房抗震。现代工业厂房的墙体也越来越多地采用压型钢板。

对单层钢结构厂房结构体系的主要要求：

1) 厂房的横向抗侧力体系，可采用刚接框架、铰接框架、门式刚架或其他结构体系。厂房的纵向抗侧力体系，8、9度应采用柱间支撑；6、7度宜采用柱间支撑，也可采用刚接框架。

2) 厂房内设有桥式起重机时，起重机梁系统的构件与厂房框架柱的连接应能可靠地传递纵向水平地震作用。

3) 屋盖应设置完整的屋盖支撑系统。屋盖横梁与柱顶铰接时，宜采用螺栓连接。

单层钢结构厂房结构布置时需注意：

1) 多跨厂房尽可能按等高布置考虑。当工艺需要高低跨，或设置高低跨可以较大幅度降低建造费用（减少围护材料）和使用费用（节约采暖费用）时，厂房各跨可不等高设计钢柱时应考虑低跨屋盖高度处的惯性力对连接高低跨的柱施加的横向力。

2) 结构上相互联系的车间，其平面宜规整。图 5-18 所示厂房平面，相邻两跨在纵向长度不一样，当受到跨度方向的地震作用时，④轴框架和⑤轴框架的结构横向刚度、质量不同，同一时刻的振动加速度、位移也不一样，平面突变处易遭受破坏。

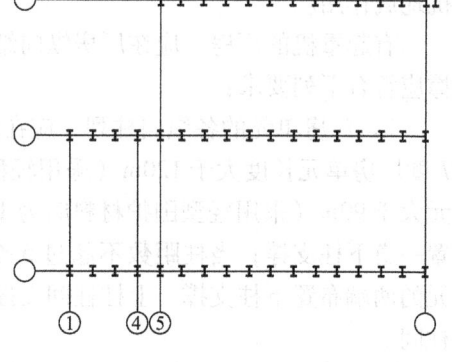

图 5-18 不规则的厂房平面示意图

3) 厂房体型复杂时，宜设防震缝。其平面布置、钢筋混凝土屋面板和天窗架的设置要求等，可参照 GB 50011—2010 单层钢筋混凝土柱厂房的有关规定。当设置防震缝时，其缝宽不宜小于单层混凝土柱厂房防震缝宽度的 1.5 倍。

4) 厂房内上起重机的爬梯不应靠近防震缝设置；多跨厂房各跨上起重机的

爬梯不应布置在同一横向轴线附近。避免设置爬梯处的地震惯性力显著高于其他轴线处。

5）厂房各柱列的侧移刚度宜均匀。

6）屋盖平面内，应设置横向水平支撑。横向水平支撑可减少实腹式钢梁或钢屋架弦杆平面外计算长度，并将屋盖平面内的水平地震作用有效地传至钢柱。

2. 支撑的设置

采用钢屋架的结构中，一般应设置竖向支撑。采用钢屋架的屋盖结构，如遇以下情况，还需要布置纵向水平支撑：①屋架间距大于或等于12m时；②厂房内有特重级桥式起重机、壁行起重机或双层桥式起重机时；③有起重量较大的中级或重级工作制起重机时；④厂房内有较大振动设备时；⑤要求厂房具有较大空间刚度时；⑥设有托架时，在托架处局部设置纵向支撑。一般情况下，纵向水平支撑布置在屋架下弦平面内。单跨结构沿厂房纵向两侧各布置一道；多跨结构则布置数道。屋盖支撑的布置，可以参考钢筋混凝土柱厂房结构对屋盖支撑的要求。

纵向结构平面内应设置柱间支撑。纵向平面长度大，可能有较大吨位的起重机运行，为减轻不均匀沉降等引起的不利影响，纵向杆件如起重机梁、连系梁等与柱的连接多采用铰接连接；厂房柱的强轴弯曲方向一般在横向框架平面内，纵向是抗弯强度的弱轴方向，该方向柱脚常按铰接处理，需设置支撑系统抵抗该方向的水平地震作用。只有当条件受限无法采用支撑时，才考虑通过刚性框架来抵抗地震作用。

有起重机的厂房，应在厂房纵向结构的单元中部设置上下柱间支撑，柱间支撑应符合下列要求：

1）厂房单元的各纵向柱列，应在厂房单元中部布置一道下柱柱间支撑；当7度厂房单元长度大于120m（采用轻型围护材料时为150m）、8度和9度厂房单元大于90m（采用轻型围护材料时为120m）时，应在厂房单元1/3区段内各布置一道下柱支撑；当柱距数不超过5个且厂房长度小于60m时，亦可在厂房单元的两端布置下柱支撑。上柱柱间支撑应布置在厂房单元两端和具有下柱支撑的柱间。

2）柱间支撑宜采用X形支撑，条件限制时也可采用V形、Λ形及其他形式的支撑。X形支撑斜杆与水平面的夹甬、支撑斜杆交叉点的节点板厚度，应符合单层钢筋混凝土柱厂房的规定。

3）柱间支撑杆件的长细比限值，应符合现行国家标准《钢结构设计规范》的规定。

4）柱间支撑宜采用整根型钢，当热轧型钢超过材料最大长度规格时，可采用拼接等强接长。

5) 有条件时，可采用消能支撑。

5.3.3 抗震计算要点

单层钢结构厂房的抗震计算方法与计算步骤基本上与单层钢筋混凝土柱厂房相同，只是某些基本假定和结构计算参数有所不同。

1. 计算模型

单层钢结构厂房地震作用应根据屋盖高度、起重机设置、屋盖类别等，采用与厂房结构的实际工作状况相适应的计算模型计算。单层厂房的阻尼比，可依据屋盖和围护墙的类型，取 $0.045 \sim 0.05$。

2. 围护墙自重与刚度的取用

压型钢板等轻质墙板、与柱柔性连接的预制钢筋混凝土墙板，计算时计入全部自重，但不考虑其刚度。与柱贴砌且与柱拉结的砌体围护墙，计算时计入全部自重，当沿墙体纵向进行地震作用计算时，尚可计入普通砖砌体墙的折算刚度，折算系数，7、8 和 9 度可分别取 0.6、0.4 和 0.2。

3. 单层钢结构厂房的横向抗震计算

一般情况下，宜采用考虑屋盖弹性变形的空间分析方法；平面规则、抗侧刚度均匀的轻型屋盖厂房，可按平面框架进行计算。等高厂房可采用底部剪力法，高低跨厂房应采用振型分解反应谱法。

4. 单层钢结构厂房的纵向抗震计算

单层钢结构厂房的纵向抗震计算根据围护墙的状况分为两种类型，一是采用轻质墙板或与柱柔性连接的大型墙板的厂房，二是采用与柱贴砌的烧结普通粘土砖围护墙厂房。

对于采用轻质墙板或与柱柔性连接的大型墙板厂房，可采用底部剪力法计算，各柱列的地震作用按下列原则分配：①钢筋混凝土无檩屋盖，可以考虑屋盖刚度对结构整体性的贡献，地震作用按纵向柱列刚度分配；②轻型屋盖，各柱列地震作用按该柱列的重力荷载代表值的比例分配；③钢筋混凝土有檩屋盖，取上述两种算法的平均值。

对于采用与柱贴砌的烧结普通粘土砖围护墙厂房的纵向计算，一般用多质点空间分析方法，并计入屋盖的纵向弹性变形、围护墙与隔墙的有效刚度等影响，仅当纵墙对称布置的单跨和轻型屋盖的多跨厂房，按柱列分片独立计算。

5. 支撑系统的计算

（1）屋盖支撑系统　屋盖横向水平支撑、纵向水平支撑的交叉斜杆均可按拉杆设计，并取相同的截面面积。对于由刚度决定截面的支撑构件，其与弦杆可不要求等强连接，只要大于构件的内力即可；屋盖竖向支撑的杆件截面由计算确定。8、9度时，支承跨度大于24m的屋盖横梁的托架以及设备荷重较大的屋盖横梁，均应按《建筑抗震设计规范》的规定计算其竖向地震作用。

（2）柱间交叉支撑　柱间X形支撑、V形或Λ形支撑应考虑拉压杆共同作用，其地震作用及验算可按《建筑抗震设计规范》附录K第K.2节的规定按拉杆计算，并计及相交受压杆的影响，但压杆卸载系数宜改取0.30。交叉支撑端部的连接，对单角钢支撑应计入强度折减，8、9度时不得采用单面偏心连接；交叉支撑有一杆中断时，交叉节点板应予以加强，其承载力不小于1.1倍杆件承载力。支撑杆件的截面应力比，不宜大于0.75。

6. 竖向地震作用的计算

《建筑抗震设计规范》规定，8、9度时跨度大于24m的钢屋架应计算竖向地震作用。竖向地震作用的标准值，取重力荷载代表值和竖向地震作用系数的乘积。

5.3.4　抗震构造措施

单层钢结构厂房的抗震构造措施主要有：①加强屋盖的整体性和空间刚度；②保证柱的整体稳定、提高柱脚的抗震能力；③减轻维护墙对厂房地震作用的影响。

1. 屋盖

钢结构厂房屋盖的抗震措施与钢筋混凝土柱厂房的屋盖基本相同，应符合下列要求：

1）无檩屋盖的支撑布置，宜符合表5-12的要求。

2）有檩屋盖的支撑布置，宜符合表5-13的要求。

3）当轻型屋盖采用实腹屋面梁、柱刚性连接的刚架体系时，屋盖水平支撑可布置在屋面梁的上翼缘平面。屋面梁下翼缘应设置隅撑侧向支承，隅撑的另一端可与屋面檩条连接。屋盖横向支撑、纵向天窗架支撑的布置可参照表5-13的要求。

4）屋盖纵向水平支撑的布置，尚应符合下列规定：①当采用托架支承屋盖横梁的屋盖结构时，应沿厂房单元全长设置纵向水平支撑；②对于高低跨厂房，在低跨屋盖横梁端部支承处，应沿屋盖全长设置纵向水平支撑；③纵向柱列局部柱间采用托架支承屋盖横梁时，应沿托架的柱间及向其两侧至少各延伸一个柱间设置屋盖纵向水平支撑；④当设置沿结构单元全长的纵向水平支撑时，应与横向水平支撑形成封闭的水平支撑体系。多跨厂房屋盖纵向水平支撑的间距不宜超过两跨，不得超过三跨；高跨和低跨宜按各自的标高组成相对独立的封闭支撑体系。

5）支撑杆宜采用型钢；设置交叉支撑时，支撑杆的长细比限值可取350。

表 5-12 无檩屋盖的支撑系统布置

支撑名称			烈 度		
			6、7 度	8 度	9 度
屋架支撑	上、下弦横向支撑		屋架跨度小于 18m 时同非抗震设计；屋架跨度不小于 18m 时，在厂房单元端开间各设一道	厂房单元端开间及上柱支撑开间各设一道；天窗开洞范围的两端各增设局部上弦支撑一道；当屋架端部支承在屋架上弦时，其下弦横向支撑同非抗震设计	
	上弦通长水平系杆			在屋脊处、天窗架竖向支撑处、横向支撑节点处和屋架两端处设置	
	下弦通长水平系杆			屋架竖向支撑节点处设置；当屋架与柱刚接时，在屋架端节间处按控制下弦平面外长细比不大于 150 设置	
	竖向支撑	屋架跨度小于 30m	同非抗震设计	厂房单元两端开间及上柱支撑各开间屋架端部各设一道	同 8 度，且每隔 42m 在屋架端部设置
		屋架跨度大于等于 30m		厂房单元的端开间，屋架 1/3 跨度处和上柱支撑开间内的屋架端部设置，并与上、下弦横向支撑相对应	同 8 度，且每隔 36m 在屋架端部设置
纵向天窗架支撑	上弦横向支撑		天窗架单元两端开间各设一道	天窗架单元端开间及柱间支撑开间各设一道	
	竖向支撑	跨中	跨度不小于 12m 时设置，其道数与两侧相同	跨度不小于 9m 时设置，其道数与两侧相同	
		两侧	天窗架单元端开间及每隔 36m 设置	天窗架单元端开间及每隔 30m 设置	天窗架单元端开间及每隔 24m 设置

表 5-13 有檩屋盖的支撑系统布置

支撑名称		烈 度		
		6、7 度	8 度	9 度
屋架支撑	上弦横向支撑	厂房单元端开间及每隔 60m 各设一道	厂房单元端开间及上柱柱间支撑开间各设一道	同 8 度，且天窗开洞范围的两端各增设局部上弦横向支撑一道
	下弦横向支撑	同非抗震设计；当屋架端部支承在屋架下弦时，同上弦横向支撑		
	跨中竖向支撑	同非抗震设计		屋架跨度大于等于 30m 时，跨中增设一道
	两侧竖向支撑	屋架端部高度大于 900mm 时，厂房单元端开间及柱间支撑开间各设一道		
	下弦通长水平系杆	同非抗震设计	屋架两端和屋架竖向支撑处设置；与柱刚接时，屋架端节间处按控制下弦平面外长细比不大于 150 设置	
纵向天窗架支撑	上弦横向支撑	天窗架单元两端开间各设一道	天窗架单元两端开间及每隔 54m 各设一道	天窗架单元两端开间及每隔 48m 各设一道
	两侧竖向支撑	天窗架单元端开间及每隔 42m 各设一道	天窗架单元端开间及每隔 36m 各设一道	天窗架单元端开间及每隔 24m 各设一道

2. 钢柱的抗震构造

（1）**钢柱的长细比** 柱长细比过大，容易失稳导致承载力下降，并阻碍塑性变形的发展。《建筑抗震设计规范》规定钢结构厂房柱长细比，轴压比小于0.2时不宜大于150；轴压比不小于0.2时，不宜大于$120\sqrt{235/f_{ay}}$。

（2）**钢柱脚** 柱脚应能可靠传递柱身承载力，宜采用埋入式、插入式或外包式柱脚（图5-19），6、7度时也可采用外露式柱脚。柱脚设计应符合下列要求：

1）实腹式钢柱采用埋入式、插入式柱脚的埋入深度，应由计算确定，且不得小于钢柱截面高度的2.5倍。

2）格构式柱采用插入式柱脚的埋入深度，应由计算确定，其最小插入深度不得小于单肢截面高度（或外径）的2.5倍，且不得小于柱总宽度的0.5倍。

3）采用外包式柱脚时，实腹H形截面柱的钢筋混凝土外包高度不宜小于2.5倍的钢结构截面高度，箱型截面柱或圆管截面柱的钢筋混凝土外包高度不宜小于3.0倍的钢结构截面高度或圆管截面直径。

4）当采用外露式柱脚时，柱脚承载力不宜小于柱截面塑性屈服承载力的1.2倍。柱脚锚栓不宜用以承受柱底水平剪力，柱底剪力应由钢底板与基础间的摩擦力或设置抗剪键及其他措施承担。柱脚锚栓应可靠锚固。

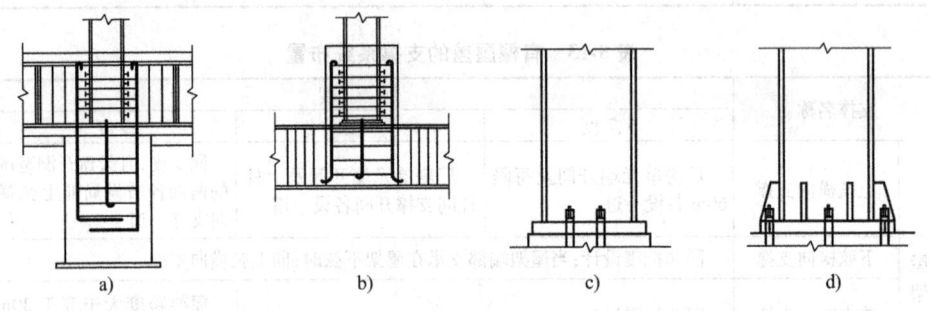

图5-19 柱脚形式示意图
a）埋入式 b）外包式 c）外露式铰接 d）外露式刚接

3. 柱间支撑的构造

有起重机厂房的下柱柱间支撑应采用型钢，上柱支撑可以采用型钢或圆钢。支撑形式宜采用交叉式，支撑斜杆与水平面夹角不宜大于55°。重型厂房的下柱支撑因工艺限制无法使用交叉式时，可以使用门式支撑或人形支撑。

交叉式柱间支撑的长细比，不宜超过表 5-14 的规定。

表 5-14 交叉式柱间支撑斜杆的最大长细比

位 置	烈 度			
	6度和7度Ⅰ、Ⅱ类场地	7度Ⅲ、Ⅳ类场地和8度Ⅰ、Ⅱ类场地	8度Ⅲ、Ⅳ类场地和9度Ⅰ、Ⅱ类场地	9度Ⅲ、Ⅳ类场地
上柱支撑	250	250	200	150
下柱支撑	200	150	120	120

长细比不大于 200 的交叉支撑承受地震作用时按受拉杆件计算。其轴向拉力设计值 N_t

$$N_t = \frac{l_i}{(1+\psi_c\varphi_i)s_c}V_{bi} \tag{5-50}$$

式中 N_t——i 节间支撑斜杆的轴向拉力设计值；

l_i——i 节间斜杆的全长；

ψ_c——压杆卸载系数，压杆长细比为 60、100 和 200 时，可分别采用 0.7、0.6 和 0.5；

φ_i——i 节间斜杆的轴心受压稳定系数；

V_{bi}——i 节间支撑承受的地震剪力设计值；

s_c——支撑所在柱间的净距。

柱间支撑应采用整根型钢。超过材料最大长度规格时，可采用对接焊缝等强拼接。交叉式支撑在交叉点处应设置节点板，其厚度不应小于 10mm。斜杆与交叉节点板应焊接，与端节点板宜焊接。交叉支撑中有一杆中断时，交叉节点板应加强。

4. 梁、柱截面板件宽厚比限制

为了防止钢结构构件的局部失稳，应限制单层钢结构厂房的梁、柱截面板件宽厚比。其板件宽厚比，应符合下列要求：

1）重屋盖厂房，板件宽厚比限值按表 5-15 规定采用，7、8、9 度的抗震等级可分别按四、三、二级采用。

表 5-15 框架梁、柱板件宽厚比限值

	板件名称	一级	二级	三级	四级
柱	工字形截面翼缘外伸部分	10	11	12	13
	工字形截面腹板	43	45	48	52
	箱形截面壁板	33	36	38	40

(续)

板件名称		一级	二级	三级	四级
梁	工字形截面和箱形截面翼缘外伸部分	9	9	10	11
	箱形截面翼缘在两腹板之间部分	30	30	32	36
	工字形截面和箱形截面腹板	$72-120N_b$ $/(Af)$ ≤ 60	$72-100N_b$ $/(Af)$ ≤ 65	$80-110N_b$ $/(Af)$ ≤ 70	$85-120N_b$ $/(Af)$ ≤ 75

注：1. 表列数值适用于 Q235 钢，采用其他牌号钢材时，应乘以 $\sqrt{235/f_{ay}}$。
2. $N_b/(Af)$ 为梁轴压比。

2）轻屋盖厂房，塑性耗能区板件宽厚比限值可根据其承载力的高低按性能目标确定。塑性耗能区外的板件宽厚比限值，可采用现行《钢结构设计规范》GB 50017 弹性设计阶段的板件宽厚比限值。腹板的宽厚比可通过设置纵向加劲肋减小。

5. 其他的连接设计和构造要求

《建筑抗震设计规范》对单层钢结构厂房的其他连接构造要求作了具体规定：

1）框架上柱的拼接位置应选择弯矩较小区域，其承载力不应小于按上柱两端呈全截面塑性屈服状态计算的拼接处的内力，且不得小于柱全截面受拉屈服承载力的 0.5 倍。

2）刚接框架屋盖横梁的拼接，当位于横梁最大应力区以外时，宜按与被拼接截面等强度设计。

3）实腹屋面梁与柱的刚性连接、梁端梁与梁的拼接，应采用地震组合内力进行弹性阶段设计。梁柱刚性连接、梁与梁拼接的极限受弯承载力应符合下列要求：①一般情况可按《建筑抗震设计规范》第 8.2.8 条钢结构梁柱刚接、梁与梁拼接的规定考虑连接系数进行验算，当最大应力区在上柱时，全塑性受弯承载力应取实腹梁、上柱二者的较小值；②当屋面梁采用钢结构弹性设计阶段的板件宽厚比时，梁柱刚性连接和梁与梁拼接，应能可靠传递设防烈度地震组合内力或按①项验算。刚接框架的屋架上弦与柱相连的连接板，在设防地震下不宜出现塑性变形。

4）柱间支撑与构件的连接，不应小于支撑杆件塑性承载力的 1.2 倍。

5.4 单层砖柱厂房

5.4.1 震害现象及分析

由震害调查统计资料可知：砖柱厂房的抗震性能远不如钢筋混凝土厂房；砖柱厂房的震害程度因场地类别和地震频谱特性的不同而有较大差异，厂房的震害程度与屋盖结构类型、砌体强度、施工质量、使用和维修情况等多种因素密切相关；其震害特征为：

1）厂房的最薄弱部位是砖柱，它的抗弯承载力低，是厂房倒塌的主要原因。无筋砖柱的破坏程度和倒塌率，与砖柱的高厚比无明显关系。

2）山墙和承重纵墙（或带壁柱）主要发生以水平裂缝为代表的平面外弯曲破坏，与多层房屋砖墙以斜裂为主的平面内剪切破坏不同。

3）砖木厂房纵墙（包括壁柱）窗台口处或下端的水平裂缝一直延伸到离山墙仅一两个开间处。与此同时，山墙却很少出现交叉斜裂缝，说明瓦木屋盖的空间作用较差。

4）重屋盖厂房的破坏程度重于轻屋盖厂房。

5）楞瓦和稀铺望板的瓦木屋盖，纵向水平刚度也很差，不能阻止木屋架的倾斜。

6）山墙与檩条、屋架与砖柱之间的水平错位，暴露了连接的脆弱。

5.4.2 抗震设计一般要求

单跨和等高多跨且无桥式起重机的中小型车间、仓库等采用单层砖柱厂房。

1. 厂房的平立面布置

砖排架房屋通常设计成矩形平面，也有因生产、使用需要设计成 L 形或 T 形平面。震害调查虽没有明显的迹象能判明非矩形平面是造成厂房震害显著加重的原因，但厂房阴角处常发生局部震害。

砖排架房的抗震性能差，各构件相互间的微小差异变位就可能引起破坏。设计时应特别注意采用简单的体形；对于必须设置的配电间、工具间等小工房或附属小建筑物，不论是贴建在厂房内还是贴建在厂房外，均应采用防震缝将它与主厂房隔开。缝宽要考虑地震时可能产生的最大相对侧移。并在防震缝处设置双柱或双墙。对于木屋盖和轻钢屋架、压型钢板、瓦楞铁、石棉瓦屋面的轻型屋盖厂房，可不设防震缝。

2. 厂房的结构体系

单层砖柱厂房的结构体系包括柱、墙体与屋盖形式等。

1) 轻型屋盖的单层厂房震害较轻。《建筑抗震设计规范》规定：6~8 度时，宜采用轻型屋盖；9 度时，应采用轻型屋盖。

2) 组合砖柱的抗震承载力比无筋砖柱好，为保证单层砖柱厂房能满足三个烈度水准的抗震设防要求，《建筑抗震设计规范》规定：6 度和 7 度时，可采用十字形截面的无筋砖柱；8 度和 9 度时应采用组合砖柱，且中柱在 8 度Ⅲ、Ⅳ类场地和 9 度时宜采用钢筋混凝土柱。

3) 震害表明，单层砖柱厂房的纵向要有足够的刚度和承载力。在柱间砌筑与柱整体连接的纵向砖墙并设置砖墙基础，可有效提高厂房的纵向抗震能力。8 度Ⅲ、Ⅳ类场地且采用钢筋混凝土屋盖时，应在砖柱顶部设压杆（或用满足压杆构造的圈梁、天沟或檩条等代替）。

4) 充分利用墙体的功能，将隔墙与砖抗震墙合并设置，避免非承重墙对柱及屋架与柱连接点的不利影响。当不能合并设置时，隔墙采用轻质材料。同时保证独立内隔墙在其平面外的稳定。

5) 为提高厂房的抗震能力，厂房两端均应设置承重山墙。

6) 为避免天窗架过多地削弱屋盖的整体性，天窗不应通至厂房单元的端开间。天窗也不应采用端砖壁承重。

5.4.3 抗震计算要点

地震中单层砖柱厂房倒塌的主要原因是：砖柱或带壁柱砖墙的出平面弯曲破坏。因砖柱既是重要的承重构件，又是主要的抗侧力构件。砖柱在纵向或横向地震作用下发生破坏后，会危及厂房的安全。因此，为确保砖排架具有足够的抗震能力，通过对 7 度（0.10g）区单层厂房的震例分析，《建筑抗震设计规范》给出了 7 度区可不进行抗震验算的范围及相应的抗震构造措施。

1. 可不进行横向或纵向截面抗震验算的范围

1) 7 度（0.10g）Ⅰ、Ⅱ类场地，柱顶标高不超过 4.5m，且结构单元两端均有山墙的单跨及等高多跨砖柱厂房，可不进行横向和纵向抗震验算。

2) 7 度（0.10g）Ⅰ、Ⅱ类场地，柱顶标高≤6.6m，两侧设有厚度不小于 240mm 且开洞截面面积不超过 50% 的外纵墙，结构单元两端均有山墙的单跨厂房，可不进行纵向抗震验算。

2. 厂房横向计算

（1）计算方法

1) 轻型屋盖（指木屋盖和轻钢屋架、瓦楞铁、石棉瓦屋面的屋盖）厂房，可按平面排架计算。

2) 钢筋混凝土屋盖厂房可按平面排架计算并考虑空间工作，空间作用的效应调整系数见表 5-16。

表5-16　砖柱考虑空间作用的效应调整系数

屋盖类型	两端山墙间距/m									
	≤12	18	24	30	36	42	48	54	60	66	72
钢筋混凝土无檩屋盖	0.60	0.65	0.70	0.75	0.80	0.85	0.85	0.90	0.95	0.95	1.00
钢筋混凝土有檩屋盖或密铺望板瓦木屋盖	0.65	0.70	0.75	0.80	0.90	0.95	0.95	1.00	1.05	1.05	1.10

排架柔度

$$\delta = \frac{H^3}{3E\sum_{i=1}^{m} I_i} \tag{5-51}$$

式中　H——由基础顶面至柱（垛）顶的高度；

　　　I_i——第 i 个砖柱（垛）的截面惯性矩；

　　　E——砖砌体弹性模量。

（2）基本周期　按下式计算

$$T_1 = 2\psi_T \sqrt{G\delta} \tag{5-52}$$

式中　ψ_T——周期调整系数，对钢筋混凝土屋架，$\psi_T = 0.9$，对木屋架、钢木屋架，轻钢屋架，$\psi_T = 1.0$；

　　　G——按动能等效原则，换算集中到柱顶处的重力荷载代表值，可按下式计算

$$G = 1.0(G_{屋盖} + 0.5G_{积雪} + 0.5G_{积灰} + G_{檐墙}) + 0.25(G_{柱子} + G_{纵墙}) \tag{5-53}$$

（3）水平地震作用　一榀排架底部的总水平地震作用，即为屋盖处的地震剪力 F_{Ek}，按下式计算

$$F_{Ek} = \alpha_1 G_{eq} \tag{5-54}$$

式中　α_1——相应于排架基本周期 T_1 的水平地震影响系数；

　　　G_{eq}——按柱底弯矩相等原则，一榀排架换算集中到柱顶处的重力荷载代表值，可按下式计算

$$G = 1.0(G_{屋盖} + 0.5G_{积雪} + 0.5G_{积灰} + G_{檐墙}) + 0.5(G_{柱子} + G_{纵墙}) \tag{5-55}$$

（4）地震效应组合　水平地震作用效应与相应的静力荷载效应进行最不利组合

$$S = \gamma_G S_G + 1.3 S_{Eh} \tag{5-56}$$

（5）截面抗震验算　抗震验算时，尚应符合下列要求：①无筋砖柱由地震作用标准值和重力荷载代表值产生的总偏心距，不宜超过 0.9 倍截面形心到竖向力所在方向截面边缘的距离，即取 $\gamma_{RE} = 0.9$；②组合砖柱的 γ_{RE} 取 0.85。

3. 厂房纵向抗震分析方法

1) 轻型屋盖厂房可采用柱列法。

2) 钢筋混凝土屋盖厂房宜用振型分解反应谱方法，当为等高多跨时可用修正刚度法。

4. 突出屋面天窗架

单层砖柱厂房突出屋面天窗架的横向和纵向抗震计算和单层钢筋混凝土柱厂房相同。

5.4.4 抗震构造措施

1. 屋盖支撑

（1）屋盖支撑布置　屋盖支撑对于保证屋盖的整体性非常重要。木屋盖的支撑布置宜符合表 5-17 的要求。钢屋架、压型钢板、瓦楞铁等轻型屋盖的支撑，可按 GB 50011—2010 表 5-13 的规定设置，上、下弦横向支撑应布置在两端第二开间；木屋盖的支撑布置，宜符合表 5-17 的要求，支撑与屋架或天窗架应采用螺栓连接；木天窗架的边柱，宜采用通长木夹板或铁板并通过螺栓加强边柱与屋架上弦的连接。

（2）支撑与屋架的连接　屋架间竖向支撑的交叉杆，采用方木或半圆木，竖向支撑平面内的下弦通长水平系杆采用方木，并采取搭接接头。支撑与屋架或天窗架采用螺栓连接。木天窗架的边柱，宜采用通长木夹板或铁板并通过螺栓加强边柱与屋架上弦的连接。

表 5-17　木屋盖的支撑布置

支撑名称		烈　度		
		6、7	8	
		各类屋盖	满铺望板	稀铺望板或无望板
屋架支撑	上弦横向支撑	同非抗震设计	同非抗震设计	屋架跨度大于 6m 时，房屋单元两端第二开间及每隔 20m 设一道
	下弦横向支撑	同非抗震设计	同非抗震设计	
	跨中竖向支撑	同非抗震设计	同非抗震设计	
天窗架支撑	天窗两侧竖向支撑	同非抗震设计	同非抗震设计	不宜设置天窗

2. 檩条与山墙连接

单层砖结构房屋的檩条、屋面板等屋面构件与山墙顶部无拉结或拉结不牢，山墙处于或近于悬臂状态，纵向地震作用下将产生很大的出平面位移和弯拉应力，引起山墙外倾倒塌。因此，需采取有效措施加强屋面构件与山墙的连接。

檩条与山墙卧梁应可靠连接，搁置长度不应小于120mm，有条件时可采用檩条伸出山墙的屋面结构。

对于瓦木屋盖、木檩条与山墙的连接要采用螺栓、扒钉等铁件。对于7度区较高大的山墙以及8度和9度区，山墙顶部应顺屋面坡度设现浇钢筋混凝土卧梁，并预埋铁件与檩条锚接。有条件时，檩条宜采取出山屋面的做法，作为墙顶连接失效后的第二道防倒塌措施。

对于混凝土屋盖和钢檩条屋盖，地震烈度7度起需采取卧梁连接的做法，即于山墙顶部顺着屋面坡度现浇钢筋混凝土卧梁，在卧梁上预埋带有锚爪的钢板，待混凝土檩条或屋面板就位后用电焊将它们与钢板焊连。

3. 圈梁的设置

震害调查表明：设置圈梁并与屋架妥善锚固可有效减轻砖混房屋的震害。《建筑抗震设计规范》规定，厂房柱顶标高处应沿房屋外墙及承重内墙设置闭合的现浇混凝土圈梁，8度时还应沿墙高每隔3～4m增设一道圈梁，圈梁的截面高度不应小于180mm，配筋不应少于4Φ12。

4. 山墙的构造

（1）壁柱到顶　地震调查中发现一些山墙壁柱未到顶的现象，这些山墙除全部倒塌外，几乎都在壁柱收头处产生水平裂缝，或在该高度以上部分发生局部倒塌。这说明山墙壁柱在山墙半高处截断后，刚度和强度发生突然变化，使该水平截面变成抗震薄弱部位而容易发生破坏。因此，承重砖山墙的壁柱一律要伸到墙顶并与卧梁或屋盖构件连接。

（2）砖壁柱配筋　山墙一般都比较高大，即使山墙顶部与屋面构件连接较好，在地震烈度较高时也难免因出平面弯曲应力过大而产生水平裂缝。此外，采用钢筋混凝土无檩屋盖的房屋，由于屋盖的空间作用显著，中间排架的水平地震力将有相当部分传至山墙，导致山墙因承担的水平剪力过大而发生剪切破坏，墙面出现交叉裂缝。在砖壁柱配置钢筋，对于限制墙面斜裂缝的开展以及阻止斜裂缝的出现都有一定的作用。山墙砖壁柱的截面与钢筋，不宜小于排架柱。

（3）沿屋面设置钢筋混凝土卧梁　为了防止山墙的外倾，应沿屋面设置现浇钢筋混凝土卧梁，并与屋盖构件锚拉。

（4）山墙开洞率　控制山墙开洞率有助于提高厂房的抗震能力。对钢筋混凝土屋盖的砖柱厂房，山墙开洞的水平截面面积不宜超过总截面面积的50%。

（5）构造柱设置　在山墙和横墙上设置钢筋混凝土构造柱，能起到约束墙体和提高厂房抗震能力的作用。对于钢筋混凝土屋盖厂房，8度时，应在山墙、横墙两端设置钢筋混凝土构造柱；9度时，应在山墙、横墙两端及高大的门洞两侧设置钢筋混凝土构造柱。

钢筋混凝土构造柱的截面尺寸，可采用240mm×240mm；当9度且山墙、横墙的厚度为370mm时，其截面宽度宜取370mm；构造柱的竖向钢筋，8度时不少于4Φ12，9度时不应少于4Φ14；箍筋可采用Φ6，间距宜为250~300mm。

5. 砖砌体墙的构造

单层砖柱厂房的砖砌体墙的抗震构造措施：

1) 8度和9度时，钢筋混凝土无檩屋盖砖柱厂房，砖围护墙顶部宜沿墙长每隔1m埋入1Φ8竖向钢筋，并插入顶部圈梁内。

2) 7度且墙顶高度大于4.8m或8度和9度时，外墙转角及承重内横墙与外纵墙交界处，当不设置构造柱时，应沿墙高每500mm配置2Φ6钢筋，每边伸入墙内不小于1m。

3) 屋面女儿墙在人流出入口处应与主体结构锚固；防震缝处应留有足够的宽度，缝两侧的自由端应予加强。

6. 构件连接

屋架（屋面梁）与墙顶圈梁、墙顶圈梁与柱顶垫块的可靠锚固连接，有助于提高单层砖柱厂房的整体抗震能力。其抗震构造要求：

1) 屋架（屋面梁）与墙顶圈梁或柱顶垫块，应采用螺栓或焊接连接。

2) 柱顶垫块应现浇，其厚度不应小于240mm，并应配置两层直径不小于Φ8间距不大于100mm的钢筋网；墙顶圈梁应与柱顶垫块整浇，9度时，在垫块两侧各500mm范围内，圈梁的箍筋间距不应大于100mm。

5.5 计算实例

5.5.1 横向抗震计算

一两跨不等高单层厂房如图5-20所示。厂房总长66m，柱距6m，两跨跨度均为18m，低跨和高跨各设5t和10t起重机一台，屋盖采用钢筋混凝土无檩屋盖，自重为$3.2kN/m^2$，雪荷载为$0.3kN/m^2$，柱的混凝土为C20，砖围护墙厚240mm。设防烈度8度，设计基本地震加速度0.15g，Ⅲ类场地，设计地震分组为第一组。试用底部剪力法计算排架的横向地震作用。

1. 一般重力荷载计算

1) 屋盖结构：$G_{屋盖} = 3.2kN/m^2 \times 18m \times 6m = 345.6kN$

2) 雪荷载：$G_{雪} = 0.3kN/m^2 \times 18m \times 6m = 32.4kN$

3) 积灰荷载：$G_{积灰} = 0.3kN/m^2 \times 18m \times 6m = 32.4kN$

4) 柱：A柱，$G_{A柱} = 49kN/根$；B柱上柱，$G_{B柱上柱} = 25kN/根$；B柱下柱，$G_{B柱下柱} = 50kN/根$；C柱，$G_{C柱} = 77kN/根$。

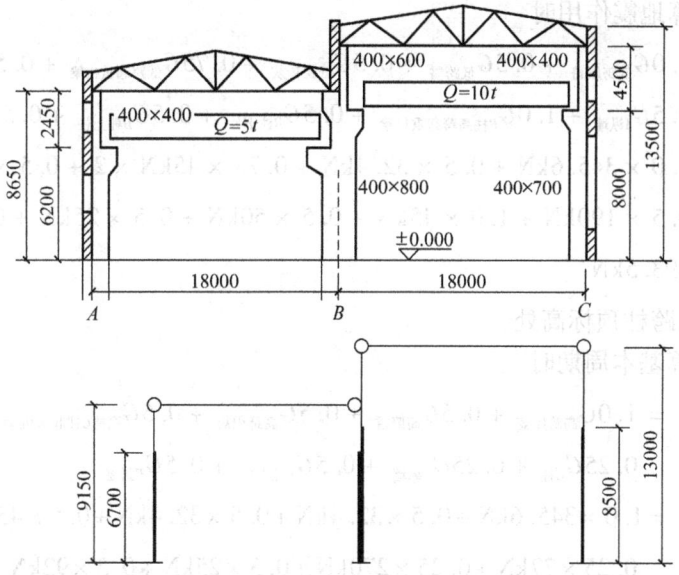

图 5-20 厂房平面图及排架计算简图

5）起重机梁：$G_{起重机梁} = 45kN/根$

6）起重机桥架：一台 5t 起重机，153kN；一台 10t 起重机，186kN。

7）纵墙：A 纵墙，$G_{A纵墙} = 190kN$；B 纵墙，$G_{B纵墙} = 92kN$；C 纵墙，$G_{C纵墙} = 270kN$。

2. 平面排架计算简图

该两跨不等高厂房可简化为两质点体系（图 5-21）。

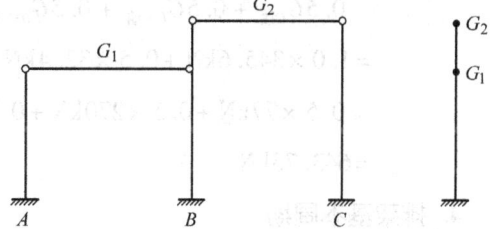

图 5-21 排架结构计算简图

3. 质点集中重力荷载计算

（1）低跨柱顶标高处

1）计算基本周期时

$$\begin{aligned}
G_1 &= 1.0 G_{低跨屋盖} + 0.5 G_{低跨雪} + 0.5 G_{低跨积灰} + 0.5 G_{低跨起重机梁} + 0.25 G_{A柱} + \\
&\quad 0.25 G_{A纵墙} + 1.0 G_{B柱高跨起重机梁} + 0.25 G_{B柱下柱} + 0.5 G_{B柱上柱} + 0.5 G_{B封墙} \\
&= 1.0 \times 345.6 \text{kN} + 0.5 \times 32.4 \text{kN} + 0.5 \times 32.4 \text{kN} + 0.5 \times 45 \text{kN} \times 2 + \\
&\quad 0.25 \times 49 \text{kN} + 0.25 \times 190 \text{kN} + 1.0 \times 45 \text{kN} + 0.25 \times 50 \text{kN} + 0.5 \times \\
&\quad 25 \text{kN} + 0.5 \times 92 \text{kN} \\
&= 598.75 \text{kN}
\end{aligned}$$

2) 计算地震作用时

$$\overline{G}_1 = 1.0G_{低跨屋盖} + 0.5G_{低跨雪} + 0.5G_{低跨积灰} + 0.75G_{低跨起重机梁} + 0.5G_{A柱} +$$
$$0.5G_{A纵墙} + 1.0G_{B柱高跨起重机梁} + 0.5G_{B柱下柱} + 0.5G_{B柱上柱} + 0.5G_{B封墙}$$
$$= 1.0 \times 345.6\text{kN} + 0.5 \times 32.4\text{kN} + 0.75 \times 45\text{kN} \times 2 + 0.5 \times 49\text{kN} +$$
$$0.5 \times 190\text{kN} + 1.0 \times 45\text{kN} + 0.5 \times 50\text{kN} + 0.5 \times 25\text{kN} + 0.5 \times 92\text{kN}$$
$$= 693.5\text{kN}$$

(2) 高跨柱顶标高处

1) 计算基本周期时

$$G_2 = 1.0G_{高跨屋盖} + 0.5G_{高跨雪} + 0.5G_{高跨积灰} + 0.5G_{高跨C柱起重机梁} +$$
$$0.25G_{C柱} + 0.25G_{C纵墙} + 0.5G_{B柱上柱} + 0.5G_{B封墙}$$
$$= 1.0 \times 345.6\text{kN} + 0.5 \times 32.4\text{kN} + 0.5 \times 32.4\text{kN} + 0.5 \times 45\text{kN} \times 2 +$$
$$0.25 \times 77\text{kN} + 0.25 \times 270\text{kN} + 0.5 \times 25\text{kN} + 0.5 \times 92\text{kN}$$
$$= 545.75\text{kN}$$

2) 计算地震作用时

$$\overline{G}_2 = 1.0G_{高跨屋盖} + 0.5G_{高跨雪} + 0.5G_{高跨积灰} + 0.75G_{高跨C柱起重机梁} +$$
$$0.5G_{C柱} + 0.5G_{C纵墙} + 0.5G_{B柱上柱} + 0.5G_{B封墙}$$
$$= 1.0 \times 345.6\text{kN} + 0.5 \times 32.4\text{kN} + 0.5 \times 32.4\text{kN} + 0.75 \times 45\text{kN} +$$
$$0.5 \times 77\text{kN} + 0.5 \times 270\text{kN} + 0.5 \times 25\text{kN} + 0.5 \times 92\text{kN}$$
$$= 643.75\text{kN}$$

4. 排架基本周期

(1) 单柱位移

$$\delta_a = \frac{1}{3E}\left(\frac{H_1^3}{I_1} + \frac{H_2^3 - H_1^3}{I_2}\right)$$
$$= \frac{1}{3 \times 2.55 \times 10^7 \text{kN/m}^2} \times \left(\frac{2.45^3 \text{m}^3}{2.13 \times 10^{-3}\text{m}^4} + \frac{9.15^3 \text{m}^3 - 2.45^3 \text{m}^3}{7.2 \times 10^{-3}\text{m}^4}\right)$$
$$= 1.45 \times 10^{-3} \text{m/kN}$$

同理,可算得各点位移为

$\delta_c = 2.08 \times 10^{-3}\text{m/kN}$ $\delta_b = 0.78 \times 10^{-3}\text{m/kN}$
$\delta_{bc} = \delta_{cb} = 1.14 \times 10^{-3}\text{m/kN}$ $\delta_d = 2.96 \times 10^{-3}\text{m/kN}$

(2) 排架横梁内力(计算公式见柳炳康等主编的《工程结构抗震设计》P232)

$$k_1 = \frac{\delta_{bc}}{\delta_c + \delta_d} = 0.226 \qquad k_2 = \frac{\delta_{bc}}{\delta_a + \delta_b} = 0.511$$

$$k_3 = \delta_a + \delta_b - \delta_{bc}k_1 = 1.972 \times 10^{-3} \qquad k_4 = \delta_c + \delta_d - \delta_{bc}k_2 = 4.457 \times 10^{-3}$$

由此，可得

$$x_{11} = \frac{\delta_a}{k_3} = 0.735 \qquad x_{21} = k_1 x_{11} = 0.166$$

$$x_{22} = \frac{\delta_d}{k_4} = 0.664 \qquad x_{12} = k_2 x_{22} = 0.339$$

（3）排架在单位力作用下的位移（即柔度系数）

$$\delta_{11} = (1 - x_{11})\delta_a = 0.384 \times 10^{-3} \text{m/kN} \quad \delta_{12} = \delta_{21} = x_{21}\delta_d = 0.491 \times 10^{-3} \text{m/kN}$$

$$\delta_{22} = (1 - x_{22})\delta_d = 0.995 \times 10^{-3} \text{m/kN}$$

（4）排架基本周期

$$u_1 = G_1\delta_{11} + G_2\delta_{12} = 598.75\text{kN} \times 0.384 \times 10^{-3}\text{m/kN} +$$
$$545.75\text{kN} \times 0.491 \times 10^{-3}\text{m/kN}$$
$$= 497.88 \times 10^{-3}\text{m}$$

$$u_2 = G_1\delta_{21} + G_2\delta_{22} = 598.75\text{kN} \times 0.491 \times 10^{-3}\text{m/kN} +$$
$$545.75\text{kN} \times 0.995 \times 10^{-3}\text{m/kN}$$
$$= 837.01 \times 10^{-3}\text{m}$$

$$T_1 = 2\psi_T\sqrt{\frac{G_1 u_1^2 + G_2 u_2^2}{G_1 u_1 + G_2 u_2}} = 2 \times 0.8 \times \sqrt{\frac{598.75 \times 497.88^2 + 545.75 \times 837.01^2}{598.75 \times 497.88 + 545.75 \times 837.01}}\text{s}$$
$$= 1.342\text{s}$$

5. 排架横向地震作用

（1）底部总地震剪力 由 8 度设防，设计基本地震加速度 0.15g，Ⅲ类场地，设计地震分组为第一组的条件，查表 3-3、表 3-4 可得，$\alpha_{max} = 0.16$，$T_g = 0.45\text{s}$。

$$\alpha_1 = \left(\frac{T_g}{T_1}\right)^{0.9} \alpha_{max} = \left(\frac{0.45\text{s}}{1.342\text{s}}\right)^{0.9} \times 0.16 = 0.06$$

$$G_{eq} = 0.85G_E = 0.85(\overline{G_1} + \overline{G_2}) = 0.85 \times (693.5\text{kN} + 643.75\text{kN}) = 1136.66\text{kN}$$

$$F_{Ek} = \alpha_1 G_{eq} 0.06 \times 1136.66\text{kN} = 68.2\text{kN}$$

（2）低跨和高跨柱顶处的地震作用标准值 由 $F_i = \frac{\overline{G_i}H_i}{\sum \overline{G_i}H_i}F_{Ek}$，可得

$$F_1 = \frac{\overline{G_1}H_1}{\overline{G_1}H_1 + \overline{G_2}H_2}F_{Ek} = \frac{693.5\text{kN} \times 9.15\text{m} \times 68.2\text{kN}}{693.5\text{kN} \times 9.15\text{m} + 643.75\text{kN} \times 13\text{m}} = 29.41\text{kN}$$

$$F_2 = \frac{\overline{G_2}H_2}{\overline{G_1}H_1 + \overline{G_2}H_2}F_{Ek} = \frac{643.75\text{kN} \times 13\text{m} \times 68.2\text{kN}}{693.5\text{kN} \times 9.15\text{m} + 643.75\text{kN} \times 13\text{m}} = 38.79\text{kN}$$

6. 排架地震作用效应计算

1) 横梁内力

低跨：$X_1 = -x_{11}F_1 + x_{12}F_2 = -0.735 \times 29.41\text{kN} + 0.339 \times 38.79\text{kN}$
$= -8.47\text{kN}$

高跨：$X_2 = -x_{21}F_1 + x_{22}F_2 = -0.166 \times 29.41\text{kN} + 0.664 \times 38.79\text{kN}$
$= 20.88\text{kN}$

2) 各柱上下柱底截面地震剪力和弯矩

A 柱：

上柱底　$V_1 = F_1 - X_1 = 29.41\text{kN} - 8.47\text{kN} = 20.94\text{kN}$
　　　　$M_1 = 20.94\text{kN} \times 2.45\text{m} = 51.3\text{kN} \cdot \text{m}$

下柱底　$V_2 = 20.94\text{kN}$　　$M_2 = 20.94\text{kN} \times 9.15\text{m} = 191.6\text{kN} \cdot \text{m}$

B 柱：

上柱底　$V_1 = X_2 = 20.88\text{kN}$　　$M_1 = 20.88\text{kN} \times 3.85\text{m} = 80.39\text{kN} \cdot \text{m}$

下柱底　$V_2 = X_2 + X_1 = 20.88\text{kN} + 8.47\text{kN} = 29.35\text{kN}$
　　　　$M_2 = 20.88\text{kN} \times 13\text{m} + 8.47\text{kN} \times 9.15\text{m} = 348.94\text{kN} \cdot \text{m}$

C 柱：

上柱底　$V_1 = F_2 - X_2 = 17.91\text{kN}$　　$M_1 = 17.91\text{kN} \times 4.5\text{m} = 80.6\text{kN} \cdot \text{m}$

下柱底　$V_2 = 17.91\text{kN}$　　$M_2 = 17.91\text{kN} \times 13\text{m} = 232.83\text{kN} \cdot \text{m}$

7. 排架柱地震作用效应的调整

（1）考虑厂房空间工作和扭转影响的调整　本例为两跨不等高厂房，厂房的长度为 66m，采用钢筋混凝土无檩屋盖，两端均有山墙，排架地震作用效应如图 5-22 所示。查表 5-5 得空间工作和扭转影响的效应调整系数为 0.9，即对 A 柱、B 柱的下柱和 C 柱的地震作用引起的剪力和弯矩均乘以 0.9 的系数，调整后内力为：

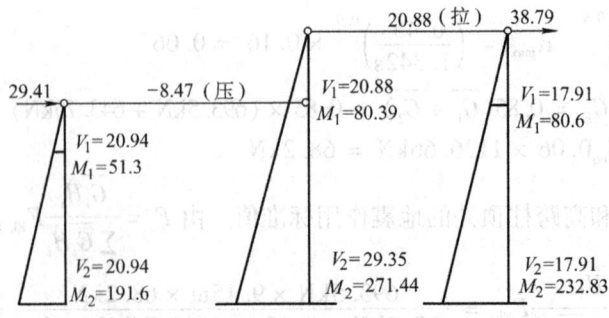

图 5-22　排架地震作用效应图

A 柱：

上柱底　$V_1 = 20.94\text{kN} \times 0.9 = 18.85\text{kN}$　$M_1 = 51.3\text{kN} \cdot \text{m} \times 0.9 = 46.17\text{kN} \cdot \text{m}$

下柱底　$V_2 = 20.94\text{kN} \times 0.9 = 18.85\text{kN}$　$M_2 = 191.6\text{kN} \cdot \text{m} \times 0.9 = 172.44\text{kN} \cdot \text{m}$

B 柱：

下柱底　$V_2 = 29.35\text{kN} \times 0.9 = 26.42\text{kN}$　$M_2 = 348.94\text{kN} \cdot \text{m} \times 0.9 = 314.05\text{kN} \cdot \text{m}$

C 柱：

上柱底　$V_1 = 17.91\text{kN} \times 0.9 = 16.12\text{kN}$　$M_1 = 80.6\text{kN} \cdot \text{m} \times 0.9 = 72.54\text{kN} \cdot \text{m}$

下柱底　$V_2 = 16.12\text{kN}$　$M_2 = 232.83\text{kN} \cdot \text{m} \times 0.9 = 209.55\text{kN} \cdot \text{m}$

(2) 两跨交接处柱的上柱地震作用效应的调整　调整系数 η 为

$$\eta = \zeta\left(1 + 1.7\frac{n_\text{h}}{n_0}\frac{\overline{G_1}}{\overline{G_2}}\right) = 0.94 \times \left(1 + 1.7 \times \frac{1}{2} \times \frac{693.5\text{kN}}{643.75\text{kN}}\right) = 1.8$$

由此 B 柱上柱截面修正后的地震作用效应为

$V_1 = 20.88\text{kN} \times 1.8 = 37.58\text{kN}$　$M_1 = 80.39\text{kN} \cdot \text{m} \times 1.8 = 144.7\text{kN} \cdot \text{m}$

8. 起重机桥架自重引起的地震作用

(1) 一台起重机对一根柱产生的最大重力荷载

低跨，$G_\text{c1} = 57.3\text{kN}$；　　高跨，$G_\text{c2} = 61.6\text{kN}$。

(2) 一台起重机对一根柱产生的水平地震作用

低跨　$F_\text{c1} = \alpha_1 G_\text{c1} \dfrac{H_\text{c1}}{H} = 0.06 \times 57.3\text{kN} \times \dfrac{7.5\text{m}}{13\text{m}} = 1.98\text{kN}$

高跨　$F_\text{c2} = \alpha_1 G_\text{c2} \dfrac{H_\text{c2}}{H} = 0.06 \times 61.6\text{kN} \times \dfrac{9.3\text{m}}{13\text{m}} = 2.64\text{kN}$

(3) 起重机水平地震作用产生的地震内力　起重机水平地震作用是局部荷载，可近似地假定屋盖为柱的不动铰支座，并且算出的起重机梁顶面标高处的上柱截面内力还应乘以相应的增大系数 η_c，本例中边柱乘以 2.0，中柱乘以 2.5。

对 A 柱

$n = \dfrac{I_1}{I_2} = \dfrac{2.13\text{m}^4}{7.2\text{m}^4} = 0.3$　　$\lambda = \dfrac{2.45\text{m}}{9.15\text{m}} = 0.27$

$\alpha = \dfrac{1.65\text{m}}{9.15\text{m}} = 0.18$　　$\mu = \dfrac{1}{n} - 1 = \dfrac{1}{0.3} - 1 = 2.33$

$k_2 = \dfrac{1}{2}(1 + \mu\lambda^2) = \dfrac{1}{2} \times (1 + 2.33 \times 0.27^2) = 0.585$

$k_3 = \dfrac{1}{3}(1 + \mu\lambda^3) = \dfrac{1}{3} \times (1 + 2.33 \times 0.27^3) = 0.349$

$R_1 = \dfrac{F_\text{c1}}{k_3}\left(k_3 - \alpha k_2 + \dfrac{\alpha^3}{6n}\right) = \dfrac{1.98\text{kN}}{0.349} \times \left(0.349 - 0.18 \times 0.585 + \dfrac{0.18^3}{0.3 \times 6}\right) = 1.4\text{kN}$

乘以增大系数后，A 柱起重机梁顶面标高处的截面剪力和弯矩为

$$V_{AF} = -R_1\eta_c = -1.4\text{kN} \times 2.0 = -2.8\text{kN}$$
$$M_{AF} = -R_1 y_c = -1.4\text{kN} \times 1.65\text{m} \times 2.0 = -4.62\text{kN} \cdot \text{m}$$

对于 B 柱和 C 柱，起重机桥架地震作用效应的计算方法同 A 柱，略。

求出地震作用下的全部排架内力后，按规范进行内力组合再进行截面设计和承载力验算。

5.5.2 纵向抗震计算

设有一单跨钢筋混凝土柱厂房，其结构布置与基本尺寸示于图 5-23 中，厂房长度为 84m，屋盖为轻型屋盖，钢屋架，压型钢板，屋盖重力荷载为 0.5kN/m^2，雪载为 0.3kN/m^2，柱混凝土强度等级为 C20，围护墙为 240mm 砖墙，两侧柱列均设柱间支撑，设防烈度 8 度，Ⅱ类场地，试计算厂房柱列的纵向水平地震作用。

柔性屋盖，采用柱列法进行计算。

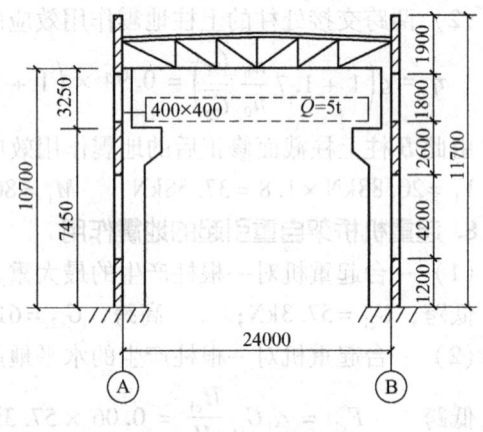

图 5-23 厂房结构布置

1. 柱列柱顶集中重力荷载计算

（1）计算基本周期时

$G_A = G_B = 1.0(G_{屋盖} + 0.5G_{雪}) + 0.25G_{柱} + 0.25G_{山墙} + 0.35G_{纵墙} + 0.5G_{起重机梁}$

$G_{屋盖} = 0.5\text{kN/m}^2 \times 6 \times 12\text{m} \times 14\text{m} = 504\text{kN}$

$G_{雪} = 0.3\text{kN/m}^2 \times 6 \times 12\text{m} \times 14\text{m} = 302.4\text{kN}$

$G_{柱} = 47.83\text{kN/根}$

$G_{山墙} = 0.24\text{m} \times 12\text{m} \times 18\text{kN/m}^3 \times 11.7\text{m/片} = 606.53\text{kN/片}$

$G_{纵墙} = 0.24\text{m} \times (1.9\text{m} \times 6 + 1.8\text{m} \times 2 + 2.6\text{m} \times 6 + 4.2\text{m} \times 2 +$
$\qquad 2.6\text{m} \times 6 + 4.2\text{m} \times 2 + 1.2\text{m} \times 6) \times 18\text{kN/m}^3 \times 14\text{m} = 2794.2\text{kN}$

$G_{起重机梁} = 30\text{kN/m}^3 \times 14\text{m} = 502\text{kN}$

由此得

$G_A = G_B = 1.0(504\text{kN} + 0.5 \times 302.4\text{kN}) + 0.25 \times 47.83\text{kN/根} \times 15\text{根} +$
$\qquad 0.25 \times 606.53\text{kN/片} \times 2\text{片} + 0.35 \times 2794.2\text{kN} + 0.5 \times 502\text{kN}$
$\quad = 266.8\text{kN}$

（2）计算地震作用时

$$\overline{G}_A = \overline{G}_B = 1.0(G_{屋盖} + 0.5G_{雪}) + 0.5G_{柱} + 0.5G_{山墙} +$$
$$\quad 0.7G_{纵墙} + 0.75(G_{起重机梁} + G_{起重机桥})$$
$$= 1.0 \times (504\text{kN} + 0.5 \times 302.4\text{kN}) + 0.5 \times 47.83\text{kN} + 0.5 \times$$
$$\quad 606.53\text{kN/片} \times 2\text{片} + 0.7 \times 2794.2\text{kN} + 0.75 \times (502\text{kN} + 78.5\text{kN})$$
$$= 4011.77\text{kN}$$

注:$G_{cr} = 78.5\text{kN}$,一台5t吊车桥架在一根牛腿上的反力。

2. 柱列纵向刚度计算

(1) 纵墙

$$K_w = 1/\delta_w$$
$$\delta_w = \sum_{i=1}^n \delta_{wi}$$
$$\delta_{wi} = \frac{1}{K_{wi}}$$

式中,i 为墙体沿高度分段序号。

对实腹墙带,$K_{wi} = Et\dfrac{1}{\rho_i^3 + 3\rho_i}$ 对空腹分段墙肢,$K_{wi} = Et\sum\limits_{s=1}^m \left(\dfrac{1}{\rho_i^3 + 3\rho_i}\right)_s$

本例的纵墙墙带与墙肢(窗间墙)的分布如图5-24所示。

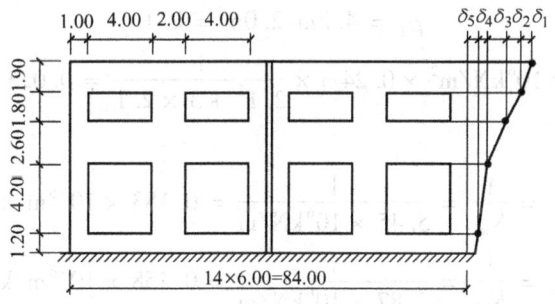

图 5-24 纵墙刚度计算简图

1)墙带。

$$\rho_1 = h_i/B = h_1/B = 1.9\text{m}/84\text{m} = 0.022$$
$$K_{w1} = Et\frac{1}{0.022^3 + 3 \times 0.022}$$
$$E = 1.5 \times 10^6 \text{kN/m}^2, t = 0.24\text{m}$$

得

$$K_{w1} = 1.5 \times 10^6 \text{kN/m}^2 \times 0.24\text{m} \times \frac{1}{0.066011} = 5.45 \times 10^6 \text{kN/m}$$
$$\rho_3 = 2.6\text{m}/84\text{m} = 0.031$$

$$K_{w3} = 1.5 \times 10^6 \text{kN/m}^2 \times 0.24\text{m} \times \frac{1}{0.031^3 + 3 \times 0.031} = 3.87 \times 10^6 \text{kN/m}$$

$$\rho_3 = 1.2\text{m}/84\text{m} = 0.014$$

$$K_{w3} = 1.5 \times 10^6 \text{kN/m}^2 \times 0.24\text{m} \times \frac{1}{0.014^3 + 3 \times 0.014} = 8.57 \times 10^6 \text{kN/m}$$

2）墙肢。

端部墙肢

$$\rho_2 = 1.8\text{m}/1.0\text{m} = 1.8$$

$$K_{w2} = 1.5 \times 10^6 \text{kN/m}^2 \times 0.24\text{m} \times \frac{1}{1.8^3 + 3 \times 1.8} = 0.032 \times 10^6 \text{kN/m}$$

$$\rho_4 = 4.2\text{m}/1.0\text{m} = 4.2$$

$$K_{w4} = 1.5 \times 10^6 \text{kN/m}^2 \times 0.24\text{m} \times \frac{1}{4.2^3 + 3 \times 4.2} = 0.041 \times 10^6 \text{kN/m}$$

中段墙肢

$$\rho_2 = 1.8\text{m}/2.0\text{m} = 0.9$$

$$K_{w2} = 1.5 \times 10^6 \text{kN/m}^2 \times 0.24\text{m} \times \frac{1}{0.9^3 + 3 \times 0.9} = 0.105 \times 10^6 \text{kN/m}$$

$$\rho_4 = 4.2\text{m}/2.0\text{m} = 2.1$$

$$K_{w4} = 1.5 \times 10^6 \text{kN/m}^2 \times 0.24\text{m} \times \frac{1}{2.1^3 + 3 \times 2.1} = 0.023 \times 10^6 \text{kN/m}$$

墙带的柔度

$$\delta_{w1} = \frac{1}{K_{w1}} = \frac{1}{5.45 \times 10^6 \text{kN/m}} = 0.183 \times 10^{-6} \text{m/kN}$$

$$\delta_{w3} = \frac{1}{K_{w2}} = \frac{1}{3.87 \times 10^6 \text{kN/m}} = 0.258 \times 10^{-6} \text{m/kN}$$

$$\delta_{w5} = \frac{1}{K_{w5}} = \frac{1}{8.57 \times 10^6 \text{kN/m}} = 0.116 \times 10^{-6} \text{m/kN}$$

墙肢的柔度

端部墙肢

$$\delta_{w2} = \frac{1}{K_{w2}} = \frac{1}{0.032 \times 10^6 \text{kN/m}} = 31.25 \times 10^{-6} \text{m/kN}$$

$$\delta_{w4} = \frac{1}{K_{w4}} = \frac{1}{0.0041 \times 10^6 \text{kN/m}} = 243.9 \times 10^{-6} \text{m/kN}$$

中段墙肢

$$\delta_{w2} = \frac{1}{K_{w2}} = \frac{1}{0.105 \times 10^6 \text{kN/m}} = 9.52 \times 10^{-6} \text{m/kN}$$

$$\delta_{w4} = \frac{1}{K_{w4}} = \frac{1}{0.023 \times 10^6 \text{kN/m}} = 43.47 \times 10^{-6} \text{m/kN}$$

3）纵墙的整体柔度

$$\delta_w = \delta_{w1} + \delta_{w2} + \delta_{w3} + \delta_{w4} + \delta_{w5}$$

$$= (0.183 \times 10^{-6} \text{m/kN} + 0.5 \times 31.25 \times 10^{-6} \text{m/kN} + 9.52 \times 10^{-6} \text{m/kN} \times$$

$$\frac{1}{13} + 0.258 \times 10^{-6} \text{m/kN}) + 0.5 \times 243.9 \times 10^6 \text{m/kN} + 43.47 \times$$

$$10^6 \text{m/kN} \times \frac{1}{13} + 0.016 \times 10^6 \text{m/kN}$$

$$= 142.21 \times 10^6 \text{m/kN}$$

4）纵墙的纵向刚度

$$K_w = \frac{1}{\delta_w} = \frac{1}{142.21 \times 10^6 \text{m/kN}}$$

$$= 7031.8 \text{kN/m}$$

（2）柱间支撑　本例柱间支撑如图 5-25 所示。

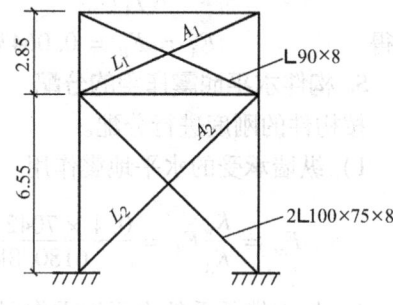

图 5-25　柱间支撑图

1）支撑柔度（按拉压杆计算）

$$\delta = \frac{1}{EL^2} \left(\frac{L_1^3}{(1+\varphi_1)A_1} + \frac{L_2^3}{(1+\varphi_2)A_2} \right)$$

由上知：

$L_1 = 6.28\text{m}, L_2 = 8.62\text{m}, A_1 = 13.94\text{m}^2, A_2 = 27.88\text{m}^2, L = 5.6\text{m},$
$E = 206 \times 10^5 \text{kN/m}^2, \lambda_1 = 176, \varphi_1 = 0.253, \lambda_2 = 136, \varphi_2 = 0.402$

由此得

$$\delta_b = \frac{1}{206 \times 10^5 \text{kN/m}^2 \times (5.6)\text{m}^2}$$

$$\left(\frac{(6.28\text{m})^3}{(1+0.253) \times 13.94\text{m}^2 \times 10^{-4}} + \frac{(8.62\text{m})^3}{(1+0.402) \times 27.88\text{m}^2 \times 10^{-4}} \right)$$

$$= 0.000327 \text{m/kN}$$

支撑刚度　　$K_b = \dfrac{1}{\delta_b} = \dfrac{1}{0.000327 \text{m/kN}} = 3058.1 \text{kN/m}$

（3）柱纵向刚度

柱纵向刚度　　$K_c = 0.1 K_b = 0.1 \times 3058.1 \text{kN/m} = 305.81 \text{kN/m}$

由上述求得的纵墙、柱间支撑和柱子的刚度可求得柱列的总纵向刚度为

$$K_A = K_B = \psi_k K_w + K_b + K_c$$

本例为 8 度，砖墙的有效刚度系数采用 0.4，故得

$K_A = K_B = 0.4 \times 7042.25 \text{kN/m} + 3058.1 \text{kN/m} + 305.81 \text{kN/m} = 6180.8 \text{kN/m}$

3. 柱列自振周期计算

柱列的自振周期按下式计算

$$T_1 = 2\psi_T \sqrt{\frac{G_i}{K_i}} = 2 \times 1.0 \times \sqrt{\frac{2366.8\text{kN}}{6180.8\text{kN/m}}} = 1.24\text{s}$$

式中，对单跨厂房，ψ_T 取 1.0。

4. 柱列水平地震作用计算

$$F_i = \alpha_1 \overline{G}_i$$

$$F_A = F_B = \alpha_1 \overline{G}_A$$

$$\alpha_1 = \left(\frac{T_g}{T_1}\right)^{0.9} \alpha_{\max} = \left(\frac{0.45\text{s}}{1.24\text{s}}\right)^{0.9} \times 0.16 = 0.0643$$

故得

$$F_A = F_B = 0.0643 \times 4011.77\text{kN} = 257.96\text{kN}$$

5. 构件水平地震作用的分配

按构件的刚度进行分配。

1）纵墙承受的水平地震作用

$$F_w = \frac{K_w}{K_A} F_A = \frac{0.4 \times 7042.25\text{kN/m}}{6180.8\text{kN/m}} \times 257.96\text{kN} = 117.56\text{kN}$$

2）柱支撑承受的水平地震作用为

$$F_b = \frac{K_b}{K_A} F_A = \frac{3058.1\text{kN/m}}{6180.8\text{kN/m}} \times 257.96\text{kN} = 127.62\text{kN}$$

3）柱子承受的水平地震作用为

$$F_c = \frac{\psi K_c}{K_A} F_A = \frac{305.81\text{kN/m}}{6180.8\text{kN/m}} \times 257.96\text{kN} = 12.76\text{kN}$$

5.5.3 单层砖柱厂房计算

厂房平、剖面图及砖柱截面尺寸如图 5-26 所示。砖强度等级为 MU10，砂浆强度等级为 M7.5。屋盖采用轻钢屋架、钢檩条和石棉瓦。屋盖自重为 0.35kN/m^2，雪荷载为 0.2kN/m^2。设防烈度为 7 度，Ⅰ类场地，设计地震分组为第二组。

1. 横向抗震分析

（1）基本周期时

1）排架侧移柔度

$E = 1600f = 1600 \times 1.69\text{N/mm}^2 = 2704\text{N/mm}^2 = 2.704 \times 10^6 \text{kN/m}^2$

外墙垛近似按矩形截面计算 $I_A = I_B = I_C = 9.73 \times 10^{-3} \text{m}^4$

$$\delta = \frac{H^3}{3E\sum I_i} = \frac{(5.9\text{m})^3}{3 \times 2.704 \times 10^6 \text{kN/m}^2 \times 3 \times 9.7 \times 10^{-3} \text{m}^4} = 8.67 \times 10^{-4} \text{m/kN}$$

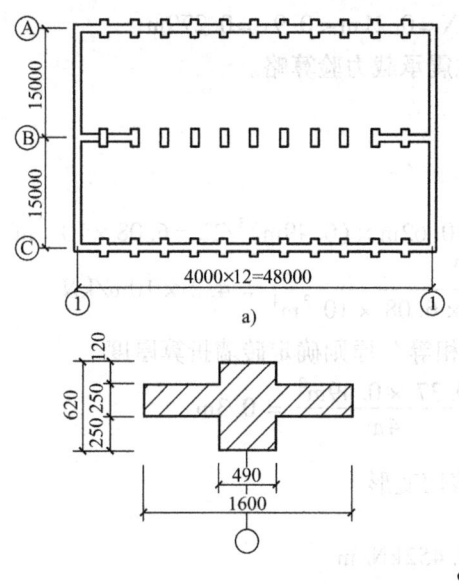
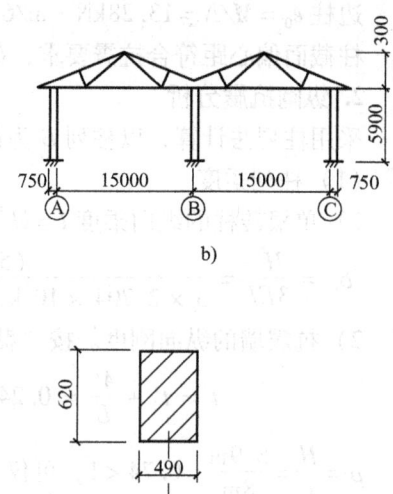

图 5-26 厂房平、剖面图及砖柱截面尺寸

a) 平面图　b) 剖面图　c) 砖墙（柱）截面尺寸

2) 按动能等效原则，换算集中到柱顶处的重力荷载代表值为

$G = 1.0(G_{屋盖} + 0.5 G_{积雪}) + 0.25(G_{柱子} + G_{纵墙})$

$= (0.35 \text{kN/m}^2 + 0.5 \times 0.2 \text{kN/m}^2) \times 4\text{m} \times 31.5\text{m} + 0.25 \times 211.4\text{kN}$

$= 109.6 \text{kN}$

$T_1 = 2\psi_T \sqrt{G\delta} = 2 \times 1 \times \sqrt{109.6 \text{kN} \times 8.67 \times 10^{-4} \text{m/kN}} = 0.62\text{s}$

（2）水平地震作用时　按柱底弯矩相等原则，换算集中到柱顶处的重力荷载代表值为

$G_{eq} = 1.0(G_{屋盖} + 0.5 G_{积雪}) + 0.5(G_{柱子} + G_{纵墙})$

$= 44.1\text{kN} + 12.6\text{kN} + 0.5 \times 211.4\text{kN} = 162.4\text{kN}$

一榀排架底部的总水平地震作用按下式计算

$F_{Ek} = \alpha_1 G_{eq} = \left(\dfrac{0.3}{0.62}\right)^{0.9} \times 0.08 \times 162.4\text{kN} = 6.76\text{kN}$

（3）地震作用效应

$V_a = V_b = V_c = \pm (6.76/3)\text{kN} = \pm 2.25\text{kN}$

$M_a = M_b = M_c = \pm 2.25\text{kN} \times 5.9\text{m} = \pm 13.28\text{kN}\cdot\text{m}$

（4）柱截面抗震验算　首先进行截面偏心距验算

中柱 $e_0 = M/N = 13.28\text{kN}\cdot\text{m}/103.19\text{kN} = 0.12\text{m} < 0.9y = 0.9 \times 0.31\text{m}$
$= 0.279\text{m}$

边柱 $e_0 = M/N = 13.28\text{kN}\cdot\text{m}/61.74\text{kN} = 0.21\text{m} < 0.9y = 0.279\text{m}$
柱截面偏心距符合抗震要求，截面抗震承载力验算略。

2. 纵向抗震分析

采用柱列法计算，以柱列 B 为例

(1) 柱列柔度

1) 单根砖柱的纵向柔度 $I = bh^3/12 = 0.62\text{m} \times (0.49\text{m})^3/12 = 6.08 \times 10^{-3}\text{m}^4$

$$\delta_c = \frac{H^3}{3EI} = \frac{(5.9\text{m})^3}{3 \times 2.704 \times 10^6 \text{kN/m}^2 \times 6.08 \times 10^{-3}\text{m}^4} = 4.2 \times 10\text{m/kN}$$

2) 抗震墙的纵向刚度。按"截面积相等"原则确定砖墙折算厚度

$$t = t' + \frac{A'}{L} = 0.24\text{m} + \frac{0.37 \times 0.49\text{m}^2}{4\text{m}} = 0.3\text{m}$$

$$\rho = \frac{H}{L} = \frac{5.9\text{m}}{8\text{m}} = 0.74 < 1，可仅考虑剪切变形$$

$$K'_0 = \frac{1}{3\rho} = 0.452\text{kN/m}$$

$$\sum_{i=1}^{2} K_w = 2EtK'_0 = 2 \times 2.685 \times 10^6 \text{kN/m}^2 \times 0.3\text{m} \times 0.452\text{kN/m}$$
$$= 0.728 \times 10^6 \text{kN/m}^2$$

3) 柱列的侧移柔度

$$\delta = \frac{1}{n/\delta_c + Et\sum K'_0} = \frac{1}{7/(4.2 \times 10^{-3}\text{m/kN}) + 7.28 \times 10^5 \text{kN/m}}$$
$$= 1.37 \times 10^6 \text{m/kN}$$

(2) 自振周期　按动能等效集中到柱顶处的重力荷载代表值

$G_s = 1.0G_{屋盖} + 0.5G_{积雪} + 0.35G_{纵墙} + 0.25(G_{柱子} + E_{横墙})$
$= 2502\text{kN} + 0.5 \times 144\text{kN} + 0.35 \times 377.7\text{kN} + 0.25 \times (378.4\text{kN} + 959\text{kN})$
$= 790.55\text{kN}$

$$T_1 = 2\sqrt{G\delta} = 2 \times \sqrt{790.55\text{kN} \times 1.37 \times 10^{-6}\text{m/kN}} = 0.07\text{s}$$

(3) 地震作用　按柱底剪力相等原则换算集中到柱顶的重力荷载代表值

$G_s = 1.0G_{屋盖} + 0.5G_{积雪} + 0.7G_{纵墙} + 0.5(G_{柱子} + E_{横墙})$
$= 252\text{kN} + 0.5 \times 144\text{kN} + 0.7 \times 377.7\text{kN} + 0.5 \times (378.4\text{kN} + 959\text{kN})$
$= 1257.1\text{kN}$

B 柱列柱顶处的纵向水平地震作用

$$F_s = \alpha_s G_s = \alpha_{max} G_s = 0.08 \times 1257.1\text{kN} = 100.6\text{kN}$$

(4) 构件地震作用　柱和砖墙分担的水平地震作用

$$F_c = \frac{K_c}{K_s}F_s = \frac{1/(4.2 \times 10^{-8}\text{m/kN})}{1/(1.37 \times 10^{-6}\text{m/kN})} \times 100.6\text{kN} = 0.03\text{kN}$$

$$F_\mathrm{w} = \frac{K_\mathrm{w}}{K_\mathrm{s}}F_\mathrm{s} = \frac{0.5 \times 7.28 \times 10^5 \mathrm{kN/m})}{1/(1.37 \times 10^{-6} \mathrm{m/kN})} \times 100.6\mathrm{kN} = 50.16\mathrm{kN}$$

（5）截面抗震验算　柱分担的水平地震作用 F_c 很小，不需验算，只需验算砖抗震墙抗震承载力。

墙半高处的平均压应力 $\delta_0 = 83.05\mathrm{kN/m^2}$，由 M7.5 查得 $f_\mathrm{v} = 140\mathrm{kN/m^2}$，则

$$\delta_0/f_\mathrm{v} = 83.05\mathrm{kN/m^2}/140\mathrm{kN/m^2} = 0.55$$

正应力影响系数 $\zeta_\mathrm{N} = 0.91$　$f_\mathrm{vE} = \zeta_\mathrm{N} f_\mathrm{v} = 0.91 \times 140\mathrm{kN/m^2} = 127.4\mathrm{kN/m^2}$

$$A = 0.24\mathrm{m} \times 8\mathrm{m} = 1.92\mathrm{m^2}$$

抗震墙半高处的抗震承载力按下式验算

$$f_\mathrm{vE}/\gamma_\mathrm{RE} = (127.4\mathrm{kN/m^2} \times 1.92\mathrm{m^2})/1.0 = 244.6\mathrm{kN} > \gamma_\mathrm{RE} V$$
$$= 1.3 \times 50.2\mathrm{kN} = 65.3\mathrm{kN}$$

思考题与习题

1. 单层厂房主要有哪些震害？
2. 在单层厂房抗震设计中如何体现"小震不坏、中震可修、大震不倒"的原则？
3. 单层厂房质量集中的原则是什么？
4. 简述防震缝设置的原则。
5. 单层厂房横向抗震计算一般采用什么计算模型？
6. 单层厂房横向抗震计算应考虑哪些因素进行内力调整？
7. 简述厂房柱间支撑的抗震设置要求。
8. 为什么要控制柱间支撑交叉斜杆的最大长细比？
9. 屋架（屋面梁）与柱顶的连接有哪些形式？它们都有什么特点？
10. 单层厂房的砌体隔墙和围护墙与柱如何连接？
11. 一等跨不等高厂房，其结构简图与基本数据如图 5-27 所示。AB 跨和 CD 跨各设 5t 和 10t 起重机一台，钢筋混凝土无檩屋盖，重力荷载为 $3.5\mathrm{kN/m^2}$，雪荷载为 $0.2\mathrm{kN/m^2}$，柱的混凝土强度等级为 C20，砖围护墙厚 240mm。已知设防烈度 8 度，Ⅲ类场地，设计地震分组为第一组。试用底部剪力法计算排架的横向地震作用。
12. 一两跨等高钢筋混凝土无檩屋盖厂房，厂房主要尺寸如图 5-28 所示。每跨设有两台 15t 起重机，柱距 6m，跨度 24m，厂房总长 60m，边上柱为矩形 500mm×500mm，边下柱为工字形 500mm×1000mm，中上柱为矩形 500mm×600mm，中下柱为工字形 500mm×1000mm，屋盖自重为 $2.8\mathrm{kN/m^2}$，雪荷载为 $0.3\mathrm{kN/m^2}$，积灰荷载为 $0.3\mathrm{kN/m^2}$，纵墙和山墙为贴砌砖墙，厚 240mm，采用 MU10 砖，M2.5 水泥砂浆砌筑，柱混凝土强度等级为 C25。柱间支撑布置及支撑截面如图 5-29 所示。厂房位于 8 度设防区，设计基本地震加速度 $0.15g$，Ⅲ类场地，设计地震分组为第一组。按修正刚度法计算各柱列的纵向水平地震作用，并验算柱间支撑截面。

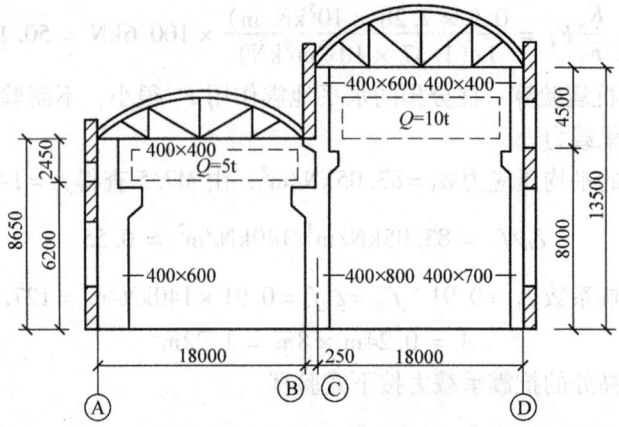

图 5-27 厂房结构布置图

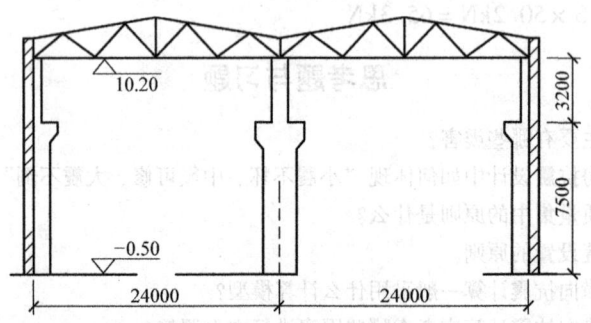

图 5-28 厂房剖面图

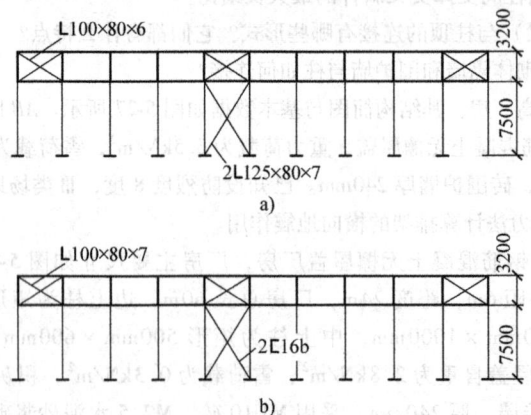

图 5-29 柱间支撑布置图
a) 边柱列 b) 中柱列

第6章 多层和高层钢筋混凝土房屋结构抗震设计

目前,在我国地震区的多高层房屋设计中多采用钢筋混凝土结构形式,根据房屋的结构高度、抗震设防烈度和使用要求主要采用钢筋混凝土框架结构、抗震墙结构、框架-抗震墙结构等几种结构体系。高层建筑结构体系还有板柱-框架结构、板柱-抗震墙结构、框支抗震墙结构、框架-筒体结构和筒中筒结构等体系。

本章针对钢筋混凝土多层房屋主要介绍框架结构的抗震设计方法与构造措施,针对高层建筑介绍抗震墙结构及框架-抗震墙结构的抗震设计方法与构造措施。

6.1 震害及其分析

相对其他材料建造的房屋而言,钢筋混凝土结构房屋具有较好的抗震性能,但如果设计不合理、施工质量不良,钢筋混凝土结构房屋也会产生严重的震害。建筑结构震害的严重程度主要取决于地震动特性和结构自身特征两个因素,本节主要针对结构自身特征进行震害原因分析。

6.1.1 结构布置不合理产生的震害

1. 平面布置不合理产生的震害

如果建筑物平面布置不规则、质量和刚度分布不均匀、不对称而造成刚度中心和质量中心有较大的不重合,易使结构在地震时产生过大的扭转反应而严重破坏。例如,四川省都江堰市中医院住院部大楼的平面为L形,七层框架结构,5.12汶川地震时产生了强烈的扭转反应,一侧完全倒塌,如图6-1所示。

又如天津市754厂11号厂房,如图6-2所示,平面为矩形,中间为五层现浇钢筋混凝土框架,两端均与490mm厚砖砌楼电梯间相接,

图6-1 L形平面建筑一侧完全倒塌

总平面布置对称。但是由于厂房长度达110m，在中央处设置了一道伸缩缝，致使分成的两个独立单元刚度分布不均匀、不对称。唐山地震时，该厂房产生了显著的扭转效应，致使框架柱严重扭裂，楼梯间墙体产生严重开裂和错位。

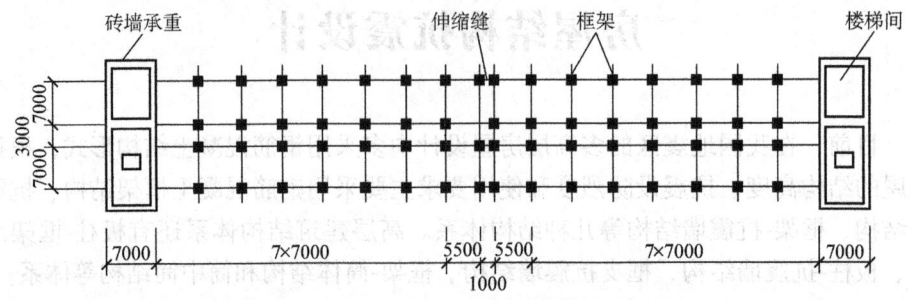

图6-2 天津754厂结构平面布置示意图

2. 竖向不规则产生的震害

结构沿竖向布置的刚度有局部削弱或过大突变，地震时变化处产生应力集中，会产生严重震害，图6-3所示为在阪神地震时由应力集中产生的震害。

结构沿竖向布置的刚度严重不均匀时，刚度较小的楼层会成为薄弱层。若对可能出现的薄弱部位未采取相应的措施，将会致使局部变形过大，极易发生破坏，甚至倒塌。如图6-4所示，1995年阪神地震时，大量20层左右的高层建筑在第5层处倒塌，这是因为日本的老抗震规范允许刚度在第5层以上较弱。1971年2月9日美国圣费尔南多地震中，Olive View医院六层钢筋混凝土主楼，其中一、二层为框架，三~六层为框架-剪力墙，上下刚度相差十倍。地震导致柔性

图6-3 竖向刚度突变引起的破坏

图6-4 薄弱层引起的破坏

的底部框架柱严重酥裂，产生很大的塑性变形，侧移达 600mm。1995 年日本阪神地震和 1999 年中国台湾集集地震中，均有大量"鸡腿式"建筑物底层柱发生剪切破坏或脆性压弯破坏，导致上部结构倒塌。

3. 防震缝处碰撞

防震缝两侧的结构单元各自的振动特性不同，地震时会发生不同形式的振动，如果防震缝宽度不够，其两侧的结构单元就会发生碰撞而产生震害。唐山地震时，北京地区因烈度不高，高层建筑没有严重破坏现象，但一些建筑物防震缝两侧结构单元的相互碰撞却产生了震害。例如，民航局办公大楼防震缝处发生碰撞，女儿墙被撞坏；而 18 层的北京饭店东楼因防震缝宽度达 600mm，未出现碰撞引起的震害。5.12 汶川地震

图 6-5　防震缝处的碰撞破坏

时，四川绵竹市太极机械有限公司办公楼，高低建筑相互碰撞破坏情况如图 6-5 所示。

6.1.2　框架结构的震害

1. 框架整体的震害

框架结构的整体破坏形式一般可分为延性破坏和脆性破坏。

若结构的塑性铰出现在梁端，形成梁铰机制（强柱弱梁），此时结构能承受较大整体变形，吸收较多地震输入能量，结构发生延性破坏。例如，5.12 汶川地震中，四川省什邡市红白镇某两层框架结构发生了变形严重的延性破坏，房屋并未倒塌，如图 6-6 所示。

图 6-6　框架结构形成梁铰破坏机制

当塑性铰出现在柱端，形成柱铰机制（强梁弱柱），此时结构的变形往往集中在某一薄弱层，结构发生脆性破坏，严重时将会导致房屋倒塌。如图 6-7 所示，某框架形成柱铰机制，变形集中于第二层。

柱同时承受竖向轴力和两个主轴方向的弯矩与剪力的作用，受力复杂，一旦柱子破坏，整幢房屋就有倒塌的危险。在钢筋混凝土框架的抗震设计中，提倡"强柱弱梁"就是从大量的震害中得到的教训。

图 6-7　框架结构形成柱铰破坏机制

2. 框架构件的震害

历次地震震害调查表明：框架结构的震害多发生于柱端和节点，梁端震害相对较小。

（1）框架柱的主要震害形态

1）柱端弯剪破坏。柱端产生水平裂缝、斜裂缝或交叉裂缝，震害严重者发生断裂、错位、混凝土崩落、钢筋压屈等现象。图 6-8 所示是 5.12 汶川地震中绵阳市财政局大楼出屋面水箱间柱脚的破坏情况，图 6-9 所示是某柱头的破坏情况。

图 6-8　柱下端弯剪破坏

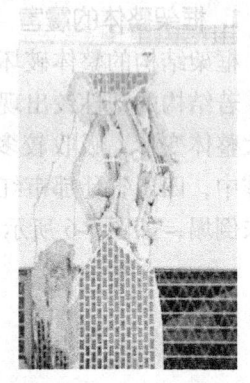

图 6-9　柱上端弯剪破坏

2）柱身剪切破坏。柱身多出现交叉斜裂缝或 S 形裂缝，箍筋屈服崩断，严重时在柱身处发生剪切断裂破坏，如图 6-10 所示。

3）角柱弯剪破坏。角柱由于受到纵横双向弯矩作用以及扭转效应的影响，使得角柱所受剪力较大，但其约束又较弱，震害往往重于内柱，如图 6-11 所示。

图 6-10　柱身剪切破坏　　　　　　　图 6-11　角柱弯剪破坏

4) 短柱的震害。一般将长细比小于 4 的柱称为短柱，在框架结构中往往是由于房屋错层或设置半填充墙形成短柱。短柱的线刚度较大，能吸收较大的地震剪力，往往发生剪切破坏，形成交叉斜裂缝乃至脆断。图 6-12 所示为某房屋因半高填充墙形成短柱的地震破坏情况，图 6-13 所示为某错层房屋形成短柱的剪切破坏情况。

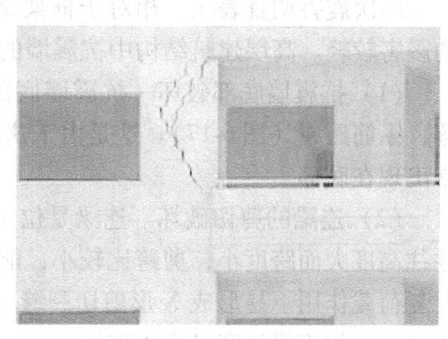

图 6-12　某框架短柱剪切破坏 1　　　　图 6-13　某框架短柱剪切破坏 2

（2）框架梁的震害　相对于柱而言，梁的震害相对较轻，震害形态基本表现为竖向弯曲裂缝或剪切斜裂缝。图 6-14 所示是 5.12 汶川地震中某框架梁端出现的弯曲裂缝。

（3）梁柱节点的震害　节点是连接框架梁和框架柱的关键部位，地震中节点核心区常产生对角方向的斜裂缝或交叉斜裂缝（图 6-15），严重时混凝土剪碎剥落，柱纵筋压屈外鼓。梁柱节点破坏主要是由于受剪承载能力不足或施工质量较差所

图 6-14　某框架梁端弯曲裂缝

致，节点核心区箍筋配置量不足是主要原因。图 6-16 是 5.12 汶川地震中绵阳市财政局大楼出屋面水箱间角柱节点破坏情况，显示节点核心区无箍筋。

图 6-15　某框架梁柱节点剪切破坏

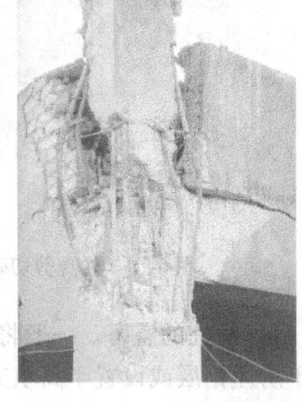

图 6-16　梁柱节点无箍筋剪切破坏

6.1.3　抗震墙的震害

历次震害调查表明，相对于框架结构而言，抗震墙结构、框架-抗震墙结构的震害较轻。高层建筑结构中抗震墙的破坏主要有以下两种类型：

（1）抗震墙底部破坏　抗震墙底部破坏多表现为受压区混凝土大片压碎剥落，纵筋压屈（图 6-17）。这是由于狭而高的墙肢工作性能类似于悬臂梁，震害常出现在底部。

（2）连梁的剪切破坏　连梁是位于上下门窗洞口之间联系墙肢的水平构件，往往高度大而跨度小，剪跨比较小，能吸收较多的地震剪力，剪切效应明显，在反复荷载作用下易形成 X 形剪切裂缝（图 6-18）。墙肢之间是抗震墙结构变形集中之处，故连梁很容易产生破坏。

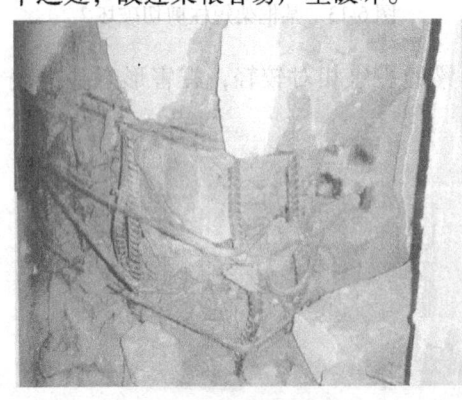

图 6-17　抗震墙底部破坏

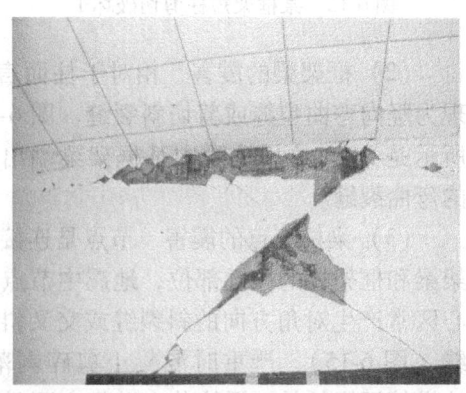

图 6-18　连梁剪切破坏

6.1.4 填充墙的震害

框架填充墙的震害形态表现为：发生墙面斜裂缝，并沿柱周边开裂，在端墙、窗间墙或门洞口的边角部位产生斜裂缝或交叉裂缝，震害更为严重。墙面高大、开窗面积较大或圆弧墙较易倒塌。填充墙破坏的主要原因是：墙体抗拉、抗剪能力低，变形能力小，墙体与框架缺乏有效的拉结。图 6-19 所示是 5.12 汶川地震中绵竹市汉旺镇中国保险大厦的填充墙发生剪切破坏情况，图 6-20 所示是都江堰地税局办公楼填充墙由于缺少与框架的拉结而在地震中发生外闪即将倒塌的情形。

图 6-19　框架填充墙剪切破坏　　　　图 6-20　框架填充墙外闪

6.1.5 楼梯的震害

楼梯的震害是 5.12 汶川地震中发现的一个重要问题。以往的设计中没有考虑楼梯参与抗震计算，仅对楼梯进行竖向荷载作用下的静力分析和设计，而实际上楼梯对结构提供了较大的抗侧移刚度。在水平地震的往复作用下，楼梯板承受拉压作用，震害轻微者，楼梯板出现一、二条水平裂缝（图 6-21），平台梁板出现剪切裂缝；震害严重者，楼梯板受力筋压屈或个别断裂，平台梁板混凝土崩落、钢筋外露（图 6-21、图 6-22）；个别震害严重者，楼梯板完全拉断塌落。

6.1.6 房屋顶部突出屋面结构的震害

在汶川地震中发现许多房屋的局部突出屋面结构均发生了较为严重的破坏，这主要是由于鞭梢效应造成的破坏。5.12 汶川地震中，都江堰市基督教堂为框架结构，底部结构轻微破坏，局部出屋面塔楼破坏严重，如图 6-23 所示。

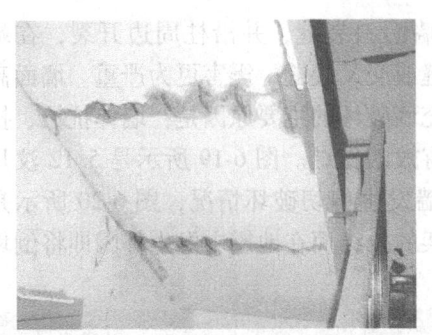 

图 6-21　楼梯板破坏　　　　　　　图 6-22　楼梯梁板破坏

图 6-23　屋面局部突出结构的破坏

6.2　抗震设计的基本要求

6.2.1　结构体系的选择

1. 多高层建筑的主要结构体系

框架结构体系是由纵横向梁、柱构成的杆系结构体系，能够承受竖向荷载及水平荷载。框架结构的优点是建筑平面布置灵活，容易满足使用要求，自身重量较轻因而产生的地震作用也较小。如果设计合理，框架结构具有良好的延性性能，耗散地震输入到结构能量的能力较强。框架结构的缺点是侧向刚度较小，地震时会有较大的水平变形，容易引起非结构构件的破坏，有时甚至造成主体结构的破坏。框架结构在多层工业与民用建筑中得到了非常广泛的应用。在地震区，纯框架结构可用于12层以下、体型简单、刚度均匀的房屋。

抗震墙结构体系是利用钢筋混凝土墙体承受竖向荷载和水平荷载的结构体系，也称剪力墙结构体系。抗震墙结构的优点是整体性能好、侧向刚度大，无论是强度或变形都易满足抗震设计的要求。抗震墙结构的缺点是大面积墙体的使用限制了建筑物内部平面布置的灵活性。另外，刚度大产生的地震作用也大，因此在设计中如果配筋和构造处理不当，可能会在受力大的部位产生严重的破坏。抗震墙结构无突出墙面的梁、柱，可降低建筑层高，充分利用空间，特别适合于高烈度区20～30层的多高层居住建筑。

框架-抗震墙结构体系是在框架体系的基础上增设一定数量的抗震墙所构成的双重体系，是抗震墙和框架协同工作的体系。框架-抗震墙体系能克服框架结构和抗震墙结构各自的缺点，发挥其长处。其优点是结构平面布置灵活，自重较抗震墙结构轻，而刚度又较框架结构大，因此能有效地控制结构在地震时产生的地震作用和变形。框架-抗震墙是地震区多层及高层建筑中可以优先考虑的结构体系，多用于10～20层的房屋。

此外，还有框支抗震墙结构、框架-筒体结构、筒中筒结构、板柱-框架结构和板柱-抗震墙结构等结构体系。

选择结构体系时，应尽量使结构的自振周期错开建设场地的地震动卓越周期，以避免发生共振效应。

2. 不同结构体系房屋的最大适用高度及高宽比

从安全和经济等多方面综合考虑，房屋的结构高度不同，抗震设防烈度不同，应采用相对适用的结构体系。《建筑抗震设计规范》要求现浇钢筋混凝土结构房屋适用的最大高度应符合表6-1的规定。JGJ 3—2010《高层建筑混凝土结构技术规程》将钢筋混凝土高层建筑结构按房屋高度划分为A级和B级两个级别，规定了各自的最大适用高度和高宽比的限值，并提出了不同的抗震设计要求。A级高度钢筋混凝土高层建筑是目前应用最广泛的建筑，其最大适用高度要求同表6-1，适用的最大高宽比见表6-2。B级高度的建筑结构的最大适用高度和高宽比可较A级适当放宽，其结构抗震等级、有关的计算和构造措施则相应加严。具体请参考高层规程。

对于平面或竖向不规则的结构或建造在Ⅳ类场地上的结构，表6-1中的适用最大高度应适当降低。

楼屋盖在其平面内的刚度应足够大，以使水平地震作用通过楼屋盖平面进行分配和传递。故优先选用现浇楼屋盖，其次选择装配整体式楼屋盖。装配整体式楼屋盖的配筋现浇层厚度不宜小于50mm。

表6-1 现浇钢筋混凝土结构房屋适用的最大高度（A级高度）

(单位：m)

结构类型	抗震设防烈度				
	6度	7度	8度(0.2g)	8度(0.3g)	9度
框架	60	55	45	35	24
框架-抗震墙	130	120	100	80	50
抗震墙	140	120	100	80	60
部分框支抗震墙	120	100	80	50	不应采用
框架-核心筒	150	130	100	90	70
筒中筒	180	150	120	100	80
板柱-抗震墙	80	70	55	40	不应采用

注：1. 房屋高度指室外地面到主要屋面板板顶的高度（不包括局部突出屋顶部分）。
2. 框架-核心筒结构指周边稀柱框架与核心筒组成的结构。
3. 部分框支抗震墙结构指首层或底部两层框支抗震墙结构，不包括仅个别框支墙的情况。
4. 表中框架不包括异形柱框架。
5. 板柱-抗震墙结构指板柱、框架和抗震墙组成的抗侧力体系的结构。
6. 乙类建筑可按本地区抗震设防烈度确定适用的最大高度。
7. 超过表内高度的房屋，应进行专门研究和论证，采取有效的加强措施。

表6-2 A级高度钢筋混凝土高层建筑结构适用的最大高宽比

结构体系	抗震设防烈度			
	6度	7度	8度	9度
框架	4	4	3	—
板柱-剪力墙	5	5	4	—
框架-剪力墙、剪力墙	6	6	5	4
框架-核心筒	7	7	6	4
筒中筒	8	8	7	5

6.2.2 抗震等级

钢筋混凝土结构的抗震措施，包括内力调整和抗震构造措施，不仅要按建筑抗震设防类别区别对待，而且要按抗震等级划分，因为同样烈度下不同结构体系、不同高度有不同的抗震要求。例如，次要抗侧力构件的抗震要求可低于主要抗侧力构件。如框架-抗震墙中的框架，其抗震要求低于框架结构中的框架，而其抗震墙则比抗震墙结构有更高的要求，原因是框架-抗震墙中的框架主要是为了承担竖向荷载，水平荷载主要由抗震墙予以承担；较高的房屋地震反应大，位移延性的要求也较高，墙肢底部塑性铰区的曲率延性要求也较高。场地不同时抗震构造措施也有区别。

抗震等级按照结构类型、设防烈度和房屋高度不同划分为四级，相同的结构体系，抗震等级不同时，应采取不同的抗震计算设计方法和构造措施，一级的抗震要求最高，四级的最低。区分结构的抗震等级，体现了不同抗震设防要求的结构进行分级设计的思想。

丙类建筑的抗震等级按表6-3确定，甲、乙、丁类建筑，则应在对各自设防烈度调整后，再查表确定抗震等级，其中8度乙类建筑高度超过表6-3的规定时，应经专门研究采取更有效的抗震措施。

表6-3 现浇钢筋混凝土房屋的抗震等级

结构类型		烈度							
		6		7		8		9	
框架结构	高度/m	≤24	>24	≤24	>24	≤24	>24	≤24	
	框架	四	三	三	二	二	一	一	
	大跨度框架	三		二		一		一	
框架-抗震墙结构	高度/m	≤60	>60	≤24	25~60	>60	≤24	25~60	>60	≤24	25~50
	框架	四	三	四	三	二	三	二	一	二	一
	抗震墙	三		三	二		二	一		一	
抗震墙结构	高度/m	≤80	>80	≤24	25~80	>80	≤24	25~80	>80	≤24	25~60
	抗震墙	四	三	四	三	二	三	二	一	二	一
部分框支抗震墙结构	抗震墙 一般部位	高度/m	≤80	>80	≤24	25~80	>80	≤24	25~80		
		四	三	四	三	二	三	二		
	抗震墙 加强部位	三	二	三	二	一	二	一		
	框支层框架	二		二		一			
框架-核心筒结构	框架	三		二		一		一	
	核心筒	二		二		一		一	
筒中筒结构	外筒	三		二		一		一	
	内筒	三		二		一		一	
板柱-抗震墙结构	高度/m	≤35	>35	≤35	>35	≤35	>35		
	框架、板柱的柱	三	二	二	二	一	一		
	抗震墙	二	二	二	二	二	一		

注：1. 建筑场地为Ⅰ类时，除6度外应允许按表内降低一度所对应的抗震等级采取抗震构造措施，但相应的计算要求不应降低。

2. 接近或等于高度分界时，应允许结合房屋不规则程度及场地、地基条件确定抗震等级。

3. 大跨度框架指跨度不小于18m的框架。

4. 高度不超过60m的框架-核心筒结构按框架-抗震墙的要求设计时，应按表中框架-抗震墙结构的规定确定其抗震等级。

钢筋混凝土房屋抗震等级的确定，尚应符合下列要求：

1）设置少量抗震墙的框架结构，在规定的水平力作用下，底层框架部分所承担的地震倾覆力矩大于结构总地震倾覆力矩的50%时，其框架的抗震等级应按框架结构确定，抗震墙的抗震等级可与其框架的抗震等级相同。

2）裙房与主楼相连时，裙房的抗震等级除应按本身确定外，还不应低于主楼的抗震等级；受刚度和承载力突变的影响，主楼结构在裙房顶层及相邻上下各一层应适当加强抗震构造措施。裙房与主楼分离时，应按裙房本身确定抗震等级，大震下裙房与主楼有可能发生碰撞，应采取加强措施。

3）当地下室结构刚度和受剪承载力比上部楼层相对较大时，地下室顶板可作为上部结构的嵌固部位，在地震作用下的屈服部位将发生在地上楼层，同时将影响地下一层，此时地下一层的抗震等级应与上部结构相同，地下一层以下抗震构造措施的抗震等级可逐层降低一级，但不应低于四级。地下室中无上部结构的部分，抗震构造措施的抗震等级可根据具体情况采用三级或四级。

4）当甲乙类建筑按规定提高一度确定其抗震等级而房屋的高度超过表6-3相应规定的上界时，应采取比一级更有效的抗震构造措施。

6.2.3 结构布置原则

在框架结构中，框架应纵横双向设置，尽量采用横向框架承重及纵横双向框架承重体系，以增强结构整体的抗震能力。为了保证结构具有足够的赘余度和耗能能力，高层的框架结构不应采用单跨框架，多层的框架结构不宜采用单跨框架。

1. 平面布置

结构平面布置力求简单、规则、对称、减小偏心，尽量避免平面不规则情况。结构的主要抗侧力构件应对称均匀布置，尽量使结构的刚心与质心重合，避免地震时引起结构扭转及局部应力集中。结构的竖向布置应使其质量沿高度方向均匀分布，避免结构刚度突变，并应尽可能降低建筑物的重心，以利结构的整体稳定性。加强楼屋盖的整体性，避免楼板大面积开洞。

对于A级高度的高层钢筋混凝土建筑平面长度不宜过长，突出部分长度 l 不宜过大。图6-24中的 L、l 等值宜满足表6-4的要求，不宜采用角部重叠的平面图形或细腰形平面图形。在实际工程中，设防烈度7度、8度时，L/B 不宜大于4，8度、9度时，不宜大于3；l/b 不宜大于1，在凹角处应采取加强措施。

表6-4 L、l 的限值

设防烈度	L/B	l/B_{max}	l/b
6度、7度	≤6.0	≤0.35	≤2.0
8度、9度	≤5.0	≤0.30	≤1.5

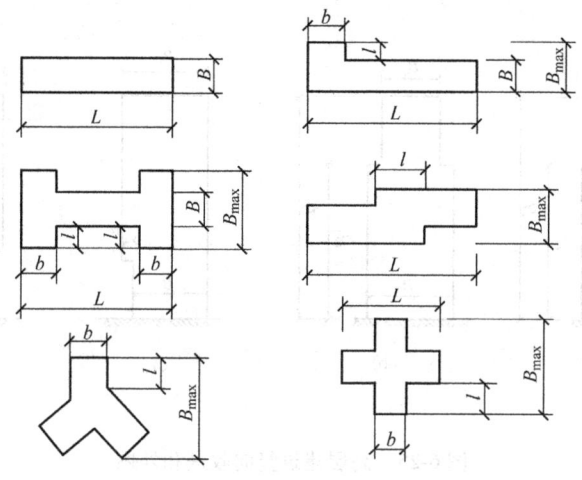

图 6-24 高层建筑平面

2. 竖向布置

结构沿竖向的布置除满足 1.3.2 所述的竖向规则性以外，高层建筑抗震设计时还需满足以下要求：

1）结构的侧向刚度宜下大上小，逐渐均匀变化。其楼层侧向刚度不宜小于相邻上部楼层侧向刚度的 70% 或其上相邻三层侧向刚度平均值的 80%。

2）结构的楼层受剪承载力沿竖向宜均匀变化，避免突变。A 级高度高层建筑的楼层层间抗侧力结构的受剪承载力不宜小于其上一层受剪承载力的 80%，不应小于其上一层受剪承载力的 65%；B 级高度高层建筑的楼层层间抗侧力结构的受剪承载力不应小于其上一层受剪承载力的 75%。楼层层间抗侧力结构受剪承载力是指在所考虑的水平地震作用方向上，该层全部柱、剪力墙、及斜撑的受剪承载力之和。

3）结构竖向抗侧力构件宜上下连续贯通。楼层质量沿高度宜均匀分布，楼层质量不宜大于相邻下部楼层质量的 1.5 倍。

4）多高层建筑的竖向体型宜规则、均匀，避免有过大的外挑和内收。当结构上部楼层收进部位到室外地面的高度 H_1 与房屋高度 H 之比大于 0.2 时，上部楼层收进后的水平尺寸 B_1 不宜小于下部楼层水平尺寸 B 的 0.75 倍，如图 6-25a、b 所示；当上部结构楼层相对于下部楼层外挑时，上部楼层的水平尺寸 B_1 不宜小于下部楼层水平尺寸 B 的 1.1 倍，且水平外挑尺寸 a 不宜大于 4m，如图 6-25c、d 所示。

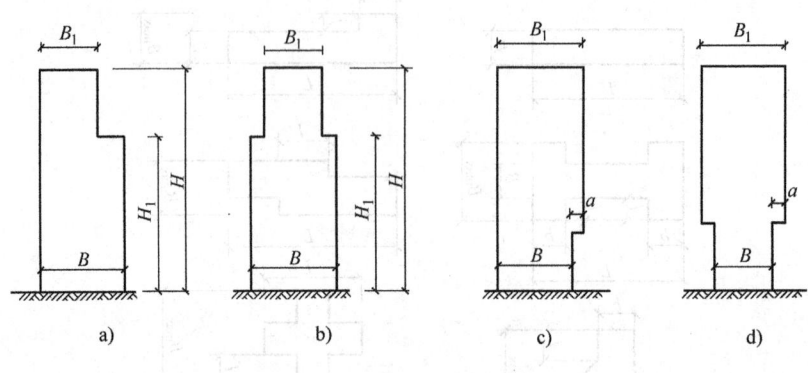

图 6-25 高层建筑竖向收进和外挑

3. 楼电梯间

楼电梯间不宜设在结构单元的两端及拐角处,因为单元角部扭转应力大,受力复杂,容易造成破坏。电梯筒非对称布置时,应考虑其不利作用,必要时可采取措施,减小电梯筒的刚度。楼梯宜采用现浇混凝土楼梯。

4. 基础

单独柱基一般用于地基条件较好的多层框架,采用单独柱基时,应采取措施保证基础结构在地震作用下的整体工作。属于以下情况之一时,宜沿两个主轴方向,设置基础系梁。

1) 一级框架和Ⅳ类场地的二级框架。
2) 各柱基础底面在重力荷载代表值作用下的压应力差别较大。
3) 基础埋置较深,或各基础埋置深度差别较大。
4) 地基主要受力层范围内存在软弱粘性土层、液化土层或严重不均匀土层。
5) 桩基承台之间。

一般情况,系梁宜设在基础顶部,当系梁的受弯承载力大于柱的受弯承载力时,地基和基础可不考虑地震作用,应避免系梁与基础之间形成短柱。当系梁距基础顶部较远,系梁与柱的节点应按强柱弱梁设计。

一、二级框架结构的基础系梁除承受柱弯矩外,边跨系梁尚应同时考虑不小于系梁以上的柱下端组合的剪力设计值产生的拉力或压力。

弹性地基梁:无地下室的框架结构采用地基梁时,一、二级框架结构地基梁应考虑柱根部屈服、超强的弯矩作用。

桩基：桩的纵筋与承台或基础应满足锚固要求；桩顶箍筋应满足柱端加密区要求。上、下端嵌固的支承短桩，在地震作用下类似短柱作用，宜采取相应构造措施。采用空心桩时，宜将柱桩的上、下端用混凝土填实。

框架-抗震墙结构中的抗震墙基础和部分框支抗震墙结构的落地抗震墙基础，应有良好的整体性和抗转动的能力。

6.2.4 隔墙与填充墙

非承重墙体的材料、选型和布置，应根据设防烈度、房屋高度、建筑体型、结构层间变形、墙体自身抗侧力性能的利用等因素，经综合分析后确定。非承重墙体应优先选用轻质墙体材料。

刚性非承重墙体的布置，应避免使结构形成刚度和强度分布上的突变。墙体与主体结构应有可靠的拉结，应能适应主体结构不同方向的层间位移；8 度、9 度时应具有满足层间变位的变形能力，与悬挑构件相连时，尚应具有满足节点转动引起的竖向变形的能力。

外墙板的连接件应具有足够的延性和适当的转动能力，并宜满足在设防烈度下主体结构层间变形的要求。

钢筋混凝土结构中的砌体填充墙，宜与柱脱开或采用柔性连接，并应符合下列要求。

1) 填充墙在平面和竖向的布置，宜均匀对称，避免形成薄弱层或短柱。

2) 砌体的砂浆强度等级不应低于 M5，实心块体的强度等级不宜低于 MU2.5，空心块体的强度不宜低于 MU3.5，墙顶应与框架梁密切结合。

3) 填充墙应沿框架柱全高每隔 500~600 mm，设 2Φ6 拉筋，拉筋伸入墙内的长度，6 度、7 度时宜沿墙全长贯通，8 度、9 度时应沿墙全长贯通。

4) 墙长大于 5 m 时，墙顶与梁宜有拉结，如图 6-26 所示；墙长超过 8m 或层高两倍时，宜设钢筋混凝土构造柱；墙高超过 4m 时，墙体半高处宜设置与柱连接且沿墙全长贯通的钢筋混凝土水平系梁，如图 6-27 所示。

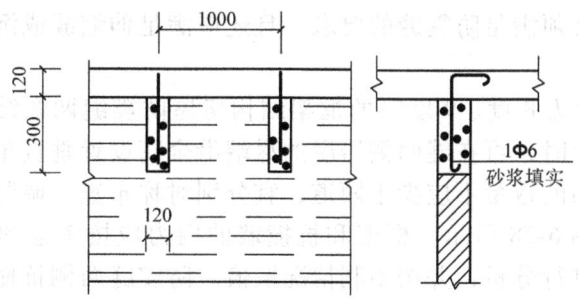

图 6-26 砌体填充墙顶部拉结

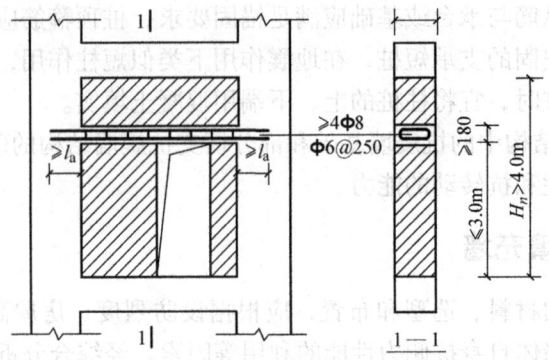

图 6-27 砌体填充墙中部设拉梁

6.2.5 合理设置防震缝

当结构平面形状不规则时，设置防震缝，可以将不规则的建筑结构划分成若干较为简单、规则的结构，使其对抗震有利。但防震缝会给建筑立面处理、屋面防水、地下室防水处理等带来困难，而且在强震时防震缝两侧的相邻结构单元可能发生碰撞，造成震害。因此，应提倡尽量不设防震缝。当必须设置防震缝时，其缝最小宽度应符合下列要求：

1）框架结构房屋，高度不超过15m时防震缝宽度不应小于100mm；超过15m时，6度、7度、8度和9度相应每增加5m、4m、3m和2m，宜加宽20mm。

2）框架-抗震墙结构房屋的防震缝宽度可采用第1项规定的70%，抗震墙结构房屋的防震缝宽度不应小于第1项规定的50%，且均不宜小于70mm。

3）防震缝两侧结构类型不同时，宜按需要较宽防震缝的结构类型采用，并按较低房屋高度确定缝宽。

防震缝应沿房屋上部结构的全高设置。当利用伸缩缝或沉降缝兼作防震缝时，其缝宽必须满足防震缝的要求，且还应满足伸缩缝或沉降缝设置的要求。

当设防烈度为8度、9度时的框架结构房屋防震缝两侧结构高度、刚度或层高相差较大时，可在缝两侧房屋的尽端沿全高设置垂直于防震缝的抗撞墙，每侧抗撞墙的数量不应少于两道，宜分别对称布置，墙肢长度可不大于一个柱距，如图6-28所示。框架和抗撞墙的内力应按考虑和不考虑抗撞墙两种情况分别进行分析，并按不利情况取值。防震缝两侧抗撞墙的端柱，箍筋应沿房屋全高加密。

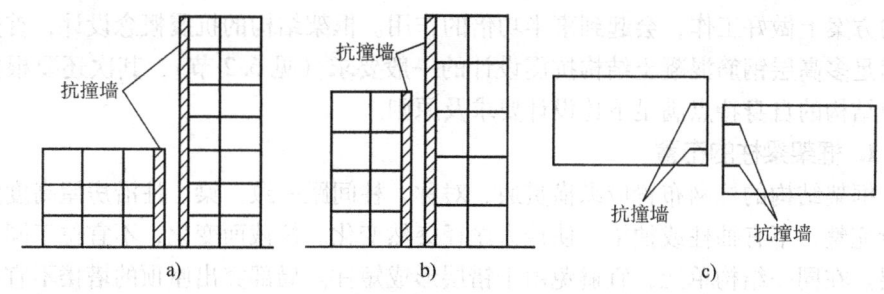

图 6-28 防撞墙布置示意
a) 高度、刚度相差较大 b) 层高不同 c) 抗撞墙平面示意

6.2.6 结构材料要求

对钢筋混凝土结构进行抗震设计时，在地震作用下，为保证整体结构及结构构件的承载力和延性，对材料的一般要求如下：

1) 混凝土的强度等级　框支梁、框支柱及抗震等级为一级的框架梁、柱、节点核心区，不应低于 C30；构造柱、芯柱、圈梁及其他各类构件不应低于 C20；8 度、9 度时分别不宜超过 C70 和 C60。

2) 普通钢筋宜优先采用延性、韧性和焊接性较好的钢筋；普通钢筋的强度等级，纵向受力钢筋宜选用符合抗震性能指标的不低于 HRB400 级热轧钢筋，箍筋宜选用符合抗震性能指标的不低于 HRB335 级热轧钢筋，也可选用 HPB300 级热轧钢筋。

3) 抗震等级为一、二、三级的框架结构和斜撑结构，其纵向受力钢筋采用普通钢筋时，钢筋的抗拉强度实测值与屈服强度实测值的比值不应小于 1.25，钢筋的屈服强度实测值与强度标准值的比值不应大于 1.3，且钢筋在最大拉力下的总伸长率实测值不应小于 9%。

4) 在施工中，当需要以强度等级较高的钢筋代替原设计中纵向受力钢筋时，应按钢筋受拉承载力相等的原则换算，并应满足最小配筋率要求。

6.3 框架结构的抗震设计

6.3.1 框架结构的抗震概念设计

框架结构是由板、梁、柱构件组成的杆系结构，相对于其他结构体系（抗震墙结构等），其抗侧力刚度较小，在地震中易发生较大的侧移及扭转，梁柱端会出现塑性铰，震害普遍。在框架结构的抗震设计中要强调概念设计，在建筑、结构方案上做好工作，会起到事半功倍的作用。框架结构的抗震概念设计，首先要满足多高层钢筋混凝土结构抗震设计的一般要求（见6.2节），其次还要根据框架结构的自身特点满足下述设计要求及原则。

1. 框架梁柱的布置

框架结构的柱网布置应纵横贯通、对称，柱间距一致。梁、柱沿房屋高度宜保持完整，不宜抽柱或抽梁，使传力途径突然变化。柱截面变化，不宜位于同一楼层。在同一结构单元，宜避免由于错层形成短柱。局部突出屋顶的塔楼不宜布置在房屋端部，且不应做成砖混结构，可将框架柱延伸上去或做钢木轻型结构，以防鞭梢效应造成结构破坏。

为保证形成工作可靠的抗侧力结构，防止产生过大的偏心弯矩和柱子的扭转，框架梁、柱轴线宜在同一平面内，尽量避免梁置于柱的一侧，更不得将梁跨出柱截面之外。梁与柱轴线之间、柱与抗震墙轴线之间的偏心距不宜大于柱截面相应边长的1/4。偏心距过大，在地震作用下将导致梁柱节点核心区受剪面积不足，并对柱带来不利的扭转效应。有时由于建筑设计的需要，特别是框架边节点，如偏心距大于该方向柱宽的1/4时，可采取增设梁的水平加腋等措施。设置水平加腋后，仍须考虑梁柱偏心的不利影响。

2. 抗震延性框架的设计原则

框架结构在水平地震作用下的整体破坏机制可分为两种类型：强柱弱梁型和强梁弱柱型。"强柱弱梁型"机制又称"梁铰型"破坏机制，是指当框架柱端的抗弯承载力大于框架梁端的抗弯承载力，地震时，各层框架梁端首先屈服而出现塑性铰，此时结构可以承受较大的变形，耗散较多的地震输入能量，而各层柱基本处于弹性阶段，最后在底层框架柱根处出现塑性铰而形成延性破坏机制（图6-29a）。"强梁弱柱型"机制又称"柱铰型"破坏机制，是指当框架柱端的抗弯承载力小于框架梁端的抗弯承载力时，地震时，各层框架柱端首先屈服而出现塑性铰，导致某一层屈服（形成薄弱层），而造成结构承受变形能力较小、耗散地震输入能较少的脆性破坏机制（图6-29b），容易使结构倒塌。因此，柱的正截面抗震设计时应符合"强柱弱梁"的原则，避免强梁弱柱。

为了防止构件在弯曲屈服前出现脆性的剪切破坏，即要求构件的受剪承载力要大于其截面弯曲屈服时实际达到的剪力，因此梁柱的斜截面抗震设计要符合"强剪弱弯"的原则。

节点是梁柱端截面及纵筋交汇、

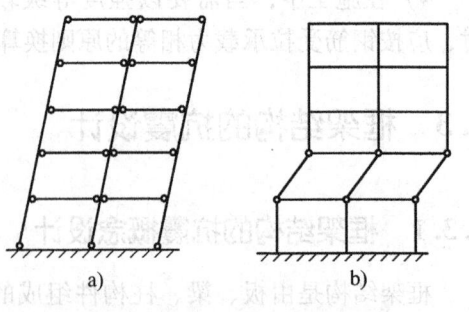

图6-29 框架两种类型破坏机制
a) 梁铰破坏机制 b) 柱铰破坏机制

锚固及搭接的部位，也是距离梁柱塑性铰最近的部位。为了保障在构件塑性铰充分发挥作用之前，节点不出现破坏，需进行框架节点核心区截面抗震验算，并保证纵向钢筋具有足够的锚固长度。因此，在抗震设计时节点核心区应符合"强节点、强锚固"的原则。

具有良好抗震性能延性框架的设计原则是："强柱弱梁"、"强剪弱弯"、"强节点、强锚固"。这些原则通过对各个构件截面设计时的内力调整及构造措施来实现。

6.3.2 框架结构内力分析

当框架结构的质量和侧向刚度分布均匀、对称，楼屋盖可视为刚性隔板的规则结构时，可不考虑扭转效应，采用平面结构模型进行抗震分析。一般手算时，采用底部剪力法进行地震作用计算。本节主要介绍采用平面结构模型进行抗震框架的内力计算方法及其内力组合原则。

虽然地震作用的方向是任意的，但在抗震设计时，只对结构的纵、横两个主轴方向进行抗震计算。框架体系被分解为横向平面框架、纵向平面框架，分别进行内力分析。

1. 竖向荷载作用下的内力计算

竖向荷载作用下的框架内力计算可以采用弯矩二次分配法或分层法进行近似计算。一般选取具有代表作用的一榀或几榀框架为计算对象，可用手算或电算。

弯矩二次分配法就是将求得的各节点固端不平衡弯矩进行分配，并向远端传递，再在各节点分配一次而结束。

分层法计算步骤为：首先将 n 层框架拆成 n 个计算单元，每个计算单元内仅由一层梁和与之关联的上下柱组成，且只承受该层梁的竖向荷载，上下柱的远端均近似看成固定端；然后采用弯矩分配法计算各层单元的弯矩图；最后将各层单元弯矩图叠加成框架弯矩图，对不平衡的节点弯矩图可再进行一次分配，但不再传递。应注意的是，由于除底层柱的下端外，其余各层柱端都不是固定端，而是弹性支承。因此，将除底层柱外其余各层柱的线刚度均乘以折减系数 0.9，并将柱的弯矩传递系数由 1/2 改为 1/3，底层柱不作此修正。

竖向荷载作用下，可以考虑框架梁塑性内力重分布，进行弯矩调幅，降低梁端负弯矩，减少支座配筋量。对于现浇混凝土框架梁，调幅系数可取 0.1~0.2；装配整体式框架，可取 0.2~0.3。弯矩调幅应在内力组合前进行。

对于竖向活荷载，当活荷载标准值小于 $4kN/m^2$ 时，可以按满布活荷载进行内力分析，以简化计算。但求出的梁跨中弯矩需要乘以 1.1~1.2 的放大系数。

2. 水平地震作用下的内力计算

多层多跨框架在风荷载或水平地震作用等水平荷载作用下，一般都简化为作用于框架节点上的水平力。忽略框架梁的轴向变形，假定同一楼层各柱柱端的侧移相等。此时常采用反弯点法或 D 值法（改进的反弯点法）进行水平荷载作用下的内力计算。

（1）反弯点法　在水平荷载作用下，由精确法分析可知，规则框架结构的弯矩图如图 6-30 所示，各杆的弯矩都是直线形，每个立柱一般都有一个弯矩为零的点，因为弯矩图在此处反向，故称反弯点。如果能够确定反弯点的位置和柱承受的剪力，即可求出柱端弯矩，根据节点内力平衡原则可求出梁端弯矩及其他内力。

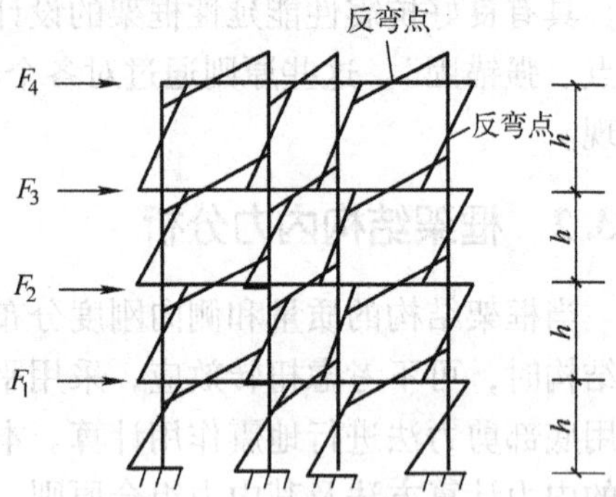

反弯点法的计算假定：

1）框架梁的线刚度无限大，节点不发生转动，忽略梁、柱的轴向变形。

图 6-30　框架在水平力作用下的弯矩图

一般认为，当梁的线刚度与柱的线刚度之比超过 3 时，本条假定所引起的误差能够满足工程设计的精度要求。

2）底层柱的反弯点距柱底嵌固端 2/3 柱高处，其余各层柱的反弯点均位于柱高的 1/2 处。

反弯点法的内力计算步骤：

1）框架柱剪力分配。由结构力学知，有侧移框架柱两端无转角时的侧移刚度 D 的表达式为

$$D = \frac{12i_c}{h^2}$$

式中　i_c——框架柱的线刚度；

　　　h——柱高（层高）。

要将层间剪力 V_i 分配给本层各榀框架或各柱，通常假定楼屋盖在其平面内的刚度无穷大，则同层各榀框架或各柱在楼屋盖处的水平变形是协调的，则可根据抗侧力构件的抗侧移刚度比例进行分配。

如果 n 层框架结构，每层内有 m 个柱子，则其第 i 层第 k 柱所承受的地震剪力为

$$V_{ik} = \frac{D_{ik}}{\sum_{r=1}^{m} D_{ir}} V_i \tag{6-1}$$

2）柱端弯矩计算。由上述计算假定可知柱的反弯点位置，因此求出柱剪力

V_{ik} 后可直接计算各柱上下端的弯矩，即

底层柱：

上端弯矩 $M_c^t = V_{ik}h_1/3$，下端弯矩 $M_c^b = 2V_{ik}h_1/3$

其余各层柱：上下端弯矩 $M_c^t = M_c^b = V_{ik}h_1/2$

3）梁端弯矩计算。在求得柱端弯矩后，考虑节点弯矩平衡条件（图 6-31），对每个节点，梁端弯矩之和 $\sum M_b$ 等于柱端弯矩之和 $\sum M_c$，再将 $\sum M_b$ 按与该节点相连的梁的线刚度比例进行分配，就可求出与该节点相关各梁的梁端弯矩。

左梁端弯矩：$M_b^l = \dfrac{i_{bl}}{i_{bl}+i_{br}} \sum M_b = \dfrac{i_{bl}}{i_{bl}+i_{br}}(M_c^t + M_c^b)$

右梁端弯矩：$M_b^r = \dfrac{i_{br}}{i_{bl}+i_{br}} \sum M_b = \dfrac{i_{br}}{i_{bl}+i_{br}}(M_c^t + M_c^b)$

（2）D 值法 反弯点法首先假定梁柱之间的线刚度之比为无穷大，其次又假定柱的反弯点高度为一定值，从而使框架结构在侧向荷载作用下的内力计算大为简化。但在高层框架结构中柱的截面较大，难以满足梁、柱的线刚度比大于 3 的要求。为此，日本武藤清教授提出了经过改进的计算更为精确的反弯点法，即 D 值法。D 值法在反弯点法的基础上进行了如下两点改进：①考虑柱上下两端节点转动对柱侧移刚度的修正；②考虑了柱反弯点位置变化的修正。

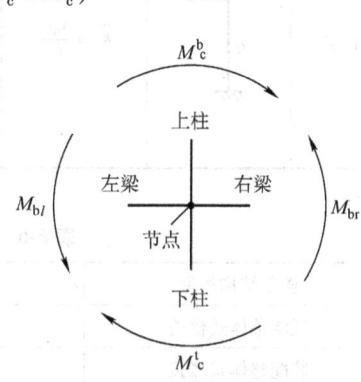

图 6-31 框架节点平衡示意图

D 值法的内力计算步骤：

1）柱的抗侧移刚度 D 值。改进后柱的抗侧移刚度 D 表示为

$$D = \alpha \frac{12i_c}{h^2} \tag{6-2}$$

其中修正系数 α 值反映了梁柱线刚度比值对柱侧移刚度的影响，梁刚度越大，对柱转动约束能力越大，节点转角相应越小，α 越接近 1。α 值按表 6-5 中的公式确定。

在表 6-5 中，$i_c = E_c I_c/h$，$i_{bi} = E_b I_{bi}/l$，$(i = 1, 2, 3, 4)$，分别为框架柱、梁的线刚度，其中 E_b、I_b 分别为框架梁混凝土的弹性模量和截面惯性矩，l 为梁跨度。$\overline{K}$ 为相关梁与柱的线刚度比。当采用现浇整体式或装配整体式楼盖时，宜考虑部分楼板作为梁受压翼缘参加工作，增强了梁的截面惯性矩，T 形截面梁折算惯性矩 I_b 按表 6-6 采用，I_0 为矩形截面惯性矩。

表 6-5 节点转动影响系数 α

楼层	边柱		中柱		α
一般层	(图)	$\overline{K} = \dfrac{i_{b1}+i_{b2}}{2i_c}$	(图)	$\overline{K} = \dfrac{i_{b1}+i_{b2}+i_{b3}+i_{b4}}{2i_c}$	$\alpha = \dfrac{\overline{K}}{2+\overline{K}}$
底层	(图)	$\overline{K} = \dfrac{i_{b5}}{i_c}$	(图)	$\overline{K} = \dfrac{i_{b5}+i_{b6}}{i_c}$	$\alpha = \dfrac{0.5+\overline{K}}{2+\overline{K}}$

表 6-6 框架梁截面折算惯性矩

楼盖结构类型	中框架	边框架
现浇整体式楼盖	$I_b = 2I_0$	$I_b = 1.5I_0$
装配整体式楼盖	$I_b = 1.5I_0$	$I_b = 1.2I_0$

求出 D 值后,层间地震剪力按该层各柱的 D_{ik} 值比例分配到各柱。层间剪力 V_{ik} 可由式（6-1）进行分配。

2）反弯点高度的确定。各层柱的反弯点位置与该柱上下端转角的大小有关。如果上下端的转角相同,反弯点就在柱的中央;若柱上端转角大于下端转角,则反弯点偏向柱的上端,即偏向约束刚度小的一端;反之亦然。影响柱两端转角大小的因素有:梁柱线刚度比、该柱所在的层次、柱上下横梁线刚度比以及上下层层高变化等。当上述影响因素发生变化时,可分别求出反弯点的高度。D 值法的反弯点高度（柱底至反弯点的距离）计算公式为

$$yh = (y_0 + y_1 + y_2 + y_3)h \tag{6-3}$$

式中 y——D 值法的柱反弯点高度比;

y_0——标准反弯点高度比,对于地震作用,由框架总层数 n、该柱所在层数 i 以及梁柱线刚度比 $\overline{K}$ 查表 6-7 确定;

y_1——某层上下梁线刚度不同时,该层柱反弯点高度比的修正值,根据 α_1 和梁柱线刚度比 $\overline{K}$ 查表 6-8 确定:当 $i_{b1}+i_{b2} < i_{b3}+i_{b4}$ 时,令 $\alpha_1 =$

$\dfrac{i_{b1}+i_{b2}}{i_{b3}+i_{b4}}$,此时反弯点上移,故取 y_1 为正值,如图 6-32a 所示,当 $i_{b1}+i_{b2} > i_{b3}+i_{b4}$ 时,令 $\alpha_1 = \dfrac{i_{b3}+i_{b4}}{i_{b1}+i_{b2}}$,此时反弯点下移,故取 y_1 为负值,如图 6-32b 所示,对于首层不考虑 y_1 值;

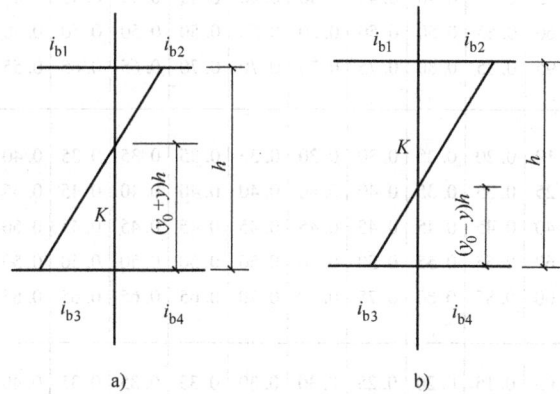

图 6-32 上下梁线刚度不同时的反弯点位置
a) 反弯点上移 b) 反弯点下移

y_2——上层高度 $h_{上}$ 与本层高度 h 不同时,该层柱反弯点高度比的修正值,根据 $\alpha_2 = h_{上}/h$ 和梁柱线刚度比 $\overline{K}$ 查表 6-9 确定;

y_3——下层高度 $h_{下}$ 与本层高度 h 不同时,该层柱反弯点高度比的修正值,根据 $\alpha_3 = h_{下}/h$ 和梁柱线刚度比 $\overline{K}$ 查表 6-9 确定;

3)柱端弯矩计算。求出柱剪力 V_{ik}、各个柱的反弯点高度 yh 后,可直接计算各柱上下端的弯矩,即

上端弯矩 $M_c^t = V_{ik}(1-y)h$,下端弯矩 $M_c^b = V_{ik}yh$

确定梁端弯矩、剪力、轴力的方法与反弯点法一样,这里不再赘述。

表 6-7 规则框架承受倒三角形水平力作用时标准反弯点的高度比 y_0 值

n	$\overline{K}$ j	0.1	0.2	0.3	0.4	0.5	0.6	0.7	0.8	0.9	1.0	2.0	3.0	4.0	5.0
1	1	0.80	0.75	0.70	0.65	0.65	0.60	0.60	0.60	0.60	0.55	0.55	0.55	0.55	0.55
2	2	0.50	0.45	0.40	0.40	0.40	0.40	0.40	0.40	0.40	0.45	0.45	0.45	0.45	0.50
	1	1.00	0.85	0.75	0.70	0.70	0.65	0.65	0.65	0.60	0.60	0.55	0.55	0.55	0.55
3	3	0.25	0.25	0.25	0.30	0.30	0.35	0.35	0.35	0.40	0.40	0.45	0.45	0.45	0.50
	2	0.60	0.50	0.50	0.50	0.50	0.45	0.45	0.45	0.45	0.50	0.50	0.50	0.50	0.50
	1	1.15	0.90	0.80	0.75	0.75	0.70	0.70	0.65	0.65	0.65	0.60	0.55	0.55	0.55

（续）

n	j \ $\bar{K}$	0.1	0.2	0.3	0.4	0.5	0.6	0.7	0.8	0.9	1.0	2.0	3.0	4.0	5.0
4	4	0.10	0.15	0.20	0.25	0.30	0.30	0.35	0.35	0.35	0.40	0.45	0.45	0.45	0.45
	3	0.35	0.35	0.35	0.40	0.40	0.40	0.40	0.45	0.45	0.45	0.45	0.50	0.50	0.50
	2	0.70	0.60	0.55	0.50	0.50	0.50	0.50	0.50	0.50	0.50	0.50	0.50	0.50	0.50
	1	1.20	0.95	0.85	0.80	0.75	0.70	0.70	0.70	0.65	0.65	0.55	0.55	0.55	0.55
5	5	-0.05	0.10	0.20	0.25	0.30	0.30	0.35	0.35	0.35	0.35	0.40	0.45	0.45	0.45
	4	0.20	0.25	0.35	0.35	0.40	0.40	0.40	0.40	0.40	0.45	0.45	0.50	0.50	0.50
	3	0.45	0.40	0.45	0.45	0.45	0.45	0.45	0.45	0.45	0.45	0.50	0.50	0.50	0.50
	2	0.75	0.60	0.55	0.55	0.50	0.50	0.50	0.50	0.50	0.50	0.50	0.50	0.50	0.50
	1	1.30	1.00	0.85	0.80	0.75	0.70	0.70	0.65	0.65	0.65	0.65	0.55	0.55	0.55
6	6	-0.15	0.05	0.15	0.20	0.25	0.30	0.30	0.35	0.35	0.35	0.40	0.45	0.45	0.45
	5	0.10	0.25	0.30	0.35	0.35	0.40	0.40	0.40	0.45	0.45	0.45	0.50	0.50	0.50
	4	0.30	0.35	0.40	0.40	0.45	0.45	0.45	0.45	0.45	0.45	0.50	0.50	0.50	0.50
	3	0.50	0.45	0.45	0.45	0.45	0.45	0.45	0.45	0.50	0.50	0.50	0.50	0.50	0.50
	2	0.80	0.65	0.55	0.55	0.55	0.55	0.50	0.50	0.50	0.50	0.50	0.50	0.50	0.50
	1	1.30	1.00	0.85	0.80	0.75	0.70	0.70	0.65	0.65	0.65	0.60	0.55	0.55	0.55
7	7	-0.20	0.05	0.15	0.20	0.25	0.30	0.30	0.35	0.35	0.35	0.45	0.45	0.45	0.45
	6	0.05	0.20	0.30	0.35	0.35	0.40	0.40	0.40	0.40	0.45	0.45	0.50	0.50	0.50
	5	0.20	0.30	0.35	0.40	0.40	0.45	0.45	0.45	0.45	0.45	0.50	0.50	0.50	0.50
	4	0.35	0.40	0.40	0.45	0.45	0.45	0.45	0.45	0.45	0.50	0.50	0.50	0.50	0.50
	3	0.55	0.50	0.50	0.50	0.50	0.50	0.50	0.50	0.50	0.50	0.50	0.50	0.50	0.50
	2	0.80	0.65	0.60	0.55	0.55	0.55	0.50	0.50	0.50	0.50	0.50	0.50	0.50	0.50
	1	1.30	1.00	0.90	0.80	0.75	0.70	0.70	0.70	0.65	0.65	0.60	0.55	0.55	0.55
8	8	-0.20	0.05	0.15	0.20	0.25	0.30	0.30	0.35	0.35	0.35	0.45	0.45	0.45	0.45
	7	0.00	0.20	0.30	0.35	0.35	0.40	0.40	0.40	0.40	0.45	0.45	0.50	0.50	0.50
	6	0.15	0.30	0.35	0.40	0.40	0.45	0.45	0.45	0.45	0.45	0.50	0.50	0.50	0.50
	5	0.30	0.45	0.40	0.45	0.45	0.45	0.45	0.45	0.45	0.45	0.50	0.50	0.50	0.50
	4	0.40	0.45	0.45	0.45	0.45	0.45	0.45	0.50	0.50	0.50	0.50	0.50	0.50	0.50
	3	0.60	0.50	0.50	0.50	0.50	0.50	0.50	0.50	0.50	0.50	0.50	0.50	0.50	0.50
	2	0.85	0.65	0.60	0.55	0.55	0.55	0.50	0.50	0.50	0.50	0.50	0.50	0.50	0.50
	1	1.30	1.00	0.90	0.80	0.75	0.70	0.70	0.70	0.65	0.65	0.60	0.55	0.55	0.55

(续)

n	$\overline{K}$ / j	0.1	0.2	0.3	0.4	0.5	0.6	0.7	0.8	0.9	1.0	2.0	3.0	4.0	5.0
9	9	-0.25	0.00	0.15	0.20	0.25	0.30	0.30	0.35	0.35	0.40	0.45	0.45	0.45	0.45
	8	-0.00	0.20	0.30	0.35	0.35	0.40	0.40	0.40	0.40	0.45	0.45	0.50	0.50	0.50
	7	0.15	0.30	0.35	0.40	0.40	0.45	0.45	0.45	0.45	0.45	0.50	0.50	0.50	0.50
	6	0.25	0.35	0.40	0.40	0.45	0.45	0.45	0.45	0.45	0.50	0.50	0.50	0.50	0.50
	5	0.35	0.40	0.45	0.45	0.45	0.45	0.45	0.50	0.50	0.50	0.50	0.50	0.50	0.50
	4	0.45	0.45	0.45	0.45	0.45	0.50	0.50	0.50	0.50	0.50	0.50	0.50	0.50	0.50
	3	0.60	0.50	0.50	0.50	0.50	0.50	0.50	0.50	0.50	0.50	0.50	0.50	0.50	0.50
	2	0.85	0.65	0.60	0.55	0.55	0.55	0.55	0.50	0.50	0.50	0.50	0.50	0.50	0.50
	1	1.35	1.00	0.90	0.80	0.75	0.75	0.70	0.70	0.65	0.65	0.60	0.55	0.55	0.55
10	10	-0.25	0.00	0.15	0.20	0.25	0.30	0.30	0.35	0.35	0.40	0.45	0.45	0.45	0.45
	9	-0.05	0.20	0.30	0.35	0.35	0.40	0.40	0.40	0.40	0.45	0.45	0.50	0.50	0.50
	8	0.10	0.30	0.35	0.40	0.40	0.40	0.45	0.45	0.45	0.45	0.50	0.50	0.50	0.50
	7	0.20	0.35	0.40	0.40	0.45	0.45	0.45	0.45	0.45	0.50	0.50	0.50	0.50	0.50
	6	0.30	0.40	0.40	0.45	0.45	0.45	0.45	0.45	0.50	0.50	0.50	0.50	0.50	0.50
	5	0.40	0.45	0.45	0.45	0.45	0.45	0.45	0.50	0.50	0.50	0.50	0.50	0.50	0.50
	4	0.50	0.45	0.45	0.45	0.50	0.50	0.50	0.50	0.50	0.50	0.50	0.50	0.50	0.50
	3	0.60	0.55	0.50	0.50	0.50	0.50	0.50	0.50	0.50	0.50	0.50	0.50	0.50	0.50
	2	0.85	0.65	0.60	0.55	0.55	0.55	0.55	0.50	0.50	0.50	0.50	0.50	0.50	0.50
	1	1.35	1.00	0.90	0.80	0.75	0.75	0.70	0.70	0.65	0.65	0.60	0.55	0.55	0.55
11	11	-0.25	0.00	0.15	0.20	0.25	0.30	0.30	0.30	0.35	0.35	0.45	0.45	0.45	0.45
	10	-0.05	0.20	0.25	0.30	0.35	0.40	0.40	0.40	0.40	0.45	0.45	0.50	0.50	0.50
	9	0.10	0.30	0.35	0.40	0.40	0.40	0.45	0.45	0.45	0.45	0.50	0.50	0.50	0.50
	8	0.20	0.35	0.40	0.40	0.45	0.45	0.45	0.45	0.45	0.50	0.50	0.50	0.50	0.50
	7	0.25	0.40	0.40	0.45	0.45	0.45	0.45	0.45	0.45	0.50	0.50	0.50	0.50	0.50
	6	0.35	0.40	0.45	0.45	0.45	0.45	0.45	0.50	0.50	0.50	0.50	0.50	0.50	0.50
	5	0.40	0.45	0.45	0.45	0.45	0.50	0.50	0.50	0.50	0.50	0.50	0.50	0.50	0.50
	4	0.50	0.50	0.50	0.50	0.50	0.50	0.50	0.50	0.50	0.50	0.50	0.50	0.50	0.50
	3	0.65	0.55	0.50	0.50	0.50	0.50	0.50	0.50	0.50	0.50	0.50	0.50	0.50	0.50
	2	0.85	0.65	0.60	0.55	0.55	0.55	0.55	0.50	0.50	0.50	0.50	0.50	0.50	0.50
	1	1.35	1.05	0.90	0.80	0.75	0.75	0.70	0.70	0.65	0.65	0.60	0.55	0.55	0.55

n	j \ $\overline{K}$	0.1	0.2	0.3	0.4	0.5	0.6	0.7	0.8	0.9	1.0	2.0	3.0	4.0	5.0
12以上	↓1	-0.30	0.00	0.15	0.20	0.25	0.30	0.30	0.30	0.35	0.35	0.40	0.45	0.45	0.45
	2	-0.10	0.20	0.25	0.30	0.35	0.40	0.40	0.40	0.40	0.40	0.45	0.45	0.45	0.50
	3	0.05	0.25	0.35	0.40	0.40	0.40	0.45	0.45	0.45	0.45	0.50	0.50	0.50	0.50
	4	0.15	0.30	0.40	0.40	0.45	0.45	0.45	0.45	0.45	0.45	0.50	0.50	0.50	0.50
	5	0.25	0.30	0.40	0.45	0.45	0.45	0.45	0.45	0.45	0.45	0.50	0.50	0.50	0.50
	6	0.30	0.40	0.40	0.45	0.45	0.45	0.50	0.50	0.50	0.50	0.50	0.50	0.50	0.50
	7	0.35	0.40	0.45	0.45	0.45	0.45	0.50	0.50	0.50	0.50	0.50	0.50	0.50	0.50
	8	0.35	0.45	0.45	0.45	0.50	0.50	0.50	0.50	0.50	0.50	0.50	0.50	0.50	0.50
	中间	0.45	0.45	0.50	0.45	0.50	0.50	0.50	0.50	0.50	0.50	0.50	0.50	0.50	0.50
	4	0.55	0.50	0.50	0.50	0.50	0.50	0.50	0.50	0.50	0.50	0.50	0.50	0.50	0.50
	3	0.65	0.55	0.50	0.50	0.50	0.50	0.50	0.50	0.50	0.50	0.50	0.50	0.50	0.50
	2	0.75	0.70	0.60	0.55	0.55	0.55	0.55	0.50	0.50	0.50	0.50	0.50	0.50	0.50
	↑1	1.35	1.05	0.70	0.75	0.75	0.70	0.70	0.70	0.65	0.65	0.60	0.55	0.55	0.55

表6-8 上下层横梁线刚度比对 y_0 的修正值 y_1

α_1 \ $\overline{K}$	0.1	0.2	0.3	0.4	0.5	0.6	0.7	0.8	0.9	1.0	2.0	3.0	4.0	5.0
0.4	0.55	0.40	0.30	0.25	0.20	0.20	0.20	0.15	0.15	0.15	0.05	0.05	0.05	0.05
0.5	0.45	0.30	0.20	0.20	0.15	0.15	0.12	0.10	0.10	0.10	0.05	0.05	0.05	0.05
0.6	0.30	0.20	0.15	0.15	0.10	0.10	0.10	0.10	0.05	0.05	0.05	0.05	0	0
0.7	0.20	0.15	0.10	0.10	0.10	0.10	0.10	0.05	0.05	0.05	0.05	0	0	0
0.8	0.15	0.10	0.05	0.05	0.05	0.05	0.05	0.05	0	0	0	0	0	0
0.9	0.05	0.05	0.05	0.05	0	0	0	0	0	0	0	0	0	0

表6-9 上下层高变化对 y_0 的修正值 y_2 和 y_3

α_2	α_3 \ $\overline{K}$	0.1	0.2	0.3	0.4	0.5	0.6	0.7	0.8	0.9	1.0	2.0	3.0	4.0	5.0
2.0		0.25	0.15	0.15	0.10	0.10	0.10	0.10	0.10	0.05	0.05	0.05	0.05	0.0	0.0
1.8		0.20	0.15	0.10	0.10	0.10	0.05	0.05	0.05	0.05	0.05	0.05	0.05	0.0	0.0
1.6	0.4	0.15	0.10	0.10	0.05	0.05	0.05	0.05	0.05	0.05	0.05	0.0	0.0	0.0	0.0
1.4	0.6	0.10	0.05	0.05	0.05	0.05	0.05	0.05	0.05	0.05	0.0	0.0	0.0	0.0	0.0

(续)

α_2	$\overline{K}$ / α_3	0.1	0.2	0.3	0.4	0.5	0.6	0.7	0.8	0.9	1.0	2.0	3.0	4.0	5.0
1.2	0.8	0.05	0.05	0.05	0.0	0.0	0.0	0.0	0.0	0.0	0.0	0.0	0.0	0.0	0.0
1.0	1.0	0.0	0.0	0.0	0.0	0.0	0.0	0.0	0.0	0.0	0.0	0.0	0.0	0.0	0.0
0.8	1.2	-0.05	-0.05	-0.05	0.0	0.0	0.0	0.0	0.0	0.0	0.0	0.0	0.0	0.0	0.0
0.6	1.4	-0.10	-0.05	-0.05	-0.05	-0.05	-0.05	-0.05	-0.05	0.0	0.0	0.0	0.0	0.0	0.0
0.4	1.6	-0.15	-0.10	-0.10	-0.05	-0.05	-0.05	-0.05	-0.05	-0.05	0.0	0.0	0.0	0.0	0.0
	1.8	-0.20	-0.15	-0.10	-0.10	-0.10	-0.05	-0.05	-0.05	-0.05	-0.05	0.0	0.0	0.0	0.0
	2.0	-0.25	-0.15	-0.15	-0.10	-0.10	-0.10	-0.10	-0.10	-0.05	-0.05	-0.05	0.0	0.0	0.0

6.3.3 框架结构水平位移验算

一般框架结构的侧向位移包括剪力引起的剪切变形和轴力引起的弯曲变形两部分。在多层框架结构中，轴力引起的侧向弯曲变形非常小，在近似计算中可以忽略不计。按照《建筑抗震设计规范》的规定，框架结构应进行：①在多遇地震作用下层间弹性位移的计算；②对于 7～9 度时楼层屈服强度系数小于 0.5 的钢筋混凝土框架结构在罕遇地震下层间弹塑性位移计算。

多遇地震作用下，框架结构的层间弹性位移 Δu_e 的验算，应按下式进行

$$\Delta u_e \leqslant [\theta_e] h \tag{6-4}$$

式中 h——层高；

$[\theta]_e$——层间弹性位移角限值，对于钢筋混凝土框架取 1/550。

式 (6-4) 中 Δu_e 可以根据柱 D 值的定义，按下式进行计算

$$\Delta u_e = V_i / D_i$$

罕遇地震作用下，框架结构的层间弹塑性位移 Δu_p 的验算，应按下式进行

$$\Delta u_p \leqslant [\theta_p] h \tag{6-5}$$

式中 $[\theta_p]$——层间弹塑性位移角限值，对于钢筋混凝土框架取 1/50。

对于不超过 12 层，且刚度无突变的钢筋混凝土框架结构，可采用简化方法，验算框架薄弱层的弹塑性变形，即

$$\Delta u_p = \eta_p \Delta u_e$$

式中 Δu_e——按罕遇地震作用下，框架结构薄弱层的层间弹性位移；

η_p——弹塑性位移增大系数，其值与楼层屈服强度系数 ξ_y 有关，具体确定方法见 3.7.3 节。

6.3.4 内力组合

通过框架内力分析，获得了在不同荷载作用下产生的构件内力标准值。在进行构件截面设计时，应求得控制截面上的最不利内力作为配筋计算的依据。一般选梁的两端和跨中截面以及柱的上下端作为控制截面。使得控制截面配筋量为最大的内力组合就是内力最不利组合。

在框架抗震设计时，一般应考虑以下两种基本组合：

（1）有地震效应的组合　为实现抗震设计目标第一水准的要求，应保证在多遇地震作用下使结构有足够的承载能力。在考虑地震组合时，竖向荷载采用重力荷载代表值。对于多层框架，只需考虑水平地震作用与重力荷载代表值效应的组合，其内力组合设计值 S 见 3.7.2 节，可写成

$$S = 1.2 S_{GE} + 1.3 S_{Eh} \tag{6-6}$$

式中　S_{GE}——重力荷载代表值效应的标准值；

S_{Eh}——水平地震作用效应的标准值。

（2）无地震效应的组合　无地震作用时，结构受到全部竖向结构恒荷载和楼屋面活荷载的作用。考虑到重力荷载代表值中楼屋面均布活荷载组合值系数为 0.5~0.8，且抗震设计时的内力设计值要乘以承载力抗震调整系数 γ_{RE}，这样就有可能出现在正常竖向荷载下的内力不利组合设计值要大于水平地震作用下的内力不利组合设计值的情况。因此，应进行正常竖向荷载作用下的内力组合，这种组合有可能对某些截面设计起控制作用。此时，内力组合设计值 S 可写成

$$S = \gamma_G S_{Gk} + \gamma_Q S_{Qk} \tag{6-7}$$

式中　S_{Gk}——由竖向结构恒荷载标准值计算的内力；

S_{Qk}——由楼屋面均布活荷载标准值计算的内力；

γ_G——永久荷载分项系数。当永久荷载效应对结构不利时，对由可变荷载效应控制的组合，取 1.2，对由永久荷载效应控制的组合，取 1.35；当永久荷载效应对结构有利时，不应大于 1.0；

γ_Q——可变荷载的分项系数。一般情况下取 1.4。

在上述两种组合中，取最不利情况作为截面设计采用的内力设计值。当需要考虑竖向地震作用或风荷载作用时，其内力组合设计值可参考有关规定。

现以框架梁柱为例，说明内力组合方法。

1. 梁的内力组合

梁端支座负弯矩，取下式三者较大值

$$\begin{cases} -M = 1.3M_{Eh} + 1.2M_{GE} \\ -M = -(1.2M_{Gk} + 1.4M_{Qk}) \\ -M = -(1.35M_{Gk} + 0.7 \times 1.4M_{Qk}) \end{cases}$$

梁端支座正弯矩为 $M = 1.3M_{Eh} - 1.0M_{GE}$

梁跨中正弯矩，取下式三者较大值

$$\begin{cases} M = 1.3M_{Eh} + 1.2M_{GE} \\ M = 1.2M_{Gk} + 1.4M_{Qk} \\ M = 1.35M_{Gk} + 0.7 \times 1.4M_{Qk} \end{cases}$$

梁端剪力，取下式三者较大值

$$\begin{cases} V = 1.3V_{Eh} + 1.2V_{GE} \\ V = 1.2V_{Gk} + 1.4V_{Qk} \\ V = 1.35V_{Gk} + 0.7 \times 1.4V_{Qk} \end{cases}$$

式中 M_{Eh}、V_{Eh}——水平地震作用下的梁截面弯矩与剪力标准值；

M_{GE}、V_{GE}——重力荷载代表值作用下的梁截面弯矩与剪力标准值；

M_{Gk}、V_{Gk}——恒荷载作用下的梁截面弯矩与剪力标准值；

M_{Qk}、V_{Qk}——活荷载作用下的梁截面弯矩与剪力标准值。

考虑到对于梁的正截面设计中抗震计算公式与非抗震计算公式相比，除考虑抗震承载力调整系数 γ_{RE} 以外，其余均相同。为了便于正确选择控制截面最不利内力，抗震组合值应乘以 γ_{RE} 后与非抗震组合值进行比较。

2. 柱的内力组合

现以水平地震作用下，单向偏心受压柱为例，说明柱的内力组合方法。应按照下述三种组合分别计算柱截面配筋，取较大值。

组合（1）：$\begin{cases} M = 1.3M_{Eh} + 1.2M_{GE} \\ N = 1.3N_{Eh} + 1.2N_{GE} \end{cases}$

组合（2）：$\begin{cases} M = 1.2M_{Gk} + 1.4M_{Qk} \\ N = 1.2N_{Gk} + 1.4N_{Qk} \end{cases}$

组合（3）：$\begin{cases} M = 1.35M_{Gk} + 0.7 \times 1.4M_{Qk} \\ N = 1.35N_{Gk} + 0.7 \times 1.4N_{Qk} \end{cases}$

式中 N_{Eh}——水平地震作用下的柱轴力标准值；

N_{GE}——重力荷载代表值作用下的柱轴力标准值；

N_{Gk}——恒荷载标准值作用下的柱轴力；

N_{Qk}——活荷载标准值作用下的柱轴力。

其余参数意义同前。

有多组不利内力时也可以根据单向偏压柱的内力不利原则进行筛选，然后分别进行截面配筋计算，取较大值：
1) $|M|_{max}$ 及相应的 N、V。
2) N_{max} 及相应的 M、V。
3) $|M|_{min}$ 及相应的 N、V。

6.3.5 框架梁截面设计

1. 框架梁正截面承载力计算

考虑抗震承载力调整系数 γ_{RE} 后确定的最不利弯矩用于梁正截面承载力设计，截面抗震设计要求：

$$S \leqslant \frac{R}{\gamma_{RE}}$$

为保证梁端具有足够的延性，框架梁正截面承载力计算中需满足如下要求：

1) 梁端截面的混凝土受压区高度 x 应符合下列要求（考虑受压钢筋的作用）：对于抗震等级为一级的框架，$x \leqslant 0.25h_0$；对于抗震等级为二、三级的框架，$x \leqslant 0.35h_0$。

2) 梁端纵向受拉钢筋的配筋率不应大于 2.5%。

2. 框架梁斜截面承载力计算

（1）剪力设计值的调整 根据"强剪弱弯"原则，框架梁端的剪力设计值应进行调整。

对于抗震等级为一、二、三级的框架梁和抗震墙中跨高比大于 2.5 的连梁，梁端截面剪力设计值按下式调整

$$V_b = \eta_{vb} \frac{M_b^l + M_b^r}{l_n} + V_{Gb} \tag{6-8}$$

对于抗震等级为一级的框架和 9 度的一级框架梁、连梁可不按式（6-8）调整，但应符合

$$V_b = 1.1 \frac{M_{bua}^l + M_{bua}^r}{l_n} + V_{Gb} \tag{6-9}$$

式中　　η_{vb}——梁端剪力增大系数，抗震等级为一、二、三级的框架分别取 1.3、1.2、1.1；

M_b^l、M_b^r——梁左右端截面逆时针或顺时针方向组合的弯矩设计值，对一级框架两端均为负值时，绝对值较小的弯矩应取零；

V_{Gb}——梁在重力荷载代表值作用下，按简支梁分析的梁端截面剪力设计值；

M_{bua}^l、M_{bua}^r——梁左右端截面逆时针或顺时针方向实配的正截面抗震受弯承载

力所对应的弯矩设计值，根据实配钢筋面积（计入受压筋和相关楼板钢筋）和材料强度标准值确定；

l_n——梁的净跨。

（2）剪跨比限值验算 在静力受剪要求的基础上，考虑反复地震作用的影响，《建筑抗震设计规范》规定了框架梁的受剪承载力上限值，也就是提出了截面尺寸的限制条件。如果验算不满足，可以通过调整梁截面尺寸或混凝土强度等级的方法使之满足。

对跨高比 λ 大于 2.5 的梁和连梁，应满足

$$V \leqslant \frac{1}{\gamma_{RE}}(0.20 f_c b h_0) \tag{6-10}$$

对跨高比 λ 不大于 2.5 的梁和连梁，应满足

$$V \leqslant \frac{1}{\gamma_{RE}}(0.15 f_c b h_0) \tag{6-11}$$

$$\lambda = \frac{M^c}{V^c h_0}$$

式中 V——调整后的梁端剪力设计值；

λ——剪跨比，取柱上下端计算结果的较大值；

M^c、V^c——柱端截面组合的弯矩计算值以及对应的剪力计算值。

（3）承载力计算 在反复地震作用下，梁端形成交叉剪切裂缝，混凝土所能承担的极限抗剪能力降低，故考虑这种影响，一般的框架梁斜截面受剪承载力按下式进行计算

$$V_b \leqslant \frac{1}{\gamma_{RE}}\left(0.42 f_t b h_0 + f_{yv}\frac{A_{sv}}{s}h_0\right) \tag{6-12}$$

对于以集中荷载作用为主的框架梁斜截面受剪承载力按下式进行计算

$$V_b \leqslant \frac{1}{\gamma_{RE}}\left(\frac{1.05}{\lambda + 1} f_t b h_0 + f_{yv}\frac{A_{sv}}{s}h_0\right) \tag{6-13}$$

式中 λ——计算截面的剪跨比，可取 $\lambda = a/h_0$，a 为集中荷载作用点至节点边缘的距离，当 $\lambda < 1.5$ 时，取 $\lambda = 1.5$，当 $\lambda > 3$ 时，取 $\lambda = 3$；

其余参数意义同前。

3. 框架梁抗震构造措施

（1）梁的截面尺寸 一般框架梁的截面宽度不宜小于 200mm，截面高宽比不宜大于 4，梁净跨与截面高度之比不宜小于 4。

采用梁宽大于柱宽的扁梁时，楼板应现浇，梁中线宜与柱中线重合，扁梁应双向布置，且不宜用于抗震等级为一级的框架结构。扁梁的截面尺寸应符合下列

要求，并应满足现行有关规范对挠度和裂缝宽度的规定

$$b_b \leq 2b_c; \quad b_b \leq b_c + h_b; \quad h_b \geq 16d$$

式中 b_c——柱截面宽度，圆形截面取柱直径的 0.8 倍；
b_b、h_b——梁截面宽度和高度；
d——柱纵筋直径。

(2) 梁的纵向钢筋

1) 抗震度计时，梁端纵向受拉钢筋的配筋率不宜大于 2.5%，不应大于 2.75% 且计入受压钢筋的梁端混凝土受压区高度和有效高度之比，抗震等级为一级时不应大于 0.25，抗震等级为二级、三级时不应大于 0.35。

2) 梁端截面的底面和顶面配筋量的比值，除按计算确定外，抗震等级为一级时不应小于 0.5，抗震等级为二、三级时不应小于 0.3。

3) 沿梁全长顶面和底面配筋，抗震等级为一、二级时不应少于 2Φ14，且分别不应少于梁两端顶面和底面纵向受力钢筋中较大截面面积的 1/4，抗震等级为三、四级时不应少于 2Φ12。

4) 抗震等级为一、二级的框架梁内贯通中柱的每根纵向钢筋直径，对于矩形截面柱，不宜大于柱在该方向截面尺寸的 1/20；对于圆形截面柱，不宜大于纵向钢筋所在位置柱截面弦长的 1/20。

5) 纵向受拉钢筋的配筋率，不应小于表 6-10 的规定。

表 6-10 纵向受拉钢筋的配筋率

抗震等级	梁中位置	
	支座（取较大值）	跨中（取较大值）
一	0.4 和 $80f_t/f_y$ 的较大值	0.35 和 $65f_t/f_y$ 的较大值
二	0.3 和 $65f_t/f_y$ 的较大值	0.25 和 $55f_t/f_y$ 的较大值
三、四	0.25 和 $55f_t/f_y$ 的较大值	0.2 和 $45f_t/f_y$ 的较大值

(3) 梁的箍筋

1) 箍筋应为封闭式，其末端应做成 135°弯钩且弯钩末端的平直段长度不应小于 10 倍的箍筋直径，且不应小于 75mm。

2) 梁端箍筋加密区长度、箍筋最大间距和箍筋最小直径，应按表 6-11 的规定取用；当梁端纵向受拉钢筋配筋率大于 2% 时，表中箍筋最小直径增大 2mm。梁端加密区箍筋间距，抗震等级为一级时不宜大于 200mm 和 20 倍箍筋直径的较大值，抗震等级为二、三级时不宜大于 250mm 和 20 倍箍筋直径的较大值，抗震等级为四级时不宜大于 300mm。

表6-11 梁端箍筋加密区的构造要求

抗震等级	箍筋加密区长度（采用较大值）/mm	箍筋最大间距（采用最小值）/mm	箍筋最小直径/mm
一	$2h_b$,500	$h_b/4$,6d,100	10
二	1.5h_b,500	$h_b/4$,8d,100	8
三	1.5h_b,500	$h_b/4$,8d,150	8
四	1.5h_b,500	$h_b/4$,8d,150	6

注：1. d 为纵筋直径；h_b 为梁截面高度。

2. 箍筋直径大于12mm，数量不少于4肢且肢距不大于150mm时，一、二级的最大间距应允许适当放宽，但不得大于150mm。

3）第一个箍筋应设置在距构件节点边缘不大于50mm的位置，非加密区的箍筋最大间距不宜大于加密区的箍筋最大间距2倍。

4）沿梁全长箍筋的配筋率应符合下列规定：

抗震等级为一级，$\rho_{sv} \geqslant 0.32 f_t/f_y$；抗震等级为二级，$\rho_{sv} \geqslant 0.28 f_t/f_y$；抗震等级为三、四级，$\rho_{sv} \geqslant 0.26 f_t/f_y$。

6.3.6 框架柱截面设计

1. 正截面承载力计算

（1）弯矩设计值的调整 为了满足"强柱弱梁"型延性破坏机制的要求，有地震作用效应组合的柱控制截面最不利内力需要按"强柱弱梁"的原则进行调整，然后才能进行截面验算。

对于抗震等级为一、二、三级的框架梁柱节点处，除框架顶层和柱轴压比小于0.15者及框支梁与框支柱的节点外，其余柱端组合的弯矩设计值应符合下式要求

$$\sum M_c = \eta_c \sum M_b \qquad (6-14)$$

抗震等级为一级的框架结构及9度的一级框可不符合式（6-14）的要求，但应符合

$$\sum M_c = 1.2 \sum M_{bua} \qquad (6-15)$$

式中 $\sum M_c$——节点处上下柱端截面顺时针或逆时针方向组合的弯矩设计值之和，上下柱端的弯矩设计值可按弹性分析分配；

$\sum M_b$——节点处左右梁端截面逆时针或顺时针方向组合的弯矩设计值之和，抗震等级为一级的框架节点左右梁端均为负弯矩时，绝对值较小的弯矩应取零；

$\sum M_{bua}$——节点处左右梁端截面逆时针或顺时针方向实配的正截面抗震受弯承载力所对应的弯矩设计值之和，根据实配钢筋面积（计入

受压筋和相关楼板钢筋）和材料强度标准值确定；

η_c——框架柱端弯矩增大系数，对于抗震等级为一、二、三、四级的框架结构，分别取 1.7、1.5、1.3 和 1.2。

为了推迟框架结构底层柱下端截面出现塑性铰，当抗震等级分别为一、二、三、四级时，底层柱下端截面组合的弯矩设计值，应分别乘以增大系数 1.7、1.5、1.3 和 1.2。底层柱纵向钢筋宜按上下端的不利情况配置。

按两个主轴方向分别考虑地震作用时，抗震等级为一、二、三级时，框架结构的角柱，按上述原则调整后的组合弯矩设计值应乘以不小于 1.0 的增大系数，最大取为 1.30。

（2）柱轴压比验算　轴压比是影响柱子破坏形态和延性的主要因素之一。柱轴压比是指柱考虑地震作用组合的轴向压力设计值 N 与柱全截面面积 A_c 和混凝土抗压强度设计值 f_c 乘积的比值，计算公式如下：

$$n = \frac{N}{f_c A_c} \tag{6-16}$$

轴压比 n 越大，柱子的延性越差。柱子的破坏形态也随轴压比的增大，由大偏心破坏向小偏心破坏过渡，也就是从延性破坏向脆性破坏过渡。而且当轴压比较大时，箍筋对延性的影响变小。抗震结构要求柱子有足够的延性且尽量为大偏心受压破坏，故需控制柱的轴压比。柱轴压比的上限值见表6-12，这些限值是从偏心受压截面产生界限破坏的条件得到的。在一定的有利条件下，柱轴压比限值可适当提高，但不应大于 1.05。Ⅳ类场地上较高的高层建筑的柱轴压比限值应适当减小。

表 6-12　柱轴压比限值

结构类型	抗震等级			
	一级	二级	三级	四级
框架	0.65	0.75	0.85	0.90
框架-抗震墙、板柱-抗震墙、框架-核心筒及筒中筒	0.75	0.85	0.90	0.95
部分框支抗震墙	0.60	0.70		

注：1. 可不进行地震作用计算的结构，取无地震组合的轴力设计值，轴压比限值应取 1.0。
2. 表中限值适用于剪跨比大于 2、混凝土强度等级不高于 C60 的柱；剪跨比不大于 2 的柱的轴压比限值应降低 0.05；剪跨比小于 1.5 的柱，轴压比限值应专门研究并采取特殊构造措施。

（3）正截面承载力计算　框架柱一般为压弯构件或拉弯构件，承载力设计时需考虑抗震承载力调整系数 γ_{RE}，对大偏心受压柱，其正截面抗震承载力计算公式为

$$\left. \begin{array}{l} N = \alpha_1 f_c bx + f'_y A'_s - f_y A_s \\ Ne \leqslant \dfrac{1}{\gamma_{RE}} \left[\alpha_1 f_c bx \left(h_0 - \dfrac{x}{2} \right) + f'_y A'_s (h_0 - a') \right] \end{array} \right\} \tag{6-17}$$

2. 斜截面承载力计算

（1）柱剪力设计值的调整　为了满足"强剪弱弯"的设计原则，框架柱的剪力设计值应进行调整。

抗震等级为一、二、三级的框架柱和框支柱端部组合的剪力设计值为

$$V_c = \eta_{vc}(M_c^b + M_c^t)/H_n \tag{6-18}$$

抗震等级为一级的框架结构和9度的一级框架可不按式（6-28）调整，但应符合

$$V_c = 1.2(M_{cua}^b + M_{cua}^t)/H_n \tag{6-19}$$

式中　η_{vc}——柱端剪力增大系数，对于抗震等级为一、二、三、四级的框架，分别取 1.5、1.3、1.2、1.1；

M_c^b、M_c^t——柱上下端截面逆时针或顺时针方向组合的弯矩设计值。

M_{cua}^b、M_{cua}^t——偏心受压柱上下端截面逆时针或顺时针方向实配的正截面抗震受弯承载力所对应的弯矩设计值，根据实配钢筋面积、材料强度标准值和轴压力等确定；

H_n——柱的净高。

抗震等级为一、二、三级的框架结构角柱，按上述原则调整后的组合剪力设计值应乘以不小于1.0的增大系数。

（2）剪跨比限值验算　剪跨比限值验算就是对框架柱的截面尺寸进行验算，对于剪跨比 λ 大于2的柱，应按式（6-10）验算，对于剪跨比 λ 不大于2的柱，应按式（6-11）验算。

（3）抗剪承载力验算　框架柱在反复地震荷载作用下混凝土抗剪能力有所降低，故考虑这种影响，对于矩形截面偏心受压柱，斜截面抗震受剪承载力的计算公式为

$$V \leq \frac{1}{\gamma_{RE}}\left(\frac{1.05}{\lambda + 1}f_t b h_0 + f_{yv}\frac{A_{sv}}{s}h_0 + 0.056N\right) \tag{6-20}$$

当矩形截面框架柱出现拉力时，其斜截面抗震受剪承载力计算公式为

$$V \leq \frac{1}{\gamma_{RE}}\left(\frac{1.05}{\lambda + 1}f_t b h_0 + f_{yv}\frac{A_{sv}}{s}h_0 - 0.2N\right) \tag{6-21}$$

式中　N——与剪力设计值 V 对应的轴力设计值，受压受拉时均取正值。

λ——框架柱的剪跨比，反弯点位于柱高中部的框架柱可按柱净高与2倍柱截面高度之比计算，$1 \leq \lambda \leq 3$；

其余参数意义同前。

式（6-20）中 N 的取值应该小于等于 $0.3f_c A_c$；式（6-21）右端括号中计算值应大于等于 $f_{yv}\frac{A_{sv}}{s}h_0$，且 $f_{yv}\frac{A_{sv}}{s}h_0$ 不应小于 $0.36f_t b h_0$。

3. 框架柱抗震构造措施

(1) 柱的截面尺寸　柱的截面宽度和高度，抗震等级为四级或不超过两层时不宜小于300mm，一、二、三级且超过两层时不宜小于400mm；圆柱截面直径，抗震等级为四级或不超过两层时不宜小于350mm，一、二、三级且超过两层时不宜小于450mm；柱的截面高度与宽度比不宜大于3、剪跨比宜大于2，柱的净高与截面高度比宜大于4；截面长边与短边的边长比不宜大于3。

(2) 柱的纵筋配置　实际工程中柱截面宜采用双向对称配筋，纵向受力钢筋的直径不宜小于12mm。圆柱中纵向钢筋宜沿周边均匀布置，根数不宜少于8根，且不应少于6根。截面尺寸大于400mm的柱，纵向钢筋的间距不应小于50mm，且不宜大于200mm。

柱纵向钢筋的最小总配筋率应按表6-13采用，同时每一侧配筋率不应小于0.2%；柱纵向钢筋的总配筋率不应大于5%；抗震等级为一级且剪跨比不大于2的柱，每侧纵向钢筋的配筋率不宜大于1.2%；边柱、角柱在地震作用组合下产生小偏心受拉时，柱内纵筋总截面面积应比计算值增加25%。

柱纵向钢筋的绑扎接头应避开柱端的箍筋加密区。

表6-13　柱截面纵向钢筋的最小总配筋率

类　别	抗震等级			
	一	二	三	四
中柱和边柱	1.0	0.8	0.7	0.6
角柱、框支柱	1.1	0.9	0.8	0.7

(3) 柱的箍筋加密

1) 柱的箍筋加密范围，应按下列规定采用：①柱端，取截面高度（圆柱为直径）、柱净高1/6和500mm三者的最大值；②底层柱，嵌固部位（柱根）不小于柱净高的1/3，当有刚性地面时，除柱端外尚应取刚性地面上、下各500mm的范围；③对于剪跨比不大于2的柱和因设置填充墙等形成的柱净高与柱截面高度之比不大于4的柱，取全高；④框支柱取全高；⑤抗震等级为一级及二级时，框架的角柱取全高。

2) 柱箍筋加密区的箍筋间距和直径：一般情况下，箍筋的最大间距和最小直径按表6-14采用。

表6-14　柱端箍筋加密区箍筋的最大间距和最小直径

抗震等级	箍筋最大间距（采用较小值）/mm	箍筋最小直径/mm
一	6d，100	10
二	8d，100	8
三	8d，150（柱根100）	8
四	8d，150（柱根100）	6（柱根8）

注：d为柱纵筋最小直径；柱根指框架底层柱下端箍筋加密区。

抗震等级为二级，框架柱的箍筋直径不小于10mm且箍筋肢距不大于200mm时，除柱根外最大间距应允许采用150mm；抗震等级为三级，框架柱的截面尺寸不大于400mm时，箍筋最小直径应允许采用6mm；抗震等级为四级，框架柱剪跨比不大于2时，箍筋直径不应小于8mm。

框支柱和剪跨比不大于2的柱，箍筋间距不应大于100mm。

3）柱箍筋加密区箍筋肢距：抗震等级为一级时不宜大于200mm；抗震等级为二、三级时，不宜大于250mm和20倍箍筋直径的较大值；抗震等级为四级时，不宜大于300mm。至少每隔一根纵向钢筋宜在两个方向有箍筋或拉筋约束；采用拉筋复合箍时，拉筋宜紧靠纵向钢筋并钩住箍筋。

4）柱箍筋加密区的体积配箍率：抗震等级为一级时，不应小于0.8%；抗震等级为二级时，不应小于0.6%；抗震等级为三、四级时，不应小于0.4%。计算复合箍筋的体积配箍率时，应扣除重叠部分的箍筋体积。

柱的体积配箍率应符合下列计算公式

$$\rho_v \geq \lambda_v f_c / f_{yv}$$

式中 λ_v——最小配箍特征值，宜按表6-15采用；

其余参数意义同前。

表6-15 柱箍筋加密区的箍筋最小配箍特征值

抗震等级	箍筋形式	轴压比								
		≤0.3	0.4	0.5	0.6	0.7	0.8	0.9	1.0	1.05
一级	普通箍筋、复合箍筋	0.10	0.11	0.13	0.15	0.17	0.20	0.23	—	—
	螺旋箍筋、复合或连续复合螺旋筋	0.08	0.09	0.11	0.13	0.15	0.18	0.21	—	—
二级	普通箍筋、复合箍筋	0.08	0.09	0.11	0.13	0.15	0.17	0.19	0.22	0.24
	螺旋箍筋、复合或连续复合螺旋筋	0.06	0.07	0.09	0.11	0.13	0.15	0.17	0.20	0.22
三级	普通箍筋、复合箍筋	0.06	0.07	0.09	0.11	0.13	0.15	0.17	0.20	0.22
	螺旋箍筋、复合或连续复合螺旋筋	0.05	0.06	0.07	0.09	0.11	0.13	0.15	0.18	0.20

注：1. 普通箍指单个矩形箍或单个圆形箍；复合箍指由矩形、多边形、圆形箍或拉筋组成的箍筋；复合螺旋箍指由螺旋箍与矩形、多边形、圆形箍或拉筋组成的箍筋；连续复合矩形螺旋箍指全部螺旋箍为同一根钢筋加工而成的箍筋。

2. 框支柱宜采用复合螺旋箍或井字复合箍，其最小配箍特征值应比表内数值增加0.02，且体积配箍率不应小于1.5%。

3. 剪跨比不大于2的柱宜采用复合螺旋箍或井字复合箍，其体积配箍率不应小于1.2%，9度时不应小于1.5%。

4. 计算复合螺旋箍的体积配箍率时，其非螺旋箍的箍筋体积应乘以换算系数0.8。

(4) 柱箍筋非加密区的要求　为避免柱箍筋加密区外抗剪能力突然降低很多而造成非加密区的柱段破坏,要求柱非加密区的体积配箍率不宜小于加密区50%。对于箍筋间距,抗震等级为一、二级时,不应大于10倍的纵向钢筋直径;抗震等级为三、四级时,不应大于15倍的纵向钢筋直径。

(5) 框架柱常用箍筋形式　框架柱常用箍筋形式有普通箍、复合箍、螺旋箍等,如图6-33所示。

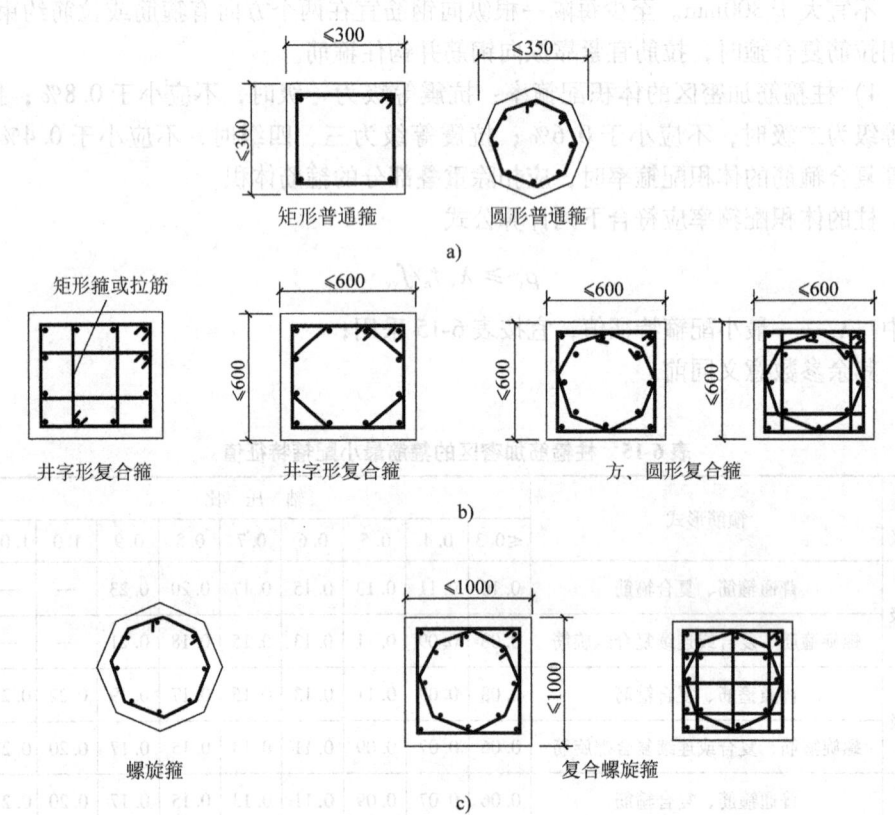

图6-33　常用箍筋形式
a) 普通箍　b) 复合箍　c) 螺旋箍

6.3.7　框架梁柱节点核心区设计

框架梁和框架柱在节点处采用刚接形式来传递弯矩,梁柱相交的公共部分称为节点核心区。地震时节点的破坏形式主要是节点核心区的剪切破坏和由于梁纵筋在节点核心区内锚固不足而引起的锚固破坏。因此，在抗震设计时要根据"强节点、强锚固"原则，尽力做到：①节点承载力不低于连接构件端部承载力；②在多遇地震烈度下，节点处于弹性工作范围；③罕遇地震烈度下，节点承载力的降低不能危及荷载的传递。

对于9度及抗震等级为一、二、三级的框架，需要进行节点核心区的抗震计算；对于抗震等级为四级的框架，可不进行节点核心区抗震验算，只采用构造措施加以保证。

应该指出，本节内容主要针对框架柱截面为矩形且梁宽小于柱宽的一般框架节点，而扁梁框架和圆柱框架的节点核心区抗震验算详见《建筑抗震设计规范》及其他参考文献。

1. 节点核心区性能的主要影响因素

（1）节点核心区混凝土强度等级　地震作用下节点核心区首先是因为混凝土抗拉强度不足而开裂、破坏。提高混凝土强度等级即提高混凝土抗拉强度则可以提高节点抗剪承载能力。当框架梁、柱混凝土强度等级不同时，节点核心区宜与柱相同。

（2）剪压比和配箍率　与构件受剪破坏类似，节点核心区剪切破坏的形式与水平配箍率和剪压比有关。当配箍率较小时，首先箍筋屈服，然后混凝土破坏，提高配箍率可以提高节点的抗剪承载力。但当配箍率过大时，核心区混凝土先破坏，使箍筋不能充分发挥作用，因而此时增加配箍率将不再能提高节点抗剪承载力。试验表明，节点区水平截面的剪压比大于0.35时，增加箍筋的作用已不明显，而应增大节点水平截面的面积。

（3）柱轴向压力　当节点处的轴向压力较小时，节点核心区混凝土的抗剪强度随着轴向压力的增加而增加，且直到节点区出现较多交叉斜裂缝而分割成若干菱形块体时，轴向压力的存在仍能提高其抗剪强度。但当轴压比大于0.6～0.8时，节点混凝土抗剪强度反而随轴向压力的增加而下降。此外，轴压比较大时，会使节点核心区的延性降低。

（4）梁板对节点核心区的约束作用　试验表明，正交梁（即与框架平面相垂直且与节点相交的梁）对节点核心区具有约束作用，可以提高节点核心区混凝土的抗剪强度。如四边有梁且带有现浇楼板的中柱节点，其核心区混凝土的抗剪强度有明显的提高。而三边有梁的边柱节点和两边有梁的角柱节点，这种梁板的约束作用则不明显。

（5）梁纵筋的滑移　框架梁纵筋在中柱节点区通常是连续贯通的。在反复荷载作用下，梁纵筋在节点一边受拉屈服，而在另一边受压屈服。如此循环往复，将使纵筋与混凝土之间的粘结迅速破坏，导致梁纵筋在节点区贯通滑移，从而使梁截面后期受弯承载力和延性降低，使节点区的刚度、抗剪强度及耗能能力明显下降。而边柱节点中梁的纵筋锚固比中柱节点的好，滑移较小。因此，应采取减小梁纵筋直径或将梁纵筋穿过柱中心轴后再弯入柱内等措施，以加强节点核心区内梁的纵筋锚固。

2. 节点抗剪承载力验算

（1）节点剪力设计值　取框架某中间节点为隔离体，设梁端已出现塑性铰，梁纵向受拉钢筋的应力为 f_{yk}。由节点核心区受力分析（图6-34）可知，若不计框架梁的轴力，地震时节点核心区水平截面上的剪力 V_j 应等于梁端弯矩在节点中产生（由梁主筋传递）的水平剪力与柱端剪力之矢量和，两者方向相反，根据节点上半部分的平衡条件，则有

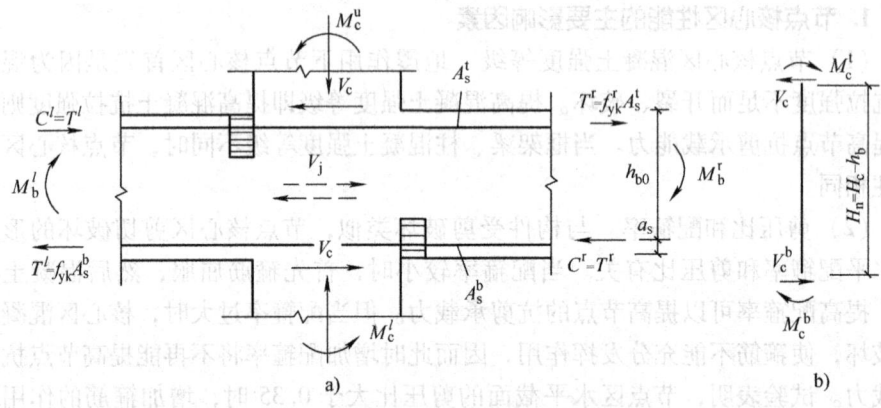

图 6-34　节点受力简图

$$V_j = V_{bj} - V_{cj}$$

其中

$$V_{bj} = \frac{\sum M_b}{h_{b0} - a'_s}, \quad V_{cj} = \frac{\sum M_c}{H_c - h_b} = \frac{\sum M_b}{H_c - h_b}$$

式中　V_{bj}——梁端弯矩在节点中（沿梁纵向钢筋）产生的水平剪力；

　　　V_{cj}——柱端弯矩在节点处产生的水平剪力；

　　　H_c——节点上柱和下柱反弯点之间的距离；

　　　h_b、h_{b0}——框架梁截面高度和截面有效高度，节点两侧梁截面高度不等时，取平均值。

在实际设计中，节点剪力设计值应根据不同的抗震等级，按下式确定

$$V_j = \frac{\eta_{jb} \sum M_b}{h_{b0} - a'_s}\left(1 - \frac{h_{b0} - a'_s}{H_c - h_b}\right) \tag{6-22}$$

抗震等级为一级的框架结构和9度的一级框架可不按式（6-22）确定，但应符合

$$V_j = \frac{1.15 \sum M_{bua}}{h_{b0} - a'_s}\left(1 - \frac{h_{b0} - a'_s}{H_c - h_b}\right) \tag{6-23}$$

式中　η_{jb}——强节点系数，对于框架结构，抗震等级为一级时宜取1.5，二级时宜取1.35，三级时宜取1.2；

其他符号意义同前。

一般取　　$\dfrac{\sum M_{bua}}{h_{b0} - a'_s} = f_{yk}(A_s^b + A_s^t)$

（2）节点核心区剪压比验算　节点核心区的剪压比是指核心区有效截面范围内的组合平均剪应力与混凝土轴心抗压强度设计值之比。为防止节点核心区混凝土发生斜压破坏，核心区的剪压比不应过大，也就是核心区水平截面不能过小。因此，框架节点核心区受剪水平截面应符合下式要求

$$V_j \leqslant \frac{1}{\gamma_{RE}}(0.3\eta_j f_c b_j h_j)$$

式中　η_j——正交梁多节点的约束影响系数，楼板为现浇、梁柱中线重合、四侧各梁宽度不小于该侧柱截面宽度的1/2，且正交方向梁高度不小于框架梁截面高度的3/4时，可采用1.5，9度的一级框架可采用1.25，其他情况均采用1.0；

h_j——节点核心区的截面高度，采用验算方向的柱截面高度；

b_j——节点核心区的截面有效验算宽度，框架梁柱中线重合时，当 $b_b \geqslant b_c/2$ 时，取 $b_j = b_c$，当 $b_b < b_c/2$ 时，取 $b_j = \min\{(b_b + 0.5h_c); b_c\}$，其他情况参见《建筑抗震设计规范》。

（3）节点核心区的抗震受剪承载力验算　节点核心区的抗震剪力主要由混凝土和水平箍筋承担，考虑柱轴力作用下正交梁对节点核心区的约束作用，计算公式为

$$V_j \leqslant \frac{1}{\gamma_{RE}}\left(1.1\eta_j f_t b_j h_j + 0.05\eta_j N \frac{b_j}{b_c} + f_{yv} A_{svj} \frac{h_{b0} - a'_s}{s}\right) \tag{6-24}$$

9度时

$$V_j \leqslant \frac{1}{\gamma_{RE}}\left(0.9\eta_j f_t b_j h_j + f_{yv} A_{svj} \frac{h_{b0} - a'_s}{s}\right) \tag{6-25}$$

式中　N——对应于组合剪力设计值的上柱组合轴向压力较小值，当 $N > 0.5f_c b_c h_c$ 时，取 $N = 0.5f_c b_c h_0$，N 为拉力时，取 $N = 0$；

A_{svj}——节点核心区有效验算宽度范围内同一截面验算方向箍筋的总截面面积。

s——箍筋间距。

3. 节点抗震构造措施

为保证节点核心区的水平箍筋为混凝土提供必要的约束以及梁柱纵筋在节点核心区的可靠锚固,同时便于施工,节点的抗震构造措施一般要求如下:

(1) 框架节点核心区　框架节点核心区箍筋的最大间距和最小直径宜与柱箍筋加密区的要求相同;抗震等级为一、二、三级时,框架节点核心区配箍特征值 λ_v 分别不宜小于 0.12、0.10 和 0.08,且体积配箍率 ρ_v 分别不宜小于 0.6%、0.5% 和 0.4%;柱剪跨比不大于 2 的框架节点核心区配箍特征值不宜小于核心区上、下柱端的较大配箍特征值。

(2) 框架梁柱纵筋　框架梁柱纵向钢筋在节点核心区的锚固和搭接如图 6-35 所示,应符合下列要求:

1) 抗震设计时纵向钢筋的最小锚固长度 l_{aE} 应不小于非抗震设计时的锚固长度 l_a:抗震等级为一、二级时,$l_{aE} = 1.15 l_a$;抗震等级为三级时,$l_{aE} = 1.05 l_a$;抗震等级为四级时,$l_{aE} = 1.0 l_a$。

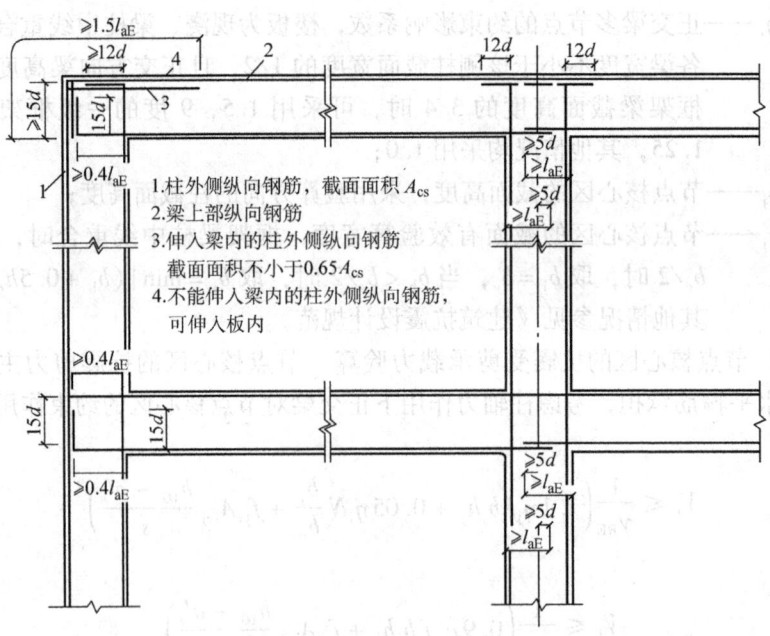

图 6-35　梁柱纵筋在节点区的抗震锚固要求

2) 顶层中节点柱纵向钢筋和边节点柱内侧纵向钢筋应伸至柱顶;当从梁底

边计算的直线锚固长度不小于 l_{aE} 时，可不必水平弯折，否则，应向柱内或梁内、板内水平弯折，锚固段弯折前的竖直投影长度不应小于 $0.5l_{aE}$，弯折后的水平投影长度不宜小于 12 倍的柱纵向钢筋直径。

3) 顶层端节点处，柱外侧纵向钢筋可与梁上部纵向钢筋搭接，搭接长度不应小于 $1.5l_{aE}$，且伸入梁内的柱外侧纵向钢筋截面面积不宜小于柱外侧全部纵向钢筋截面面积的 65%；在梁宽范围以外的柱外侧纵向钢筋可伸入现浇板内，其伸入长度与伸入梁内的相同。当柱外侧纵向钢筋的配筋率大于 1.2% 时，伸入梁内的柱纵向钢筋宜分两批截断，其截断点之间的距离不宜小于 20 倍的柱纵向钢筋直径。

4) 梁上部纵向钢筋伸入端节点的锚固长度，直线锚固时不应小于 l_{aE}，且伸过柱中心线的长度不应小于 5 倍的梁纵向钢筋直径；当柱截面尺寸不足时，梁上部纵向钢筋应伸至节点对边并向下弯折，锚固段弯折前的水平投影长度不应小于 $0.4l_{aE}$，弯折后的竖直投影长度应取 15 倍的梁纵向钢筋直径。

5) 梁下部纵向钢筋的锚固与梁上部纵向钢筋相同，但采用 90°弯折方式锚固时，竖直段应向上弯入节点内。

6.3.8 多层钢筋混凝土框架结构抗震设计例题

某 5 层（局部 6 层）现浇钢筋混凝土框架结构办公房屋，结构平面及剖面分别如图 6-36 和图 6-37 所示，屋顶有局部凸出的部分。现浇钢筋混凝土楼（屋）盖，楼板厚度为 120mm。框架梁截面尺寸：走道梁（各层）为 250mm×400mm；其他梁：顶层为 250mm×600mm；其他楼层为 250mm×650mm。柱截面尺寸：1~3 层柱为 500mm×500mm；4~5 层柱为 450mm×450mm。混凝土强度等级：板、梁、柱混凝土强度等级均为 C25。钢筋强度等级：受力纵筋采用 HRB400 级，箍筋采用 HPB300 级。各层重力荷载代表值如图 6-37 所示。已知：抗震设防烈度为 8 度，设计基本地震加速度为 $0.20g$，设计地震分组为第二组，

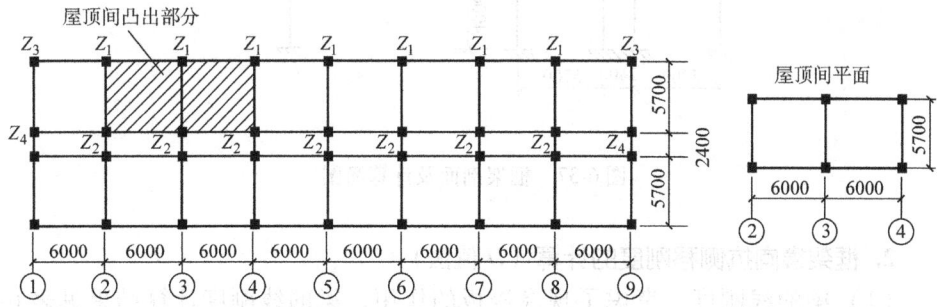

图 6-36 框架结构平面柱网布置

建造在Ⅰ类场地上，结构阻尼比为0.05。试对该框架结构进行横向水平地震作用下的抗震设计计算。

多层钢筋混凝土框架结构抗震设计的思路：在进行抗震概念设计（结构选型及布置、抗震等级划分等）完成后，需要进行抗震计算。抗震计算中，①首先进行地震作用的计算及变形验算（确定计算简图、计算方法，计算重力荷载代表值及地震作用、楼层地震剪力、层间侧向位移等）；②进行地震作用下的结构内力分析；③进行内力组合，选取最不利内力；④对梁柱控制截面内力设计值进行调整，再进行截面设计；⑤与无地震作用的最不利情况比较，选择两者最不利的截面设计作为最终结果。关于抗震构造措施，本例略。

1. 计算简图的确定及重力荷载代表值的计算

该框架结构的计算简图如图 6-37 所示，符合底部剪力法的适用条件。计算重力荷载代表值时，恒荷载取全部，楼面活荷载取 50%，屋面活荷载不考虑。各质点的重力荷载代表值 G_i 取本层楼面重力荷载代表值及与其相邻上下层间墙（包括门窗）、柱全部重力荷载代表值的一半之和。顶层屋面质点重力荷载代表值仅按屋面及其下层的一半计算，凸出屋面的局部屋顶按其全部计算，并集中在屋顶间屋面质点上。各层重力荷载代表值集中于楼层标高处，其代表值已表示在计算简图中，计算过程略。

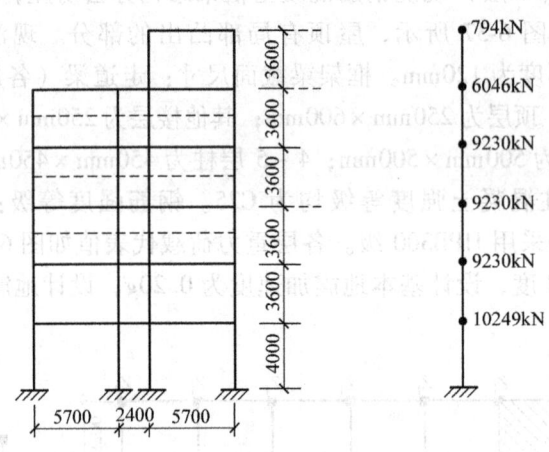

图 6-37 框架剖面及计算简图

2. 框架横向抗侧移刚度的计算（D 值法）

（1）梁的线刚度　考虑了现浇楼板的作用，梁的线刚度计算结果见表 6-16。

表6-16 现浇框架梁线刚度计算

部位	截面 $b \times h/m^2$	跨度 l/m	矩形截面惯性矩 $I_0 = bh^3/12$ $/10^{-3} m^4$	边框架梁 $I_b = 1.5I_0$ $/10^{-3} m^4$	边框架梁 $i_b = E_c I_b/l$ $/10^4 (kN \cdot m)$	中框架梁 $I_b = 2.0I_0$ $/10^{-3} m^4$	中框架梁 $i_b = E_c I_b/l$ $/10^4 (kN \cdot m)$
走道梁	0.25×0.40	2.4	1.33	2.00	2.33	2.66	3.10
顶层梁	0.25×0.60	5.7	4.50	6.75	3.31	9.00	4.42
楼面梁	0.25×0.65	5.7	5.72	8.58	4.21	11.44	5.62

注：混凝土 C25, $E_c = 2.80 \times 10^4 N/mm^2$。

（2）柱的抗侧移刚度 采用 D 值法计算，计算结果见表6-17。由式（6-2）知柱侧移刚度 $D = \alpha \dfrac{12i_c}{h^2}$，表中的框架节点梁柱线刚度比 $\overline{K}$ 及节点转动影响系数 α 按表6-5计算。

（3）楼层侧移刚度 同一楼层所有柱的侧移刚度之和即为该楼层抗侧移刚度 D_i，其计算过程及计算结果见表6-17。注意 Z_1、Z_2 为中框架柱，Z_3、Z_4 为边框架柱。

表6-17 框架柱 D 值及楼层抗侧移刚度的计算

楼层 i	层高 /m	柱号	柱根数	$b \times h$ $/m^2$	$I_c = bh^3/12$ $/10^{-3} m^4$	$i_c = E_c I_c/h$ $/10^4 (kN \cdot m)$	$\overline{K}$	α	$D_{ij}/10^4$ (kN/m)	$\sum D_{ij}/10^4$ (kN/m)	$D_i/10^4$ (kN/m)
5	3.6	Z_1	14	0.45×0.45	3.417	2.66	1.89	0.486	1.197	16.753	46.911
		Z_2	14				3.05	0.604	1.488	20.825	
		Z_3	4				1.41	0.413	1.018	4.074	
		Z_4	4				2.29	0.534	1.315	5.259	
4	3.6	Z_1	14	0.45×0.45	3.417	2.66	2.11	0.513	1.264	17.702	48.904
		Z_2	14				3.28	0.621	1.530	21.420	
		Z_3	4				1.58	0.441	1.087	4.348	
		Z_4	4				2.46	0.552	1.358	5.434	
2~3	3.6	Z_1	14	0.50×0.50	5.208	4.05	1.39	0.410	1.538	21.527	60.547
		Z_2	14				2.15	0.518	1.943	27.199	
		Z_3	4				1.04	0.342	1.283	5.132	
		Z_4	4				1.61	0.446	1.672	6.690	
1	3.6	Z_1	14	0.50×0.50	5.208	3.65	1.54	0.576	1.578	22.086	52.120
		Z_2	14				2.39	0.544	1.490	20.865	
		Z_3	4				1.15	0.365	0.999	3.998	
		Z_4	4				1.79	0.472	1.293	5.172	

注：混凝土 C25, $E_c = 2.80 \times 10^4 N/mm^2$。

3. 自振周期计算

采用顶点位移法，其顶点假想位移的计算方法及结果见表 6-18，即 $u_T = u_{G5} = 0.232 \text{m}$。取填充墙的周期影响系数 $\varphi_T = 0.67$，可得结构基本自振周期为

$$T_1 = 1.7 \varphi_T \sqrt{u_T} = 1.7 \times 0.67 \sqrt{0.232} \text{s} = 0.549 \text{s}$$

表 6-18 顶点假想位移计算

楼层 i	重力荷载代表值 G_i/kN	楼层剪力 $V_{Gi} = \sum_{j=i}^{6} G_j/\text{kN}$	楼层侧移刚度 $D_i/(\text{kN/m})$	层间位移 $\Delta u_{Gi} = V_{Gi}/D_i/\text{m}$	楼层位移 $u_{Gi} = \sum_{j=1}^{i} \Delta u_{Gj}/\text{m}$
屋顶间 6	794	—	—	—	—
5	6046	6840	469110	0.015	0.232
4	9230	16070	489040	0.033	0.218
3	9230	25300	605470	0.042	0.185
2	9230	34530	605470	0.057	0.143
1	10249	44779	521200	0.086	0.086
Σ	44779				

4. 水平地震作用计算及弹性侧移验算

本框架为 40m 以下的规则结构，采用底部剪力法计算水平地震作用。

（1）水平地震影响系数 α_1 的计算　　结构基本周期取顶点位移法的计算结果，$T_1 = 0.549 \text{s}$。查表 3-3，可得多遇地震下设防烈度为 8 度（设计地震加速度为 0.20g）的水平地震影响系数最大值 $\alpha_{\max} = 0.16$；查表 3-4 可得 I 类场地、设计地震分组为第二组时 $T_g = 0.3 \text{s}$。则

$$\alpha_1 = \left(\frac{T_g}{T}\right)^{0.9} \alpha_{\max} = \left(\frac{0.3}{0.549}\right)^{0.9} \times 0.16 = 0.093$$

（2）水平地震作用计算　　结构总水平地震作用标准值按式（3-49）计算，即

$$F_{Ek} = \alpha_1 G_{eq} = 0.093 \times 0.85 \times 44779 \text{kN} = 3539.78 \text{kN}$$

查表 3-5，因为 $T_1 = 0.549 \text{s} > 1.4 T_g = 0.42 \text{s}$，需要考虑顶部附加地震作用的修正。由于 $T_g = 0.3 \text{s} < 0.35 \text{s}$，则顶部附加地震作用系数为

$$\delta_5 = 0.08 T_1 + 0.07 = 0.08 \times 0.549 + 0.07 = 0.114$$

由式（3-51）可得顶部附加地震作用为 $\Delta F_5 = \delta_5 F_{Ek} = 0.114 \times 3539.78 \text{kN} = 403.25 \text{kN}$

分布在各楼层的水平地震作用标准值按下式计算，计算结果见表 6-19。

$$F_i = \frac{G_i H_i}{\sum_{j=1}^{n} G_j H_j} F_{Ek} (1 - \delta_n)$$

(3) 楼层地震剪力计算 各楼层地震剪力标准值按下式计算,计算结果见表 6-19。考虑屋顶间局部突出部分的鞭梢效应,屋顶间部分(第 6 层)的楼层地震剪力应乘以放大系数 3,但不下传。

$$V_i = \sum_{j=i}^{n} F_j + \Delta F_5 \quad (i = 1,5)$$

经验算,各楼层地震剪力标准值均满足楼层最小地震剪力要求。

(4) 多遇地震作用下的弹性位移验算 多遇地震作用下各楼层层间弹性位移 $\Delta u_{ei} = V_i/D_i$,层间位移角 $\theta_e = \Delta u_e/h$,计算结果见表 6-19。钢筋混凝土框架结构弹性层间位移角限值为 1/550,经验算各层均满足要求。

表 6-19 水平地震作用、楼层地震剪力计算及层间弹性位移验算

楼层 i	层高 /m	G_i /kN	H_i /m	$G_i H_i$	$\sum G_i H_i$	F_i /kN	V_i /kN	D_i /(kN/m)	Δu_{ei} /10^{-3}m	θ_e
屋顶间 6	3.6	794	22.0	17468		114.17	342.51			
5	3.6	6046	18.4	111246		727.11	1244.53	469110	2.65	1/1357
4	3.6	9230	14.8	136604	479838	892.85	2137.38	489040	4.37	1/824
3	3.6	9230	11.2	103376		675.67	2813.05	605470	4.65	1/775
2	3.6	9230	7.6	70148		458.49	3271.54	605470	5.40	1/666
1	4.0	10249	4.0	40996		267.95	3539.49	521200	6.79	1/589

5. 水平地震作用下框架的内力分析

一般选取具有代表性的平面框架单元进行内力分析,本例题选取⑤轴中框架单元(无局部突出部分)采用 D 值法进行计算,步骤如下:

1) 将上述求得的各楼层地震剪力按式(6-1)分配到单元框架的各框架柱,可得各层每根柱所承受的剪力值。

2) 采用 D 值法确定各层每根柱的反弯点高度,即查表确定式(6-3)中的参数。

3) 计算每层柱上下端的柱端弯矩(柱所承受的剪力乘以反弯点至计算端的距离)。

4) 利用节点的弯矩平衡原理,求出每层各跨梁端的弯矩(按梁的线刚度比例分配节点梁端总弯矩)。

5) 按梁的弯矩平衡条件求出梁端剪力 $V_b = (M_b^l + M_b^r)/l$。

6) 由每层柱的轴向压力与梁端剪力平衡的条件可求出柱轴力。

计算结果分别列于表 6-20 和表 6-21 及图 6-38 中。由于地震是反复作用,各梁、柱的弯矩、轴力及剪力的符号也相应的反复变化。

表 6-20 水平地震作用下的中框架柱剪力和柱端弯矩标准值

柱 k	层 j	h_j /m	V_j /kN	D_j /(kN/m)	D_{jk} /(kN/m)	$\dfrac{D_{jk}}{D_j}$	V_{jk} /kN	$\overline{K}$	y	M_{jk}^t /(kN·m)	M_{jk}^b /(kN·m)
Z_1	5	3.6	1244.53	469110	11970	0.026	31.756	1.89	0.401	68.48	45.84
	4	3.6	2137.38	489040	12640	0.026	55.244	2.11	0.456	108.19	90.69
	3	3.6	2813.05	605470	15380	0.025	71.456	1.39	0.469	136.60	120.65
	2	3.6	3271.54	605470	15380	0.025	83.103	1.39	0.500	149.59	149.59
	1	4.0	3539.49	521200	15780	0.030	107.163	1.54	0.623	161.60	267.05
Z_2	5	3.6	1244.53	469110	14880	0.032	39.476	3.05	0.430	81.00	61.11
	4	3.6	2137.38	489040	15300	0.031	66.870	3.28	0.500	120.37	120.37
	3	3.6	2813.05	605470	19430	0.032	90.273	2.15	0.500	162.49	162.49
	2	3.6	3271.54	605470	19430	0.032	104.986	2.15	0.500	188.98	188.98
	1	4.0	3539.49	521200	14900	0.029	101.186	2.39	0.581	169.59	235.16

注：$y = y_0 + y_1 + y_2 + y_3$；上端弯矩，$M_{jk}^t = V_{jk}(1-y)h$；下端弯矩，$M_{jk}^b = V_{jk}yh$。

表 6-21 水平地震作用下的中框架梁端弯矩、剪力及柱轴力标准值

楼层 i	进深梁				走道梁				边柱 Z_1	中柱 Z_2
	l /m	M_b^l/ (kN·m)	M_b^r/ (kN·m)	V_{iEk} /kN	l /m	M_b^l/ (kN·m)	M_b^r/ (kN·m)	V_{iEk} /kN	N_{iEk} /kN	N_{iEk} /kN
5	5.7	68.48	35.92	18.32	2.4	25.19	25.19	20.99	18.32	2.67
4	5.7	154.03	129.78	49.79	2.4	71.59	71.59	59.66	68.11	12.54
3	5.7	227.29	182.30	71.86	2.4	100.56	100.56	83.80	139.97	24.48
2	5.7	270.24	226.52	87.15	2.4	124.95	124.95	104.13	227.12	41.46
1	5.7	311.19	231.10	95.14	2.4	127.47	127.47	106.23	322.26	52.55

6. 框架竖向荷载效应计算

该结构基本对称，竖向荷载作用下的框架侧移可以忽略，因此，可采用弯矩分配法（分层法或弯矩二次分配法）计算框架的内力。此时，需要考虑塑性内力重分布而进行梁端负弯矩调幅，本题取弯矩调幅系数为 0.8，梁的跨中正弯矩应做相应的调整（增大）。

以⑤轴中框架单元为例，采用分层法，将竖向恒荷载、楼面活荷载标准值作用在框架计算简图上进行内力计算，计算过程略，内力计算结果在内力组合中直接给出。

7. 内力组合

框架梁、柱的内力标准值计算结果分别见表6-22、6-24。竖向荷载作用下的内力已经考虑了弯矩调幅，梁的内力也已经折算到节点边缘梁柱端控制截面。水平地震作用下框架梁轴线处的弯矩应该折算到梁端控制截面，折算结果为表中括号中的数值。

按无地震作用时的可变荷载控制组合、永久荷载控制组合以及抗震组合三种组合方式，考虑水平地震作用的反复性，梁、柱的内力组合分别见表6-23、6-25。

为了便于确定最不利内力，表6-23、6-25中的抗震组合列出了考虑抗震承载力调整系数 γ_{RE} 后的内力值。

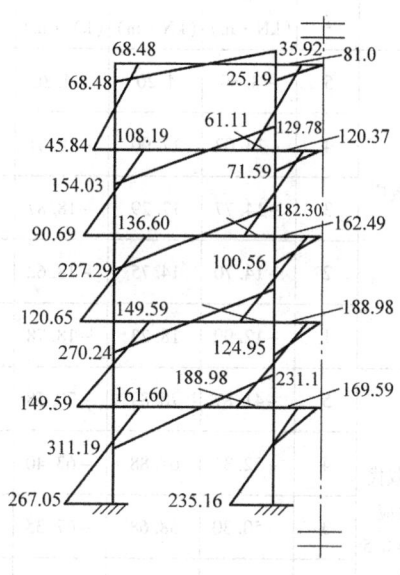

图6-38 水平地震作用下⑤轴框架弯矩

办公楼建筑的安全等级为二级，$\gamma_0 = 1.0$；本框架结构的抗震等级为二级，混凝土框架梁的抗弯抗震承载力调整系数 $\gamma_{RE} = 0.75$，框架柱的压弯抗震承载力调整系数 $\gamma_{RE} = 0.8$，梁柱受剪承载力调整系数 $\gamma_{RE} = 0.85$。

从表6-23可以看出，本算例中梁端的最不利内力值（弯矩、剪力）主要由抗震组合决定，梁跨中弯矩的最不利值主要由非抗震组合决定。

表6-22 ⑤轴框架梁端内力计算结果

荷载类型	楼层 i	进深梁				走道梁			
		M_b^l/ (kN·m)	M_b^c/ (kN·m)	M_b^r/ (kN·m)	V_b /kN	M_b^l/ (kN·m)	M_b^c/ (kN·m)	M_b^r/ (kN·m)	V_b /kN
恒荷载效应 ①	5	-39.97	76.79	-68.15	20.59	-38.77	-2.52	-38.77	35.65
	4	-45.30	58.93	-54.19	18.95	-21.69	5.58	-21.69	19.94
	3	-42.91	50.03	-57.91	19.20	-21.95	5.32	-21.95	20.18
	2	-42.71	50.53	-53.12	18.25	-22.70	4.57	-22.70	20.87
	1	-37.73	52.82	-53.51	17.38	-23.49	3.78	-23.49	21.60

(续)

荷载类型	楼层 i	进深梁				走道梁			
		M_b^l/ (kN·m)	M_b^c/ (kN·m)	M_b^r/ (kN·m)	V_b /kN	M_b^l/ (kN·m)	M_b^c/ (kN·m)	M_b^r/ (kN·m)	V_b /kN
活荷载效应 ②	5	-3.80	4.20	-4.86	1.65	-2.14	-0.22	-2.14	1.97
	4	-14.02	17.90	-18.41	6.18	-9.13	2.69	-9.13	8.40
	3	-14.77	17.29	-18.87	6.41	-8.69	3.12	-8.69	7.99
	2	-14.70	14.75	-18.62	6.35	-8.93	2.89	-8.93	8.21
	1	-12.99	18.23	-18.78	6.05	-9.18	2.63	-9.18	8.44
重力荷载代表值效应 ③=①+0.5×②	5	-41.87	78.89	-70.58	21.42	-39.84	-2.63	-39.84	36.64
	4	-52.31	67.88	-63.40	22.04	-26.26	6.93	-26.26	24.14
	3	-50.30	58.68	-67.35	22.41	-26.30	6.88	-26.30	24.18
	2	-50.06	57.91	-62.43	21.43	-27.17	6.02	-27.17	24.98
	1	-44.23	61.94	-62.90	20.41	-28.08	5.10	-28.08	25.82
地震作用效应 ④	5	±68.48 (±64.36)	0.0	±35.92 (±31.80)	±18.32 (±20.47)	±25.19 (±20.47)	0.0	±25.19 (±20.47)	±20.99
	4	±154.03 (±142.83)	0.0	±129.78 (±118.58)	±49.79	±71.59 (±58.17)	0.0	±71.59 (±58.17)	±59.66
	3	±227.29 (±211.12)	0.0	±182.30 (±166.13)	±71.86	±100.56 (±81.71)	0.0	±100.56 (±81.71)	±83.80
	2	±270.24 (±250.63)	0.0	±226.52 (±206.91)	±87.15	±124.95 (±101.52)	0.0	±124.95 (±101.52)	±104.13
	1	±311.19 (±289.78)	0.0	±231.10 (±209.69)	±95.14	±127.47 (±103.57)	0.0	±127.47 (±103.57)	±106.23

注：M_b^l、M_b^c、M_b^r 分别为梁左端、跨中及右端弯矩；括号中的数值为轴线弯矩简化到梁端的弯矩值。

第6章 多层和高层钢筋混凝土房屋结构抗震设计

表 6-23 ⑤轴框架梁的内力组合

组合规则	楼层 i	进深梁 M_b^l/(kN·m)	M_b^c/(kN·m)	M_b^r/(kN·m)	V_b/kN	走道梁 M_b^l/(kN·m)	M_b^c/(kN·m)	M_b^r/(kN·m)	V_b/kN
非抗震组合 1.2×①+1.4×②	5	-53.28	98.03	-88.58	27.02	-49.52	-3.33	-49.52	45.54
	4	-73.99	95.78	-90.80	31.39	-38.81	**10.46**	-38.81	35.69
	3	-72.17	84.24	-95.91	32.01	-38.51	**10.75**	-38.51	35.40
	2	-71.83	81.29	-89.81	30.79	-39.74	9.53	-39.74	36.54
	1	-63.46	88.91	-90.50	29.33	-41.04	8.22	-41.04	37.74
1.35×①+0.7×1.4×②	5	-57.68	**107.78**	**-96.77**	29.41	-54.44	**-3.62**	-54.44	50.06
	4	-74.89	**97.10**	-91.20	31.64	-38.23	10.17	-38.23	35.15
	3	-72.40	**84.48**	-96.67	32.20	-38.15	10.24	-38.15	35.07
	2	-72.06	**82.67**	-89.96	30.86	-39.40	9.00	-39.40	36.22
	1	-63.67	**89.17**	-90.64	29.39	-40.71	7.68	-40.71	37.43
抗震组合 1.2×③+1.3×④	5	-133.91 / 41.80	94.67	-126.04	49.52	-74.43	-3.16	-74.43	71.27
	4	-248.45 / 133.37	81.47	-230.23 / 90.76	91.19	-107.13 / 49.36	8.32	-107.13 / 49.36	106.53
	3	-334.83 / 224.16	70.43	-296.79 / 148.61	120.31	-137.79 / 79.92	8.27	-137.79 / 79.92	137.96
	2	-385.89 / 275.76	69.49	-343.91 / 206.55	139.01	-164.61 / 104.80	7.23	-164.61 / 104.80	165.34
	1	-429.79 / 332.48	74.33	-464.11 / 205.80	148.18	-168.35 / 106.56	6.12	-168.35 / 106.56	169.08
γ_{RE} (1.2×③+1.3×④)	5	**-100.43** / 31.35	71.00	-94.53 —	**42.09**	**-55.82**	-2.37	**-55.82**	**60.58**
	4	**-186.34** / 100.03	61.10	-172.67 / 68.07	**77.51**	**-80.35** / 37.02	6.24	**-80.35** / 37.02	**90.55**
	3	**-251.12** / 168.12	52.82	**-222.59** / 111.46	**102.26**	**-103.34** / 59.94	6.20	**-103.34** / 59.94	**117.27**
	2	**-289.42** / 206.82	52.12	**-257.93** / 154.91	**118.16**	**-123.46** / 78.60	5.42	**-123.46** / 78.60	**140.54**
	1	**-322.34** / 249.36	55.75	**-348.08** / 154.35	**125.95**	**-126.26** / 79.92	4.59	**-126.26** / 79.92	**143.72**

注：M_b^l、M_b^c、M_b^r 分别为梁左端、跨中及右端弯矩；梁端支座正弯矩 $M = \gamma_{RE}(1.3M_{Eh} - 1.0M_{GE})$，式中的两个弯矩均采用绝对值带入；弯矩的 $\gamma_{RE} = 0.75$，剪力的 $\gamma_{RE} = 0.85$；粗体数值表示截面最不利内力值。

表 6-24 ⑤轴框架的柱端内力计算结果

荷载类型	楼层 i	边柱 Z_1			中柱 Z_2		
		M_c^t /(kN·m)	M_c^b /(kN·m)	N_c^b /kN	M_c^t /(kN·m)	M_c^b /(kN·m)	N_c^b /kN
永久荷载效应①	5	49.96	32.34	130.64	36.72	23.01	183.30
	4	24.29	26.37	250.74	17.62	18.03	363.40
	3	27.27	26.58	369.77	21.93	19.2	527.56
	2	26.81	27.89	590.60	18.82	20.4	834.45
	1	19.28	9.97	736.21	16.76	8.38	1102.38
可变荷载效应②	5	4.75	7.20	5.81	3.40	5.17	8.33
	4	10.33	9.08	29.01	6.43	5.75	41.02
	3	9.39	9.16	52.23	6.97	6.12	75.61
	2	9.22	9.60	75.48	6.00	6.51	106.23
	1	6.22	3.11	98.40	5.17	2.59	142.83
重力荷载代表值效应 ③=①+0.5×②	5	52.34	35.94	133.55	38.42	25.59	187.47
	4	29.46	30.91	265.25	20.84	20.91	383.91
	3	31.97	31.16	395.89	25.42	22.26	565.37
	2	31.42	32.70	628.34	21.82	23.66	887.57
	1	22.39	11.53	785.41	19.35	9.68	1173.79
地震作用效应④	5	±68.48	±45.84	±18.32	±81.00	±61.11	±2.67
	4	±108.19	±90.69	±68.11	±120.37	±120.37	±12.54
	3	±136.60	±120.65	±139.97	±162.49	±162.49	±24.48
	2	±149.59	±149.59	±227.12	±188.98	±188.98	±41.46
	1	±161.60	±267.05	±322.26	±169.59	±235.16	±52.55

注:M_c^t、M_c^b 分别为柱上下端弯矩,N_c^b 为柱底轴力。

表 6-25 ⑤轴框架的柱内力组合

组合规则	楼层 i	边柱 Z_1			中柱 Z_2		
		M_c^t/(kN·m)	M_c^b/(kN·m)	N_c/kN	M_c^t/(kN·m)	M_c^b/(kN·m)	N_c/kN
非抗震组合							
$1.2×①+1.4×②$	5	66.60	48.89	164.90	48.82	34.85	231.62
	4	43.61	44.36	341.50	30.15	29.69	493.51
	3	45.87	44.72	516.85	36.07	31.61	738.93
	2	45.08	46.94	814.39	30.98	33.59	1150.06
	1	31.84	16.32	1021.21	27.35	13.68	1522.82
$1.35×①+0.7×1.4×②$	5	72.10	50.72	182.06	52.90	36.13	255.62
	4	42.91	44.50	366.93	30.09	29.98	530.79
	3	46.02	44.86	550.37	36.44	31.92	786.30
	2	45.23	47.08	871.28	31.29	33.92	1230.61
	1	32.12	16.51	1090.32	27.69	13.85	1628.19
抗震组合							
$1.2×③+1.3×④$	5	151.83 -26.21	102.73 -16.46	184.08 136.45	151.40 -59.20	110.15 -48.74	228.44 221.49
	4	176.00 -105.30	154.99 -80.80	406.84 229.76	181.49 -131.48	181.58 -131.39	476.99 444.39
	3	215.94 -139.21	194.24 -119.45	657.03 293.11	241.74 -180.74	237.95 -184.53	710.28 646.63
	2	232.18 -156.76	233.71 -155.23	1049.26 458.75	271.86 -219.49	274.08 -217.29	1118.98 1011.19
	1	236.95 -183.21	361.00 -333.33	1361.43 523.55	243.69 -197.25	317.33 -294.09	1476.86 1340.24
$\gamma_{RE}(1.2×③+1.3×④)$	5	121.46 -20.97	82.18 -13.17	147.26 109.16	121.12 -47.36	88.12 -38.99	182.75 177.19
	4	140.80 -84.24	123.99 -64.64	325.47 183.81	145.19 -105.18	145.26 -105.11	381.59 355.51
	3	172.75 -111.37	155.39 -95.56	525.62 234.49	193.39 -144.59	190.36 -147.62	568.22 517.30
	2	185.74 -125.41	186.97 -124.18	839.41 367.00	217.49 -175.59	219.26 -173.83	895.18 808.95
	1	189.56 -146.57	288.80 -266.66	1089.14 418.84	194.95 -157.80	253.86 -235.27	1181.49 1072.19

注:M_c^t、M_c^b 分别为柱上下端弯矩;$\gamma_{RE}=0.8$。

8. 截面设计

根据上述所选框架内力计算结果,进行相应构件截面设计,满足构件的抗震承载力要求。

梁柱均采用 C25 混凝土,$f_t = 1.27\text{N/mm}^2$,$f_c = 11.9\text{N/mm}^2$。

纵向钢筋采用 HRB400 级,$f_y = 360\text{N/mm}^2$;箍筋为 HPB300 级,$f_{yv} = 270\text{N/mm}^2$。

(1) 框架梁截面设计 以⑤轴框架的三层楼面进深梁为例进行计算。

1) 梁正截面抗弯承载力计算。框架三层楼面进深梁的最不利弯矩从表 6-23 中比较而得,列于表 6-26 中,跨中截面正弯矩为非抗震组合控制,其余均为抗震组合控制。梁在跨中截面正弯矩作用下按 T 形截面计算,梁在支座正弯矩作用下也按 T 形计算,梁在支座处负弯矩作用下按矩形截面计算。

T 形截面梁翼缘宽度取下列两项中之小值:① $b'_f = l_0/3 = 5700\text{mm}/3 = 1900\text{mm}$;② $b'_f = b + s_n = 6000\text{mm}$;③ $h'_f/h_0 = 120/590 = 0.203 > 0.1$,不受此限值。故取 $b'_f = 1900\text{mm}$。

梁的有效高度 h_0:正弯矩作用时,$h_0 = (650 - 40)\text{mm} = 610\text{mm}$;负弯矩作用时,$h_0 = (650 - 60)\text{mm} = 590\text{mm}$。

判别 T 形截面类型

$$M_f = \alpha_1 f_c b'_f h'_f \left(h_0 - \frac{h'_f}{2}\right) = 11.9 \times 1900 \times 120 \times (590 - 120/2)\text{kN} \cdot \text{m}$$
$$= 1438.0\text{kN} \cdot \text{m} > 168.12\text{kN} \cdot \text{m}$$

故所有正弯矩作用下均属于第一类 T 形截面。

截面配筋计算过程见表 6-26,均按照单筋截面计算。

表 6-26 框架第三层进深梁正截面承载力计算

截面	左(边)支座		跨中	右(中)支座	
	+M	-M	+M	+M	-M
$\gamma_{RE}M$ 或 $M/(\text{kN}\cdot\text{m})$	168.12	-251.12	84.48	111.46	-222.59
截面类型	第一类 T 形	矩形	第一类 T 形	第一类 T 形	矩形
截面尺寸/mm²	1900×650	250×650	1900×650	1900×650	250×650
$\xi = 1 - \sqrt{1 - 2\dfrac{\gamma_{RE}M}{\alpha_1 bh_0^2 f_c}}$	0.020 < 0.35	0.282	0.010 < 0.35	0.013 < 0.35	0.245
$A_s = \dfrac{\alpha_1 f_c bh_0 \xi}{f_y}/\text{mm}^2$	772.51	1376.73	390.30	507.39	1194.63
$A_{s\min} = \rho_{\min} bh/\text{mm}^2$	325	325	325	325	325
选筋	3 Φ 18	2 Φ 22 + 2 Φ 20	3 Φ 18	3 Φ 18	2 Φ 22 + 2 Φ 18
实配 A_s/mm^2	763	1388	763	763	1269

2) 梁斜截面抗剪承载力计算。一般情况下，应分别进行抗震与非抗震斜截面设计，选取较大配筋量，这里省略了非抗震斜截面承载力计算，只进行抗震设计。本算例中抗震组合剪力值远远大于非抗震组合剪力值，斜截面配箍量应该由抗震组合控制。本框架结构的抗震等级为二级。

a. 剪力设计值的调整。

$$V_{Gb} = 1.2 \times 59.2 \times 5.2 \text{kN}/2 = 184.70 \text{kN}$$

式中的 59.2kN/m 为作用在梁上的竖向均布荷载标准值。

梁端弯矩顺时针作用时的剪力

$$V_b = \eta_{vb} \frac{M_b^l + M_b^r}{l_n} + V_{Gb} = 1.2 \times \frac{224.16 + 296.79}{5.2} \text{kN} + 184.7 \text{kN} = 305.14 \text{kN}$$

梁端弯矩逆时针作用时的剪力

$$V_b = \eta_{vb} \frac{M_b^l + M_b^r}{l_n} + V_{Gb} = 1.2 \times \frac{334.83 + 148.61}{5.2} \text{kN} + 184.7 \text{kN} = 296.52 \text{kN}$$

表 6-23 中组合剪力最不利值为 120.31kN，经比较，梁端剪力设计值取为 305.14kN。

b. 剪跨比限值验算。

$$\frac{1}{\gamma_{RE}}(0.20 f_c b h_0) = \frac{1}{0.85} \times (0.20 \times 11.9 \times 250 \times 590) \text{kN} = 413 \text{kN} > 305.14 \text{kN}$$

（满足要求）

c. 承载力。按式 6-12 计算。

由

$$305.14 \times 10^3 = \frac{1}{0.85} \left(0.42 \times 1.27 \times 250 \times 590 + 270 \frac{A_{sv}}{s} 590\right)$$

得

$$\frac{A_{sv}}{s} = 1.134$$

抗震等级为二级的框架要求：梁端箍筋加密区箍筋直径 $d \geqslant 8\text{mm}$，箍筋间距 $s = \min\{100, h/4, 8d\}$。取双肢箍Φ10@100，则 $\frac{A_{sv}}{s} = \frac{2 \times 78.5}{100} = 1.57 > 1.134$，满足要求。

$$\rho_{sv} = \frac{A_{sv}}{bs} = \frac{2 \times 78.5}{250 \times 100} = 0.628\% > \rho_{sv,\min} = 0.28 \frac{f_t}{f_{yv}} = 0.28 \times \frac{1.27}{270} = 0.132\%$$

（满足要求）

（2）框架柱抗震设计　以⑤轴框架 Z_2 的三层为例进行计算。一般情况下，需要分别进行非抗震、抗震配筋量计算，比较后确定实际配筋，但多数情况为抗震配筋量控制。本算例只进行抗震配筋量计算。

1) 柱正截面抗弯承载力计算。

a. 弯矩设计值的调整。按下式进行调整

$$\sum M_c = \eta_c \sum M_b, \eta_c = 1.5$$

计算过程见表6-27，需要注意的是：根据节点平衡原理，柱端的顺时针弯矩总和 $\sum M_c$ 应与梁端的逆时针弯矩总和增大值 $\eta_c \sum M_b$ 进行比较，前者大时柱端弯矩不需调整，后者大时按照 $\eta_c \sum M_b / \sum M_c$ 的比例对原柱端弯矩进行增大，而不是直接将柱端弯矩乘以 η_c。表中上节点的 $M'_{c下}$ 与下节点的 $M'_{c上}$ 值分别为 Z_2 第三层的上下端弯矩设计值。

表6-27 框架 Z_2 第三层的上下端弯矩设计值调整

节点	内力方向	$M_{c上}$/(kN·m)	$M_{c下}$/(kN·m)	$\sum M_c$/(kN·m)	$M_{b左}$/(kN·m)	$M_{b右}$/(kN·m)	$\eta_c \sum M_b$/(kN·m)	增大倍数	$M'_{c上}$/(kN·m)	$M'_{c下}$/(kN·m)
上	1	181.58	241.74	423.32	-296.79	-79.92	-565.065	1.33	242.38	**322.68**
上	2	-131.39	-180.74	-312.13	148.61	137.79	429.600	1.38	-180.84	**-248.76**
下	1	237.95	271.86	509.81	-343.91	-104.80	-673.065	1.32	**314.15**	358.92
下	2	-184.53	-219.49	-404.02	206.55	164.61	556.740	1.38	**-254.28**	-302.46

注：$M'_{c上}$、$M'_{c下}$ 分别为节点上下柱端调整后的弯矩；内力方向1为柱端顺时针与梁端逆时针弯矩平衡；内力方向2为柱端逆时针与梁端顺时针弯矩平衡。

b. 轴压比验算。抗震等级为二级的框架轴压比限值为0.75。从表6-23可知，Z_2 第三层底部顺时针方向与逆时针方向的轴力组合值分别为710.28kN、646.63kN。三层柱截面为500mm×500mm，故柱较大轴压比为

$$\frac{N}{f_c A_c} = \frac{710.28 \times 10^3}{11.9 \times 500 \times 500} = 0.239 < 0.75 (满足要求)$$

c. 正截面承载力计算。Z_2 第三层的上端最不利内力有：（322.68，710.28）、（-254.28，646.63）；下端最不利内力有：（314.15，710.28）、（-254.28，646.63）。由于框架柱采用对称配筋，且柱上下端拟配筋一致，故选取顺时针方向最不利内力为 Z_2 第三层的设计内力。

$$h_0 = (500-40)\text{mm} = 460\text{mm}$$

三层框架柱的计算长度取为 $l_0 = 1.25H = 1.25 \times 3600\text{mm} = 4500\text{mm}$

由于 $\dfrac{M_1}{M_2} = \dfrac{314.15}{322.68} = 0.974$，$i = \sqrt{\dfrac{I}{A}} = 144.34\text{mm}$，则

$$l_0/i = 31.2 > 34 - 12\frac{M_1}{M_2} = 22.3$$

因此，需要考虑附加弯矩的影响。

$$C_m = 0.7 + 0.3\frac{M_1}{M_2} = 0.7 + 0.3 \times 0.974 = 0.992$$

$$\zeta_c = \frac{0.5f_c A}{N} = \frac{0.5 \times 11.9 \times 500 \times 500}{710.28 \times 10^3} = 2.09 > 1.0, 故取 \zeta_c = 1.0$$

附加偏心距 $e_a = 20\text{mm}$(e_a 取 20mm 或 $\frac{1}{30}h = \frac{1}{30} \times 500\text{mm} = 16.7\text{mm}$ 二者之中的较大者)

$$\eta_{ns} = 1 + \frac{1}{1300(M_2/N + e_a)/h_0}\left(\frac{l_0}{h}\right)^2 \zeta_c$$

$$= 1 + \frac{1}{1300 \times \left(\frac{322.68 \times 10^6}{710.28 \times 10^3} + 20\right)/460} \times \left(\frac{4500}{500}\right)^2 \times 1.0$$

$$= 1.06$$

柱的弯矩设计值为 $M = C_m \eta_{ns} M_2 = 0.992 \times 1.06 \times 322.68 \text{kN} \cdot \text{m} = 339.37 \text{kN} \cdot \text{m}$

$e_0 = \frac{339.37 \times 10^6}{710.28 \times 10^3}\text{mm} = 477.8\text{mm}$,则初始偏心距为

$$e_i = e_0 + e_a = (477.8 + 20)\text{mm} = 497.8\text{mm}$$

$$e_i = 497.8\text{mm} > 0.3h_0 = 0.3 \times 465 = 139.5\text{mm}$$

且 $x = \frac{N}{\alpha_1 f_c b} = \frac{710.28 \times 10^3}{1.0 \times 11.9 \times 500}\text{mm} = 119.37\text{mm} < \xi_b h_0 = 0.518 \times 460\text{mm} = 238.28\text{mm}$,属于大偏心受压

$$e = e_i + h/2 - a = (497.8 + 250 - 40)\text{mm} = 707.8\text{mm}$$

$$2a' < x < \xi_b h_0$$

由 $Ne \leq \frac{1}{\gamma_{RE}}[\alpha_1 f_c bx(h_0 - x/2) + f_y' A_s'(h_0 - a')]$

得:

$$A_s = A_s' = \frac{\gamma_{RE} Ne - \alpha_1 f_c bx(h_0 - x/2)}{f_y'(h_0 - a')}$$

$$= \frac{0.8 \times 710.28 \times 10^3 \times 707.8 - 1.0 \times 11.9 \times 500 \times 119.37 \times (460 - 119.37/2)}{360 \times (460 - 40)}\text{mm}^2$$

$= 779.53\text{mm}^2$

$$A_{smin} = 0.2\% \times 500 \times 500 \text{mm}^2 = 500\text{mm}^2 < 779.53\text{mm}^2$$

取 $A_s = 779.53\text{mm}^2$,每边配置 3 Φ 20($A_s = A_s' = 942\text{mm}^2$)

2) 柱斜截面抗剪承载力计算。

a. 剪力设计值的调整。柱端弯矩顺时针作用时的剪力为

$$V_c = \eta_{vc}(M_c^b + M_c^t)/H_n = 1.3 \times (322.68 + 314.15)/(3.6 - 0.65)\text{kN}$$
$$= 280.64\text{kN}$$

柱端弯矩逆时针作用时的剪力为

$$V_c = \eta_{vc}(M_c^b + M_c^t)/H_n = 1.3 \times (248.71 + 254.28)/(3.6 - 0.65)\text{kN}$$
$$= 221.66\text{kN}$$

故梁端剪力设计值取为 280.64kN。

b. 剪跨比限值验算。

$$\frac{1}{\gamma_{RE}}(0.20 f_c b h_0) = \frac{1}{0.85} \times (0.20 \times 11.9 \times 500 \times 460)\text{kN}$$
$$= 644\text{kN} > 280.64\text{kN}(满足要求)$$

c. 承载力计算。

$$V \leq \frac{1}{\gamma_{RE}}\left(\frac{1.05}{\lambda+1}f_t b h_0 + f_{yv}\frac{A_{sv}}{s}h_0 + 0.056N\right)$$

$\lambda = H_n/2h_0 = 2.96/(2 \times 0.46) = 3.22 > 3$,取 $\lambda = 3$

$0.3 f_c A_c = 0.3 \times 11.9 \times 500^2 \text{N} = 892500\text{N} = 892.5\text{kN} > N = 710.24\text{kN}$,取 $N = 710.24\text{kN}$

由 $280.64 \times 10^3 \leq \frac{1}{0.85} \times \left(\frac{1.05}{3+1} \times 1.27 \times 500 \times 460 + 270 \times \frac{A_{sv}}{s} \times 460 + 0.056 \times 710.24 \times 10^3\right)$

得

$$\frac{A_{sv}}{s} \geq 0.983$$

抗震等级为二级的框架要求:柱端箍筋加密区箍筋直径 $d \geq 8\text{mm}$,梁端箍筋间距 $s = \min\{100, 8d\}$,非加密区箍筋配置量不小于加密区的一半。

箍筋加密区取 4 肢箍 $\phi 8@100$,则 $\frac{A_{sv}}{s} = \frac{4 \times 50.3}{100} = 2.01 > 0.983$,满足要求。

箍筋非加密区取 4 肢箍 $\phi 8@150$,则 $\frac{A_{sv}}{s} = \frac{4 \times 50.3}{150} = 1.34 > 0.983$,满足要求。

抗震等级为二级的框架柱轴压比为 0.239,采用复合箍筋,查表 6-15 知箍筋加密区的箍筋最小配箍特征值 $\lambda_v = 0.08$,则柱箍筋加密区的箍筋体积配箍率为

$$\rho_v = \frac{2 \times 50.3 \times 4 \times 450}{500^2 \times 100} = 0.72\% \geqslant \lambda_v f_c/f_{yv} = 0.08 \times 11.9/270 = 0.35\%，且大$$

于 0.6%，满足要求。

(3) 节点抗震承载力验算 本框架抗震等级为二级，需进行节点抗震承载力验算，节点核心区配箍量与柱端配箍量相同。以 Z_2 第三层的上节点为例进行验算。

a. 节点剪力设计值。

顺时针方向 $V_j = \dfrac{\eta_{jb} \sum M_b}{h_{b0} - a'_s}\left(1 - \dfrac{h_{b0} - a'_s}{H_c - h_b}\right)$

$$= \frac{1.35 \times (296.79 \times 10^6 + 79.92 \times 10^6)}{610 - 40} \times \left(1 - \frac{610 - 40}{3600 - 650}\right) \text{N}$$

$$= 719.82 \times 10^3 \text{N} = 719.82 \text{kN}$$

逆时针方向 $V_j = \dfrac{\eta_{jb} \sum M_b}{h_{b0} - a'_s}\left(1 - \dfrac{h_{b0} - a'_s}{H_c - h_b}\right)$

$$= \frac{1.35 \times (148.61 \times 10^6 + 137.79 \times 10^6)}{610 - 40} \times \left(1 - \frac{610 - 40}{3600 - 650}\right) \text{N}$$

$$= 547.25 \times 10^3 \text{N} = 547.25 \text{kN}$$

取 $V_j = 719.82 \text{kN}$。

b. 节点核心区剪压比验算。由于梁宽 $b_b = b_c/2 = 205\text{mm}$，可以取 $b_j = h_j = 500\text{mm}$。并且节点四侧各梁截面宽度不小于该侧柱截面宽度的 1/2，正交方向的纵向框架梁高度不小于本横向框架梁高度的 3/4，可以取交叉梁约束影响系数 $\eta_j = 1.5$。

$$V_j = 719.82 \text{kN} \leqslant \frac{1}{\gamma_{RE}}(0.3\eta_j f_c b_j h_j) = \frac{1}{0.85} \times (0.3 \times 1.5 \times 11.9 \times 500 \times 500) \text{N}$$

$$= 1575 \times 10^3 \text{N} = 1575 \text{kN}$$

满足要求。

c. 受剪承载力验算。

$$V_j \leqslant \frac{1}{\gamma_{RE}}\left(1.1\eta_j f_t b_j h_j + 0.05\eta_j N \frac{b_j}{b_c} + f_{yv} A_{svj} \frac{h_{b0} - a'_s}{s}\right)$$

对于 Z_2 第三层的上节点，验算公式中的 N 应取第四层柱根的轴力较小值，由表 6-25 知，$N = 444.39 \text{kN}$。

按照柱端的 4 肢箍 $\Phi 8@100$ 进行验算

$0.5 f_c b_c h_c = 0.5 \times 11.9 \times 500^2 \text{N} = 1487500 \text{N} = 1487.5 \text{kN} > N = 444.39 \text{kN}$，取 N

$= 444.39 \text{kN}$

则
$$V_{ju} = \frac{1}{0.85} \times \left(1.1 \times 1.5 \times 1.27 \times 500^2 + 0.05 \times 1.5 \times 444.39\right.$$
$$\left.\times 10^3 \times \frac{500}{500} + 270 \times 4 \times 50.3 \frac{610-40}{100}\right) N$$
$$= 1019.82 \times 10^3 \text{N} = 1019.82 \text{kN} > V_j = 719.82 \text{kN}$$

满足要求。

构造措施略。

6.4 抗震墙结构的抗震设计

6.4.1 抗震墙结构的抗震概念设计

钢筋混凝土抗震墙（剪力墙）结构是由纵横双向的钢筋混凝土抗震墙承受竖向、水平荷载的结构，是具有较大抗侧移刚度的体系。抗震墙结构的抗震概念设计，首先要满足多高层钢筋混凝土结构抗震设计的一般要求（见 6.2 节），其次还要根据抗震墙结构的自身特点满足下述设计原则。

1. 抗震墙的设置

抗震墙是结构中的主要抗侧力构件，合理布置抗震墙是结构具有良好的整体抗震性能的基础。抗震墙的设置应对称、均匀、连续，应沿主轴方向双向布置，应避免仅单向有墙的结构布置形式。还应符合下列要求：

1）抗震墙的两端（不包括洞口两侧）宜设置端柱或与另一个方向的抗震墙相连。

2）较长的抗震墙宜开设洞口，将一道抗震墙分成较均匀的若干墙段。洞口宜上下对齐、成列布置，形成明确的墙肢与连梁，尽量避免错洞墙。洞口连梁的跨高比宜大于 6，各墙段的高宽比不应小于 3，墙段长度不宜大于 8m。

3）墙肢的长度沿结构全高不宜有突变；抗震墙有较大洞口时，以及抗震等级为一、二级的抗震墙底部加强部位，洞口宜上下对齐。

4）矩形平面的部分框支抗震墙结构，其框支层的楼层侧向刚度不应小于相邻非框支层的楼层侧向刚度的 50%；框支层落地抗震墙间距不宜大于 24m，框支层的平面布置尚宜对称，且宜设抗震筒体。底层框架部分承担的地震倾覆力矩不应大于结构总地震倾覆力矩的 50%。

2. 抗震墙的加强部位

1）底部加强部位的高度应从地下室顶板算起。

2）部分框支抗震墙结构的抗震墙，其底部加强部位的高度，可取框支层加框支层以上两层的高度及落地抗震墙总高度的 1/10 两者的较大值；房屋高度不大于 24m 时，底部加强部位可取底部一层。

3）当结构计算的嵌固端位于地下一层的底板或以下时，底部加强部位尚宜向下延伸到计算嵌固端。

另外，房屋顶层、楼梯间和抗侧力电梯间的抗震墙、端开间的纵向抗震墙和端山墙的配筋应符合关于加强部位的要求。

3. 抗震墙设计的原则

抗震墙设计应遵循"强墙肢弱连梁、强剪弱弯"的原则，即

1）连梁屈服先于墙肢的屈服，使塑性变形和耗能分散于连梁中，避免因墙肢过早屈服使塑性变形集中于某一层而形成软弱层或薄弱层。一般情况下，联肢墙宜采用弱连梁，即在地震作用下连梁总约束弯矩不大于该层联肢墙所承受的约束弯矩的 20%。

2）在侧向力作用下抗震墙墙肢底部一定高度内可能屈服形成塑性铰，适当提高塑性铰范围的抗剪承载力，避免墙肢（含无洞口的墙体）和连梁发生剪切破坏。

6.4.2 抗震墙类别划分

抗震墙中大小不同的洞口，对其抗侧移刚度影响不同，从而表现出不同的抗震性能，应在内力计算、截面设计时区别对待。单片抗震墙的类别一般按其洞口大小和位置、墙肢惯性矩比 I_A/I 及整体系数 α 进行划分。

洞口系数
$$\rho = \frac{\text{墙面洞口面积}}{\text{墙面不计洞口的总面积}} \times 100\% \tag{6-26}$$

墙肢惯性矩比
$$\frac{I_A}{I} = \frac{I - \sum_{j=1}^{m+1} I_j}{I} \tag{6-27}$$

式中 I_j、I——第 j 墙肢的惯性矩和抗震墙对组合截面形心的惯性矩；

I_A——扣除墙肢惯性矩后抗震墙的惯性矩；

m——孔洞列数。

整体系数
$$\alpha = H\sqrt{\frac{6}{\tau H \sum_{j=1}^{m+1} I_j} \sum_{j=1}^{m} \frac{I'_{bj} c_j^2}{a_j^3}} \tag{6-28}$$

式中 H——抗震墙总高度；

τ——轴向变形系数，双肢时取为墙肢惯性矩比 I_A/I，3~5 肢时取为 0.80，5~7 肢时取为 0.85，8 肢以上取为 0.90；

a_j——第 j 列洞口连梁计算跨度(取洞口宽度加连梁高度的一半)的 1/2；

c_j——第 j 列洞口两侧墙肢间轴线距离的 1/2；

I'_{bj}——第 j 列洞口连梁考虑剪切变形的折算惯性矩，按下式计算

$$I'_{bj} = \frac{I_{bj}}{1 + \frac{3\mu E_c I_{bj}}{GA_{bj}a_j^2}} \qquad (6-29)$$

式中 I_{bj}、A_{bj}——连梁的惯性矩、截面积；

μ——截面切应力不均匀系数，矩形截面取为 1.2；

E_c、G——混凝土弹性模量和切变模量。

抗震墙可分为以下几类：

(1) 整体墙 当抗震墙不开门窗洞口或虽开有洞口，但洞口很小，即 $\rho \leq 15\%$ 且洞口净距及洞口至墙边的净距都大于洞口长边的尺寸时，可忽略洞口的影响，把其可看作整体墙（图6-39a）。此时，它们的受力性能犹如一悬臂梁，截面上的正应力仍符合平截面假定，在墙肢的高度上，弯矩图既不发生突变也不出现反弯点，变形曲线以弯曲型为主。

(2) 整体小开口墙 当抗震墙上的门窗洞口沿竖向成列布置，虽然 $\rho \geq 15\%$，但总的说来洞口比较小，且满足 $\alpha \geq 10$、$I_A/I \leq \zeta$ 时（系数 ζ 按表6-28确定），称其为整体小开口墙（图6-39b）。它在荷载作用下，在连系梁处的墙肢弯矩图有突变，但在整个墙肢的高度上，没有或仅在个别楼层中才出现反弯点，整个抗震墙的变形曲线仍以弯曲型为主。

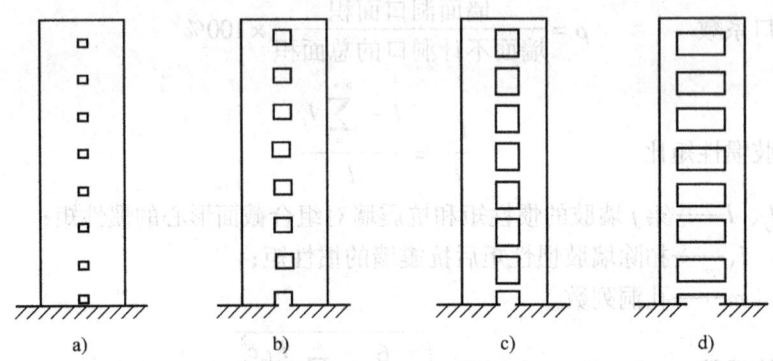

图6-39 剪力墙结构的分类

a) 整体墙 b) 整体小开口墙 c) 联肢墙 d) 壁式框架

(3) 联肢墙（双肢或多肢） 此类抗震墙上的门窗洞口尺寸较大（图6-39c），满足 $\rho \geq 15\%$、$0 \leq \alpha < 10$、$I_A/I \leq \zeta$ 时称为联肢墙。整个抗震墙截面上的正应力已不再成直线分布，其变形曲线从弯曲变形逐渐过渡到剪切变形。

(4) 壁式框架 当抗震墙具有多列洞口，且洞口尺寸较大，特别是当洞口上连梁的线刚度大于或接近于洞口侧边墙肢的线刚度，且满足 $\alpha \geqslant 10$、$I_A/I > \zeta$ 时，抗震墙的受力性能已接近于框架，宜按带刚域的"壁式框架"进行设计（图 6-39d）。此时，在水平荷载作用下其柱的弯矩图不仅在楼层处有突变，而且在大多数的楼层中都出现反弯点，整个框架的变形以剪切型为主。

表 6-28 系数 ζ 的取值

荷载	均布荷载					倒三角荷载				
层数 n / α	8	10	12	16	20	8	10	12	16	20
10	0.832	0.897	0.945	1.000	1.000	0.887	0.938	0.974	1.000	1.000
12	0.810	0.874	0.926	0.978	1.000	0.867	0.915	0.950	0.994	1.000
14	0.797	0.858	0.901	0.957	0.993	0.833	0.901	0.933	0.976	1.000
16	0.788	0.847	0.888	0.943	0.977	0.844	0.889	0.924	0.963	0.989
18	0.781	0.838	0.879	0.932	0.965	0.837	0.881	0.913	0.953	0.978
20	0.775	0.832	0.871	0.923	0.956	0.832	0.875	0.906	0.945	0.970
22	0.771	0.827	0.864	0.917	0.948	0.828	0.871	0.901	0.939	0.964
24	0.768	0.823	0.861	0.911	0.943	0.825	0.867	0.897	0.935	0.959
26	0.766	0.820	0.857	0.907	0.937	0.822	0.864	0.893	0.931	0.956
28	0.763	0.818	0.854	0.903	0.934	0.820	0.861	0.889	0.928	0.953
≥30	0.762	0.815	0.853	0.900	0.930	0.818	0.858	0.885	0.925	0.949

6.4.3 抗震墙结构的抗震计算

1. 抗震计算方法

抗震墙结构的地震作用、截面内力与位移计算一般采用专门的计算机软件计算，如 SETWE，也可以采用近似方法计算。

首先采用串联多自由度质点模型，运用底部剪力法或振型分解法求出各质点的水平地震作用 F_i，将 F_i 等效为倒三角形分布、均匀分布与顶点集中力组合的形式，进而求出在水平地震作用下各楼层的剪力 V_i 和弯矩 M_i。

再将各楼层的地震作用 F_i 或地震剪力 V_i、弯矩 M_i，按同一方向各抗震墙片刚度的比例分配到各墙片上。抗震墙种类不同，抗弯刚度 E_cI 的确定方法不同，当墙片沿竖向刚度变化较均匀时，可近似用等效刚度 E_cI_{eq} 代替。

根据不同种类抗震墙的受力特点，单独计算墙片各部位的内力，最后进行抗震墙中墙肢及连梁的截面承载力计算。

2. 等效侧移刚度的确定

（1）**整体墙与整体小开口墙** 在均布荷载、倒三角荷载和顶部集中荷载三种水平荷载下的等效侧移刚度为

$$E_c I_{eq} = \begin{cases} \dfrac{E_c I_w}{1 + \dfrac{4\mu EI_w}{GA_w H^2}} & \text{（均布荷载）} \\[2ex] \dfrac{E_c I_w}{1 + \dfrac{3.67\mu EI_w}{GA_w H^2}} & \text{（倒三角荷载）} \\[2ex] \dfrac{E_c I_w}{1 + \dfrac{3\mu EI_w}{GA_w H^2}} & \text{（顶点集中力）} \end{cases} \quad (6-30)$$

式中 E_c、G——混凝土的弹性模量、切变模量；

I_{eq}——等效惯性矩；

H——抗震墙的总高度；

μ——截面形状系数，矩形截面 $\mu = 1.2$；

I_w——考虑孔洞影响后的剪力墙水平截面的折算惯性矩，取有洞口与无洞口截面惯性矩沿竖向的加权平均值，即 $I_w = (\sum\limits_{i=1}^{n} I_i h_i) / \sum\limits_{i=1}^{n} h_i$，$I_i$、$h_i$ 分别为抗震墙沿竖向各段（或各层）水平组合截面的惯性矩和相应各段的高度，对于整体小开口剪力墙，$I_w = I/1.2$，I 为整个抗震墙截面对组合截面形心的惯性矩；

A_w——剪力墙水平截面面积。

对于有小洞口的整体墙，取折算截面面积，即 $A_w = \gamma_0 A$，其中 A 为墙水平截面毛面积，γ_0 为洞口削弱系数，$\gamma_0 = 1 - 1.25\sqrt{A_{op}/A_f}$，$A_{op}$ 为墙立面洞口面积，A_f 为墙立面总面积；对于整体小开口墙，$A_w = \sum\limits_{j=1}^{n} A_{wj}$。

若将式（6-30）写成统一的公式，并以 $G = 0.42E$ 代入，则可近似写成

$$E_c I_{eq} = \dfrac{E_c I_w}{1 + \dfrac{9\mu I_w}{A_w H^2}} \quad (6-31)$$

（2）**联肢墙** 在均布荷载、倒三角荷载和顶部集中荷载三种水平荷载下联肢墙的等效侧移刚度可近似按下列各式计算

$$E_c I_{eq} = \begin{cases} \dfrac{E_c \sum I_i}{(1-T) + 4\gamma^2 + T\psi_a} & \text{(均布荷载)} \\[2mm] \dfrac{E_c \sum I_i}{(1-T) + 3.64\gamma^2 + T\psi_a} & \text{(倒三角荷载)} \\[2mm] \dfrac{E_c \sum I_i}{(1-T) + 3\gamma^2 + T\psi_a} & \text{(顶部集中荷载)} \end{cases} \quad (6\text{-}32)$$

其中

$$\gamma^2 = \frac{\mu E_c \sum I_i}{H^2 G \sum A_i}$$

$$\psi_a = \begin{cases} \dfrac{8}{\alpha^2}\left(\dfrac{1}{2} + \dfrac{1}{\alpha^2} - \dfrac{1}{\alpha^2 \cosh\alpha} - \dfrac{\sinh\alpha}{\alpha \cosh\alpha}\right) & \text{(均布荷载)} \\[2mm] \dfrac{6}{11} - \dfrac{1}{\alpha^2}\left(\dfrac{2}{3} + \dfrac{2\sinh\alpha}{\alpha^3 \cosh\alpha} - \dfrac{2}{\alpha^2 \cosh\alpha} - \dfrac{\sinh\alpha}{\alpha \cosh\alpha}\right) & \text{(倒三角荷载)} \\[2mm] \dfrac{3}{\alpha^2}\left(1 - \dfrac{1}{\alpha}\dfrac{\sinh\alpha}{\cosh\alpha}\right) & \text{(顶部集中荷载)} \end{cases} \quad (6\text{-}33)$$

系数 T：墙肢数目 $n = 3 \sim 4$ 时，$T = 0.80$；$n = 5 \sim 7$ 时，$T = 0.85$；$n \geqslant 8$ 时，$T = 0.90$。

（3）壁式框架 壁式框架的壁梁与壁柱截面都较宽，在梁柱相交处形成一个结合区，这个结合区可以视作不产生变形的刚域，因此，壁式框架就是杆端带有刚域的变截面刚架，同时其杆件截面较宽，剪切变形的影响不宜忽略。在采用 D 值法进行计算时，原理与步骤与普通框架都是一样的，但其刚度取值相应的需要进行修正。具体见相关文献，此处略。

3. 地震作用及地震内力在各片墙的分配

求出在总水平地震作用下结构各层的地震作用 F_i 或地震剪力 V_i 和弯矩 M_i 后，按抗震墙片的等效刚度 $E_c I_{eq}$ 的比例分配到各墙片上。则第 i 层第 j 墙片分配到的侧向力 F_{ij}、地震内力 V_{ij} 和弯矩 M_{ij} 分别为

$$F_{ij} = \frac{E_c I_{eqij}}{\sum E_c I_{eqik}} F_i \quad (6\text{-}34a)$$

$$V_{ij} = \frac{E_c I_{eqij}}{\sum E_c I_{eqik}} V_i \quad (6\text{-}34b)$$

$$M_{ij} = \frac{E_c I_{eqij}}{\sum E_c I_{eqik}} M_i \quad (6\text{-}34c)$$

4. 各墙体的内力计算

（1）整体墙　对整体墙，可作为竖向悬臂构件按材料力学公式计算水平截面的应力和位移。

（2）整体小开口墙　对整体小开口墙，墙肢截面应力分布虽然与整体墙不同，但偏差不大，可以按下列公式近似计算。

第 j 墙肢弯矩
$$M_j = 0.85M \frac{I_j}{I} + 0.15M \frac{I_j}{\sum I_k} \qquad (6\text{-}35)$$

第 j 墙肢轴力
$$N_j = 0.85M \frac{A_j y_j}{I} \qquad (6\text{-}36)$$

第 j 墙肢的剪力分配，底层与其它层不一样：

底层剪力
$$V_j = \frac{A_j}{\sum A_k} V \qquad (6\text{-}37)$$

其余层剪力
$$V_j = \frac{V}{2}\left(\frac{A_j}{\sum A_k} + \frac{I_j}{\sum I_k}\right) \qquad (6\text{-}38)$$

式中　V、M——该墙体在计算截面处由外荷载（含地震作用）产生的剪力和弯矩；

　　　I——整个抗震墙截面对组合截面形心的总惯性矩；

　　　I_j、A_j、y_j——第 j 墙肢的截面惯性矩、截面面积和墙肢截面形心至组合截面形心的距离。

整体小开口墙连梁的剪力可由上下墙肢的轴力差计算。

（3）联肢墙　关于联肢墙内力的计算可以利用微分方程求解，具体计算可参见有关文献，此略。

（4）壁式框架　壁式框架受力性能接近于框架，可以当作带刚域的框架进行计算。采用 D 值法计算带刚域框架柱的侧移刚度与反弯点高度时，计算公式均需修正，具体计算可参见有关文献，此处略。壁式框架中梁柱的内力计算方法同框架结构。

地震作用下的内力计算完成后，就可以与其他荷载作用下的内力进行组合，以确定最不利的内力组合，作为截面设计的依据。

5. 内力调整

内力组合后，在进行截面设计之前，需要按抗震要求对抗震墙内力进行调整。

（1）弯矩设计值　为了迫使塑性铰发生在抗震墙的底部，以增加结构的变形和耗能能力，应加强抗震墙上部的受弯承载力，同时对底部加强区采取提高延性的措施。为此，《建筑抗震设计规范》规定，抗震等级为一级的抗震墙底部加强部位以及上一层，应按墙肢底部截面组合弯矩设计值采用；其他部位，墙肢截面的组合弯矩设计值应乘以1.2的增大系数。

连梁往往剪跨比较小，在水平荷载作用下，连梁内通常产生很大的剪力和弯矩。由于连梁的宽度往往较小（通常与墙厚相同），这使得连梁的截面尺寸和配筋往往难以满足设计要求，即存在连梁截面尺寸不能满足剪压比限值、纵向受拉钢筋超筋、不满足斜截面受剪承载力要求等问题。若加大连梁截面尺寸，则因连梁刚度的增加而导致其内力也增加。根据设计经验，可采用下列方法来处理：

1）在满足结构位移限值的前提下，适当减小连梁高度，从而使连梁的剪力和弯矩迅速减小。

2）加大洞口宽度以增加连梁的跨度，即减小连梁刚度。

3）考虑水平力作用下，连梁由于开裂而导致其刚度降低的现象，采用刚度折减系数 β（β 不宜小于0.50）。

4）为保证抗震墙"强墙弱梁"的延性要求，当联肢抗震墙中某几层连梁的弯矩设计值超过其最大受弯承载力时，可降低这些部位的连梁弯矩设计值，并将其余部位的连梁弯矩设计值相应提高，以满足平衡条件。

经调整的连梁弯矩设计值，可均取为最大弯矩调整前弯矩设计值的80%，必要时可提高墙肢的配筋以满足极限平衡条件。

（2）剪力设计值　在截面设计时，有地震作用组合的剪力设计值，需要根据"强剪弱弯"的原则进行调整。抗震等级为一、二、三级的抗震墙底部加强部位，其截面地震作用组合的剪力设计值应按下式调整

$$V_w = \eta_{vw} V \tag{6-39}$$

9度时尚应符合

$$V_w = 1.1 \frac{M_{wua}}{M_w} V \tag{6-40}$$

式中　V、M_w——抗震墙底部加强部位截面组合的剪力设计值和弯矩设计值；

　　　　M_{wua}——抗震墙底部截面实配的抗震受弯承载力所对应的弯矩值，根据实配纵向钢筋面积、材料强度标准值和轴力等计算；有翼墙时应计入墙两侧各一倍翼墙厚度范围内的纵向钢筋；

　　　　η_{vw}——抗震墙剪力增大系数，抗震等级为一级时取1.6，抗震等级为二级时取1.4，抗震等级为三级时取1.2。

为了保证连梁的剪切破坏不先于弯曲破坏发生，连梁的剪力设计值应按式(6-8)、式(6-9)进行调整。

6. 截面承载力计算

（1）墙肢（或整体墙）正截面承载力计算　抗震墙墙肢在竖向荷载和水平荷载作用下属偏心受力构件，它与普通偏心受力柱的区别在于截面高度大、宽度小，有均匀的分布钢筋。因此，截面设计时应考虑分布钢筋的影响并进行平面外的稳定验算。

偏心受压墙肢可分为大偏压和小偏压两种情况。当发生大偏压破坏时，位于受压区和受拉区的分布钢筋都有可能屈服。但在受压区，考虑到分布钢筋直径小，受压易屈曲，因此设计中可不考虑其作用。受拉区靠近中和轴附近的分布钢筋，其拉应力较小，可不考虑，而设计中仅考虑距受压区边缘

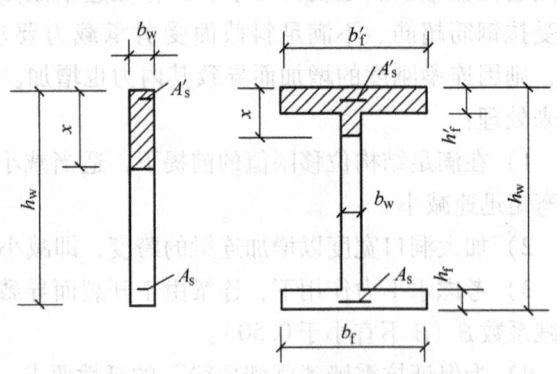

图 6-40　抗震墙的截面

$1.5x$（x 为截面受压区高度）以外的受拉钢筋屈服。当发生小偏压破坏时，墙肢截面大部分或全部受压，因此可认为所有分布钢筋均受压易屈曲或部分受拉但应变很小而忽略其作用，故设计时可不考虑分布筋的作用，即小偏压墙肢的计算方法与小偏压柱完全相同，但需验算墙体平面外的稳定。大、小偏压墙肢的判别可采用与大、小偏压柱完全相同的判别方法。

1）偏心受压承载力计算。建立在上述分析基础上，矩形、T 形、工形偏心受压墙肢的正截面承载力可按下列公式计算（图 6-40）。

$$N \leqslant \frac{1}{\gamma_{RE}}(A_s'f_y' - A_s\sigma_s - N_{sw} + N_c) \tag{6-41}$$

$$N\left(e_0 + h_{w0} - \frac{h_w}{2}\right) \leqslant \frac{1}{\gamma_{RE}}\left[A_s'f_y'(h_{w0} - a_s') - M_{sw} + M_c\right] \tag{6-42}$$

当 $x > h_f'$ 时，

$$N_c = \alpha_1 f_c b_w x + \alpha_1 f_c (b_f' - b_w) h_f'$$

$$M_c = \alpha_1 f_c b_w x \left(h_{w0} - \frac{x}{2}\right) + \alpha_1 f_c (b_f' - b_w) h_f'\left(h_{w0} - \frac{h_f'}{2}\right)$$

当 $x \leqslant h_f'$ 时，

$$N_c = \alpha_1 f_c b_w x_f$$

$$M_c = \alpha_1 f_c b'_f x \left(h_{w0} - \frac{x}{2}\right)$$

当 $x \leqslant \xi_b h_{w0}$ 时，

$$\sigma_s = f_y$$

$$N_{sw} = (h_{w0} - 1.5x) b_w f_{yv} \rho_w$$

$$M_{sw} = \frac{1}{2}(h_{w0} - 1.5x)^2 b_w f_{yv} \rho_w$$

当 $x > \xi_b h_{w0}$ 时，

$$\sigma_s = \frac{f_y}{\xi_b - \beta_1}\left(\frac{x}{h_{w0}} - \beta_1\right)$$

$$N_{sw} = 0$$

$$M_{sw} = 0$$

其中

$$\xi_b = \frac{0.8}{1 + \frac{f_y}{0.0033 E_s}}$$

式中　γ_{RE}——承载力抗震调整系数，取为 0.85；
　　　N_c——受压区混凝土受压合力；
　　　M_c——受压区混凝土受压合力对端部受拉钢筋合力点的力矩；
　　　σ_s——受拉区钢筋应力；
　　　N_{sw}——受拉区分布钢筋受拉合力；
　　　M_{sw}——受拉区分布钢筋受拉合力对端部受拉钢筋合力点的力矩；
　　　f_y、f'_y、f_{yw}——抗震墙端部受拉、受压钢筋和墙体竖向分布钢筋强度设计值；
　　　e_0——偏心距，$e_0 = M/N$；
　　　h_{w0}——抗震墙截面有效高度，$h_{w0} = h_w - a'_s$；
　　　a'_s——抗震墙受压区端部钢筋合力点到受压区边缘的距离，一般取 $a'_s = b_w$；
　　　ρ_w——抗震墙竖向分布钢筋配筋率；
　　　ξ_b——界限相对受压区高度。

2) 偏心受拉承载力计算。偏心受拉墙肢分为大偏拉和小偏拉两种情况。当发生大偏拉破坏时，其受力和破坏特征同大偏压，故可采用大偏压的计算方法；当发生小偏拉破坏时，墙肢全截面受拉，混凝土不参与工作，其抗侧能力与耗能能力都很差，不利于抗震，因此应避免使用。

矩形截面受拉墙肢的正截面承载力，建议按下列近似公式计算

$$N \leqslant \frac{1}{\gamma_{RE}} \frac{1}{\dfrac{1}{N_{ou}} + \dfrac{e_0}{M_{wu}}} \tag{6-43}$$

其中
$$N_{ou} = 2A_s f_y + A_{sw} f_{yw}$$

$$M_u = A_s f_y (h_{w0} - a_s') + A_{sw} f_{yw} \frac{h_{w0} - a_s'}{2}$$

式中 A_{sw}——抗震墙腹板竖向分布钢筋的全部截面面积；

其余参数意义同前。

(2) 墙肢（或整体墙）斜截面承载力计算

1) 剪压比限值。为避免墙肢混凝土被压碎而发生斜压脆性破坏，抗震墙墙肢截面尺寸应符合下列要求：当剪跨比 $\lambda > 2.5$ 时，按式（6-10）验算；当剪跨比 $\lambda \leqslant 2.5$ 时，按式（6-11）验算。

2) 斜截面受剪承载力计算。抗震墙的斜截面受剪承载力包括墙肢混凝土、横向钢筋和轴向力的影响等三方面的抗剪作用。试验证明，反复荷载作用下，抗震墙的抗剪性能比静载下的抗剪性能降低 15%~20%。偏心受压墙肢斜截面受剪承载力按下式计算

$$V_w \leqslant \frac{1}{\gamma_{RE}} \left[\frac{1}{\lambda - 0.5} \left(0.4 f_t b_w h_{w0} + 0.1 N \frac{A_w}{A} \right) + 0.8 f_{yh} \frac{A_w}{s} h_{w0} \right] \tag{6-44}$$

偏心受拉墙肢斜截面受剪承载力按下式计算

$$V_w \leqslant \frac{1}{\gamma_{RE}} \left[\frac{1}{\lambda - 0.5} \left(0.4 f_t b_w h_{w0} - 0.1 N \frac{A_w}{A} \right) + 0.8 f_{yh} \frac{A_{sh}}{s} h_{w0} \right] \tag{6-45}$$

式中 N——抗震墙的轴向压力设计值，当 $N > 0.2 f_c b_w h_w$ 时，取 $N = 0.2 f_c b_w h_w$；

A——抗震墙全截面面积；

A_w——T 形或工字形墙肢截面腹板的面积，矩形截面时，取 $A_w = A$；

λ——计算截面处的剪跨比，$\lambda = M_w/(V_w h_{w0})$，当 $\lambda < 1.5$ 时，取 $\lambda = 1.5$，当 $\lambda > 2.2$ 时，取 $\lambda = 2.2$，此处 M_w 为与 V_w 相应的弯矩值，当计算截面与墙底之间的距离小于 $h_{w0}/2$ 时，λ 应按距墙底 $h_{w0}/2$ 处的弯矩值与剪力值计算；

A_{sh}——配置在同一截面内的水平分布钢筋截面面积之和；

f_{yh}——水平分布钢筋抗拉强度设计值；

s——水平分布钢筋间距。

当式（6-45）右边计算值小于 $0.8 f_{yh} \dfrac{A_{sh}}{s} h_{w0}$ 时，取等于 $0.8 f_{yh} \dfrac{A_{sh}}{s} h_{w0}$。

通过上述斜截面受剪承载力的计算，来避免墙肢发生剪压破坏。而墙肢的斜拉破坏，可通过满足水平分布钢筋 $\rho_{\min}$ 和竖筋锚固来避免。

(3) 抗震墙水平施工缝的受剪承载力验算　抗震墙的施工，是分层浇筑混凝土的，因而层间留有水平施工缝。唐山地震灾害调查和抗震墙结构模式试验表明，水平施工缝在地震中容易开裂，为避免墙体受剪后沿水平施工缝滑移，应验算水平施工缝受剪承载力。

按一级抗震等级设计的抗震墙水平施工缝处竖向钢筋的截面面积应符合下列要求：

当 N 为轴向压力时

$$V_w \leq \frac{1}{\gamma_{RE}}(0.6f_y A_s + 0.8N) \tag{6-46}$$

当 N 为轴向拉力时

$$V_w \leq \frac{1}{\gamma_{RE}}(0.6f_y A_s - 0.8N) \tag{6-47}$$

式中　V_w——水平施工缝处的剪力设计值；

　　　N——水平施工缝处截面组合的轴向力设计值；

　　　A_s——水平施工缝处全部竖向钢筋截面面积，包括原有竖向钢筋及附加竖向钢筋；

　　　f_y——竖向钢筋抗拉强度。

(4) 双肢抗震墙　通常，双肢抗震墙在竖向荷载和水平荷载作用下，一个墙肢处于偏心受压状态，而另一个墙肢处于偏心受拉状态。试验表明，受拉墙肢开裂后，其刚度降低将导致内力发生重分布，即偏拉墙肢的抗剪能力迅速降低，而偏压墙肢的内力有所加大。为保证墙肢有足够的承载力，《建筑抗震设计规范》规定，当任一墙肢全截面平均出现拉应力且处于大偏心受拉状态时，另一墙肢组合的剪力设计值应乘以增大系数 1.25。

连梁的截面承载力抗震计算方法同框架梁相似，此略。

6.4.4　抗震墙结构的抗震构造措施

1. 抗震墙厚度要求

为保证墙体具有足够的稳定性，抗震墙的厚度应符合下列要求：

1) 按一、二级抗震设计的截面厚度，底部加强部位不应小于 200mm，且不宜小于层高或无肢长度的 1/16；其他部位不应小于 160mm，且不宜小于层高或无肢长度的 1/20。无端柱或翼墙时，其底部加强部位截面厚度不宜小于层高或无肢长度的 1/12，其他部位不应小于层高或无肢长度的 1/16。

2) 按三、四级抗震等级设计截面厚度，底部加强部位不应小于160mm，且不宜小于层高或无肢长度的1/20；其他部位不应小于160mm，且不宜小于层高或无肢长度的1/25。无端柱或翼墙时，其底部加强部位截面厚度不宜小于层高或无肢长度的1/16，其他部位不宜小于层高或无肢长度的1/20。

2. 轴压比限制

轴压比是影响抗震墙墙肢延性的重要因素。轴压比的定义为 $n = N/f_c A$，N 为墙肢的轴向压力设计值，A 为墙肢截面面积，f_c 为墙肢混凝土轴心抗压强度设计值。限制轴压比是为了保证抗震墙有足够的延性，防止地震时发生脆性破坏。因此，轴压比限制如下：

抗震等级为一、二、三级的抗震墙，在重力荷载代表值作用下墙肢的轴压比，一级时，9度不宜超过0.4，7、8度时不宜超过0.5；二、三级不宜超过0.6。

3. 分布钢筋构造要求

抗震墙墙体竖向和横向分布钢筋在地震作用和竖向荷载下承受弯矩、剪力和轴力，同时还起到控制混凝土收缩裂缝和温度裂缝等作用。除应按计算配筋之外，尚应满足下列构造要求：

（1）分布钢筋的布置要求　抗震墙的竖向和横向分布钢筋的间距不宜大于300mm，部分框支抗震墙结构的落地抗震墙底部加强部位、竖向和横向分布钢筋的间距不宜大于200mm。抗震墙厚度大于140mm时，竖向和横向分布钢筋应双排布置；双排分布钢筋间拉筋的间距不应大于600mm，直径不应小于6mm；在底部加强部位，边缘构件以外的拉筋间距应适当加密。

（2）分布钢筋的配筋要求

1）抗震等级为一、二、三级的抗震墙竖向和横向分布钢筋最小配筋率均不应小于0.25%，四级的不应小于0.20%；钢筋最大间距不应大于300mm，最小直径不应小于8mm。

2）在部分框支抗震墙结构的落地抗震墙底部加强部位，竖向及横向分布钢筋配筋率均不应小于0.3%，间距不应大于200mm。

3）竖向及横向分布钢筋直径不宜大于墙厚的1/10。

4. 边缘构件构造要求

抗震墙两端及洞口两侧应设置的边缘构件包括暗柱、端柱、翼墙、转角墙。研究表明，抗震墙端部设置边缘构件，可以有效地改善其受压性能、增大延性。按照边缘构件的范围和配筋要求的不同，分为约束边缘构件和构造边缘构件。

（1）边缘构件的设置要求

抗震墙两端和洞口两侧的边缘构件设置应符合下列要求：

1）抗震墙结构，底层墙肢底截面的轴压比较小（即一级9度时不大于0.1，一级7、8度时不大于0.2，二、三级时不大于0.3）的一、二、三级抗震墙及四级抗震墙，墙肢两端可设置构造边缘构件。

2）底层墙肢底截面的轴压比较大（即一级9度时大于0.1，一级7、8度时大于0.2，二、三级时大于0.3）的一、二、三级抗震墙，以及部分框支抗震墙结构的抗震墙，应在底部加强部位及相邻的上一层墙肢的两端设置约束边缘构件，在以上的其他部位设置构造边缘构件。

（2）约束边缘构件的构造要求（图6-41）

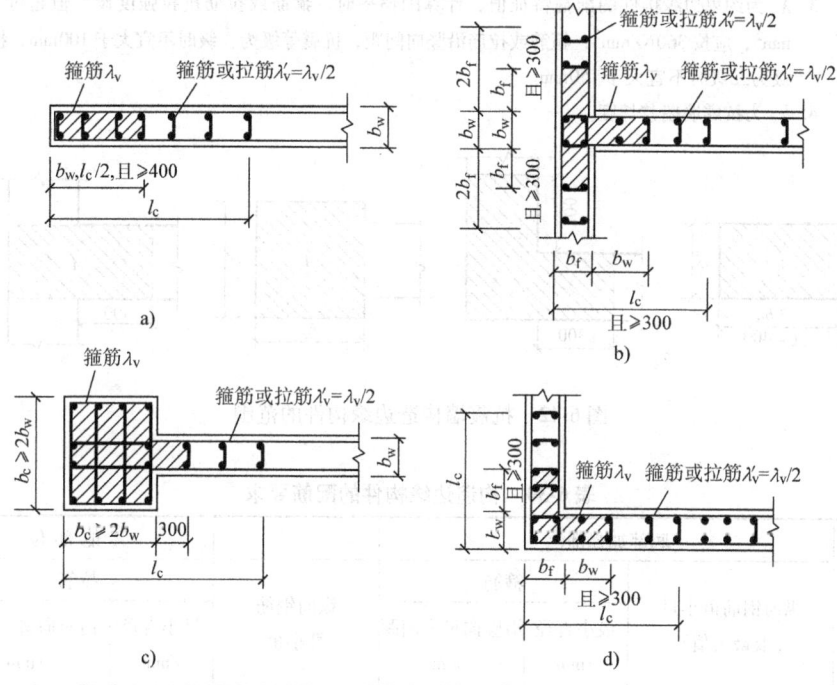

图6-41 抗震墙的约束边缘构件

a）暗柱 b）有翼墙 c）有端柱 d）转角墙（L形墙）

1）约束边缘构件沿墙肢的长度和配箍特征值应符合表6-29的要求。

2）抗震等级为一、二级时，抗震墙约束边缘构件在设置箍筋范围内（图6-42中阴影部分）的纵向钢筋配筋率，分别不应小于1.2%和1.0%。

（3）构造边缘构件的构造要求

1）构造边缘构件的范围，宜按图6-42采用。

2）构造边缘构件的配筋应符合表6-30的要求。

表 6-29　约束边缘构件范围 l_c 及其配箍特征值 λ_v

项　目	一级(9度)	一级(8度)	二　级
λ_v	0.2	0.2	0.2
l_c(暗柱)	$0.25h_w$	$0.20h_w$	$0.20h_w$
l_c(有翼墙或端柱)	$0.20h_w$	$0.15h_w$	$0.15h_w$

注：1. 抗震墙的翼墙长度小于其3倍厚度或端柱截面边长小于2倍墙厚时，视为无翼墙、无端柱。
2. l_c 为约束边缘构件沿墙肢长度，不应小于表内数值、$1.5b_w$ 和 450mm 三者的最大值；有翼墙或端柱时，尚不应小于翼墙厚度或端柱沿墙肢方向截面高度加300mm。
3. λ_v 为约束边缘构件的配箍特征值，计算配箍率时，箍筋或拉筋抗拉强度设计值超过 360N/mm^2 时，应按 360N/mm^2；箍筋或拉筋沿竖向间距，抗震等级为一级时不宜大于100mm，抗震等级为二级时不宜大于150mm。
4. h_w 为抗震墙墙肢长度。

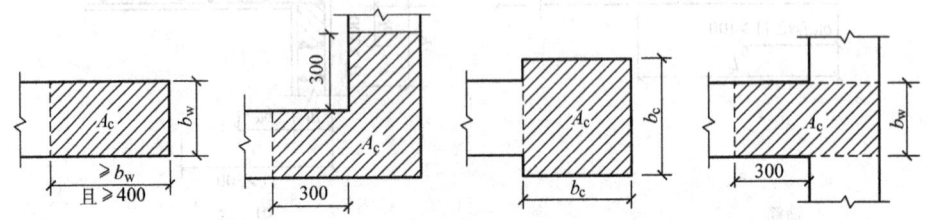

图 6-42　抗震墙构造边缘构件的范围

表 6-30　构造边缘构件的配筋要求

抗震等级	底部加强部位			其他部位		
	纵向钢筋最小量（取最大值）	箍筋		纵向钢筋最小量	拉筋	
		最小直径/mm	沿竖向最大间距/mm		最小直径/mm	沿竖向最大间距/mm
一	$0.010A_c$,6Φ16	8	100	$0.008A_c$,6Φ14	8	150
二	$0.008A_c$,6Φ14	8	150	$0.006A_c$,6Φ12	8	200
三	$0.006A_c$,6Φ12	6	150	$0.005A_c$,4Φ12	6	200
四	$0.005A_c$,4Φ12	6	200	$0.004A_c$,4Φ12	6	250

注：1. A_c 为边缘构件的截面面积。
2. 对其他部位的拉筋，水平间距不应大于纵筋间距的2倍，转角处宜用箍筋。
3. 当端柱承受集中荷载时，其纵向钢筋、箍筋直径和间距应满足柱的相应要求。

5. 连梁构造要求

为防止连梁发生脆性破坏，提高延性，使其进入弹塑性工作状态后仍能发挥良好的作用。连梁应当满足下列构造要求：

1）一、二级抗震墙跨高比不大于2且截面宽度不小于200mm 的连梁，除普通箍筋外，宜另设斜向交叉构造箍筋，以改善其延性。

2）顶层连梁纵筋伸入墙体的钢筋长度范围内，应设置间距不大于150mm的构造箍筋，构造箍筋的直径与该连梁的箍筋直径相同。

3）墙体水平分布钢筋应作为连梁的腰筋，在连梁范围内拉通连续配置；连梁截面高度大于700mm时，其两侧面的纵向构造钢筋（腰筋）直径不应小于10mm，间距不应大于200mm；对跨高比不大于2.5的连梁，其两侧面的纵向构造钢筋（腰筋）的面积配筋率不应小于3%。

6.5 框架-抗震墙结构的抗震设计

框架-抗震墙（剪力墙）结构是由两种变形性质不同的抗侧力单元通过楼板协调变形而共同抵抗竖向荷载及水平荷载的结构。对于纯框架结构，柱轴向变形所引起的倾覆状的变形影响是次要的。由 D 值法可知，框架结构的层间位移与层间总剪力成正比，因层间剪力自上而下越来越大，故层间位移也是自上而下越来越大，这与悬臂梁的剪切变形相一致，故称为剪切型变形。对于纯抗震墙结构，其在各楼层处的弯矩等于外荷载在该楼面标高处的倾覆力矩，该力矩与抗震墙纵向变形的曲率成正比，其变形曲线凸向原始位移，这与悬臂梁的弯曲变形相一致，故称为弯曲型变形。当框架与抗震墙共同作用时，两者变形必须协调一致，在下部楼层抗震墙位移较小，它使得框架必须按弯曲型曲线变形，使之趋于减小变形，抗震墙协助框架工作，外荷载在结构中引起的总剪力将大部分由抗震墙承受；在上部楼层，抗震墙外倾，而框架内收，协调变形的结果是框架协助抗震墙工作，顶部较小的总剪力主要由框架承担，而抗震墙仅承受来自框架的负剪力。上述共同工作结果对框架受力十分有利，其受力比较均匀。故其总的侧移曲线为弯剪型，如图 6-43 所示。

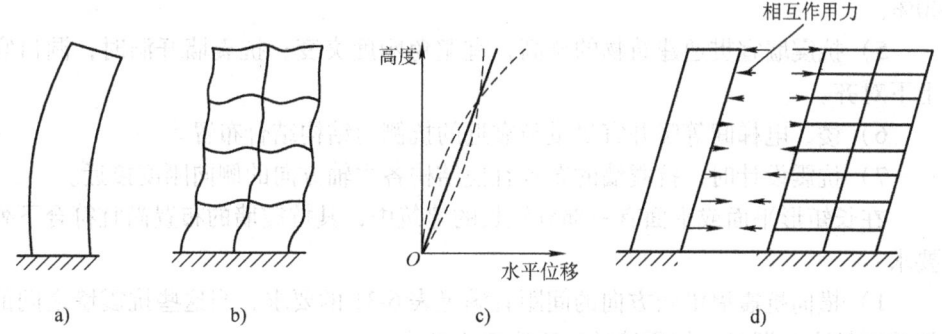

图 6-43　框架-剪力墙结构协同工作
a）剪力墙变形　b）框架变形　c）变形协调　d）内力协调

6.5.1 框架-抗震墙结构的概念设计

1. 结构形式

组成框架-抗震墙结构的框架和抗震墙两种结构,其形式是多样而且是多变的,主要根据建筑平面布局和结构受力需要去灵活处理。JGJ 3—2002《高层建筑混凝土结构技术规程》建议了框架-抗震墙结构的形式:①框架与抗震墙(单片墙、联肢墙或较小井筒)分开布置;②在框架结构的若干跨内嵌入抗震墙(带边框抗震墙);③在单片抗侧力结构内连续分别布置框架和抗震墙;④上述两种或三种形式的混合。无论采用哪种形式,都应是以其整体来承担荷载和作用。

2. 抗震墙的合理设置

一般来讲,多设抗震墙可以提高建筑物的抗震性能,减轻震害。但是,如果抗震墙超过了合理的数量,不仅会增加建筑物的造价,还会加大结构的地震作用。这是因为随着抗震墙的增加,结构刚度也随之增大,周期缩短,于是作用于结构的地震作用也加大。所以,必须合理设置抗震墙的数量,才能兼顾抗震性能和经济性两方面的要求。

框架-抗震墙结构应设计成双向抗侧力体系。抗震设计时,结构两主轴方向均应布置抗震墙,避免两主轴方向的抗侧刚度相差悬殊,造成结构整体扭转。同时,抗震墙的设计也应符合下述要求:

1)抗震墙宜均匀布置在建筑物的周边附近、楼梯间、电梯间、平面形状变化及恒荷载较大的部位,抗震墙间距不宜过大。

2)平面形状凹凸较大时,宜在凸出部分的端部附近布置抗震墙。

3)纵、横抗震墙宜组成L形、T形和[形等形式。

4)单片抗震墙底部承担的水平剪力不宜超过结构底部总水平剪力的40%。

5)抗震墙宜贯通建筑物的全高,宜避免刚度突变;抗震墙开洞时,洞口宜上下对齐。

6)楼、电梯间等竖井宜尽量与靠近的抗侧力结构结合布置。

7)抗震设计时,抗震墙的布置宜使结构各主轴方向的侧向刚度接近。

在长矩形平面或平面有一部分较长的建筑中,其抗震墙的布置尚宜符合下列要求:

1)横向抗震墙沿长方向的间距宜满足表 6-31 的要求,当这些抗震墙之间的楼盖有较大开洞时,抗震墙的间距应适当减小。

2)纵向抗震墙不宜集中布置在房屋的两尽端。

表6-31 抗震墙间距　　　　　　　　　　　　　　　（单位：m）

楼盖形式	非抗震设计（取较小值）	抗震设防烈度		
		6度、7度(取较小值)	8度(取较小值)	9度(取较小值)
现浇	$5.0B, 60$	$4.0B, 50$	$3.0B, 40$	$2.0B, 30$
装配整体	$3.5B, 50$	$3.0B, 40$	$2.5B, 30$	—

注：B为抗震墙之间楼盖结构的宽度。

3. 框架-抗震墙结构的设计方法

抗震设计时，地震引起的对房屋的倾覆力矩由框架和抗震墙两部分共同承担，框架-抗震墙结构应根据在规定的水平力作用下结构底层框架部分承受的地震倾覆力矩与结构总地震倾覆力矩的比值，确定相应的设计方法，并应符合下列规定：

1）框架部分承受的地震倾覆力矩不大于结构总地震倾覆力矩的10%时，按抗震墙结构进行设计，其中的框架部分应按框架-抗震墙结构进行设计。

2）当框架部分承受的地震倾覆力矩大于结构总地震倾覆力矩的10%但不大于50%时，按框架-抗震墙结构进行设计。

3）当框架部分承受的地震倾覆力矩大于结构总地震倾覆力矩的50%但不大于80%时，按框架-抗震墙结构进行设计，其最大适用高度可比框架结构适当增加，框架部分的抗震等级和轴压比限值宜按框架结构的规定采用。

4）当框架部分承受的地震倾覆力矩大于结构总地震倾覆力矩的80%时，按框架-抗震墙结构进行设计，但其最大适用高度宜按框架结构采用，框架部分的抗震等级和轴压比限值应按框架结构的规定采用。

6.5.2 框架-抗震墙结构的抗震计算

1. 抗震计算方法

框架-抗震墙结构同时具有框架和剪力墙，在结构布置合理的情况下，可以同时发挥两者的优点且互相制约彼此的缺点，使结构具有较大的整体抗侧刚度。其侧向变形介于剪切变形和弯曲变形之间，层间相对位移变化较缓和、平面布置较易获得较大空间、两种结构形成抗震的两道防线等，因而框架-抗震墙成为高层建筑较常用的一种结构形式。可以采用协同工作方法得到侧移和各自的水平层剪力及内力。

对于规则的框架-抗震墙结构，与框架结构相同，作为一种近似计算，建议采用底部剪力法来确定计算单元的总水平地震作用标准值F_{Ek}、各层的水平地震作用标准值F_i和顶部附加水平地震作用标准值ΔF_n。

框架-抗震墙结构在水平荷载作用下的内力与位移计算方法可分为电算法和简化手算法。电算法可采用有限元方法用计算机计算。简化手算法，即微分方程法,该方法将所有框架等效为总框架,所有抗震墙等效为总抗震墙,所有连梁等效为总连梁,并把它们移到同一平面内,通过自身平面刚度为无穷大的楼盖的连接作用而协调变形共同工作。框架-抗震墙结构的内力计算分两步进行:对总框架和总抗震墙进行协同工作分析,将水平荷载和地震作用分配给总框架和总抗震墙。第二步是将总框架和总抗震墙上的水平荷载和地震作用按刚度比分配给每一榀框架和每一片抗震墙,然后,按照框架和抗震墙的设计方法对每一榀框架和每一片抗震墙在水平荷载和地震作用下的内力进行分析,并与竖向荷载下的内力进行组合,最后进行截面设计与配筋。

2. 内力位移计算

框架-抗震墙结构是按框架和抗震墙协同工作原理来计算的,计算结果往往是抗震墙承受大部分荷载,而框架承受的水平荷载则很小。工程设计中,考虑到抗震墙的间距较大,楼板的变形会使中间框架所承受的水平荷载有所增加;由于抗震墙的开裂、弹塑性变形的发展或塑性铰的出现,使得其刚度有所降低,致使抗震墙和框架之间的内力分配中,框架承受的水平荷载亦有所增加;另外,从多道抗震设防的角度来看,框架作为结构抗震的第二道防线(第一道防线是抗震墙),也有必要保证框架有足够的安全储备。故框架-抗震墙结构中,框架所承受的地震剪力不应小于某一限值,以考虑上述影响。为此,《建筑抗震设计规范》规定,规则的框架-抗震墙结构中,任一层框架部分按框架和抗震墙协同工作分析的地震剪力,不应小于结构底部总地震剪力的20%或框架部分各层按协同工作分析的地震剪力最大值的1.5倍两者的较小值,即

1)对于 $V_f \geq 0.2F_{Ek}$ 的楼层,该层框架部分的地震剪力取 V_f。

2)对于 $V_f < 0.2F_{Ek}$ 的楼层,该层框架部分的地震剪力取为

$$V_f = \min(0.2F_{Ek}, 1.5V_{fmax}) \tag{6-48}$$

式中 F_{Ek} ——结构底部的总地震剪力;

V_{fmax} ——框架部分层间地震剪力的最大值。

3. 截面承载力计算

框架-抗震墙结构的截面设计,框架部分按框架结构进行设计,抗震墙部分按抗震墙结构进行设计。

周边有梁柱的抗震墙,当抗震墙与梁柱有可靠连接时,柱可作为抗震墙的翼缘,截面设计按抗震墙墙肢进行设计。主要的竖向受力钢筋应配置在柱截面内。抗震墙上的框架梁不必进行专门的截面设计计算,钢筋可按构造配置。

6.5.3 框架-抗震墙结构的抗震构造措施

框架-抗震墙结构的抗震构造措施除采用框架结构和抗震墙结构的有关构造措施外,还应满足下列要求:

1. 截面尺寸

框架-抗震墙结构中抗震墙墙肢厚度不应小于 160mm，且不宜小于层高或无肢长度的 1/20；底部加强部位的抗震墙厚度不应小于 200mm，且不宜小于层高或无肢长度的 1/16。在墙体周边应设置梁（或暗梁）和柱端组成的边框。柱端截面宜与同层框架柱相同，并应满足对框架柱的要求。此外，墙的中线与柱端中心宜重合。

2. 分布钢筋

抗震墙墙肢中竖向和横向分布钢筋的配筋率均不应小于 0.25%，直径不应小于 8mm，间距不应大于 300mm，并应双排布置，拉筋间距不应大于 600mm，直径不应小于 6mm。

3. 端柱箍筋

当抗震墙在门洞边形成独立柱端时，柱端全高的箍筋宜符合框架柱箍筋加密区的构造要求。

思考题与习题

1. 多层及高层钢筋混凝土结构建筑的抗震结构体系有哪些？如何选择？
2. 为什么在多高层结构抗震设计中要求结构平面布置要简单、规则、对称？
3. 为什么在多高层结构抗震设计中要求结构竖向立面布置刚度、承载力应均匀变化？
4. 什么是结构的抗震概念设计？
5. 多层及高层钢筋混凝土结构设计时，其抗震等级如何划分？有何意义？
6. 为什么要限制框架柱的轴压比？轴压比是如何定义的？
7. 楼层地震剪力是如何在框架结构、抗震墙结构中进行分配的？
8. 延性框架的设计原则是什么？
9. 抗震墙如何进行分类？分类对抗震设计有何作用？
10. 延性抗震墙的设计原则是什么？
11. 如何增强连梁的抗震性能？
12. 框架-抗震墙结构中的框架、抗震墙与纯框架、纯抗震墙结构有什么不同？

第7章 多层和高层钢结构抗震设计

本章结合钢结构房屋主要震害的分析，从结构选型、构件布置等方面提出了抗震设计的基本要求，阐述了钢结构房屋抗震设计的计算要点；同时，介绍了钢框架、框架-中心支撑以及框架-偏心支撑结构的抗震构造要求。

7.1 震害现象及其分析

钢结构强度高、延性好、重量轻、抗震性能好。在同等场地、烈度条件下，钢结构房屋的震害比钢筋混凝土房屋的震害轻。如在1985年9月的墨西哥大地震（里氏8.1级）中高烈度区内有102幢钢结构房屋，其中1957年以后建造的钢结构房屋倒塌或严重破坏的不多（见表7-1），而钢筋混凝土结构房屋的破坏要严重得多。尽管如此，由于焊接、连接、冷加工等工艺技术以及外部环境的影响，钢材材性的优点将受到影响，特别是因设计、施工以及维护不当，就可能造成结构的破坏。在1994年美国北岭地震和1995年日本阪神地震中，钢结构大量出现局部破坏，日本阪神地震中甚至出现了整个中间楼层被震塌的现象。由震害分析知多高层钢结构的破坏形式主要有四种：①节点破坏；②构件破坏；③结构倒塌；④基础锚固破坏。

表7-1　1985年墨西哥城地震中钢结构和钢筋混凝土结构的破坏情况

建造年份	钢 结 构		钢筋混凝土结构	
	倒塌	严重破坏	倒塌	严重破坏
1957年以前	7	1	27	16
1957—1976年	3	1	51	23
1976年以后	0	0	4	6

1. 节点破坏

梁柱连接节点和支撑连接节点在地震中经常发生破坏。震害表明支撑连接更易遭受地震破坏。1994年美国北岭地震和1995年日本阪神地震造成了很多梁柱刚性连接破坏。刚性连接的结构构件一般采用铆接或焊接形式连接，如在节点的设计、施工中，构造及焊缝存在缺陷，节点区就可能出现应力集中、受力不均的现象，在地震中很容易出现连接破坏。梁柱节点可能出现的破坏现象主要表现为铆接断裂，焊接部位拉脱，加劲板断裂、屈曲，腹板断裂、屈曲等。图7-1所示为框架梁柱节点破坏的实例。

2. 构件破坏

多高层建筑钢结构构件破坏的主要形式有支撑的破坏与失稳以及梁柱局部破坏。

（1）支撑的破坏与失稳　地震时支撑承受反复拉压的轴向力作用，一旦压力超出支撑的屈曲临界力，就会出现破坏或失稳。图 7-2 所示为日本神户地震中发生的某多层框架房屋的支撑发生整体及局部失稳破坏的情况。

（2）梁柱局部破坏　梁或柱在地震作用下反复受弯，在弯矩最大截面附近因过度弯曲可发生翼缘局部失稳破坏；框架柱主要有翼缘屈曲、焊缝撕裂，甚至框架柱会出现水平裂缝或断裂破坏。框架梁主要有翼缘屈曲、腹板屈曲和开裂、扭转屈曲等破坏形态。如 1995 年日本阪神地震中，出现了钢柱水平裂缝破坏、母材断裂、钢柱与支撑连接处开裂、钢柱拼接焊缝处破坏等。图 7-3 所示为日本阪神地震中某高层钢结构住宅的梁-柱-支撑节点附近，箱形截面柱发生的断裂破坏。

图 7-1　梁柱节点破坏

图 7-2　斜向支撑失稳

图 7-3　钢柱水平裂缝破坏

3. 结构倒塌

结构倒塌是地震中破坏最严重的形式。钢结构建筑尽管抗震性能好，但在地震中也有倒塌事故发生。1985 年墨西哥大地震中有 10 幢钢结构房屋倒塌（见表 7-1），在 1995 年日本阪神地震中，也有钢结构房屋倒塌发生。表 7-2 为阪神地震中某地区钢结构房屋震害情况。造成结构倒塌的主要原因是存在结构薄弱层，结构薄弱层因结构楼层屈服强度系数和抗侧刚度沿高度分布不均匀造成，这就要求在设计过程中应尽量避免出现上述不利因素。图 7-4 表示地震作用下某多层钢框架房屋首层钢柱发生破坏而导致整体结构倒塌。

4. 基础锚固破坏

钢构件与基础的锚固破坏主要表现为柱脚处的地脚螺栓脱开、混凝土破碎导致锚固失效、连接板断裂等。某地震区曾出现一幢 11 层钢筋混凝土结构房屋柱脚的 4 根地脚螺栓全部断开，柱脚水平移动，建筑未倒塌的情况。柱脚破坏（图 7-5）可能是设计中未预料到地震时柱将产生较大的拉力以及地震开始时出现竖向振动所致。

表 7-2　1985 年日本阪神地震中某地区钢结构房屋震害情况

建造年份	严重破坏或倒塌	中等破坏	轻微破坏	完好
1971 年以前	5	0	2	0
1971—1982 年	0	0	3	5
1982 年以后	0	0	1	7

图 7-4　柱子破坏导致整体结构倒塌

图 7-5　钢柱脚破坏

由震害分析可知，尽管钢结构抗震性能较好，但在地震中，因各建筑物的结构设计、结构构造、施工质量、材料质量、日常维护等情况不同，也会出现不同程度的震害。钢结构房屋在地震中严重破坏或倒塌与结构抗震设计水平关系很大。为预防震害的出现，减轻震害带来的损失，多高层钢结构房屋抗震设计必须严格遵循有关规程的要求。

7.2　抗震设计基本要求

7.2.1　钢结构房屋结构类型

常见的钢结构房屋的结构体系有框架结构、框架-支撑结构、框架-抗震墙板结构、筒体结构以及巨型框架结构等。钢结构房屋抗震性能的优劣取决于结构选型，进行实际工程设计时，需综合考虑多种因素并进行方案优化，确定其适宜的结构体系。

1. 框架结构

框架结构是高层建筑中最早出现的结构体系。该种体系由梁、柱组成，这类结构体系常用于建造 20 层以下的中低层房屋。沿纵横方向的多榀框架既是承受侧向水平荷载的抗侧力构件，也是承受竖向荷载的构件。结构的整体侧向变形为剪切型（多层）或弯剪型（高层），抗侧能力主要取决于梁柱的抗弯能力和节点的强度与延性，框架节点常采用刚性连接。

2. 框架-支撑结构

框架-支撑结构是在框架结构的基础上，通过沿结构的纵横向分别布置一定数量的支撑所形成的结构体系。这种结构体系分中心支撑（图 7-6）和偏心支撑两类（图 7-7）。

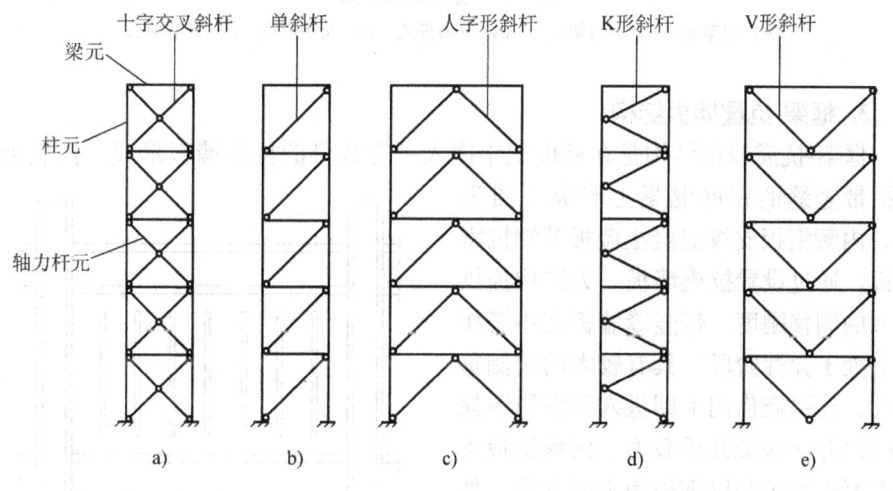

图 7-6 中心支撑类型

a) X 形支撑　b) 单斜支撑　c) 人字形支撑　d) K 形支撑　e) V 形支撑

中心支撑指斜杆与梁、柱汇交于一点，或两根斜杆与横梁汇交于一点，也可与柱汇交于一点，但汇交时均无偏心距。中心支撑依靠支撑构件的轴向刚度和轴向承载力为结构提供水平刚度和水平承载力，从而增加结构的抗侧移刚度，提高抗震能力。中心支撑承受过大压力时可能导致支撑屈曲，会使原结构承载力降低。

偏心支撑指支撑斜杆的两端，至少有一端与梁相交，另一端可在梁与柱交点处连接，或偏离另一根支撑斜杆一段长度与梁连接，并在支撑斜杆杆端与柱之间构成一消能梁段，或在两根支撑斜杆之间构成一消能梁段。消能梁段率先屈服成为消耗地震能量的消能区，从而避免支撑屈曲或后发生支撑屈曲，保证结构具有一定的承载能力和良好的抗震性能。偏心支撑比中心支撑有更大的延性，适宜用于高烈度地震区。

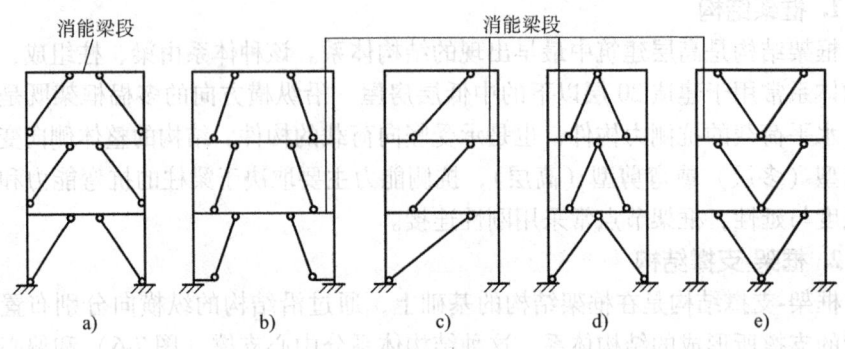

图 7-7 偏心支撑类型

a) 门架式1 b) 门架式2 c) 单斜杆式 d) 人字形式 e) V字形式

3. 框架-抗震墙板结构

框架-抗震墙板结构是在钢框架中嵌入一定数量的抗震墙板形成。抗震墙板包括带竖缝的钢筋混凝土墙板（图7-8）、内藏钢板支撑混凝土墙板及钢抗震墙板，通过设置抗震墙板，为结构提供更大的侧移刚度。带竖缝墙板在小震作用下处于弹性阶段，具有较大的抗侧移刚度，在强震作用下即进入塑性屈服耗能阶段并能保证其承载力。内藏钢板支撑混凝土墙板是以钢板为主要支撑，外包钢筋混凝土墙板的预制构件，它只在支撑节点处与钢框架连接（图7-9）。钢抗震墙板是一种用钢板或带有加劲肋的钢板制成的墙板。在多高层建筑中，可结合楼梯间、竖向防火通道等设置钢筋混凝土墙板。

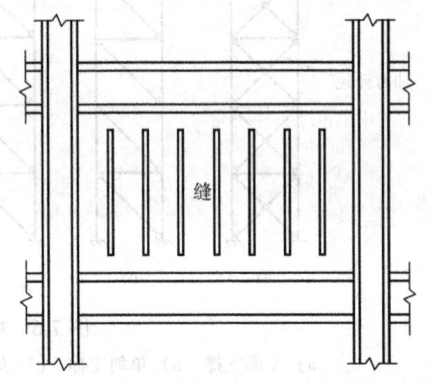

图 7-8 带竖缝的钢筋混凝土剪力墙

4. 筒体结构

筒体结构体系较多应用于超高层建筑，它在满足结构刚度要求的同时，能形成较大的使用空间。按筒体的结构布置和组成方式的不同，可分为框筒、桁架筒、筒中筒和束筒等体系。

（1）框筒体系 框筒体系的筒体部分是由密柱深梁刚性连接构成外筒结构，

由它来抵抗侧向水平荷载，结构内部的梁柱铰接，柱只承受重力荷载而不考虑其抗侧力作用。柱网布置如图 7-10a 所示。

（2）桁架筒体系　以框筒体系为主体，沿外框筒的外框增设大型交叉支撑构成桁架筒体系，如图 7-10b 所示。设置支撑大大提高了结构的空间刚度，由于剪力主要由支撑斜杆承担，从而避免了横梁受剪切变形，基本上消除了剪力滞后现象。

（3）筒中筒体系　筒中筒体系是集外围框筒和核心筒为一体的结构体系，其外围多为密柱深梁的钢框筒，核心为钢结构构成的筒体，如图 7-10c 所示。通过楼盖系统连接内筒和外筒，保证各筒体协同工作，提高了抗侧刚度，可承受更大的侧向水平荷载。这种结构体系在工程中应用较多。

（4）束筒体系　束筒体系就是由几个筒体并列组合在一起而形成的组合筒体，是筒体结构概念的外伸，如图 7-10d 所示。由于各个筒体本身具有较高的刚度，因此该体系抗侧刚度很大。

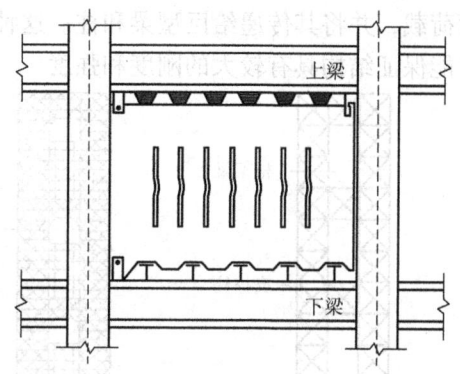

图 7-9　内藏钢板抗震墙板与框架的连接

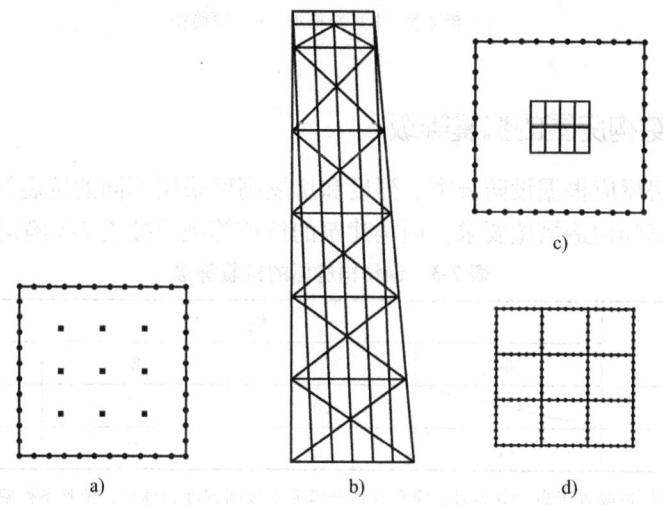

图 7-10　筒体体系

a）框架筒　b）桁架筒　c）筒中筒　d）束筒

5. 巨型框架结构

巨型框架结构体系是由柱距较大的立体桁架柱及桁架梁构成的一种结构体系

(图7-11)。立体桁架柱和梁分别形成巨型柱和梁,巨型梁沿纵横向布置形成空间桁架层,在空间桁架层之间设置次框架结构,以承受空间桁架层之间的各层楼面荷载,并将其传递给巨型梁和柱。这种体系能满足建筑设置大空间要求,同时又能保证结构具有较大的刚度和强度。

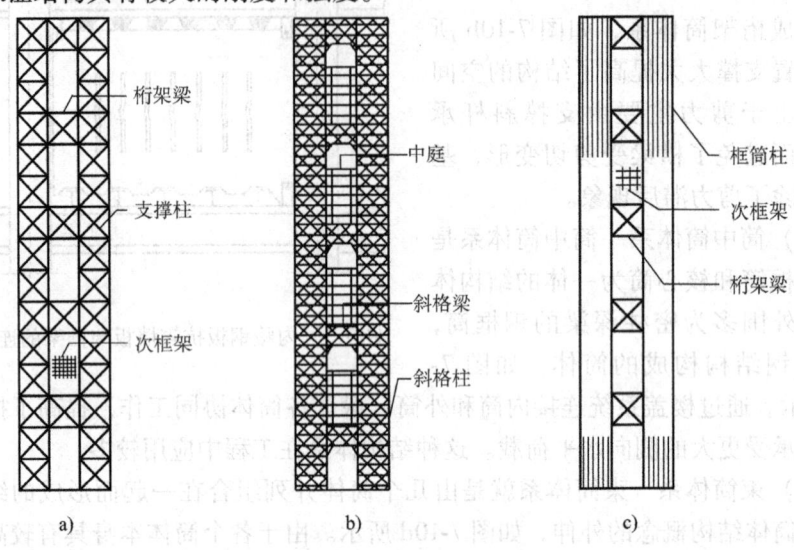

图7-11 巨型框架结构类型
a) 桁架型 b) 斜格型 c) 框筒型

7.2.2 钢结构房屋的抗震等级

钢结构房屋应根据设防分类、烈度和房屋高度采用不同的抗震等级,并应符合相应的计算和构造措施要求。丙类建筑的抗震等级应按表7-3确定。

表7-3 钢结构房屋的抗震等级

房屋高度	烈 度			
	6	7	8	9
≤50m		四	三	二
>50m	四	三	二	一

注:1. 高度接近或等于高度分界时,应允许结合房屋不规则程度和场地、地基条件确定抗震等级。
2. 一般情况,构件的抗震等级应与结构相同;当某个部位各构件的承载力均满足2倍地震作用组合下的内力要求时,7~9度的构件抗震等级应允许按降低一度确定。

7.2.3 钢结构房屋结构布置原则

结构的安全、适用和经济取决于结构选型。多高层钢结构房屋应尽量采用规则的建筑方案，当结构体型复杂、平立面特别不规则时，可按实际需要在适当部位设置防震缝，从而形成多个较规则的抗侧力结构单元。钢结构承受结构变形的能力优于混凝土结构，一般不宜设抗震缝，必须设置时，抗震缝宽应大于相应钢筋混凝土结构房屋的 1.5 倍。

1. 结构选型

多高层建筑钢结构可采用框架结构、框架-中心支撑结构、框架-偏心支撑结构及框筒结构体系等。框架结构体系的梁柱节点宜采用刚接。纯框架结构延性好，但抗侧力刚度差。中心支撑框架通过支撑可提高框架的刚度，但支撑受压会屈服，支撑屈服将导致结构承载力降低。偏心支撑框架可通过偏心梁段剪切屈服限制支撑受压屈服，从而保证结构具有稳定的承载能力和良好的耗能性能，其结构抗侧力刚度介于纯框架和中心支撑框架之间。框筒实际上是密柱框架结构，由于梁跨小、刚度大，使周围柱近似构成一个整体受弯的薄壁筒体，具有较大的抗侧刚度和承载力，框筒结构多用于高层建筑。

结构的高宽比是影响结构整体稳定性和抗震性能的重要参数。它直接影响结构刚度、侧移和振动形式。高宽比指房屋总高度与平面较小宽度之比。高宽比过大，则结构体系较柔，在地震作用下的侧移就大。《建筑抗震设计规范》规定了钢结构民用房屋的最大高宽比和各种钢结构体系建筑的最大高度不宜超过表 7-4 和表 7-5 给出的数值。超过时应进行专门研究，采取相应的抗震措施。

多高层钢结构房屋的结构选型和布置除需考虑各种体系对不同高度的适用范围外，还需充分贯彻抗震设计的思想，根据安全性和经济性的原则设置多道防线。

表 7-4　钢结构房屋适用的最大高宽比

烈　度	6、7	8	9
最大高宽比	6.5	6.0	5.5

注：塔形建筑的底部有大底盘时，高宽比可按大底盘以上计算。

表 7-5　钢结构房屋适用的最大高度　　（单位：m）

结构类型	6、7 度 (0.10g)	7 度 (0.15g)	8 度 (0.20g)	8 度 (0.30g)	9 度 (0.40g)
框架	110	90	90	70	50
框架-中心支撑	220	200	180	150	120
框架-偏心支撑（延性墙板）	240	220	200	180	160
筒体（框筒、筒中筒、桁架筒、束筒）和巨型框架	300	280	260	240	180

注：1. 房屋高度指室外地面到主要屋面板板顶的高度（不包括局部突出屋顶部分）。
　　2. 超过表内高度的房屋，应进行专门研究和论证，采取有效的加强措施。
　　3. 表内的筒体不包括混凝土筒。

2. 结构平面布置

结构平面布置应保证结构具有良好的整体性和抗侧刚度。多高层钢结构的平面布置应尽量满足下列要求：

1）建筑平面宜简单规则，并使结构各层的抗侧力刚度中心与质量中心接近或重合，同时使各层刚心与质心接近同一竖直线。

2）建筑的开间、进深宜统一，其常用平面的尺寸关系应符合《建筑抗震设计规范》的要求。当钢框筒结构采用矩形平面时，其长宽比不应大于1.5:1；不能满足此项要求时，宜采用多束筒结构。

3）高层钢结构建筑不宜设置防震缝，但薄弱部位应注意采取措施提高抗震能力。

4）宜避免结构平面不规则布置。

3. 结构竖向布置

建筑的立面和竖向剖面宜规则，结构的质量与侧向刚度沿竖向分布应均匀连续，竖向抗侧力构件的截面尺寸和材料强度宜自下而上逐渐减小，使得抗侧力结构的侧向刚度和承载力分布合理，避免因局部削弱或突变形成结构薄弱部位，产生过大的应力集中或塑性变形集中；另外，还应使各层刚心和质心尽可能处于同一竖直线上，减小扭转作用的影响。

多高层钢结构的竖向布置尽量满足下列要求：

1）楼层刚度大于其相邻上层刚度的70%，且连续三层总的刚度降低不超过50%。

2）相邻楼层质量之比不超过1.5（屋顶层除外）。

3）立面收进尺寸的比例 $L_1/L \geqslant 0.75$（图7-12）。

4）任意楼层抗侧力构件的总受剪承载力大于其相邻上层的80%。

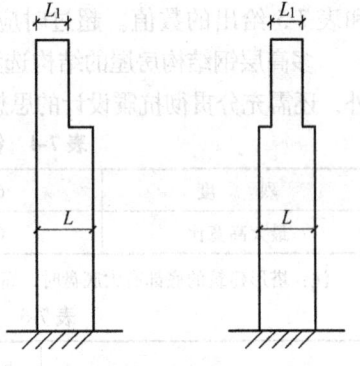

图7-12 立面收进

5）框架-支撑结构中，支撑（或剪力墙板）宜竖向连续布置，除底部楼层和外伸刚臂所在楼层外，支撑的形式和布置在竖向宜一致。

4. 结构布置的其他要求

1）钢结构房屋的楼盖宜采用压型钢板现浇钢筋混凝土组合楼板或钢筋混凝土楼板，并应与钢梁有可靠连接。对6、7度时不超过50m的钢结构，尚可采用装配整体式钢筋混凝土楼板，也可采用装配式楼板或其他轻型楼盖；但应将楼板预埋件与钢梁焊接，或采取其他保证楼盖整体性的措施。对转换层楼盖或楼板有大洞口等情况，必要时可设置水平支撑以增加水平整体刚度。

2）抗震等级一、二级的钢结构房屋，宜设置偏心支撑、带竖缝钢筋混凝土抗震墙板、内藏钢支撑钢筋混凝土墙板、屈曲约束支撑等消能支撑或筒体。采用框架结构时，甲、乙类建筑和高层的丙类建筑不应采用单跨框架，多层的丙类建筑不宜采用单跨框架。抗震等级三、四级且高度不大于50m的钢结构宜采用中心支撑，也可采用偏心支撑、屈曲约束支撑等消能支撑。

3）钢结构房屋宜设置地下室，超过50m的钢结构应设置地下室。设置地下室，可提高上部结构的抗震稳定性、提高结构抗倾覆能力、增加结构下部整体性、减小沉降。设置地下室时的基础形式应根据上部结构及地下室情况、工程地质条件、施工条件等因素综合确定，其基础埋置深度，当采用天然地基时不宜小于房屋总高度的1/15；当采用桩基时，桩承台埋深不宜小于房屋总高度的1/20。设置地下室时，框架-支撑（抗震墙板）结构中竖向连续布置的支撑（抗震墙板）应延伸至基础；钢框架柱应至少延伸至地下一层，其竖向荷载应直接传至基础。

4）钢框架-筒体结构，必要时可设置由筒体外伸臂或外伸臂和周边桁架组成的加强层。

7.3 钢结构抗震计算要点

7.3.1 地震作用计算与地震作用效应调整

7.3.1.1 地震作用计算

多高层钢结构房屋抗震计算的主要内容包括：①选取计算模型；②确定地震动参数和结构参数；③选择地震作用计算方法；④计算地震作用下的结构内力和变形；⑤验算各构件的强度和变形；⑥验算节点、连接的承载力等。

1. 计算模型

确定多高层钢结构房屋的计算模型时应注意：

1）进行多高层钢结构地震作用下的内力与位移分析时，假定楼板在自身平面内为绝对刚性。对整体性较差、开孔面积大、有较长的外伸段的楼板，宜根据楼板平面内的实际刚度进行计算。

2）进行多高层钢结构多遇地震作用下的反应分析时，考虑现浇混凝土楼板与钢梁的共同作用。在设计中保证楼板与钢梁间有可靠的连接措施。此时楼板作为梁翼缘的一部分来计算梁的弹性截面特征，楼板的有效宽度 b_e 按下式计算（图7-13）

$$b_e = b_0 + b_1 + b_2 \tag{7-1}$$

式中 b_0——钢梁上翼缘宽度；

b_1、b_2——梁外侧和内侧的翼缘计算宽度,各取梁跨度 l 的 1/6 和翼缘板厚度 t 的 6 倍中的较小值,此外,b_1 不应超过翼板实际外伸宽度 s_1,b_2 不应超过相邻梁板托间净距 s_2 的 1/2。

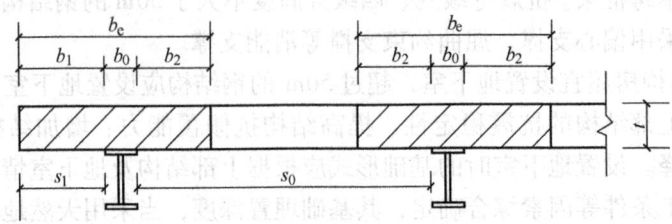

图 7-13　楼板的有效宽度

进行多高层钢结构罕遇地震反应分析时,考虑到此时楼板与梁的连接可能遭到破坏,则不考虑楼板与梁的共同工作。

3) 多高层钢结构的抗震计算采用平面抗侧力结构的空间协同计算模型。当结构布置规则、质量及刚度沿高度分布均匀、且不计扭转效应时,采用平面结构计算模型;当结构平面或立面不规则、体型复杂,无法划分平面抗侧力单元的结构,以及为筒体结构时,应采用空间结构计算模型。

4) 多高层钢结构在地震作用下的内力与位移计算,应考虑梁柱的弯曲变形、剪切变形及柱的轴向变形,一般不考虑梁的轴向变形,但当梁同时作为腰桁架或桁架的弦杆时,则应考虑轴力的影响。

5) 柱间支撑两端应为刚性连接,但可按两端铰接计算。偏心支撑中的偏心梁段应取为独立单元。

6) 应计入梁柱节点域剪切变形(图7-14)对多高层建筑钢结构位移的影响。

2. 阻尼比取值

阻尼比是计算地震作用的一个重要参数。钢结构抗震计算的阻尼比宜符合下列规定:

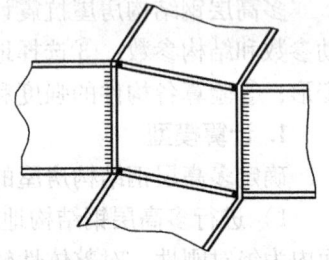

图 7-14　节点域剪切变形

1) 多遇地震下的计算,高度不大于 50m 时可取 0.04;高度大于 50m 且小于 200m 时,可取 0.03;高度不小于 200m 时,宜取 0.02。

2) 当偏心支撑框架部分承担的地震倾覆力矩大于结构总地震倾覆力矩的 50% 时,其阻尼比可比 1) 项相应增加 0.005。

3) 在罕遇地震下的弹塑性分析,阻尼比可取 0.05。

3. 地震作用计算方法

根据设计烈度、场地类别、结构体系类型、总体高度以及质量和刚度分布等选择合适的方法进行地震作用的计算。一般可用底部剪力法计算不超过12层的具有规则结构的多高层钢结构房屋在多遇地震作用下的地震作用；其他的结构宜按振型分解反应谱法或时程分析法计算。

4. 结构内力分析中的二阶效应

钢结构房屋比钢筋混凝土结构房屋柔，易产生较大的侧向变形。重力荷载与侧向荷载的乘积形成重力附加弯矩，即所谓的重力二阶效应或 P-Δ 效应。《建筑抗震设计规范》规定，当楼面任一层以上全部重力荷载与该楼层地震层间位移的乘积（即该楼层的重力附加弯矩）大于该楼层地震剪力与楼层层高的乘积（即该楼层的初始弯矩）的10%时，应计入重力二阶效应的影响。对工字形截面柱，宜计入梁柱节点域剪切变形对结构侧移的影响；中心支撑框架和不超过50m的钢结构，其层间位移计算可不计入梁柱节点域剪切变形的影响，近似按框架轴线进行分析。

7.3.1.2 地震作用效应调整

在抗震设计中为了体现"强柱弱梁、多道设防"的原则，确保结构在地震作用下理想耗能构件的塑性屈服，《建筑抗震设计规范》通过调整结构中不同部分的地震效应或不同构件的内力设计值，即乘以地震作用调整系数或内力增大系数来实现。

1. 框架-支撑（抗震墙板）结构中框架的水平力分配

多道设防是抗震设计的重要原则，对框架-支撑（抗震墙板）结构体系，其在水平地震作用下，不仅要求支撑或抗震墙板等抗侧力构件具有较大的刚度和强度，还要求框架部分也具有一定的抗侧能力。在罕遇地震下，支撑（抗震墙板）刚度退化将引起结构内力重分布，此时框架部分负担的地震剪力增大，只有框架部分具有一定的安全储备，才能实现框架作为二道设防的要求。《建筑抗震设计规范》规定，钢框架-支撑结构中，框架部分按计算得到的地震剪力应乘以调整系数，达到不小于结构底部总地震剪力的25%和框架部分地震剪力最大值1.8倍两者的较小者。

2. 框架-中心支撑结构构件的内力调整

该结构体系中，当中心支撑的斜杆轴线偏离梁柱轴线交点不超过支撑杆件的宽度时，仍可按中心支撑框架分析，但需考虑因偏离而产生的附加弯矩。采用人字形和V形支撑组合的内力设计值应乘以增大系数1.5。

3. 框架-偏心支撑结构构件的内力调整

《建筑抗震设计规范》规定，偏心支撑框架构件与消能梁段相连构件的内力设计值应按以下要求调整：

1）支撑斜杆的轴力设计值，应取与支撑斜杆相连接的消能梁段达到受剪承载力时支撑斜杆轴力与增大系数的乘积。其增大系数，一级不应小于1.4，二级不应小于1.3，三级不应小于1.2。

　　2）位于消能梁段同一跨的框架梁内力设计值，应取消能梁段达到受剪承载力时框架梁内力与增大系数的乘积。其增大系数，一级时不应小于1.3，二级不应小于1.2，三级不应小于1.1。

　　3）框架柱的内力设计值，应取消能梁段达到受剪承载力时柱内力与增大系数的乘积。其增大系数，一级不应小于1.3，二级不应小于1.2，三级不应小于1.1。

4. 梁柱杆件的内力调整

　　钢结构转换层下的钢框架柱，其地震作用下的内力设计值应乘以增大系数，其值可采用1.5。钢框架梁的上翼缘采用抗剪连接件与组合楼板连接时，可不验算地震作用下的整体稳定。

7.3.2　地震作用下内力和变形验算

　　多高层钢结构房屋的抗震设计，采用两阶段设计法。第一阶段为多遇地震作用下的弹性分析，验算构件的承载力和稳定性以及结构的层间位移；第二阶段为罕遇地震作用下的弹塑性分析，验算结构的层间位移。

1. 多遇地震作用下的弹性分析

　　多高层钢结构房屋在多遇地震作用下的地震作用效应，可根据不同情况，采用底部剪力法、振型分解反应谱法及时程分析法计算地震作用。

　　高层钢结构房屋在进行内力和位移计算时，应考虑梁和柱的弯曲变形、柱的轴向变形及梁柱的剪切变形，此外，还应考虑梁柱节点域的剪切变形对侧移的影响。

　　预估杆截面时，内力和位移的分析可采用近似方法。在水平荷载作用下，框架结构可采用D值法进行简化计算；框架-支撑（抗震墙）可简化为平面抗侧力体系，分析时将所有框架合并为总框架，所有竖向支撑（抗震墙）合并为总支撑（抗震墙），然后进行协同工作分析。此时，可将总支撑（抗震墙）当作一悬臂梁。

　　抗震设计时高层钢结构房屋一般可不考虑风荷载及竖向地震的作用，但对于高度大于60m的高层钢结构须考虑风荷载的影响，在9度区尚应考虑竖向地震的作用。

2. 罕遇地震作用下的弹塑性分析

　　高层钢结构房屋在罕遇地震作用下采用时程分析法对结构进行弹塑性分析，计算薄弱楼层的弹塑性变形。对规则结构，计算时采用弯剪层间模型或平面杆系模型，不规则结构采用考虑扭转的空间结构模型。用杆系模型分析时，梁、柱的恢复力模型可用双线型，其滞回模型不考虑刚度退化；用层间模型分析时，应用计入有关构件弯曲、轴向力、剪切变形影响的等效层剪切刚度，层恢复力模型的骨架曲线可用静力弹塑性方法进行计算，并可简化为二折线或三折线，尽量与计算所得骨架曲线接近。对新型、特殊的杆件和结构，其恢复力模型宜通过试验确定。一般计算时结构的阻尼比取 0.05，并考虑二阶效应对侧移的影响。

3. 侧移控制

为避免在多遇地震作用下（弹性阶段）由于层间变形过大而造成非结构构件的破坏、在罕遇地震下（弹塑性阶段）造成结构的破坏或倒塌，多高层钢结构房屋应限制并控制其侧移，其抗震变形分多遇地震和罕遇地震两个阶段验算。

在多遇地震作用下，《建筑抗震设计规范》规定，弹性层间位移角限值取 1/250，即楼层内最大弹性层间位移应符合下式的要求

$$\Delta u_e \leqslant h/250 \tag{7-2}$$

式中　Δu_e——多遇地震作用标准值产生的楼层内最大弹性层间位移；
　　　h——计算楼层的层高。

在罕遇地震作用下，对结构进行薄弱层的弹塑性变形验算。《建筑抗震设计规范》规定，高度超过 150m 的钢结构必须进行验算，而高度不大于 150m 的钢结构，宜进行弹塑性变形验算。验算时，多高层钢结构房屋的弹塑性层间位移角限值取 1/50，即楼层内最大的弹塑性层间位移应满足下式的要求

$$\Delta u_p \leqslant h/50 \tag{7-3}$$

式中　Δu_p——多遇地震作用标准值产生的楼层内最大弹性层间位移；
　　　h——薄弱层楼层的层高。

7.3.3　钢结构构件及节点抗震承载力验算

7.3.3.1　框架柱抗震验算

框架柱验算包括截面强度验算、平面内和平面外的整体稳定验算。

1. 截面强度验算

截面强度验算按下式进行

$$\frac{N}{A_n} + \frac{M_x}{\gamma_x W_{nx}} + \frac{M_y}{\gamma_y W_{ny}} \leqslant \frac{f}{\gamma_{RE}} \tag{7-4}$$

式中　N、M_x、M_y——构件的轴向力和对 x 轴、y 轴的弯矩设计值；
　　　A_n——构件净截面面积；
　　　W_{nx}、W_{ny}——对 x 轴、y 轴的净截面抵抗矩；
　　　γ_x、γ_y——构件截面塑性发展系数；
　　　f——钢材抗拉强度设计值；
　　　γ_{RE}——框架柱承载力抗震调整系数，取 0.75。

2. 平面内整体稳定验算

框架柱平面内整体稳定性验算按下式进行

$$\frac{N}{\varphi_x A} + \frac{\beta_{mx} M_x}{\gamma_x W_{1x}(1-0.8N/N_{Ex})} \leqslant \frac{f}{\gamma_{RE}} \tag{7-5}$$

式中 A——构件毛截面面积；
φ_x——弯矩作用平面内轴压构件稳定系数；
β_{mx}——平面内等效弯矩系数；
W_{1x}——弯矩作用平面内较大受压纤维的毛截面抵抗矩；
N_{Ex}——构件的欧拉临界力。
其余参数意义同前。

3. 平面外整体稳定验算

框架柱平面外整体稳定验算按下式进行

$$\frac{N}{\varphi_y A} + \frac{\beta_{tx} M_x}{\varphi_b W_{1x}} \leqslant \frac{f}{\gamma_{RE}} \tag{7-6}$$

式中 β_{tx}——平面外等效弯矩系数；
φ_y——弯矩作用平面外轴心受压构件稳定系数；
φ_b——均匀弯曲的受弯构件的整体稳定系数；
其余参数意义同前。

7.3.3.2 框架梁的抗震验算

框架梁抗震验算包括抗弯强度、抗剪强度以及整体稳定验算。

1. 抗弯强度验算

框架梁的抗弯强度验算按下式进行

$$\frac{M_x}{\gamma_x W_{nx}} \leqslant \frac{f}{\gamma_{RE}} \tag{7-7}$$

式中 M_x——梁对 x 轴的弯矩设计值；
W_{nx}——梁对 x 轴的净截面抵抗矩；
f——钢材抗拉强度设计值；
γ_{RE}——框架梁承载力抗震调整系数，取 0.75。

2. 抗剪强度验算

框架梁的抗剪强度验算按下式进行

$$\tau = \frac{VS}{It_w} \leqslant \frac{f_v}{\gamma_{RE}} \tag{7-8}$$

式中 V——计算截面沿腹板平面作用的剪力；
S——计算点处的截面面积矩；
I——截面的毛截面惯性矩；

t_w——梁腹板厚度；

f_v——钢材抗剪强度设计值。

同时，梁端部截面的抗剪强度还需满足下式

$$\tau = \frac{V}{A_{wn}} \leq \frac{f_v}{\gamma_{RE}} \tag{7-9}$$

式中 A_{wn}——梁端腹板的净截面面积。

3. 整体稳定验算

框架梁的整体稳定验算按下式进行

$$\frac{M_x}{\varphi_b W_x} \leq \frac{f}{\gamma_{RE}} \tag{7-10}$$

式中 M_x——梁对 x 轴的毛截面抵抗矩；

φ_b——均匀弯曲的受弯构件的整体稳定系数。

7.3.3.3 梁柱节点承载力与稳定性验算

强柱弱梁是抗震设计的基本原则之一，在地震作用下，塑性效应应在梁端形成，使框架具有较大的内力重分布和消能能力，保证柱端比梁端有更大的承载能力储备。设计时，除需分别验算梁柱构件的截面承载力外，还要验算节点的左右梁端和上下柱端的全塑性承载力。通过合理设计，使节点域既具备一定的耗能能力，又不会引起较大的结构侧移。

1. 节点承载力验算

为保证强柱弱梁设计，要求交汇节点的框架柱的全塑性抗弯承载力之和应大于梁的该项承载力之和，即节点左右梁端和上下柱端的全塑性承载力应满足下式的要求

等截面梁 $\quad \sum W_{pc}\left(f_{yc} - \frac{N}{A_c}\right) \geq \eta \sum W_{pb} f_{yb} \tag{7-11}$

端部翼缘变截面梁 $\sum W_{pc}\left(f_{yc} - \frac{N}{A_c}\right) \geq \sum (\eta W_{pb1} f_{yb} + V_{pb} s) \tag{7-12}$

式中 W_{pc}、W_{pb}——交汇于节点的柱和梁的塑性截面系数；

W_{pb1}——梁塑性铰所在截面的梁塑性截面系数；

N——柱轴向压力设计值；

A_c——柱截面面积；

f_{yc}、f_{yb}——柱和梁的钢材屈服强度；

η——强柱系数，一级取 1.15，二级取 1.10，三级取 1.05；

s——塑性铰至柱面的距离，塑性铰可取梁端部变截面翼缘的最小处；

V_{pb}——梁塑性铰剪力。

当柱所在楼层的受剪承载力比上一层的受剪承载力高出 25%，或柱轴向力

设计值与柱全截面面积和钢材抗拉强度设计值乘积的比值不超过 0.4，或作为轴心受压构件在 2 倍地震力下稳定性得到保证时，可不按该式验算。

2. 节点域承载力和稳定验算

节点域的屈服承载力应符合下式的要求

$$\frac{\psi(M_{pb1}+M_{pb2})}{V_p}\leq\frac{4f_{yv}}{3} \tag{7-13}$$

式中　　V_p——节点域的体积，对工字形截面柱，$V_p=h_{b1}h_{c1}t_w$，对箱形截面柱 $V_p=1.8h_{b1}h_{c1}t_w$，圆管截面柱 $V_p=\frac{\pi}{2}h_{b1}h_{c1}t_w$，$h_{b1}$、$h_{c1}$ 分别为梁翼缘厚度中点间的距离和柱翼缘（或钢管直径线上管壁）厚度中点间的距离，t_w 为柱在节点域的腹板厚度；

　　　　ψ——折减系数，6 度 IV 类场地和 7 度时可取 0.6，8、9 度时可取 0.7；

　　　　M_{pb1}、M_{pb2}——节点域两侧梁的全塑性受弯承载力；

　　　　f_v——钢材的抗剪强度设计值。

工字形截面柱和箱形截面柱的节点域应按下列公式验算

$$t_w\geq\frac{h_b+h_c}{90} \tag{7-14}$$

$$\frac{M_{b1}+M_{b2}}{V_p}\leq\frac{4f_v}{3\gamma_{RE}} \tag{7-15}$$

式中　　M_{b1}、M_{b2}——节点域两侧梁的弯矩设计值；

　　　　γ_{RE}——节点域承载力抗震调整系数，取 0.85；

其余参数意义同前。

当柱节点域腹板厚度不小于梁柱截面高度之和的 1/70 时，可不验算节点域的稳定性。

7.3.4　钢结构支撑抗震承载力验算

7.3.4.1　中心支撑框架构件的抗震承载力验算

1. 中心支撑斜杆的受压承载力验算

在地震作用下，应考虑支撑斜杆因反复受压、受拉发生屈曲后，承载力明显下降，长细比越大，退化程度越严重的情况。具体设计时支撑斜杆的受压承载力按以下公式验算

$$N/(\varphi A_{br})\leq\psi f/\gamma_{RE} \tag{7-16}$$

$$\psi=1/(1+0.35\lambda_n) \tag{7-17}$$

$$\lambda_n=(\lambda/\pi)\sqrt{f_{ay}/E} \tag{7-18}$$

式中　　N——支撑斜杆的轴向力设计值；

A_{br}——支撑斜杆的截面面积；

φ——轴心受压构件的稳定系数；

ψ——受循环荷载时强度降低系数；

λ、λ_n——支撑斜杆的长细比及正则化长细比；

E——支撑斜杆材料的弹性模量；

f、f_{ay}——钢材的强度设计值及屈服强度；

γ_{RE}——支撑稳定破坏承载力抗震调整系数。

2. 人字形支撑和V形支撑的横梁验算

人字形支撑在大震下受压屈曲后，其承载力将急剧下降，导致横梁在支撑连接处出现向下的不平衡力，这可能引起横梁破坏和楼板下陷，并在横梁两端出现塑性铰；V形支撑的情况类似，但其出现的不平衡力方向相反，并可能引起楼板隆起。为了避免这种情况出现，设计时应保证人字形支撑和V形支撑的横梁在支撑连接处连续，并按不计入支撑支点作用的梁验算在重力荷载和受压支撑屈曲后产生的不平衡力共同作用下的承载力。此不平衡力应按受拉支撑的最小屈服承载力和受压支撑最大屈曲承载力的0.3倍计算。必要时，人字形支撑和V形支撑可沿竖向交替设置或采用拉链柱。

7.3.4.2 偏心支撑框架构件的抗震承载力验算

1. 消能梁段的受剪承载力验算

消能梁段的受剪承载力应符合下列要求：

当 $N \leqslant 0.15Af$ 时 $\quad V \leqslant \varphi V_l / \gamma_{RE}$ (7-19)

$V_l = 0.58 A_w f_{ay}$ 或 $V_l = 2M_{lp}/a$，取较小值

$$A_w = (h - 2t_f) t_w$$

$$M_{lp} = W_p f$$

当 $N > 0.15Af$ 时 $\quad V \leqslant \varphi V_{lc} / \gamma_{RE}$ (7-20)

$V_{lc} = 0.58 A_w f_y \sqrt{1 - [N/(Af)^2]}$ 或 $V_{lc} = 2.4 M_{lp}[1 - N/(Af)]/a$，取较小值

式中　　φ——系数，取0.9；

V、N——消能梁段的剪力设计值和轴力设计值；

V_l、V_{lc}——消能梁段的受剪承载力和计入轴力影响的受剪承载力；

M_{lp}——消能梁段的全塑性受弯承载力；

a、h、t_w、t_f——消能梁段的长度、截面高度、腹板厚度和翼缘厚度；

A、A_w——消能梁段和腹板截面面积；

W_p——消能梁段的塑性截面系数；

f、f_{ay}——消能梁段钢材的抗压强度设计值和屈服强度；

γ_{RE}——消能梁段承载力抗震调整系数，取0.75。

2. 支撑斜杆

支撑斜杆与消能梁段连接的承载力不得小于支撑的承载力。若支撑需抵抗弯矩，支撑与梁的连接按抗压弯连接设计。

7.3.5 钢结构构件连接抗震承载力验算

钢结构构件连接的设计，应遵循"强连接、弱构件"的原则。钢结构构件的连接应按地震组合内力进行弹性设计，并进行极限承载力验算。

1. 梁、柱连接的极限承载力验算

钢结构抗侧力构件连接的极限承载力应大于相连构件的屈服承载力。梁与柱刚性连接的极限承载力，按下列公式验算

$$M_u^j \geq \eta_j M_p \tag{7-21}$$

$$V_u^j \geq 1.2(2M_p/l_n) + V_{Gb} \tag{7-22}$$

式中　　M_p——梁的塑性受弯承载力；

V_{Gb}——梁在重力荷载代表值（9度时高层建筑尚应包括竖向地震作用标准值）作用下，按简支梁分析的梁端截面剪力设计值；

l_n——梁的净跨；

M_u^j、V_u^j——连接的极限受弯、受剪承载力；

η_j——连接系数，可按表7-6采用。

表7-6　钢结构抗震设计的连接系数

母材牌号	梁柱连接		支撑连接，构件拼接		柱　脚	
	焊　接	螺栓连接	焊　接	螺栓连接		
Q235	1.40	1.45	1.25	1.30	埋入式	1.2
Q345	1.30	1.35	1.20	1.25	外包式	1.2
Q345GJ	1.25	1.30	1.15	1.20	外露式	1.1

注：1. 屈服强度高于Q345的钢材，按Q345的规定采用。
　　2. 屈服强度高于Q345GJ的GJ材，按Q345GJ的规定采用。
　　3. 翼缘焊接腹板栓接时，连接系数分别按表中连接形式取用。

2. 支撑与框架的连接及支撑拼接的极限承载力验算

支撑与框架连接和梁、柱、支撑的拼接极限承载力，应按下列公式验算：

支撑连接和拼接　　$N_{ubr}^j \geq \eta_j A_{br} f_y$ （7-23）

梁的拼接　　$M_{ub,sp}^j \geq \eta_j M_p$ （7-24）

柱的拼接　　$M_{uc,sp}^j \geq \eta_j M_{pc}$ （7-25）

式中　　M_{pc}——考虑轴力影响时柱的塑性受弯承载力；

A_{br}——支撑杆件的截面面积;

N^j_{ubr}、$M^j_{ub,sp}$、$M^j_{uc,sp}$——支撑连接和拼接、梁、柱拼接的极限受压(拉)、受弯承载力;
其余参数意义同前。

3. 柱脚与基础的连接极限承载力验算

柱脚与基础的连接极限承载力,应按下列公式验算

$$M^j_{u,base} \geqslant \eta_j M_{pc} \tag{7-26}$$

式中 $M^j_{u,base}$——柱脚的极限受弯承载力;
其余参数意义同前。

7.4 钢结构抗震构造措施

7.4.1 钢框架结构抗震构造措施

1. 框架柱的长细比

为了保证框架柱具有较好的延性,地震区柱的长细比不宜太大,框架柱的长细比,一级不应大于 $60\sqrt{235/f_{ay}}$,二级不应大于 $80\sqrt{235/f_{ay}}$,三级不应大于 $100\sqrt{235/f_{ay}}$,四级时不应大于 $120\sqrt{235/f_{ay}}$。

2. 框架梁、柱板件宽厚比

为保证框架梁柱在罕遇地震下有较大的塑性变形能力,多层钢结构和高层钢结构框架梁柱板件宽厚比分别不应超过表 7-7 和表 7-8 规定的限值(图 7-15)。

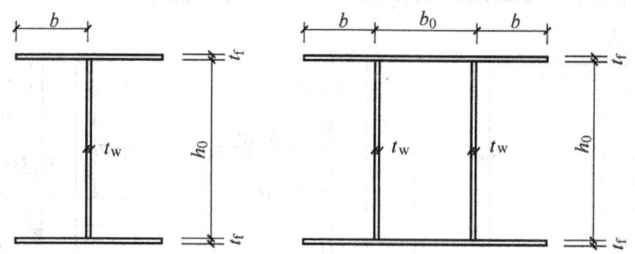

图 7-15 梁与柱的截面尺寸

表 7-7 框架梁、柱板件宽厚比限值

	板 件	一级	二级	三级	四级
柱	工字形柱翼缘外伸部分	10	11	12	13
	箱形截面壁板	33	36	38	40
	工字形截面腹板	43	45	48	52

（续）

板 件		一级	二级	三级	四级
梁	工字形和箱形截面翼缘外伸部分	9	9	10	11
	箱形截面翼缘在两腹板间部分	30	30	32	36
	工字形和箱形截面梁腹板	72-120ρ≤60	72-100ρ≤65	80-100ρ≤70	85-120ρ≤75

注：1. 表列数值适用于 Q235 钢，其他钢号应乘以 $\sqrt{235/f_{ay}}$。
　　2. 表中，N_b 为梁的轴向力，A 为梁的截面面积，f 为梁的钢材抗拉强度设计值。
　　3. $\rho = N_b/Af$。

3. 梁柱构件的侧向支撑

梁柱构件在出现塑性铰的截面处，其上下翼缘均应设置侧向支承。相邻两侧向支承点间的构件长细比，应符合现行《钢结构设计规范》的有关规定。

4. 梁与柱的连接

梁与柱的连接构造应符合下列要求：

1）梁与柱的连接宜采用柱贯通型。

2）柱在两个互相垂直的方向都与梁刚接时宜采用箱形截面，并在梁翼缘连接处设置隔板；隔板采用电渣焊时，柱壁板厚度不宜小于 16mm，小于 16mm 时可改用工字形柱或采用贯通式隔板。当柱仅在一个方向与梁刚接时，宜采用工字形截面，并将柱腹板置于刚接框架平面内。

工字形柱（绕强轴）和箱形柱与梁刚接时（图 7-16），应符合下列要求：

1）梁翼缘与柱翼缘间应采用全熔透坡口焊缝；一、二级时，应检验焊缝的 V 形切口冲击韧性，其夏比冲击韧度在 -20℃ 时不低于 27J。

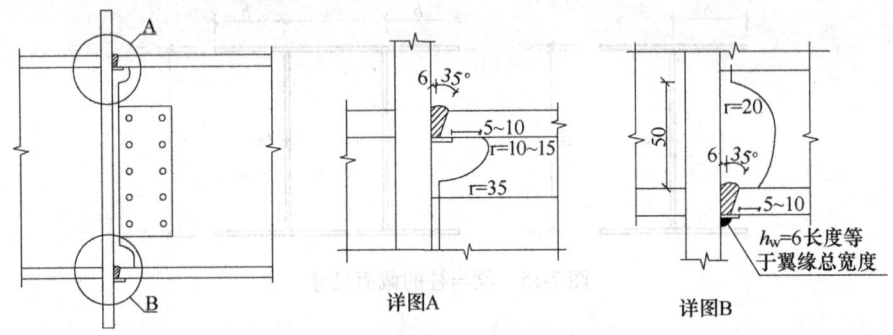

图 7-16　框架梁与柱的现场连接

2）柱在梁翼缘对应位置应设置横向加劲肋（隔板），加劲肋（隔板）厚度不应小于梁翼缘厚度，强度与梁翼缘相同。

3）梁腹板宜采用摩擦型高强度螺栓与柱连接板连接（经工艺试验合格能确保现场焊接质量时，可用气体保护焊进行焊接）；腹板角部应设置焊接孔，孔形应使其端部与梁翼缘和柱翼缘间的全熔透坡口焊缝完全隔开。

4）腹板连接板与柱的焊接，当板厚不大于16mm时应采用双面角焊缝，焊缝有效厚度应满足等强度要求，且不小于5mm；板厚大于16mm时采用K形坡口对接焊缝。该焊缝宜采用气体保护焊，且板端应绕焊。

5）一级和二级时，宜采用能将塑性铰自梁端外移的端部扩大形连接、梁端加盖板或骨形连接。

梁与柱刚性连接时，柱在梁翼缘上下各500mm的节点范围内，柱翼缘与柱腹板间或箱形柱壁板间的连接焊缝，应采用坡口全熔透焊缝。

5. 节点域补强及节点附近构造措施

当节点域的腹板厚度不满足《建筑抗震设计规范》第8.2.5条第2、3款的规定时，应采取加厚柱腹板或采取贴焊补强板的措施。补强板的厚度及其焊缝应按传递补强板所分担剪力的要求设计。

6. 柱与柱的连接

框架柱的接头距框架梁上方的距离，可取1.3m和柱净高一半二者的较小值。上下柱的对接接头应采用全熔透焊缝，柱拼接接头上下各100mm范围内，工字形柱翼缘与腹板间及箱型柱角部壁板间的焊缝，应采用全熔透焊缝。

7. 刚接脚柱

钢结构的柱脚主要有埋入式、外包式和外露式三种。《建筑抗震设计规范》规定，钢结构的刚接柱脚宜采用埋入式，也可采用外包式；6、7度且高度不超过50m时也可采用外露式。

7.4.2 钢框架-中心支撑结构抗震构造措施

1. 支撑杆件的长细比和板件宽厚比

支撑杆件的长细比，按压杆设计时，不应大于 $120\sqrt{235/f_{ay}}$；一、二、三级中心支撑不得采用拉杆设计，四级采用拉杆设计时，其长细比不应大于180。

支撑杆件的板件宽厚比，不应大于表7-8规定的限值。采用节点板连接时，应注意节点板的强度和稳定。

表7-8 钢结构中心支撑板件宽厚比限值

板件名称	一级	二级	三级	四级
翼缘外伸部分	8	9	10	13
工字形截面腹板	25	26	27	33
箱形截面壁板	18	20	25	30
圆管外径与壁厚比	38	40	40	42

注：表列数值适用于Q235钢，采用其他牌号钢材应乘以 $\sqrt{235/f_{ay}}$，圆管应乘以 $235/f_{ay}$。

2. 中心支撑节点的构造措施

（1）一、二、三级，支撑宜采用 H 形钢制作，两端与框架可采用刚接构造，梁柱与支撑连接处应设置加劲肋；一级和二级采用焊接工字形截面的支撑时，其翼缘与腹板的连接宜采用全熔透连续焊缝。

（2）支撑与框架连接处，支撑杆端宜做成圆弧。

（3）梁在其与 V 形支撑或人字形支撑相交处，应设置侧向支承；该支承点与梁端支承点间的侧向长细比（λ_y）以及支承力，应符合现行《钢结构设计规范》GB 50017 关于塑性设计的规定。

（4）若支撑和框架采用节点板连接，应符合现行《钢结构设计规范》GB 50017 关于节点板在连接杆件每侧有不小于 30 度夹角的规定；一、二级时，支撑端部至节点板最近嵌固点（节点板与框架构件连接焊缝的端部）在沿支撑杆件轴线方向的距离，不应小于节点板厚度的 2 倍。

3. 框架的构造要求

框架-中心支撑结构的框架部分，当房屋高度不高于 100m 且框架部分按计算分配的地震剪力不大于结构底部总地震剪力的 25% 时，一、二、三级的抗震构造措施可按框架结构降低一级的相应要求采用。其他抗震构造措施，应符合框架结构抗震构造措施的规定。

7.4.3 钢框架-偏心支撑结构抗震构造措施

1. 框架消能梁段的材料及板件宽厚比

偏心支撑框架消能梁段的钢材屈服强度不应大于 345MPa。消能梁段及与消能梁段同一跨内的非消能梁段，其板件的宽厚比不应大于表 7-9 规定的限值。

表 7-9 偏心支撑框架梁板件宽厚比限值

板件名称		宽厚比限值
翼缘外伸部分		8
腹板	当 $N/Af \leq 0.14$ 时	$90[1 - 1.65N/(Af)]$
	当 $N/Af > 0.14$ 时	$33[2.3 - N/(Af)]$

注：表列数值适用于 Q235 钢，采用其他牌号钢材时，应乘以 $\sqrt{235/f_{ay}}$，N/Af 为梁轴压比。

2. 支撑杆件的构造要求

为保证偏心支撑杆件的稳定性，偏心支撑框架的支撑杆件的长细比不应大于 $120\sqrt{235/f_y}$，支撑杆件的板件宽厚比不应超过现行《钢结构设计规范》规定的轴心受压构件在弹性设计时的宽厚比限值。

3. 消能梁段构造要求

1) 为保证消能梁段具有良好的滞回性能，应考虑消能梁段的轴力，限制该梁段的长度。当 $N>0.16Af$ 时，消能梁段的长度应符合下列规定：

当 $\rho(A_w/A)<0.3$ 时　　$a<1.6M_{lp}/V_l$

当 $\rho(A_w/A)\geqslant 0.3$ 时　　$a\leqslant[1.15-0.5\rho(A_w/A)]1.6M_{lp}/V_l$

$$\rho=N/V$$

式中　a——消能梁段的长度为消能梁段轴向力设计值与剪力设计值之比；

其余参数意义同 7.3.4 节。

2）消能梁段的腹板不得贴焊补强板，也不得开洞。

3）消能梁段与支撑连接处，应在其腹板两侧配置加劲肋，加劲肋的高度应为梁腹板高度，一侧的加劲肋宽度不应小于$(b_f/2-t_w)$，厚度不应小于 $0.75t_w$ 和 10mm 的较大值。

4）消能梁段应按下列要求在其腹板上设置中间加劲肋：①当 $a\leqslant 1.6M_{lp}/V_l$ 时，加劲肋间距不大于$(30t_w-h/5)$；②当 $2.6M_{lp}/V_l<a\leqslant 5M_{lp}/V_l$ 时，应在距消能梁段端部处配置中间加劲肋，且中间加劲肋间距不应大于$(52t_w-h/5)$；③当 $1.6M_{lp}/V_l<a\leqslant 2.6M_{lp}/V_l$，中间加劲肋的间距宜在上述两者间线性插入；④当 $a>5M_{lp}/V_l$ 时，可不配置中间加劲肋；⑤中间加劲肋应与消能梁段的腹板等高，当消能梁段截面高度不大于 640mm 时，可配置单侧加劲肋，消能梁段截面高度大于 640mm 时，应在两侧配置加劲肋，一侧加劲肋的宽度不应小于$(b_f/2-t_w)$，厚度不应小于 t_w 和 10mm。

4. 消能梁段与柱连接的构造要求

1）消能梁段与柱连接时，其长度不得大于 $1.6M_{lp}/V_l$，且应满足偏心支撑框架构件的抗震承载力验算的规定。

2）消能梁段翼缘与柱翼缘之间应采用坡口全熔透对接焊缝连接，消能梁段腹板与柱之间应采用角焊缝（气体保护焊）连接；角焊缝的承载力不得小于消能梁段腹板的轴力、剪力和弯矩同时作用的承载力。

3）消能梁段与柱腹板连接时，消能梁段翼缘与横向加劲板间应采用坡口全熔透焊缝，消能梁段腹板与柱连接板间应采用角焊缝（气体保护焊）连接；角焊缝的承载力不得小于消能梁段腹板的轴力、剪力和弯矩同时作用时的承载力。

5. 侧向稳定性要求

消能梁段两端上下翼缘应设置侧向支撑，支撑的轴力设计值不得小于消能梁段翼缘轴向承载力设计值的 6%，即 $0.06b_f t_f f$。

偏心支撑框架梁的非消能梁段上下翼缘，应设置侧向支撑，支撑的轴力设计值不得小于梁翼缘轴向承载力的 2%，即 $0.02b_f t_f f$。

6. 框架的构造要求

框架-偏心支撑结构的框架部分，当房屋高度不高于 100m 且框架部分按计算分配的地震作用不大于结构底部总地震剪力的 25% 时，一、二、三级的抗震构造措施可按框架结构降低一级的相应要求采用；其他抗震构造措施应符合框架结构抗震构造措施的规定。

7.5 计算实例

一幢四层钢框架房屋，位于7度抗震设防区，Ⅲ类场地土，特征周期为0.55s。因结构规则、质量分布无较大偏心，可按两抗侧结构方向分别进行抗震计算。现要求对图7-17所示横向框架进行计算。结构室内地坪为±0.00m，基础顶面为-0.5m。纵向框架柱距为8m。钢柱采用埋入式柱脚，与基础刚性连接，梁柱连接均采用焊接式的刚性连接。梁柱构件截面尺寸和主要几何特征如下所示，其中钢梁采用Q235B，钢柱采用Q345B钢材。构件截面尺寸：Z1：I-400mm×500mm×20mm×12mm，Z2：I-400mm×500mm×16mm×12mm，L1：I-300mm×650mm×16mm×10mm，节点域进行贴板处理，所贴板与柱腹板厚度相同。各几何性质见表7-10。

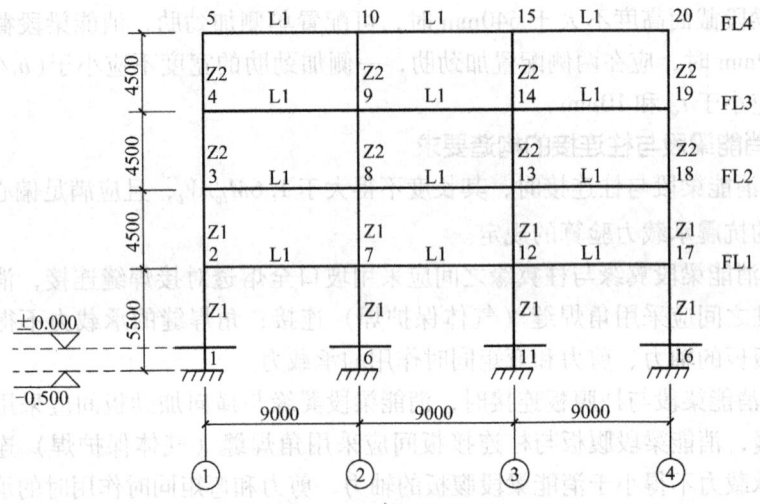

图7-17 横向框架图

表7-10 构件几何性质

构 件	A/cm^2	I_x/cm^4	W_x/cm^3	自重/(kN/m)
Z1	215.2	101946.9	4077.9	1.689
Z2	184.16	85239.5	3409.6	1.446
L1	157.8	116159	3574.1	1.239

结构的恒荷载、活荷载如下：

1）恒荷载：各层楼自重（含次梁、楼板及面层自重和吊载）$5kN/m^2$，①、④轴外墙重量$1.5kN/m^2$，②、③轴内墙重量$1.0kN/m^2$。

2）活荷载：FL4层，$1.5kN/m^2$；FL1~3层，$5kN/m^2$。

1. 结构内力及变形计算

（1）竖向荷载计算

各层荷载：

FL1层　楼面均布荷载：恒荷载　$5.0kN/m^2 \times 8m + 1.239kN/m \times 1.15 = 41.42 kN/m$（1.15为考虑钢梁各种构件零件后的增大系数）

$$活荷载　5.0kN/m^2 \times 8m = 40kN/m$$

柱集中荷载：①④轴　$1.5kN/m^2 \times 8m \times (2.25m + 2.5m) + 1.689kN/m \times 1.10 \times (2.25m + 2.75m) = 66.29kN$（1.10为考虑钢柱各种构件零件后的增大系数）

②③轴　$1.0kN/m^2 \times 8m \times (2.25m + 2.5m) + 1.689kN/m \times 1.10 \times (2.25m + 2.75m) = 47.29kN$

FL2层　楼面均布荷载同FL1层

柱子集中荷载：①④轴　$1.5kN/m^2 \times 8m \times 4.5m + (1.689kN/m + 1.486kN/m) \times 1.10 \times 2.25m = 61.76kN$

②③轴　$1.0kN/m^2 \times 8m \times 4.5m + (1.689kN/m + 1.486kN/m) \times 1.10 \times 2.25m = 43.76kN$

FL3层　楼面均布荷载同FL1层

柱集中荷载：①④轴　$1.5kN/m^2 \times 8m \times 4.5m + 1.446kN/m \times 1.10 \times 4.5m = 61.16kN$

②③轴　$1.0kN/m^2 \times 8m \times 4.5m + 1.446kN/m \times 1.10 \times 2.25m = 43.16kN$

FL4层　楼面均布荷载：固定荷载　$5.0kN/m^2 \times 8m + 1.239kN/m \times 1.15 = 41.42 kN/m$

$$活荷载　1.5kN/m^2 \times 8m = 12kN/m$$

在计算重力荷载代表值时，屋面活荷载不计入，但该地区基本雪压$0.2kN/m^2$，以$0.5 \times 0.2kN/m^2 \times 8m = 0.8kN/m$（0.5为雪荷载的组合值系数）代替上述活荷载。柱子集中荷载为FL3层柱子集中荷载的一半。

根据上述计算，得到截面抗震验算时的重力荷载代数值的分布图如图7-18所示，其中活荷载已按组合值系数予以折减。

（2）各层地震作用计算　各层的重力荷载分布如图7-19所示。

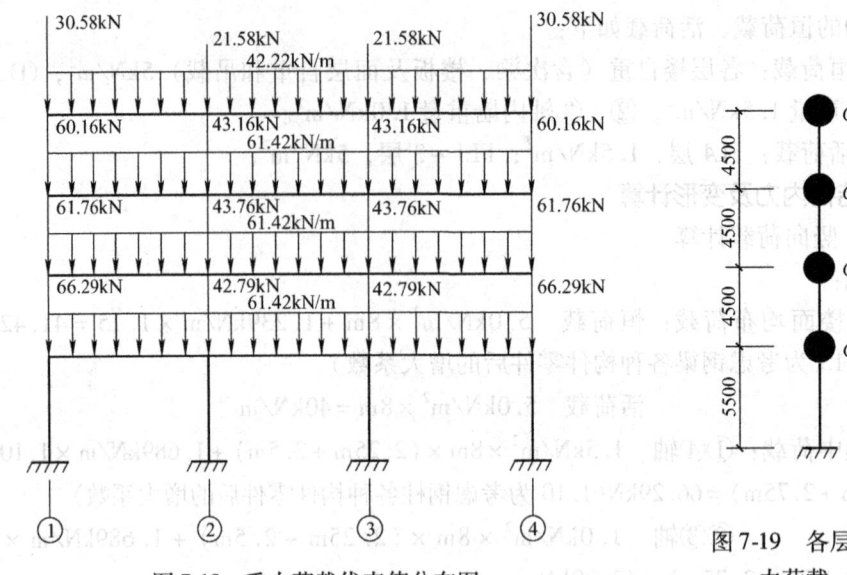

图 7-18 重力荷载代表值分布图　　图 7-19 各层重力荷载

$G_1 = 66.29\text{kN} \times 2 + 47.29\text{kN} \times 2 + 61.42\text{kN/m} \times 27\text{m} = 1885.50\text{kN}$

$G_2 = 61.76\text{kN} \times 2 + 43.76\text{kN} \times 2 + 61.42\text{kN/m} \times 27\text{m} = 1869.38\text{kN}$

$G_3 = 60.16\text{kN} \times 2 + 43.16\text{kN} \times 2 + 61.42\text{kN/m} \times 27\text{m} = 1864.98\text{kN}$

$G_4 = 30.58\text{kN} \times 2 + 21.58\text{kN} \times 2 + 42.22\text{kN/m} \times 27\text{m} = 1244.14\text{kN}$

$G_{eq} = 0.85 \sum G_i = 0.85 \times (1885.50\text{kN} + 1869.38\text{kN} + 1864.98\text{kN} + 1244.14\text{kN})$
$= 5834.4\text{kN}$

采用有限元分析得到该结构前 3 个周期和相应的振型矢量如下

$T_1 = 1.19\text{s}, Z_1 = (0.273, 0.679, 1.079, 1.346)^T$

$T_2 = 0.31\text{s}, Z_2 = (0.360, 0.477, 0.057, -0.495)^T$

$T_3 = 0.20\text{s}, Z_3 = (0.361, 0.030, -0.266, 0.213)^T$

由于结构规则，符合按底部剪力法计算的条件，所以，按底部剪力法计算各楼层的地震作用。由特征周期为 0.55s，则

$$\alpha_1 = \left(\frac{T_g}{T_1}\right)^\gamma \eta_2 \alpha_{\max}$$

其中　$T_1 = 1.19\text{s}$

$$\gamma = 0.9 + \frac{0.05 - \zeta}{0.3 + 6\zeta} = 0.9 + \frac{0.05 - 0.04}{0.3 + 6 \times 0.04} = 0.919$$

$$\eta_2 = 1 + \frac{0.05 - \zeta}{0.08 + 1.6\zeta} = 1 + \frac{0.05 - 0.04}{0.08 + 1.6 \times 0.04} = 1.069$$

$$F_{Ek} = \alpha_1 G_{eq} = 0.042 \times 5834.4\text{kN} = 245.49\text{kN}$$

$$T_1 = 1.19\text{s} > 1.4T_g = 1.4 \times 0.55\text{s} = 0.77\text{s}$$
$$\delta_n = 0.88T_1 + 0.01 = 0.1052$$
$$(1 - \delta_n) = 1 - 0.1052 = 0.8948$$
$$\sum G_i H_i = 1885.50\text{kN} \times 5.5\text{m} + 1869.38\text{kN} \times 10\text{m} + 1864.98\text{kN} \times 14.5\text{m}$$
$$+ 1244.14\text{kN} \times 19\text{m} = 79744.9\text{kN} \cdot \text{m}$$

所以

$$F_1 = \frac{1885.5\text{kN} \times 5.5\text{m}}{79744.9\text{kN} \cdot \text{m}} \times 245.49\text{kN} \times 0.8948 = 28.56\text{kN}$$

$$F_2 = \frac{1869.38\text{kN} \times 10\text{m}}{79744.9\text{kN} \cdot \text{m}} \times 245.49\text{kN} \times 0.8948 = 51.50\text{kN}$$

$$F_3 = \frac{1864.98\text{kN} \times 14.5\text{m}}{79744.9\text{kN} \cdot \text{m}} \times 245.49\text{kN} \times 0.8948 = 74.49\text{kN}$$

$$F_4 = \frac{1244.14\text{kN} \times 19\text{m}}{79744.9} \times 245.49\text{kN} \times 0.8948 + 0.1052 \times 245.49\text{kN} = 90.94\text{kN}$$

（3）结构内力及变形计算　采用有限元分析，得到在重力荷载代表值和地震作用下的框架构件弯矩如图 7-20 所示，剪力图如图 7-21 所示，轴力图如图 7-22 所示，结构内力按 $1.2 \times$ 重力荷载代表值 $+ 1.3 \times$ 地震作用考虑。

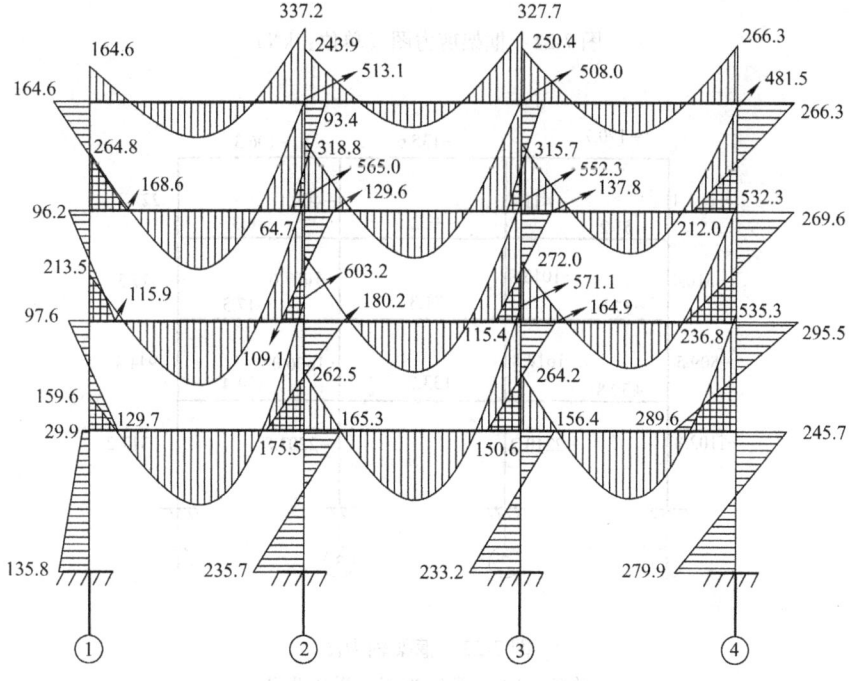

图 7-20　框架弯矩图（单位：kN·m）

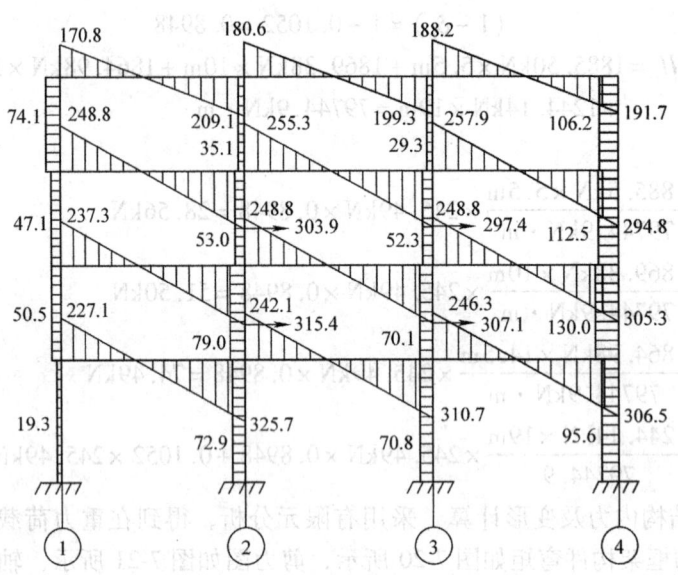

图 7-21 框架剪力图（单位：kN）

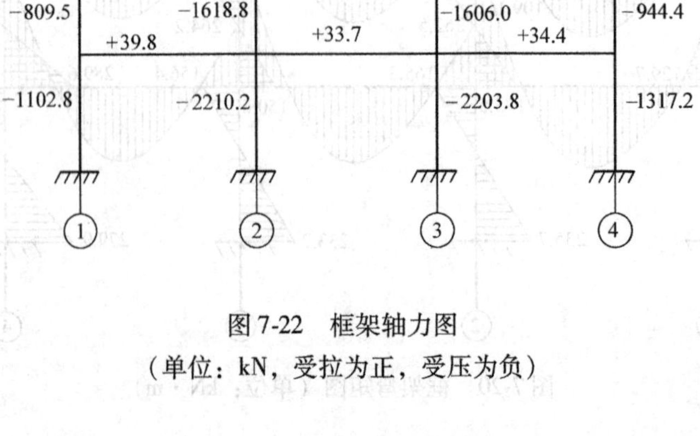

图 7-22 框架轴力图
（单位：kN，受拉为正，受压为负）

架仅在水平地震力作用下的节点侧移见表 7-11。

表 7-11 钢框架仅在水平地震力作用下的节点侧移

节点	侧移/mm	节点	侧移/mm	节点	侧移/mm	节点	侧移/mm
1	0	6	0	11	0	16	0
2	7.24	7	7.35	12	7.44	17	7.54
3	14.4	8	14.25	13	14.16	18	14.11
4	20.01	9	19.87	14	19.78	19	19.76
5	23.78	10	23.31	15	22.93	20	22.64

2. 抗震验算

(1) 多遇地震下的抗震变形验算 由表 7-11 计算各层的弹性层间位移

$$\Delta_{ue1} = 7.54\text{mm}$$
$$\Delta_{ue2} = 14.11\text{mm} - 7.54\text{mm} = 6.57\text{mm}$$
$$\Delta_{ue3} = 19.76\text{mm} - 14.11\text{mm} = 5.65\text{mm}$$
$$\Delta_{ue4} = 22.64\text{mm} - 19.76\text{mm} = 2.88\text{mm}$$

弹性层间位移角限值 $[\theta_e] = 1/250$,则

$$\Delta_{ue1} = 7.54\text{mm} < [\theta_e]h_1 = 22\text{mm}$$
$$\Delta_{ue2} = 6.57\text{mm} < [\theta_e]h_2 = 18\text{mm}$$

(2) 梁的强度及稳定验算 以①—②轴线间 FL2 层梁(为 L1 构件,如图 7-23 所示)为例,结构分析所得内力为

$$M'_b = 565.0\text{kN} \cdot \text{m}, \ V'_b = 315.4\text{kN}, \ N'_b = 57.3\text{kN}$$

设计用的内力即梁端内力设计值为

$$V_b = 315.4\text{kN} - (237.3\text{kN} + 315.4\text{kN}) \times \frac{0.25\text{m}}{9\text{m}} = 284.7\text{kN}$$

$$M_b = 565.0\text{kN} \cdot \text{m} - \left[284.7\text{kN} \times \frac{(0.5\text{m}^2)}{8\text{m}} + (315.4\text{kN} - 284.7\text{kN}) \times \frac{(0.5\text{m})^2}{12\text{m}}\right]$$
$$= 555.5\text{kN} \cdot \text{m}$$

$$N_b = 57.3\text{kN}$$

梁的截面性质 $A_n = 157.8\text{cm}^2, W_x = 3574.1\text{cm}^3$

钢梁的设计强度 $f_b = 215\text{MPa}, f_{vb} = 125\text{MPa}$;强度验算时 $\gamma_{RE} = 0.75$,稳定验算时 $\gamma_{RE} = 0.80$。

1) 截面正应力验算。验算公式为

$$\frac{N_b}{A_n} + \frac{M_b}{\gamma_x W_x} \leq f_b / \gamma_{RE}$$

代入数据有

$$\frac{57.3\text{kN}\times10^3}{157.8\text{cm}^2\times10^2}+\frac{555.5\text{kN}\cdot\text{m}\times10^6}{1.0\times3574.1\text{cm}^3\times10^3}=159.1\text{MPa}<215\text{MPa}/0.75$$

$$=286.7\text{MPa}(满足要求)$$

2）截面切应力验算。验算公式为

$$\tau_b=\frac{V_b}{A_w}\leqslant f_{vb}/\gamma_{RE}$$

其中 $A_w=(650\text{mm}-2\times16\text{mm})\times10\text{mm}=6180\text{mm}^2$，则

$$\frac{284.7\text{kN}\times10^3}{6180\text{mm}^2}=46.07\text{MPa}<125\text{MPa}/0.75$$

$$=166.7\text{MPa}(满足要求)$$

3）截面复合应力验算

$$\sigma_B=\frac{N_b}{A_n}+\frac{M_b}{\gamma_xW_x}\cdot\frac{h_B}{h}=3.6\text{MPa}+155.4\text{MPa}$$

$$\times\frac{325\text{mm}-16\text{mm}}{325\text{mm}}=147.7\text{MPa}$$

$$\tau_B=46.1\text{MPa}$$

$$\sqrt{\sigma_B^2+3\tau_B^2}=\sqrt{147.7^2+3\times46.1^2}\text{MPa}=167.9\text{MPa}<215\text{MPa}/0.75$$

$$=286.7\text{MPa}(满足要求)$$

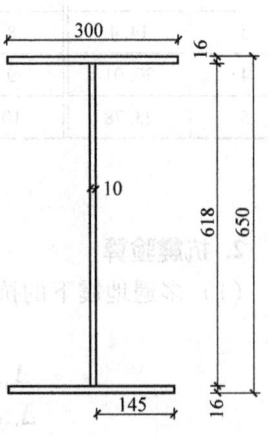

图 7-23　L1 构件截面尺寸

4）梁的稳定验算。梁上有足够刚度的铺盖，整体稳定可不验算。局部稳定验算如下：

翼缘　$b/t=618=286.7\text{mm}/10\text{mm}=9.1<11$

腹板　$N_b/Af=\dfrac{57.3\text{kN}\times10^3}{157.8\text{cm}^2\times10^2\times215\text{MPa}}$

$$=0.02<0.37$$

$$h_0/t_w=618\text{mm}/10\text{mm}=61.8$$

$$<85-120N_b/Af=82.6$$

梁的强度及稳定均满足要求。

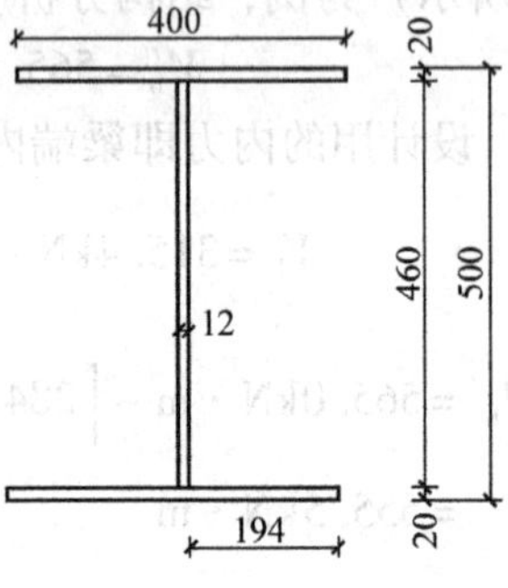

图 7-24　Z1 构件截面尺寸

（3）柱的强度及稳定验算　以底层②轴线上柱（为 Z1 构件，如图 7-24 所示）为例。

内力设计值　$M_c=235.7\text{kN}\cdot\text{m}$，$V_c=72.9\text{kN}$，$N_c=2233.9\text{kN}$

柱的截面特征　$A=215.2\text{cm}^2$，$W_x=4077.9\text{cm}^3$

柱的设计强度　$f_c=310\text{MPa}$；强度验算时，$\gamma_{RE}=0.75$，稳定性验算时 $\gamma_{RE}=$

0.80。

1) 计算各层的重力附加弯矩 M_g 及初始弯矩 M_o。

$$M_{gi} = \Delta_{uei} \sum N_i, i—对同一层各柱求和$$
$$M_{oi} = h_i \sum F_k, k—对各层剪力求和$$

一层
$$M_{g1} = (1102.8 + 2210.2 + 2203.8 + 1317.2) \text{kN} \times 7.3 \times 10^{-3} \text{m} = 50.5 \text{kN} \cdot \text{m}$$
$$M_{o1} = (28.56 + 51.50 + 74.49 + 90.94) \text{kN} \times 5.5 \text{m} = 1350.2 \text{kN} \cdot \text{m}$$

二层
$$M_{g2} = (809.4 + 1618.8 + 1606 + 944.4) \text{kN} \times 6.84 \times 10^{-3} \text{m} = 34.1 \text{kN} \cdot \text{m}$$
$$M_{o2} = (51.50 + 74.49 + 90.94) \text{kN} \times 4.5 \text{m} = 976.2 \text{kN} \cdot \text{m}$$

三层
$$M_{g3} = (510.4 + 1013.9 + 1007.6 + 577.3) \text{kN} \times 5.63 \times 10^{-3} \text{m} = 17.5 \text{kN} \cdot \text{m}$$
$$M_{o3} = (74.49 + 90.94) \text{kN} \times 4.5 \text{m} = 774.4 \text{kN} \cdot \text{m}$$

四层
$$M_{g4} = (201.4 + 411.4 + 409.1 + 222.3) \text{kN} \times 3.31 \times 10^{-3} \text{m} = 4.1 \text{kN} \cdot \text{m}$$
$$M_{o4} = 90.94 \text{kN} \times 4.5 \text{m} = 409.2 \text{kN} \cdot \text{m}$$

因为各层 $M_{gi} < 0.1 M_{oi}$，所以不需要考虑重力二阶效应的影响。

2) 柱截面正应力验算。验算公式为

$$\frac{N_c}{A_n} + \frac{M_c}{\gamma_x W_x} \leq f_c / \gamma_{RE}$$

代入数据

$$\frac{2210.2 \text{kN} \times 10^3}{215.2 \times 10^2 \text{mm}^2} + \frac{235.7 \text{kN} \cdot \text{m} \times 10^6}{1.0 \times 4077.9 \times 10^3 \text{m}^3} = 160.5 \text{MPa} < 345 \text{MPa}/0.75 = 460 \text{MPa}$$

（满足要求）

3) 柱的稳定验算。根据《钢结构设计规范》规定，查相关表得各柱计算系数如图 7-25 所示。

a. 整体稳定验算。由图所示计算柱的 $\mu = 0.637$，则 $l_0 = \mu l = 0.637 \times 5.5 \text{m} = 3.5 \text{m}$。

$$\lambda = l_0 / i$$
$$= \frac{350 \text{cm}}{\sqrt{101946.9 \text{cm}^4 / 4077.9 \text{cm}^3}}$$
$$= 70.0$$

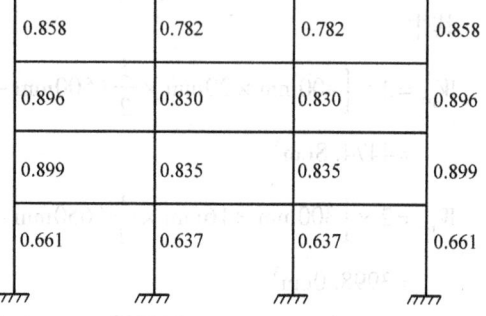

图 7-25 柱计算长度系数

$$< 120\sqrt{235\text{N/mm}^2/f_y} = 120\sqrt{235\text{N/mm}^2/345\text{N/mm}^2} = 99.0$$

查《钢结构设计规范》附表得，$\varphi_x = 0.656$。

$$N_{Nx} = 3.14^2 EA/(\gamma_R \lambda_x^2) = \frac{3.14^2 \times 2.06 \times 10^5 \text{N/mm}^2 \times 215.2 \times 10^2 \text{mm}^2}{1.111 \times 70^2}$$

$$= 8037.1 \text{kN}$$

$$\beta_{mx} = 0.65 - 0.35 \times \frac{165.3}{235.7} = 0.40$$

验算公式为 $\dfrac{N_c}{\varphi_x A} + \dfrac{\beta_{mx} M_c}{\gamma_x W_x \left(1 - 0.8 \dfrac{N}{N_{Ex}}\right)} \leqslant f_c / \gamma_{RE}$

代入数据得

$$\frac{2210.2\text{kN} \times 10^3}{0.656 \times 215.2 \times 10^2 \text{mm}^2} + \frac{0.40 \times 235.7 \text{kN} \cdot \text{m} \times 10^6}{1.0 \times 4077.9 \times 10^3 \text{m}^3 \left(1.0 - 0.8 \times \dfrac{2210.2\text{kN}}{8109.2\text{kN}}\right)} = 184.7 \text{MPa}$$

$$\leqslant 345 \text{N/mm}^2 / 0.80 = 431 \text{MPa}(满足要求)$$

b. 局部稳定性计算。

翼板 $b/t = (200\text{mm} - 60\text{mm})/20\text{mm} = 9.7 < 13\sqrt{235\text{N/mm}^2/f_{yc}}$

$$= 13\sqrt{235\text{N/mm}^2/345\text{N/mm}^2} = 10.7$$

腹板 $h_0/t_w = (500\text{mm} - 2 \times 20\text{mm})/12\text{mm} = 38.3 < 52\sqrt{235\text{N/mm}^2/f_{yc}}$

$$= 52\sqrt{235\text{N/mm}^2/345\text{N/mm}^2} = 42.9$$

所以柱的强度及稳定均满足。

(4) 节点左右梁端和上下柱端的全塑性承载力验算 以图 7-17 所示节点⑦为例，验算公式为

$$\sum W_{pc}(f_{yc} - N/A_c) \geqslant \eta \sum W_{pb} f_{yb}$$

其中

$$W_{pc} = 2 \times \left[400\text{mm} \times 20\text{mm} \times \frac{1}{2}(500\text{mm} - 20\text{mm}) + \frac{460\text{mm}}{2} \times 12\text{mm} \times \frac{460\text{mm}}{4}\right]$$

$$= 4474.8 \text{cm}^3$$

$$W_{pb} = 2 \times \left[300\text{mm} \times 16\text{mm} \times \frac{1}{2}(650\text{mm} - 16\text{mm}) + \frac{618\text{mm}}{2} \times 10\text{mm} \times \frac{618\text{mm}}{4}\right]$$

$$= 3998.0 \text{cm}^3$$

$$f_{yc} = 345 \text{MPa}, \eta = 1.0, f_{yb} = 235 \text{MPa}$$

代入数据得

$$4474.8\text{cm}^3 \times 10^3 \times \left(345\text{N/mm}^2 - \frac{2210.2\text{kN} \times 10^3}{215.2 \times 10^2 \text{mm}^2}\right) + 4474.8\text{cm}^3 \times 10^3 \times$$

$$\left(345\text{N/mm}^2 - \frac{1618.8\text{kN} \times 10^3}{215.2 \times 10^2 \text{mm}^2}\right) = 2291.4\text{kN} \cdot \text{m}$$

$$\geqslant 1.0 \times 3998\text{cm}^3 \times 10^3 \times 235\text{N/mm}^2 \times 2 = 1973.0\text{kN} \cdot \text{m}（满足要求）$$

对于本例，因为 $N < 0.4Af$，即

$$2233.9\text{kN} < 0.4 \times 215.2 \times 10^2 \text{mm}^2 \times 310\text{N/mm}^2 = 2668.5\text{kN}$$

也可不进行上式的验算。

（5）节点域的屈服承载力验算 以图 7-20 所示节点⑦为例，验算公式为

$$\psi(M_{pb1} + M_{pb2})/V_p \leqslant (4/3)f_{yv}, \quad V_p = h_b h_c t_w$$

其中 $\psi = 0.6$

$M_{pb1} = M_{pb2} = W_{pb}f = 3998.0\text{cm}^3 \times 10^3 \times 215\text{N/mm}^2 = 859.6\text{kN} \cdot \text{m}$

$h_b = 650\text{mm} - 16\text{mm} = 634\text{mm}$

$h_c = 500\text{mm} - 20\text{mm} = 480\text{mm}$

$t_w = 24\text{mm}$（节点域进行贴板处理，所贴板与柱腹板厚度相等）

$V_p = 634\text{mm} \times 480\text{mm} \times 24\text{mm} = 7303.7\text{cm}^3$

代入数据有

$$\frac{0.6 \times 2 \times 859.6\text{kN} \cdot \text{m} \times 10^6}{7303.7\text{cm}^3 \times 10^3} = 141.2\text{MPa} < \frac{4}{3}f_{yc} = \frac{4}{3} \times 345\text{N/mm}^2 \times 0.58 =$$

266.8MPa（满足要求）

同时因为要满足 $t_W \geqslant (h_b + h_c)/90$, $(M_{b1} + M_{b2})/V_p \leqslant (4/3)f_v/\gamma_{RE}$

其中 $M_{b1} = 603.2\text{kN} \cdot \text{m}$, $M_{b2} = 262.5\text{kN} \cdot \text{m}$, $\gamma_{RE} = 0.75$

则 $t_W = 24\text{mm} > (634\text{mm} + 480\text{mm})/90 = 12.38\text{mm}$（满足要求）

$$(603.2\text{kN} \cdot \text{m} \times 10^6 + 262.5\text{kN} \cdot \text{m} \times 10^6)/7303.7\text{cm}^3 \times 10^3 = 118.5\text{MPa}$$

$$< \frac{4}{3} \times \frac{180}{0.75}\text{N/mm}^2 = 320\text{MPa}（满足要求）$$

思考题与习题

1. 多高层钢结构房屋在地震作用下的破坏有何特点？
2. 地震作用下钢框架柱发生水平断裂破坏的原因是什么？
3. 为什么要对钢结构房屋的最大高宽比制定限值？
4. 为什么要对钢结构房屋的地震作用效应进行调整？
5. 为什么进行罕遇地震结构反应分析时，不考虑楼板与钢梁的共同作用？
6. 在同样的设防烈度条件下，为何多高层建筑钢结构的地震作用大于多高层建筑钢筋混凝土结构？

第8章 结构隔震和消能减震控制

地震给人类造成的生命财产损失主要是由于建筑物的损坏倒塌造成的，减轻建筑物的损坏成为科学工作者努力的目标。人类不断总结震害经验，探索抗震对策，在理论分析、试验研究、震害观测和抗震设计方法等方面取得了长足的进展。目前，结构抗震设计方法也由传统的"抗震"发展到更为有效的"结构控制"的新方法。1972年美籍华裔学者姚治平（J.T.P. Yao）首次提出了土木工程结构振动控制的概念，它可以表述为：通过对结构施加控制机构，由控制机构与结构共同承受振动作用，以调谐和减轻结构的振动反应，使结构在外界干扰作用下的各项反应值被控制在允许范围内。经过三十多年的发展，各国学者在结构控制的理论、方法、试验和工程应用方面取得了较大的进展。

8.1 结构控制方法分类

目前，世界上所采用的结构控制方法有多种类型，控制原理各异，控制装置多样。通常按照是否需要外部能量输入可大致分为被动控制、主动控制、半主动控制和混合控制等，见表8-1。

表8-1 结构控制的分类

结构振动控制	被动控制	结构隔震	
		消能减震	金属阻尼器
			摩擦阻尼器
			粘弹性阻尼器
			粘滞阻尼器
			其他消能减震装置
		吸振减震	调谐质量阻尼系统（TMD 或 MTMD）
			调谐液体阻尼系统（TLD）
			悬吊质量摆系统（SMP）
			质量泵（MP）
	主动控制	主动质量阻尼器（AMD）	
		主动支撑/拉索（ABS/ATS）	
		主动驱动系统（ADS）	
	半主动控制	主动变刚度（AVS）	
		主动变阻尼（AVD）	
		结构内部相互作用控制（AIC）	
	混合控制	主动-被动质量阻尼器（HMD）	
		主动控制-基础隔震（ABI）	
		主动控制-消能减震	

8.1.1 结构被动控制

结构被动控制是在结构中安装一定的装置，隔离地震动、减小地震能量的输入，或者通过一定的装置吸收并消散地震能量，从而减小结构的地震反应。被动控制方法不需要外部能量输入，控制装置和结构本身对外部激励（风、地震等）只作出被动的反应。被动控制方法大致包括以下几种：

（1）隔震 通过在隔震层安装隔震装置，隔离地震动向上部结构的传递，延长结构自振周期，达到减小结构地震反应的目的。包括基础隔震、层间隔震和楼层隔震等方法。

（2）消能减震 该技术是把结构物中的某些构件（如支撑、剪力墙等）设计成消能部件，或在结构某些部位（节点或连接处）安装各种阻尼器，在风载和小震作用下，消能杆件和阻尼器处于弹性状态，结构体系具有足够的抗侧移刚度以满足正常使用要求；在强烈地震作用下，消能杆件或阻尼器首先进入屈服状态，大量消散输入结构的地震能量，使主体结构避免进入明显的非弹性阶段，从而保护主体结构免遭损坏。

（3）吸振减震 吸振减震技术是在主体结构中安装附加子结构，地震时使结构的振动发生转移，即使结构的振动能量在原结构和子结构间重新分配并加以消散，从而达到减小结构振动的目的。吸振减震装置包括调谐质量阻尼器（TMD）、调谐液体阻尼器（TLD）等。

结构被动控制是发展最早的结构控制方法，理论较为成熟，减震效果明显，装置构造简单、易于维护，应用最为广泛。

8.1.2 结构主动控制

主动控制是应用现代控制技术，对输入地震动和结构反应实现联机实时观测、跟踪乃至预测，再按照分析计算结果应用驱动器对结构施加控制力，实现自动调节，达到保护结构的目的。该方法需要外部能源输入。目前主要的主动控制系统有主动质量阻尼系统（AMD）、主动拉索/支撑系统（ATS/ABS）、主动变刚度系统（AVS）等。

结构主动控制的减震效果基本上不依赖于外部扰动的特性，控制效果优于被动控制。

8.1.3 结构混合控制

混合控制是在结构中联合施加主动控制和被动控制，以减小结构在外界荷载作用下的动力响应，提高结构的抗震、抗风能力。混合控制系统综合了主动控制和被动控制的优点，具有较好的控制效果。

目前提出的混合控制方法主要有 AMD + TMD 混合控制、主动控制 + 基础隔震混合控制、主动控制 + 消能减震混合控制等。

在结构振动控制中所面对的激励及所需要保护的对象本身都是时变系统,并具有较大的不确定性,建筑结构的尺寸和荷载又都很大,因此主动控制在技术和经济方面都存在较大的困难。而应用被动控制技术可以显著减小结构的损伤,对各类结构基本上都能适用,其减震效果对地面运动特性依赖性小,可靠性较高,耗资也不大,因此是可以广泛使用的方法。

8.2 结构隔震

结构隔震是在房屋基础、底部或下部结构与上部结构之间设置由橡胶隔震支座和阻尼装置等部件组成具有整体复位功能的隔震层,以延长整个结构体系的自振周期,减少输入上部结构的水平地震作用,达到预期防震要求。

8.2.1 结构隔震基本原理

建筑结构自振周期与地震动卓越周期接近,结构的地震反应往往较大,传统的抗震结构体系是一个"放大器",而基础隔震是在结构底部与基础之间设置隔震装置形成隔震层,阻隔地震能量向上部结构传递,如图 8-1 所示。地震时地面运动的主要周期成分约为 0.1~1.0s,由于隔震装置的水平刚度很小,使结构的自振周期延长到 2~5s,从结构加速度反应谱(图 8-2)可以看出,结构周期延长使得结构加速度反应减小。

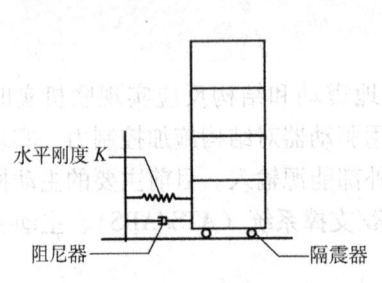

图 8-1 结构隔震体系

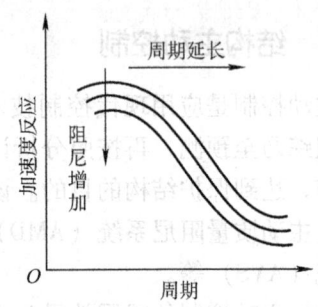

图 8-2 加速度反应与结构周期的关系

隔震层水平刚度远小于上部楼层层间刚度,因此上部结构在地震作用下的水平变形,从传统抗震结构的"放大晃动型"变为隔震结构的"整体平动型",上部结构层间位移大大减小,基本上处于弹性状态,结构变形集中于隔震层,其减震原理如图 8-3 所示。

从振动台地震模拟试验结果和已建隔震结构在地震中的强震记录得知,隔震

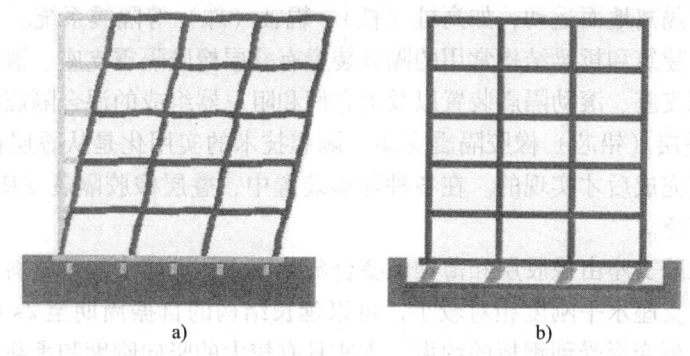

图 8-3　隔震结构变形
a) 非隔震结构　b) 隔震结构

体系的上部结构加速度反应只相当于传统抗震结构加速度反应的 1/4~1/12，减震效果显著。因而隔震结构具有以下优点：①提高了地震时结构的安全性；②防止非结构构件的损坏；③保证建筑物内设备、仪器不受损坏；④上部结构设计更加灵活，抗震措施简单明了；⑤经合理设计，可以降低工程造价。

隔震结构体系可以用于以下类型的建筑物：医院、银行、保险、通信、消防、电力等重要建筑，政府机关、指挥中心的房屋建筑，住宅、教学楼、办公楼等，博物馆、图书馆和纪念性建筑。

8.2.2　隔震装置

隔震层应提供必要的竖向承载力、侧向刚度以及阻尼。隔震层安装的隔震系统一般由隔震支座、阻尼器、微震和风振控制装置等部分组成。实际应用中，通常可将多种功能集中于同一隔震元件以方便使用。

隔震支座的主要功能是在竖向支撑建筑物的重量，在水平向具有弹性，提供一定的水平刚度，延长结构的自振周期，降低结构的地震反应，并提供较大的变形能力和震后自复位能力。阻尼器的主要功能吸收和消散地震能量，抑制结构产生过大的位移反应。地基微震动和风振反应控制装置的作用是增加隔震系统的初期刚度，使建筑物在微小地震和风荷载作用下保持稳定，满足正常使用要求。

目前世界各国已开发出多种隔震装置。现代意义上的隔震技术始于 20 世纪 60~70 年代，一般都由隔震装置、阻尼器及限制装置等部分组成，与早期的隔震系统相比性能上更加可靠、功能上更加完善。隔震系统根据隔震的机理大致可以分为以下几类：①依赖于材料性质的软材料大阻尼支座，如叠层橡胶支座、铅芯橡胶支座和高阻尼橡胶支座等；②滑动摩擦型支座，如砂粒滑移层、石墨砂浆滑移层、聚四氟乙烯滑动支座等；③依赖于几何特性，利用结构部件的提升、摇摆、滚动等隔离地面运动，如高桩（柱）、辊轴（珠）等隔震系统。

目前，建筑和桥梁结构常用的隔震装置有叠层橡胶隔震支座、滑移摩擦隔震支座、球钢支座、滚动隔震装置以及由它们和阻尼器组成的混合隔震装置等。

(1) 叠层（铅芯）橡胶隔震支座　隔震技术的实用化是从叠层橡胶支座隔震系统开发完成后才实现的。在各种隔震装置中，叠层橡胶隔震支座性能可靠，应用最为广泛。

叠层橡胶支座由橡胶层和薄钢板叠合硫化而成，支座中橡胶材料具有较小的剪切刚度，支座水平刚度相对较小，可以延长结构的自振周期至 2s 以上，在竖向由于橡胶板变形受到钢板的约束，支座具有较大的竖向刚度和承载能力，如图 8-4 所示。为了增大隔震装置的阻尼，在橡胶支座中间灌入铅芯成为铅芯橡胶支座，利用铅的屈服变形吸收能量来增大支座的耗能能力。

(2) 滑移摩擦隔震支座　滑移摩擦隔震支座是利用聚四氟乙烯（PTFE 或 Teflon）材料与不锈钢板之间相对较小的滑动摩擦系数，易于相对滑动达到隔震的目的。

滑移摩擦隔震系统具有摩擦系数小，水平伸缩位移大的优点，并且不与特定周期地震动相关，还可以通过限制摩擦力来满足不同的隔震需要。目前，建筑和桥梁工程使用的滑移摩擦型隔震支座有聚四氟乙烯滑板支座和盆式橡胶支座等。

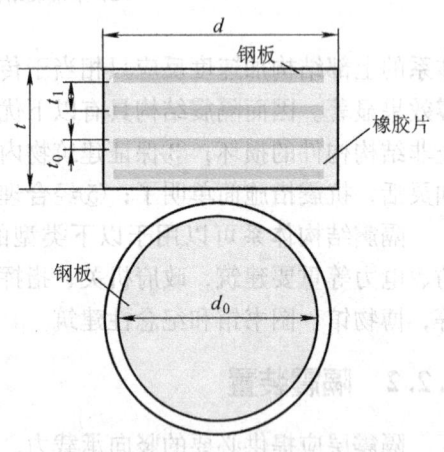

图 8-4　橡胶支座

滑板支座是在叠层橡胶支座顶面镶嵌一层 PTFE 板，上面一层不锈钢板与隔震结构连接（图 8-5），利用 PTFE 板和不锈钢板间的滑动达到隔震的目的。风荷载和微小地震作用时，不产生滑动，支座滞回曲线与叠层橡胶支座相同；当地震作用克服最大静摩擦力后，则出现滑动，滞回特性接近钢材屈服特性，耗能性能较好。

图 8-5　聚四氟乙烯滑板支座

(3) 自复位滑动隔震装置

滑移摩擦型支座中，当地震作用达到最大静摩擦力后即产生滑动，上部结构地震作用不会再增大，起到隔离地震动的作用。但由于滑移产生后，隔震层水平刚度接近于零，水平力-位移呈现出完全刚塑性特性，并且没有自复位功能，地震中滑动位移过大和震后残余位移都较大。

将滑移摩擦支座与弹性复位装置结合形成新的隔震系统，其中滑移支座通过摩擦消散地震动输入的能量，而弹性复位装置使结构恢复原位，如图 8-6 所示。

另一种具有自复位功能的滑移摩擦型隔震支座是摩擦滑摆隔震装置（FPI），如图 8-7 所示。其原理是将滑动支座和钟摆的概念相结合，其滑动面为曲面，通过结构自重提供所需的自复位能力，帮助上部结构回到原来的位置，利用钟摆机理延长结构的自振周期。

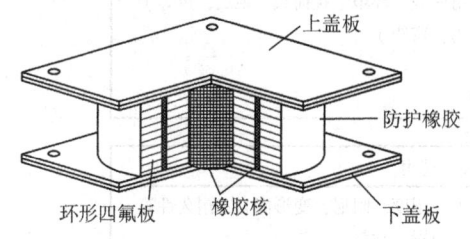
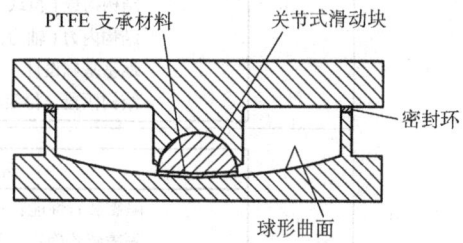

图 8-6　自复位滑动隔震装置　　　　图 8-7　摩擦滑摆隔震装置

（4）辊轴(滚珠)隔震系统　辊轴隔震装置是在基础与上部结构之间设置上、下两层彼此垂直的辊轴，辊轴在椭圆形的弧沟槽内滚动，该装置具有自复位功能。

墨西哥工程师弗洛利斯设计了一种滚球装置，安装在一幢五层钢筋混凝土框架结构的教学楼的柱脚处。隔震器由两层 $\phi500$ 钢盘和装置其间的 $100\sim400$ 个直径 $0.97\mathrm{cm}$ 的钢珠组成，允许位移可达 $12\mathrm{cm}$。

曲面（抛物面）之间夹辊轴或滚珠组成的隔震系统能提供恢复力，但由于它们是线或点接触，不适用于具有较大竖向荷载的结构。

8.2.3　隔震结构设计要求

隔震设计需解决的主要问题有：隔震层位置的确定，隔震支座的数量、规格和布置，隔震层在罕遇地震下的承载力和变形控制，隔震层不隔离竖向地震作用的影响，上部结构的水平向减震系数及其与隔震层的连接构造等。隔震结构设计的内容和步骤如图 8-8 所示。

1. 隔震结构方案的选择

建筑结构采用隔震设计时应符合下列要求：

1）结构高宽比宜小于 4，且不应大于相关规范对非隔震结构的具体规定，其变形特征接近剪切变形，最大高度应满足规范对非隔震结构的要求。

2）建筑场地宜为Ⅰ、Ⅱ、Ⅲ类，并应选用稳定性较好的基础类型。

3）风荷载和其他非地震作用的水平荷载标准值产生的总水平力不宜超过结

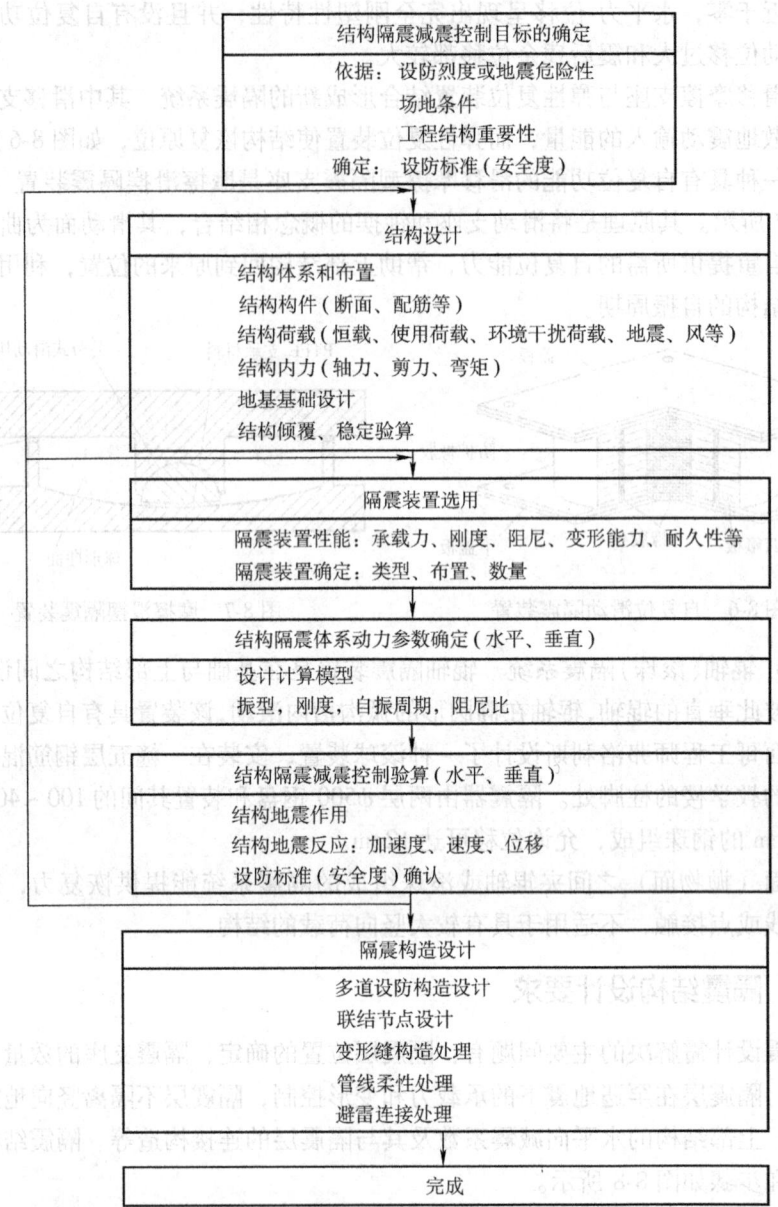

图 8-8　隔震结构设计计算内容与步骤

构总重力的 10%。

4）隔震层应提供必要的竖向承载力、侧向刚度和阻尼；穿过隔震层的设备配管、配线，应采用柔性连接或其他有效措施以适应隔震层的罕遇地震水平位移。

隔震技术主要使用于可增加投资来提高抗震安全的建筑，应根据工程结构的抗震设防分类、设防烈度、场地条件、建筑结构类型和使用要求，对隔震与非隔震的结构方案进行安全和经济两方面综合对比分析后确定。

2. 隔震层的布置

隔震层的布置应符合下列要求：

1) 隔震层可由隔震支座、阻尼装置和抗风装置组成。阻尼装置和抗风装置可与隔震支座合为一体，也可单独设置。必要时可设置限位装置。

2) 隔震层刚度中心宜与上部结构的质量中心重合。

3) 隔震支座的平面布置宜与上部结构和下部结构中竖向受力构件的平面位置相对应。隔震支座底面宜布置在相同标高位置上，必要时也可布置在不同的标高位置上。

4) 同一房屋选用多种规格的隔震支座时，应注意充分发挥每个隔震支座的承载力和水平变形能力。

5) 同一支承处选用多个隔震支座时，隔震支座之间的净距离应大于安装和更换时所需的空间尺寸。

6) 设置在隔震层的抗风装置宜对称、分散地布置在建筑物的周边。

3. 隔震结构的抗震计算

隔震体系的计算简图应增加由隔震支座及其顶部梁板组成的质点；对变形特征为剪切型的结构可采用剪切模型（图8-9）；当隔震层以上结构的质心与隔震层刚度中心不重合时应计入扭转效应影响。一般情况下宜采用时程分析法进行计算，取多条地震波计算结果的包络值；当处于发震断层10km以内时，输入地震波应考虑近场影响系数，5km以内宜取1.5，5km以外可取不小于1.25。对于砌体结构及基本周期与其相当的结构可采用简化方法计算。

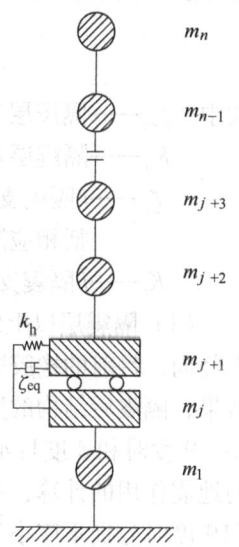

图8-9 隔震结构
计算简图

（1）隔震层以上结构的水平地震作用 按式（3-49）计算隔震层以上结构的总水平地震作用，其地震影响系数取值应符合第3.2.5节的有关要求，但其中水平地震影响系数最大值按下式确定

$$\alpha_{\max 1} = \beta \alpha_{\max}/\psi \qquad (8-1)$$

式中 $\alpha_{\max 1}$——隔震后的水平地震影响系数最大值；

$\alpha_{\max}$——非隔震的水平地震影响系数最大值，按表3-3采用；

β——水平向减震系数，对于多层建筑，为按弹性计算所得的隔震与非隔震各层层间剪力的最大比值，对高层建筑结构，还应计算隔震与非隔震各层倾覆力矩的最大比值，并与层间剪力的最大比值相比较，取二者的较大值；

ψ——调整系数，一般橡胶支座，取0.8，支座剪切性能偏差为S-A类，取0.85，S-B类，取0.80，隔震装置带有阻尼器时，相应减少0.05。

计算所得隔震层以上结构的总水平地震作用不得低于非隔震结构在6度设防时的总水平地震作用。对于多层结构，水平地震作用沿高度可按重力荷载代表值分布。同时，各楼层的水平地震剪力还应符合表3-7关于最小地震剪力系数的规定。

多遇地震作用下，结构分析确定水平向减震系数β时，简化计算和反应谱分析时宜按隔震支座水平剪切应变为100%时的性能参数（等效刚度和等效粘滞阻尼比）计算，当采用时程分析方法时，以试验所得滞回曲线作为依据，按设计基本地震加速度输入进行计算。

(2) 隔震层的水平等效刚度和等效粘滞阻尼比

$$K_h = \sum K_j \qquad (8-2)$$

$$\zeta_{eq} = \sum K_j \zeta_j / K_h \qquad (8-3)$$

式中 ζ_{eq}——隔震层等效粘滞阻尼比；

K_h——隔震层水平等效刚度；

ζ_j——j隔震支座由试验确定的等效粘滞阻尼比，设置阻尼装置时，应包括相应阻尼比；

K_j——j隔震支座（含消能器）由试验确定的水平等效刚度。

(3) 隔震层以上结构的竖向地震作用 结构所受的地震作用既有水平向也有竖向，目前的橡胶隔震支座只具有隔离水平地震的功能，对竖向地震没有隔离效果，隔震后结构的竖向地震力可能大于水平地震力，竖向地震的影响不能忽略。9度时和8度且水平向减震系数不大于0.3时，隔震层以上的结构应进行竖向地震作用的计算，并且其竖向地震作用标准值，8度（0.20g）、8度（0.30g）和9度时分别不应小于隔震层以上结构总重力荷载代表值的20%、30%和40%。隔震层以上结构竖向地震作用标准值计算时，各楼层可视为质点，并按式（3-67）计算竖向地震作用标准值沿高度的分布。

(4) 隔震支座竖向承载力验算 隔震层的橡胶隔震支座的压应力既是确保橡胶隔震支座在无地震时正常使用的重要指标，也是直接影响橡胶隔震支座在地震时其他各种力学性能的重要指标。橡胶支座在重力荷载代表值作用下的平均竖向压应力不应超过表8-2的规定。

另外，隔震橡胶支座在罕遇地震的水平和竖向地震同时作用下，拉应力不应大于1.0MPa。规定支座控制拉应力，主要考虑下列因素：①橡胶受拉后内部有损伤，降低了支座的弹性性能；②隔震支座出现拉应力，意味着上部结构存在倾覆危险。

表 8-2 橡胶隔震支座压应力限值

建筑类别	甲类建筑	乙类建筑	丙类建筑
压应力限值/MPa	10	12	15

注：1. 压应力设计值应按永久荷载和可变荷载的组合计算。
2. 结构倾覆验算时应包括水平地震作用效应组合；对需进行竖向地震作用计算的结构，尚应包括竖向地震作用效应组合。
3. 当橡胶支座的第二形状系数（有效直径与橡胶层总厚度之比）小于 5.0 时应降低压应力限值：小于 5 不小于 4 时降低 20%，小于 4 不小于 3 时降低 40%。外径小于 300mm 的橡胶支座，丙类建筑的压应力限值为 10MPa。

罕遇地震验算时，橡胶隔震支座参数宜取剪切变形 250% 时的等效刚度和等效粘滞阻尼比，当橡胶支座直径较大（不小于 600mm）时可采用剪切变形 100% 时的参数。

（5）隔震支座的水平剪力　首先计算隔震层在罕遇地震下的水平剪力，宜采用时程分析方法，此时隔震支座参数取试验所得的滞回曲线作为依据。对于砌体结构及与其基本周期相当的结构，隔震层在罕遇地震下的水平剪力可按下式计算

$$V_c = \lambda_s \alpha_1(\zeta_{eq}) G \tag{8-4}$$

式中　λ_s——近场影响系数；
　　$\alpha_1(\zeta_{eq})$——罕遇地震下的地震影响系数值，根据罕遇地震验算要求情况下支座等效粘滞阻尼比 ζ_{eq}，按第 3.2.5 节取值；
　　G——隔震层以上结构的重力荷载代表值。

隔震支座的水平剪力应根据隔震层在罕遇地震下的水平剪力按各隔震支座的水平等效刚度分配；当按扭转耦联计算时，还应计及隔震层的扭转刚度。

（6）隔震支座在罕遇地震下的水平位移验算　隔震支座对应于罕遇地震水平剪力的水平位移，应符合下式要求

$$u_i \leq [u_i] \tag{8-5}$$

$$u_i = \eta_i u_c \tag{8-6}$$

式中　u_i——罕遇地震下，第 i 个隔震支座考虑扭转的水平位移；
　　$[u_i]$——第 i 个隔震支座的水平位移限值，对橡胶隔震支座，不应超过该支座有效直径的 0.55 倍和支座内部橡胶总厚度的 3.0 倍二者的较小值；
　　u_c——罕遇地震下隔震层质心处或不考虑扭转的水平位移；
　　η_i——第 i 个隔震支座的扭转影响系数。

罕遇地震作用下，隔震支座的水平位移宜采用时程分析法计算，对于砌体结构及与其基本周期相当的结构，隔震层质心处的水平位移可按下式计算

$$u_c = \lambda_s \alpha_1 (\zeta_{eq}) G / K_h \tag{8-7}$$

式中 K_h 应按罕遇地震验算要求情况下支座水平等效刚度计算。

（7）隔震层以下的结构设计计算　为了保证隔震设计能在罕遇地震下发挥隔震效果，对隔震层以下的结构部分需进行验算。隔震层支墩、支柱及相连构件，应采用隔震结构罕遇地震下隔震支座底部的竖向力、水平力和力矩进行承载力验算。隔震层以下结构（包括地下室和隔震塔楼下的底盘）中直接支承隔震层以上结构的相关构件，应满足嵌固的刚度比和隔震后设防地震的抗震承载力要求，并按罕遇地震进行抗剪承载力验算。隔震层以下地面以上的结构在罕遇地震下的层间位移角限值应满足表 8-3 要求。

表 8-3　隔震层以下地面以上结构罕遇地震作用下层间弹塑性位移角限值

下部结构类型	钢筋混凝土框架结构和钢结构	钢筋混凝土框架-抗震墙	钢筋混凝土抗震墙
$[\theta_p]$	1/100	1/200	1/250

（8）隔震结构的地基基础验算　隔震建筑地基基础的抗震验算和地基处理仍应按本地区抗震设防烈度进行，甲、乙类建筑的抗液化措施应按提高一个液化等级确定，直至全部消除液化沉陷。

8.2.4　隔震结构的构造措施

1. 隔震层与上部结构的连接构造措施

1）为了保证隔震层能够协调整体工作，隔震层顶部连接隔震支座的相关部位应采用现浇混凝土梁板结构，隔震支座与上部结构、下部结构之间有可靠连接，连接构造如图 8-10 所示。隔震层顶部梁、板的刚度和承载力，宜大于一般楼盖梁板的刚度和承载力。隔震支座附近的梁、柱应计算冲切和局部承压，加密箍筋并根据需要配置网状钢筋。

2）为便于隔震装置的检查、更换和震后修复，隔震支座和阻尼器装置应安装在便于维护人员接近的部位。隔震

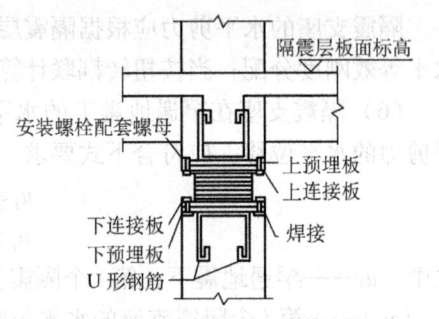

图 8-10　隔震支座连接构造

支座与上部结构、下部结构之间的连接件，应能传递罕遇地震下支座的最大水平剪力和弯矩。外露的预埋件应有可靠的防锈措施。

2. 隔震结构的隔震措施

由于隔震结构水平位移主要集中于隔震层，隔震建筑应采取不阻碍隔震层在

罕遇地震下发生大变形的措施，上部结构的周边应设置隔离缝。

1）上部结构的周边应设置竖向隔离缝，缝宽不宜小于各隔震支座在罕遇地震下的最大水平位移值的 1.2 倍且不小于 200mm，如图 8-11 所示。对两相邻隔震结构，其缝宽取最大水平位移之和，且不小于 400mm。

2）上部结构与下部结构之间，应设置完全贯通的水平隔离缝，缝高可取 20mm（未考虑沉降影响），并用柔性材料填充。如图 8-12 所示。

3）穿过隔震层的竖向设备管应在隔震层处采用柔性接头，配线等应预留足够的伸展长度，以适应隔震层在罕遇地震下的水平位移。

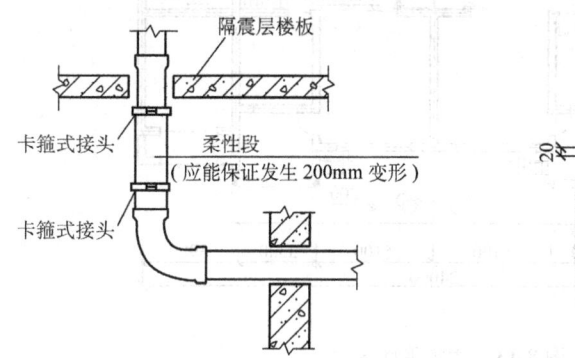

图 8-11 管道柔性接头

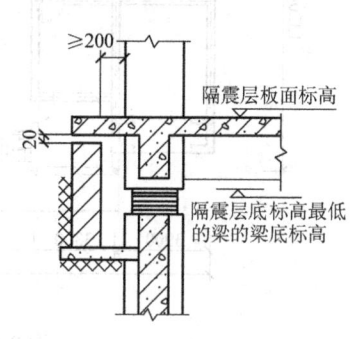

图 8-12 隔震支座节点简图

5）隔震层所形成的缝隙可根据使用功能的要求，采用柔性材料封堵、填塞。

8.2.5 基础隔震工程实例

建业城市花园Ⅱ期工程位于河南省郑州市，其中 3#建筑（平面图如图 8-13 所示）是一幢多层砌体住宅楼。平面尺寸为 24.6m×12m，高约 17m，总共 6 层，每层为东西向错层，错层平面的高差为 1.4m 左右。有的开间较大，有一间房为 5.1m×5.4m，总建筑面积为 1500m²，层高为 2.8m。由于为了获取大的开间，该建筑的纵向砖墙较少。

郑州地区的场地类别属于Ⅱ类土，设防烈度为 7 度。若采用普通多层砖混结构，根据时程分析方法得到各层的层间位移和层间的最大剪力，结构纵向在多遇地震下不满足抗震设防要求。考虑采用基础隔震结构。

现在基础隔震装置用得比较多的是采用叠层橡胶支座，但是叠层橡胶支座价格比较贵，推广使用受到了限制。用滑板橡胶支座设计隔震层的减震效果一般可以使设防烈度降低 1~2 度，而且支座的价格比较便宜，其性价比较好。为减少隔震层的相对位移，使用普通橡胶支座与滑板橡胶支座组合，利用普通橡胶支座在滑板橡胶支座滑动后提供的水平刚度限制隔震层的最大位移。该工程由同济大学施卫星教授主持。

隔震支座布置如图 8-14 所示。

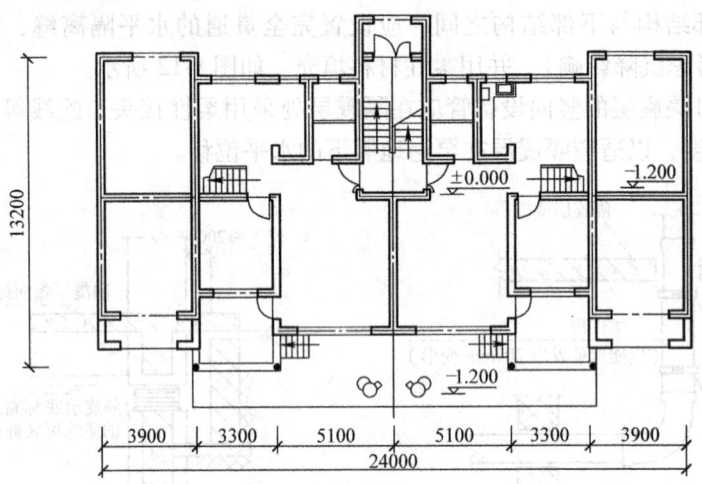

图 8-13　建筑平面图

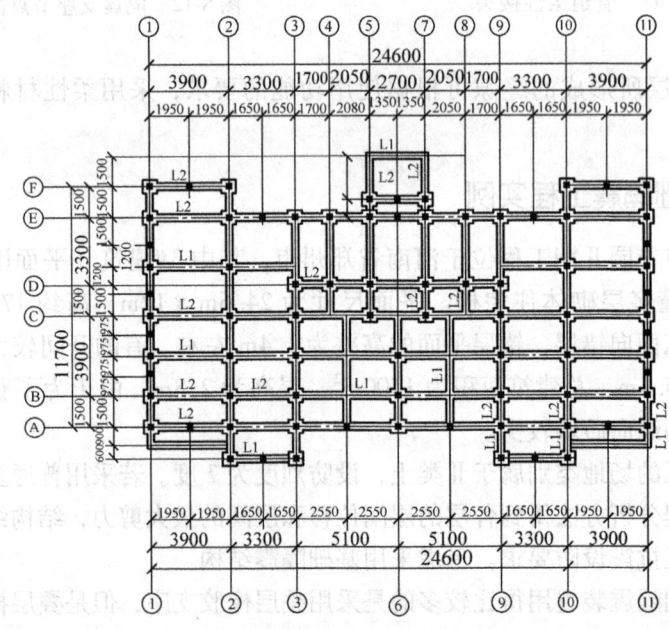

图 8-14　橡胶支座平面布置图

隔震结构和非隔震结构地震反应对比见表8-4~表8-6，层间剪力对比如图8-15所示。

表8-4 多遇地震作用（El Centro 波，PGA = 0.35m/s²）

层数	固定支座		隔震结构	
	最大相对位移/mm	最大层间剪力/kN	最大相对位移/mm	最大层间剪力/kN
隔震层			5.42	858.03
1	0.06	957.821	0.046	729.549
2	0.072	929.047	0.051	657.409
3	0.094	897.467	0.064	606.96
4	0.065	834.483	0.042	537.853
5	0.082	777.566	0.051	486.456
6	0.053	682.414	0.032	415.768
7	0.064	608.436	0.038	363.434
8	0.039	500.343	0.023	291.522
9	0.044	418.395	0.025	238.252
10	0.023	295.017	0.013	165.314
11	0.021	199.695	0.012	110.972
12	0.006	83.829	0.004	46.268

表8-5 基本烈度地震作用（El Centro 波，PGA = 1.0m/s²）

层数	固定支座		隔震结构	
	最大相对位移/mm	最大层间剪力/kN	最大相对位移/mm	最大层间剪力/kN
隔震层			15.275	1756.119
1	0.175	2777.69	0.094	1488.512
2	0.209	2694.24	0.107	1377.686
3	0.273	2602.66	0.136	1294.74
4	0.188	2420	0.091	1174.677
5	0.237	2254.94	0.113	1080.022
6	0.153	1979	0.073	939.328
7	0.185	1764.47	0.087	831.345
8	0.112	1450.99	0.052	677.131
9	0.127	1213.35	0.059	558.888
10	0.066	855.55	0.03	391.044
11	0.061	579.116	0.028	263.867
12	0.019	243.103	0.009	110.281

表 8-6 罕遇烈度地震作用（El Centro 波，PGA = 2.2m/s²）

层数	固定支座		隔震结构	
	最大相对位移/mm	最大层间剪力/kN	最大相对位移/mm	最大层间剪力/kN
隔震层			41.115	1936.604
1	0.314	5000.14	0.099	1571.592
2	0.369	4753.74	0.114	1475.468
3	1.029	4450.37	0.147	1403.332
4	0.319	4115.98	0.100	1294.375
5	0.424	4064.37	0.127	1205.46
6	0.293	3778.07	0.083	1066.771
7	0.364	3465.00	0.100	954.608
8	0.227	2926.68	0.061	785.038
9	0.262	2489.5	0.069	654.957
10	0.139	1793.61	0.036	463.189
11	0.132	1256.01	0.033	314.802
12	0.041	533.792	0.010	132.038

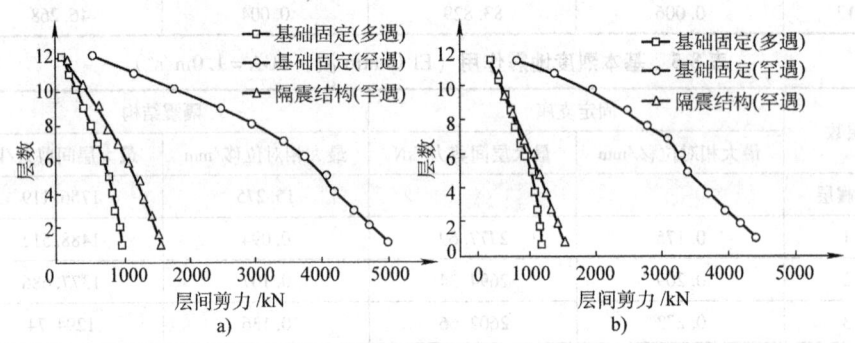

图 8-15 层间剪力对比（横向）
a) El Centro 波 b) 人工波

8.3 建筑结构消能减震设计

结构的消能减震技术是在结构物某些部位（如支撑、节点、剪力墙、连接缝等）设置消能器，通过消能器的相对变形和相对速度提供附加阻尼，消耗输入到结构中的地震能量，以达到预期的设防要求。

8.3.1 消能减震基本原理

结构消能减震技术的研究来源于对结构在地震发生时的能量转换的认识。地震发生时，地面震动引起结构物的振动反应，地面地震能量向结构物输入，结构物接收了大量地震能量，必然要进行能量转换或消耗才能最后终止震动反应。传统的抗震结构允许结构构件出现损坏，依靠结构自身储存和消耗地震能量。消能减震技术是依靠结构中的消能部件消耗地震能量，保证结构主体在强震中免遭损坏。下面以一般的能量表达式来分别说明地震时传统抗震结构和消能减震结构的能量转换过程。

传统抗震结构

$$E_{in} = E_R + E_D + E_S \tag{8-8}$$

消能减震结构

$$E_{in} = E_R + E_D + E_S + E_A \tag{8-9}$$

式中 E_{in}——地震时输入结构的地震能量；

E_R——结构物地震反应的能量，即结构物振动的动能和势能（弹性变形能）；

E_D——结构阻尼消耗的能量（一般不超过 5%）；

E_S——主体结构及承重构件非弹性变形（或损坏）消耗的能量；

E_A——消能构件或消能装置消耗的能量。

对于传统结构，E_D 忽略不计（只占5%），为了最后终止结构地震反应（$E_R \rightarrow 0$），必然导致主体结构及承重构件的损坏、严重破坏或者倒塌（$E_S \rightarrow E_{in}$）以消耗输入结构的地震能量。对于消能减震结构，E_D 忽略不计，消能装置率先进入消能工作状态，充分发挥消能作用，大量消耗输入结构的地震能量（$E_A \rightarrow E_{in}$），这样既能保护主体结构及承重构件免遭破坏（$E_S \rightarrow 0$），又能迅速地衰减结构的地震反应（$E_R \rightarrow 0$），确保结构在地震中的安全。

安装消能支撑的减震结构如图 8-15 所示。

消能减震结构体系与传统抗震结构体系相比，具有以下优越性：

(1) 安全性　根据试验可知，消能减震结构与传统抗震结构相对比，其地震反应可减小 40%~60%，且消能装置对结构承载力和安全性不构成任何影响。

(2) 经济性　消能减震结构通过"柔性消能"的途径来减小结构的地震反应，因而可以减小剪力墙的设置，减小构件截面，减少配筋，其抗震安全度反而提高。根据国内外工程应用资料显示，采用消能减震结构可以节约造价 5%~10%，采用消能减震加固方法对旧有建筑物进行改造加固，可比传统抗震加固方法节省造价 10%~60%。

(3) 技术合理性　传统抗震结构通过加强结构，提高抗侧移刚度来满足抗震要求，但结构越加强，刚度越大，地震作用也越大，导致恶性循环，对高层、大跨度结构的发展造成严重制约。消能减震结构则通过消能部件在结构出现变形时大量消耗地震能量，保证主体结构的安全。结构越高、越柔，消能减震效果越显著。

由于以上优越性，消能减震技术已被广泛应用于"柔性"结构的减震，例如高层、超高层建筑，高耸塔架，大跨度桥梁等。

现代消能减震技术从 20 世纪 70 年代开始，经过多年的研究开发，目前已有多种技术成熟的消能减震阻尼器可供实际工程应用，设计计算方法也基本完善。日本目前已有超过 100 多栋的建筑物采用消能减震技术。1997 年我国在沈阳市政府大楼的抗震加固中首次采用了摩擦消能装置，其后又在多座建筑的抗震加固和新建高层建筑得到应用。

8.3.2 消能减震体系分类

结构消能减震体系由主体结构和消能构件（或装置）组成。可按消能构件的构件形式或消能形式分类，如图 8-16 所示。

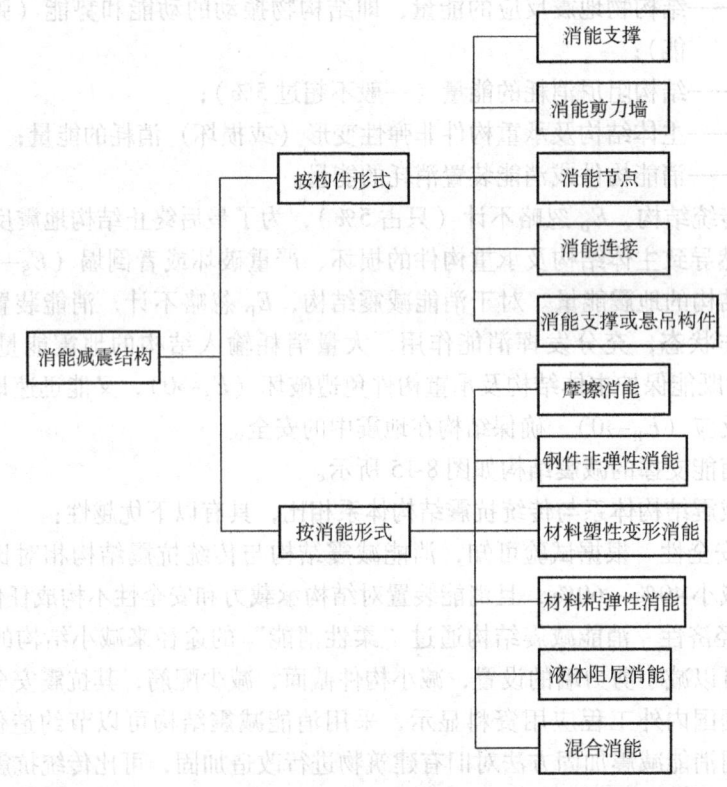

图 8-16 消能减震结构体系的分类

常用消能构件有以下几种构造形式：

(1) 消能支撑　可以代替一般的结构支撑，在抗震和抗风中发挥支撑的水平刚度和消能减震作用。消能装置可以做成方框支撑、圆框支撑、交叉支撑、斜杆支撑、K形支撑和双K形支撑等（图8-17）。

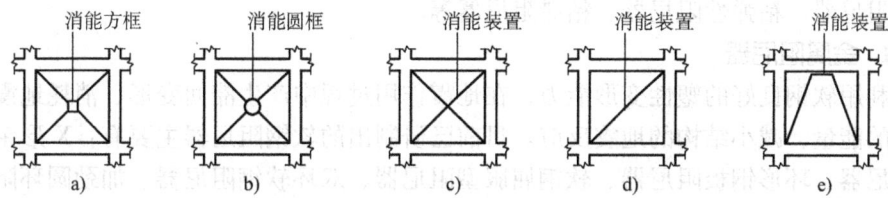

图 8-17　消能支撑

a）方框支撑　b）圆框支撑　c）交叉支撑　d）斜杆支撑　e）K形支撑

(2) 消能剪力墙　消能剪力墙可以代替一般结构的剪力墙，在抗震和抗风中发挥剪力墙的水平刚度和消能减震作用。消能剪力墙可以做成竖缝剪力墙、横缝剪力墙、斜缝剪力墙、周边缝剪力墙、整体剪力墙和分离式剪力墙等（图8-18）。

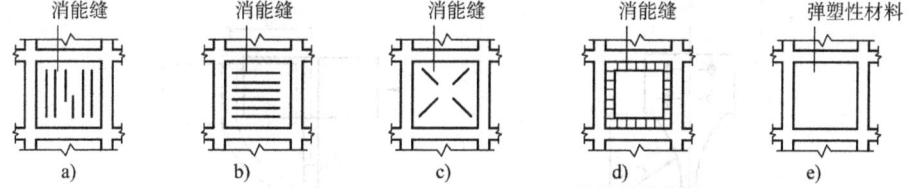

图 8-18　消能剪力墙

a）竖缝剪力墙　b）横缝剪力墙　c）斜缝剪力墙　d）周边缝剪力墙　e）整体剪力墙

(3) 消能节点　在结构的梁柱节点或梁节点处安装消能装置。当结构产生侧向位移、在节点处产生角度变化或者转动式错动时，消能装置即可发挥消能减震作用（图8-19）。

(4) 消能连接　在结构的缝隙处或结构构件之间的连接处设置消能装置。当结构在缝隙或连接处产生相对变形时，消能装置即可发挥消能减震作用（图8-20）。

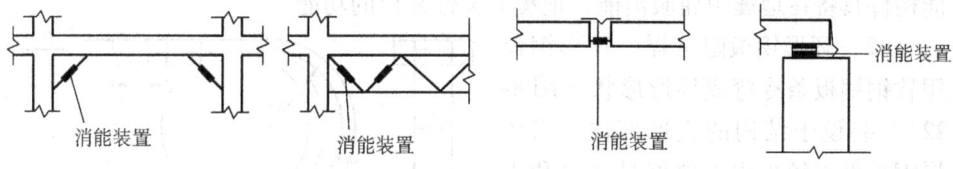

图 8-19　梁柱消能节点　　　　图 8-20　消能连接

(5) 消能支承或悬吊构件　对于某些线结构（如管道、线路、桥梁的悬索、斜拉索的连接处等），设置各种支承或者悬吊消能装置，当线结构发生振（震）

动时,支承或者悬吊构件即发生消能减震作用。

8.3.3 消能器

消能减震结构采用的消能器(阻尼器)种类多样,常用的有金属阻尼器、摩擦阻尼器、粘弹性阻尼器、粘滞阻尼器等。

1. 金属阻尼器

利用软钢良好的塑性变形能力,在地震作用过程中产生滞回变形,消耗地震输入的能量,减小结构的地震反应。目前已研制出的软钢阻尼器主要有:X形钢板阻尼器、环形钢板阻尼器、软钢屈服型阻尼器、双环软钢阻尼器、加劲圆环阻尼器等。

(1) X形钢板阻尼器 X形钢板阻尼器是中间窄、两端宽的变截面形状,近似为X形(图8-21)。当钢板发生弯曲位移时,弯曲应力和应变也是中间小、两端大。所以,X形钢板在发生弯曲位移时,其钢材的应力和应变沿高度分布均匀,各点几乎同时进入屈服状态,即"全构件"屈服状态,发挥最大的消能效果。

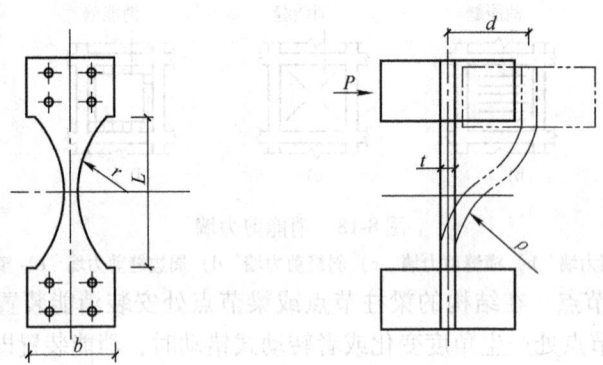

图8-21 X形钢板消能元件

在"全构件"屈服状态下,在每个截面,外层的应变值比内层的大。截面中间部分仍保留一定的弹性,该"弹性核心"起到一定的"复位"功能。该消能构件具备在地震中屈服消能,地震后弹性复位的功能。

(2) 环形钢板阻尼器 环形钢板用软钢钢板条冷弯成环形形状(图8-22),装设于结构的变形部位。当环形钢板发生较小水平位移时(风和小地震作用),钢板仍处于弹性工作状态,为结构提供足够的刚度。当环形钢板发生较大水平位移时(中强地

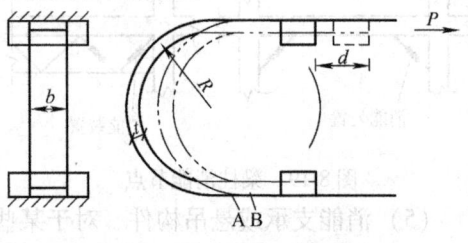

图8-22 环形钢板消能元件

震），部分材料进入非弹性状态并消耗地震能量，钢板被拉直并限制结构的水平变位。

由于环形钢板在较大水平位移时，只是部分材料进入非弹性状态，而另一部分仍处于弹性状态，具有一定的"复位"能力。

环形钢板可以作为单片消能元件，也可以多片组成消能装置。可以布置在一个方向，也可以布置在多个方向。

(3) 钢棒阻尼器　环状钢棒阻尼器是利用 4 根螺旋状的钢材组合在一起形成的（图 8-23a）。这样，加力方向上的阻力以及能量吸收能力的方向性就减少了。钢棒的端部经锻造成形，直接用螺栓连接在连接板上。钢棒和连接板的连接方法，分为能自由转动的铰接法和约束转动的连接法。现在使用的阻尼器，一种是一端采用铰接，另一端采用约束转动的连接法，还有一种是两端都采用约束转动的连接法。通过钢棒直径、环半径和连接部约束条件可以生产出不同型号的环状钢棒阻尼器。

 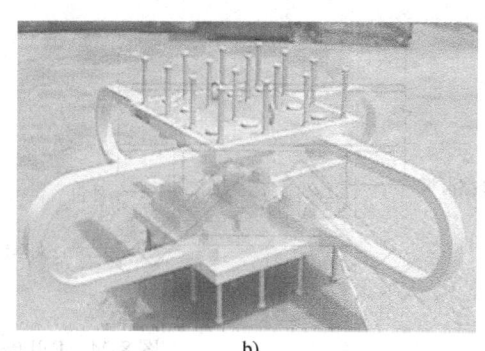

a)　　　　　　　　　　　　　　　b)

图 8-23　钢棒阻尼器

U 形钢棒阻尼器与环状钢棒阻尼器类似，它也是将 4 根优良的钢材铸成 U 形，端部压扁用螺栓与连接板相连（图 8-23b）。其性能与环状钢棒阻尼器类似。这种阻尼器还有一个优点，它能够与橡胶支座合为一体，将橡胶支座插入 U 形阻尼器中心连接板之间即可，这种支座-阻尼器一体装置具有经济、安装方便等优点。

2. 摩擦阻尼器

摩擦阻尼器的研究始于 20 世纪 70 年代末。目前开发的摩擦消能器主要有：Pall 摩擦阻尼器、Sunitome 摩擦阻尼器、摩擦剪切铰阻尼器、滑移型长孔螺栓节点阻尼器等。这些阻尼器都具有较好的库仑特性，摩擦消能明显，可提供较大的附加阻尼。荷载大小、频率和循环次数对其性能影响不大，且构造简单，造价低廉。

Pall 摩擦阻尼装置可装设于建筑结构物的支撑或节点中，称为"摩擦阻尼支撑"或"摩擦节点"。Pall 摩擦阻尼装置主要是依靠材料接触面的滑动摩擦产生阻尼而对结构发挥消能减震作用的。摩擦力的大小通过材料摩擦面的摩擦系数和夹紧力来实现并进行调节。其典型的摩擦阻尼机构如图 8-24 所示。

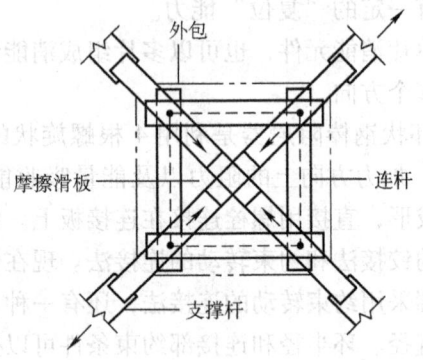

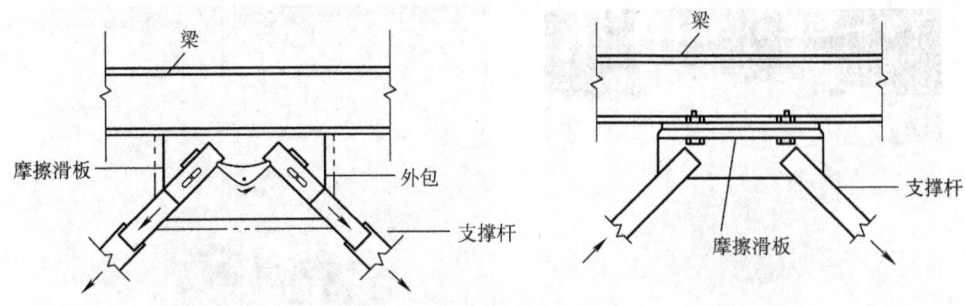

图 8-24　Pall 摩擦阻尼装置

摩擦阻尼器的滞回曲线如图 8-25 所示。

目前国内外已将摩擦阻尼器应用于实际工程。其地震位移反应比纯框架降低 60%，比交叉支撑框架结构降低 50%，其减震效果非常明显。

3. 粘弹性阻尼器

最早的粘弹性阻尼器是由美国 3M 公司生产的，这种阻尼器是以夹层方式将粘弹性阻尼材料和约束钢板组合在一起，通过粘弹性阻尼材料的剪切滞回变形来耗散能量。

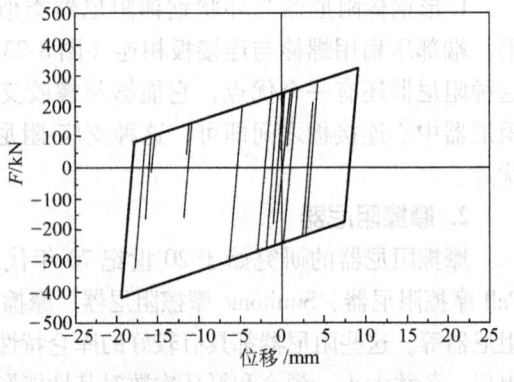

图 8-25　摩擦阻尼器滞回曲线

我国也先后开发了普通粘弹性阻尼器、大温差粘弹性阻尼器、铅销粘弹性阻尼器和圆筒式粘弹性阻尼器，且已成功地应用于实际工程。其基本形式如图 8-26 所示。

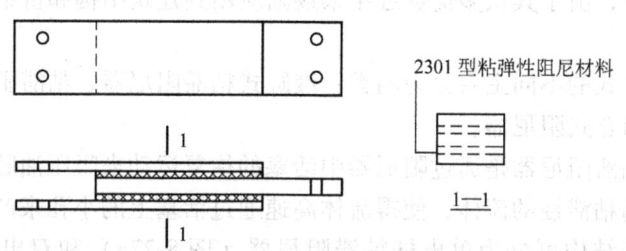

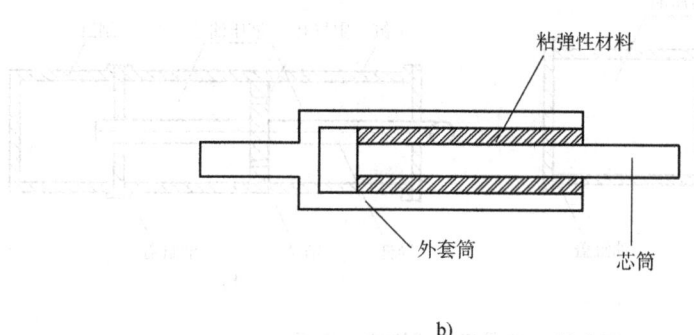

图 8-26 粘弹性阻尼器基本形式
a) 平板式粘弹性阻尼器简图　b) 圆筒式粘弹性阻尼器简图

试验研究表明，环境温度、激振频率、应变幅值和加载循环次数等是影响粘弹性材料的力学性能的主要因素，具体情况如下：

1）粘弹性阻尼器具有良好的消能能力。在同一激振频率下，其消能能力与环境温度有关；在同一环境温度下，其消能能力随着激振频率的增加而有所提高。

2）激振频率较高时，随着循环次数的增加，其消能能力逐渐退化至一平衡值。

3）应变幅值较小时，应变对其消能能力的影响很小，但在大应变的激励下，随着循环次数的增加，其消能能力有所退化。

4）在粘弹性阻尼材料的切应变设计值范围内，材料的疲劳升温对其消能能力的影响不大。

5）经老化后的粘弹性阻尼器，其损耗因子略有下降，表观的储存切变模量有所增大，消能能力降低很少。

4. 粘滞阻尼器

粘滞阻尼器最初应用于导弹发射、火炮等军事领域和其他工业机械设备的消能减振设备中，由于其众多优点近年来逐渐应用到建筑结构和桥梁的消能减震和抗震加固中。

按结构形式的不同主要分为四类：液缸式粘滞阻尼器、粘滞阻尼墙、三向粘滞阻尼器、组合式阻尼器。

液缸式粘滞阻尼器是通过阻尼器中活塞的往复运动来吸压油腔内的诸如硅胶等高浓度、高粘滞性的流体，使得流体高速通过活塞上的小孔来产生阻尼并耗散能量的。按其结构可分为单出杆粘滞阻尼器（图 8-27a）和双出杆粘滞阻尼器（图 8-27b）。

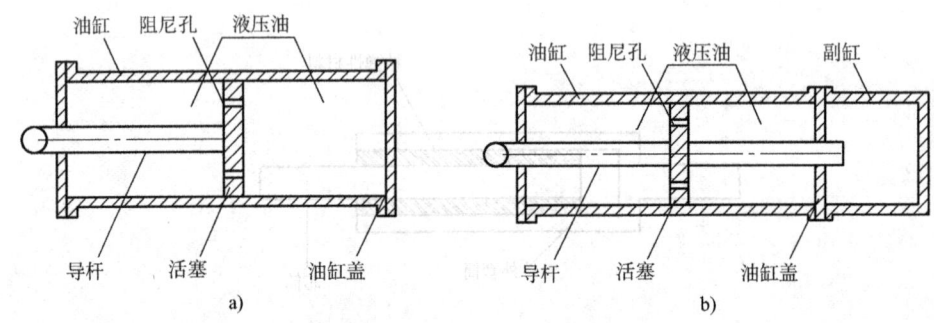

图 8-27　粘滞阻尼器构造示意图

传统的粘滞阻尼器通常采用单出杆形式。当活塞向内运动时，部分活塞杆进入阻尼器腔体内，由于油缸和阻尼介质在理论上都是体积不可压缩的材料，活塞一侧的流体在油压作用下通过活塞孔被挤压到另一侧，由此产生阻尼力。反之，当导杆向外运动时，由于部分活塞杆从油缸内拉出，油缸内产生部分空腔，活塞两侧产生压差，此时流体又在压力差作用下流向另一侧。活塞两侧流体对流的过程，就是产生阻尼力的过程，也是阻尼消能的过程。

我国一些研究人员对粘滞阻尼器内部构造进行了改造，将活塞杆一直延伸到另一端，形成贯通式的双出杆粘滞阻尼器。当结构体系受地震作用时，活塞与缸体之间发生相对运动，活塞前后的压力差使流体阻尼材料从阻尼孔中通过，从而产生阻尼力，达到消能的目的。值得注意的是，这种粘滞阻尼器构造中，进出油缸的推杆体积正好相等，从而避免设置调节储油腔，大大简化了阻尼器的构造，使其构造和性能更趋合理。

粘滞阻尼墙中活塞简化成钢板，且钢板只能在其平面内运动。粘滞阻尼墙的构造为：由固定在上层楼面梁上的内钢板、固定于下层楼面梁上的外钢板箱、以及充满其间的高粘度材料组成。实际工程中的粘滞阻尼墙还包括外部保温墙,如图 8-28 所示。其减震原理是:地震时,上下楼层间的运动使内外钢板间产生速度差,从而使粘滞材料受剪、产生粘滞阻尼力消耗地震输入的能量。

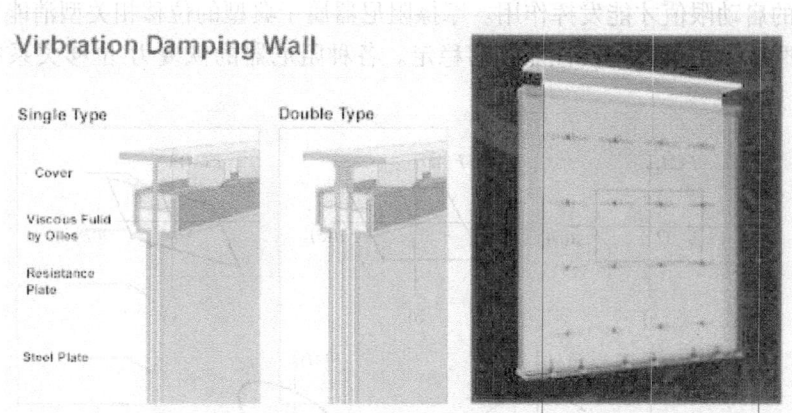

图 8-28 粘滞阻尼墙结构示意图

粘滞阻尼墙实际上是一种箱式的粘滞阻尼器,在框架结构中应用也可以起到隔墙的作用,所以称为阻尼墙,其消能方向是平面方向。该阻尼装置可以使框架在弹性工作阶段的阻尼比达到 20%~30%,显著降低了结构的动力反应。

8.3.4 消能器力学模型

消能部件中安装有消能器(阻尼器)等消能减震装置。消能器的功能是:当结构构件(或节点)发生相对位移(或转动)时,产生较大阻尼,从而发挥消能减震作用。

消能器主要分为位移相关型、速度相关型及其他类型。速度相关型阻尼器通常由粘滞材料制成,故也称为粘滞型阻尼器;位移相关型阻尼器通常用塑性变形性能好的材料制成,利用其在反复地震作用下的良好的滞回消能性能来耗散地震能量,故也称为迟滞型阻尼器。

根据阻尼器的类型,其恢复力模型 $F_S(\dot{x}, x)$ 有以下几种形式:

粘滞型 $\qquad F_S(\dot{x},x) = c\dot{x}^\alpha \qquad (8-10)$

迟滞型 $\qquad F_S(\dot{x},x) = f_S(x) \qquad (8-11)$

复合型 $\qquad F_S(\dot{x},x) = c\dot{x}^\alpha + f_S(x) \qquad (8-12)$

式中 c——粘滞型阻尼器的阻尼系数;

α——粘滞型阻尼器速度指数,当 $\alpha=1$ 时称为线性阻尼器,当 $\alpha\neq1$ 时称为非线性阻尼器。

粘弹性阻尼器、粘滞流体阻尼器、粘滞阻尼墙、粘弹性阻尼墙等属于速度相关型，即消能器对结构产生的阻尼力主要与消能器两端的相对速度有关，与位移无关或与位移的关系为次要因素；金属屈服型阻尼器、摩擦阻尼器属于位移相关型，即消能器对结构产生的阻尼力主要与消能器两端的相对位移有关，当位移达到一定的启动限值才能发挥作用。摩擦阻尼器属于典型的位移相关型消能器，但是有些摩擦阻尼器有时候性能不够稳定。各种阻尼器的恢复力-位移关系曲线见图 8-29 所示。

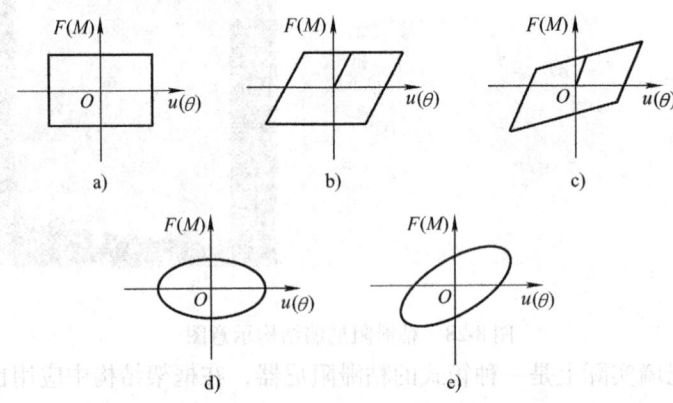

图 8-29 典型的阻尼器恢复力-位移关系滞回曲线
a）摩擦型阻尼器 b、c）迟滞型阻尼器 d）粘滞型阻尼器 e）粘弹性阻尼器

为了达到最佳消能效果，要求消能器提供最大的阻尼，即当构件（或节点）在力（或弯矩）作用下发生相对位移（或转动）时，消能器所做的功最大。这可以用消能器阻尼力（或消能器承受的弯矩）-位移（转角）关系滞回曲线所包络的面积来度量，包络的面积越大，消能器的消能能力越大，消能效果就越明显。

8.3.5 消能减震结构设计要点

1. 消能减震建筑的特点

消能减震房屋最基本的特点是：①消能装置可同时减少结构的水平和竖向地震作用，适用范围较广，结构类型和高度均不受限制；②消能装置应使结构具有足够的附加阻尼，以满足罕遇地震下预期的结构位移要求；③消能装置不改变结构的基本形式，故除消能部件和相关部件外的结构设计仍可按相应的结构类型的要求执行。这样，消能减震房屋的抗震构造与普通房屋相比不降低，但其抗震安全性可以有明显提高。

2. 消能减震技术应用范围

消能减震技术适用于结构的地震和风振控制，结构的层数越多、高度越高、跨度越大、变形越大、场地的烈度越高，消能减震效果就越明显，可广泛应用于下述工程结构的减震（抗风）：①高层建筑、超高层建筑；②高柔结构、高耸塔架；③大跨度桥梁；④柔性管道、管线（生命线工程）；⑤原有高柔建筑或结构物的抗震（或抗风）加固改造。

3. 结构消能减震概念设计

结构消能减震技术是一种新技术，结构采用消能减震设计应考虑使用功能的要求、消能减震效果、长期工作性能以及经济性等问题。

（1）结构消能减震设计的一般规定　房屋消能减震设计，应根据建筑抗震设防类别、抗震设防烈度、场地条件、建筑结构方案和建筑使用要求，与采用抗震设计的方案进行技术、经济可行性对比分析之后，确定其设计方案。

消能减震装置应符合以下要求：

1）应对结构提供足够的附加阻尼，并沿结构的两个主轴方向均有附加阻尼或刚度。

2）宜设在层间变形较大的部位，以便更好地发挥消能作用。一般应按照计算来确定位置和数量，并有利于提高整个结构的消能减震能力，形成均匀合理的受力体系。

3）应采用便于检查和替换的措施。

4）消能器与斜撑、墙体、梁或节点等支承构件的连接，应符合钢构件连接或钢与钢筋混凝土构件连接的要求，并能承担消能器施加给连接节点的最大作用力。

5）与消能部件相连接的结构构件，应计入消能部件传递的附加内力，并将其传给基础。

6）消能器和连接构件在长期使用过程中需要检查和维护，其安装位置应便于维护人员接近和操作，即应具有较好的易维护性。

7）消能器和连接构件应具有耐久性能。

8）设计文件上应注明消能减震装置的性能要求。

9）消能减震部件的性能参数应严格检查，安装前应对消能器进行抽样检测，每种类型和每一规格的数量不应少于3个，抽样检测的合格率应为100%。

（2）结构消能减震设计目标　采用消能减震设计的建筑，当遭遇到本地区的多遇地震影响、抗震设防烈度影响和罕遇地震影响时，其抗震设防目标应高于（传统）抗震设计的抗震设防目标。采用消能减震设计，还不能完全做到在设防烈度下上部结构不受损坏或主体结构处于弹性工作阶段的要求，但是与非消能减震（及非隔震）建筑相比，应有所提高，即当遭受多遇地震影响时，基本不受损坏，基本不影响使用功能；当遭受设防烈度的地震影响时，不需要修理仍可继续使用；当遭受高于本地区设防烈度的罕遇地震影响时，将不发生危及生命安全和丧失使用功能的破坏。消能减震结构在罕遇地震下的层间弹塑性位移角限值，应明显小于《建筑抗震设计规范》关于非消能减震设计的规定,框架结构宜采用1/80。

(3) 消能减震结构设计涉及的主要问题

1) 消能减震装置(阻尼器)的设计、选择、布置及数量。
2) 消能减震装置附加给结构的阻尼比的估算。
3) 消能减震结构体系在罕遇地震下的计算。
4) 消能部件与主体结构的连接构造。

4. 消能减震设计的计算方法

由于消能减震结构附加了阻尼器,而且阻尼器的种类繁多,并具有非线性受力特征,其结构计算分析方法比一般抗震结构复杂,精确分析需要根据阻尼器的设置和恢复力模型建立相应的结构模型,采用非线性时程分析方法进行。但由于阻尼器在整体结构中为附属部件,当主体结构基本处于弹性工作阶段时,其对主体结构的变形特征影响不大,因此可根据能量等效原则,将阻尼器的消能近似等效为一般线性阻尼消能来考虑,确定相应的附加阻尼比,并与原结构阻尼比叠加后得到总阻尼比,然后根据规范给出的设计反应谱,取高阻尼比的地震影响系数,采用底部剪力法或振型分解反应谱法计算地震作用。在计算中,应考虑阻尼器的附加刚度,即整体结构的总刚度等于主体结构刚度与阻尼器的有效刚度之和。

(1) 底部剪力法

根据动力学原理,有阻尼单自由度体系在往复振动一个循环中的阻尼消能W_c与体系最大变形能W_s之比有如下关系

$$4\pi\zeta = W_c/W_s \tag{8-13}$$

式中 ζ——体系的阻尼比。

根据以上关系,消能减震结构的附加阻尼比可按下式确定

$$\zeta_a = W_c/(4\pi W_s) \tag{8-14}$$

式中 W_c——所有阻尼器在结构预期位移下往复一周所消耗的能量;

W_s——主体结构在预期位移下的总变形能。

主体结构的总变形能W_s按下式计算

$$W_s = \frac{1}{2}\sum F_i u_i \tag{8-15}$$

式中 F_i——在相应设防目标地震下质点i的水平地震作用标准值;

u_i——在相应设防目标地震下质点i对应于水平地震作用标准值的位移。

对于速度线性相关型阻尼器,其在结构预期位移下往复一周所消耗的能量W_c,可按下式计算

$$W_c = \frac{2\pi^2}{T_1}\sum c_j \cos^2\theta_j \Delta u_j^2 \tag{8-16}$$

式中 T_1——消能减震结构的基本周期；

c_j——第 j 个阻尼器的线性阻尼系数，通过试验确定；

θ_j——第 j 个阻尼器的消能方向与水平面的夹角；

Δu_j——第 j 个阻尼器两端的相对水平位移。

对于位移相关型、速度非线性相关型和其他类型阻尼器，其在结构预期位移下往复一周所消耗的能量 W_c，可按下式计算

$$W_c = \Sigma A_j \tag{8-17}$$

式中 A_j——第 j 个阻尼器的恢复力滞回环在相对水平位移 Δu_j 时的面积。

此时，阻尼器的刚度可取恢复力滞回环在相对水平位移 Δu_j 时的割线刚度。

整体结构的总阻尼比 ζ 为附加阻尼比 ζ_a 与主体结构自身阻尼比 ζ_a 之和，根据总阻尼比 ζ 计算地震影响系数，并按底部剪力法确定结构的地震作用，然后进行主体结构的受力分析，再与其他荷载组合后进行抗震设计。

(2) 振型分解反应谱法 对于采用速度线性相关型阻尼器的消能减震结构，根据其布置和各阻尼器的阻尼系数，可以直接给出消能减震器的附加阻尼矩阵 c_c，因此整体结构的阻尼矩阵等于主体结构自身阻尼矩阵 c_s 与消能减震器的附加阻尼矩阵 c_c 之和，即

$$c = c_s + c_c \tag{8-18}$$

通常上述阻尼矩阵不满足振型分解的正交条件，因此无法从理论上直接采用振型分解反应谱法来计算地震作用。但研究分析表明，当阻尼器设置合理，附加阻尼矩阵 c_c 的元素基本集中于矩阵主对角附近，此时可采用强行解耦方法，即忽略附加阻尼矩阵 c_c 的非正交项，由此得到以下对应各振型的阻尼比

$$\zeta_j = \zeta_{sj} + \zeta_{cj} \tag{8-19}$$

$$\zeta_{cj} = \frac{T_j}{4\pi M_j} \boldsymbol{\Phi}_j^T c_c \boldsymbol{\Phi}_j \tag{8-20}$$

式中 ζ_j——消能减震结构的 j 振型阻尼比；

ζ_{sj}——主体结构的 j 振型阻尼比；

ζ_{cj}——阻尼器附加的 j 振型阻尼比；

T_j——消能减震结构的第 j 自振周期；

$\boldsymbol{\Phi}_j$——消能减震结构的第 j 振型；

M_j——消能减震结构的第 j 振型的广义质量。

按上述方法确定各振型阻尼比后，即根据各振型的总阻尼比计算各振型的地震影响系数，再按振型组合方法确定结构的地震作用效应，再与其他荷载组合后进行抗震设计。

(3) 时程分析法 采用时程分析法对消能减震结构体系进行分析时，体系

的刚度和阻尼是时间的函数,随着消能构件或消能装置处于不同的工作状态而变化。

当主体结构基本处于弹性工作阶段时,体系的非线性特性可能是由消能构件(或消能装置)的非线性工作状态产生的,这时体系的刚度矩阵包括线性部分(主体结构)和非线性部分(消能构件或装置),体系的阻尼矩阵可以忽略主体结构的阻尼影响(占很小比例),只考虑消能构件或装置产生的阻尼。考虑每一时间的增量变化,采用分步积分法求出消能减震结构体系在每时刻的结构地震反应。一般情况下,当主体结构进入非弹性工作状态时,体系的非线性特性由主体结构和消能构件(或消能装置)的非线性工作状态共同产生,体系的刚度矩阵包括主体结构的非线性部分和消能构件(或装置)非线性部分,这时一般不能忽略主体结构的阻尼影响(占很小比例)。

(4) 能量分析法 能量分析法的思想是在地震过程中输入消能减震结构体系的能量必须与结构体系内部能量的存储、转换和消能相平衡,即

$$E_{in} = E_v + E_k + E_c + E_h + E_a \qquad (8-21)$$

式中 E_{in}——地震过程中输入消能减震体系的总能量;

E_v——消能减震结构体系的势能;

E_k——消能减震结构体系的动能;

E_c——主体结构的粘滞阻尼消能;

E_h——主体结构的非弹性变形滞回消能;

E_a——消能装置的消能。

工程设计中,为确保主体结构安全,可近似认为地震能量全部由消能减震装置吸收或消散,则上述方程可简化为

$$E_{in} \leq E_a \qquad (8-22)$$

式(8-22)可作为消能减震结构体系的能量设计方程,其中忽略了 E_v、E_k、E_c、E_h 等因素的影响,一方面简化了计算,另一方面可作为结构的安全储备。

8.3.6 消能减震工程实例

宿豫县计生委办公楼,6层,高18.0m,各层层高3.0m,钢筋混凝土框剪结构。抗震设防烈度为9度,Ⅱ类场地土,非液化土。

原设计方案采用钢筋混凝土框架结构,体型较不规则(图8-30),计算表明,原结构梁、柱截面尺寸较大且配筋率较高,施工困难。本工程决定采用有粘弹性消能支撑的钢筋混凝土框架-剪力墙结构方案。通过调整剪力墙的数量和位置使结构的质心和刚心基本一致,避免地震作用下产生严重扭转反应。采用两种粘弹性阻尼器构成的消能支撑共71只。消能结构抗震设防烈度可降低1度。本工程由东南大学程文瀼教授主持。

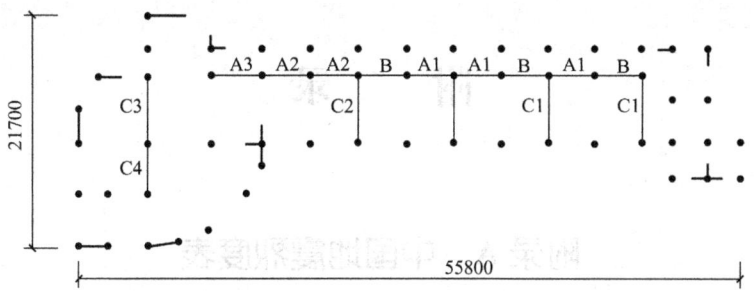

图 8-30 底层结构平面布置图

消能结构和抗震结构地震反应对比如图 8-31 所示。

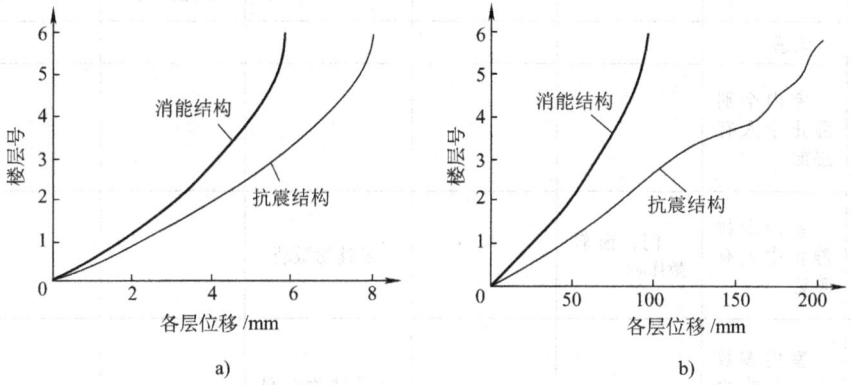

图 8-31 结构楼层位移反应对比（天津波南北向输入）
a) PGA = 0.14g b) PGA = 0.62g

思考题与习题

1. 隔振结构和传统抗震结构有什么区别？
2. 结构隔振和消能减震有什么不同？
3. 常用的隔振装置有哪些？性能如何？
4. 隔振结构的布置、隔振设计应符合哪些要求？
5. 消能减震的主要原理是什么？
6. 简述消能器类型及其性能特点。

附　录

附录A　中国地震烈度表

烈度	在地面上人的感觉	房屋震害程度		其他震害现象	水平地面运动	
		震害现象	平均震害指数		峰值加速度 /(m/s²)	峰值速度 /(m/s)
1度	无感					
2度	室内个别静止中人有感觉					
3度	室内少数静止中人有感觉	门、窗轻微作响		悬挂物微动		
4度	室内多数人、室外少数人有感觉，少数人梦中惊醒	门、窗作响		悬挂物明显摆动，器皿作响		
5度	室内普遍、室外多数人有感觉，多数人梦中惊醒	门窗、屋顶、屋架颤动作响，灰土掉落，抹灰出现微细裂缝，有檐瓦掉落，个别屋顶烟囱掉砖		不稳定器物摇动或翻倒	0.31 (0.22~0.44)	0.03 (0.02~0.04)
6度	多数人站立不稳，少数人惊逃户外	损坏——墙体出现裂缝，檐瓦掉落，少数屋顶烟囱裂缝、掉落	0~0.10	河岸和松软土出现裂缝，饱和砂层出现喷砂冒水；有的独立砖烟囱轻度裂缝	0.63 (0.45~0.89)	0.06 (0.05~0.09)

（续）

烈度	在地面上人的感觉	房屋震害程度		其他震害现象	水平地面运动	
		震害现象	平均震害指数		峰值加速度 /(m/s²)	峰值速度 /(m/s)
7度	大多数人惊逃户外，骑自行车的人有感觉，行驶中的汽车驾乘人员有感觉	轻度破坏——局部破坏，开裂，小修或不需要修理可继续使用	0.11~0.30	河岸出现塌方，饱和砂层常见喷砂冒水，松软土地上地裂缝较多；大多数独立砖烟囱中等破坏	1.25 (0.90~1.77)	0.13 (0.10~0.18)
8度	多数人摇晃颠簸，行走困难	中等破坏——结构破坏，需要修复才能使用	0.31~0.50	干硬土上亦出现裂缝；大多数独立砖烟囱严重破坏；树梢折断；房屋破坏导致人畜伤亡	2.50 (1.78~3.53)	0.25 (0.19~0.35)
9度	行动的人摔倒	严重破坏——结构严重破坏，局部倒塌，修复困难	0.51~0.70	干硬土上有许多地方出现裂缝；基岩可能出现裂缝、错动；滑坡塌方常见；独立砖烟囱倒塌	5.00 (3.54~7.07)	0.50 (0.36~0.71)
10度	骑自行车的人会摔倒，处不稳状态的人会摔离原地，有掀起感	大多数倒塌	0.71~0.90	山崩和地震断裂出现；基岩上拱桥破坏；大多数独立砖烟囱从根部破坏或倒毁	10.00 (7.08~14.14)	1.00 (0.72~1.41)
11度		普遍倒塌	0.91~1.00	地震断裂延续很长；大量山崩滑坡		
12度				地面剧烈变化，山河改观		

注：1. 1~5度以人的感觉为主；6~10度以房屋震害为主，人的感觉仅作参考；11度、12度以房屋和地表现象为主。

2. 在高楼上人的感觉要比地面上人的感觉明显，应适当降低评定值。
3. 表中房屋为单层或数层、未经抗震设计或未加固的砖混或砖木房屋。对于质量特别差或特别好的房屋，可根据具体情况，对表中各烈度相应的震害程度和震害指数预测以提高或降低。
4. 震害指数是从各类房屋的震害调查和统计中得出的反映破坏程度的数字指标，0 表示无震害，1 表示倒平，中间按轻重分级，平均震害指数为各级震害指数与相应破坏率（%）乘积的总和。
5. 震害程度：
   损坏——个别掉砖落瓦，墙体微细裂缝，指数 0～0.1；
   轻度破坏——局部破坏开裂，但不妨碍使用，指数 0.11～0.30；
   中等破坏——结构受损，需要修理，指数 0.31～0.50；
   严重破坏——墙体裂缝较宽，局部倒塌，修复困难，指数 0.51～0.70；
   倒塌——大部分倒塌，不堪修复，指数 0.71～0.90；
   毁灭——墙倒顶塌，茫然无存，指数 0.91～1.0。
6. 凡有地面强震记录资料的地方，表中的物理参量可作为综合评定烈度和制订建设工程抗震设防要求的依据。
7. 在农村可以自然村为单位，在城镇可以分区进行烈度的评定，但面积以 1km² 左右为宜。
8. 表中数量词的含义为：个别指 10% 以下，少数指 10%～50%，多数指 50%～70%，大多数指 70%～90%，普遍指 90% 以上。

附录 B 我国部分城镇抗震设防烈度、设计基本地震加速度和设计地震分组

一、抗震设防烈度不低于 9 度，设计基本地震加速度不小于 0.40g

第一组：康定，西昌，寻甸，东川，台中

第二组：当雄，墨脱，澜沧，乌恰，塔什库尔干，苗栗，嘉义，花莲

二、抗震设防烈度 8 度，设计基本地震加速度 0.30g

第一组：土默特右旗，达拉特旗，海口，琼山，商明，丽江，龙陵，天水，海原

第二组：耿马，双江，西盟，孟连，阿图什，喀什，台北，桃园，基隆，屏东

三、抗震设防烈度 8 度，设计基本地震加速度 0.20g

第一组：北京，大兴，宁河，汉沽，廊坊，唐山，丰润，怀来，逐鹿，太原，临汾，平遥，古县，定襄，阳曲，太谷，洪洞，襄汾，晋中，永济，包头，呼和浩特，土默特左旗，乌海，金门，新乡，安阳，鹤壁，郯城，莒南，沂水，安丘，乌鲁木齐，西安，渭南，华阴，潼关，石林，玉溪，大理，通海，松潘，甘孜，石棉，德昌，汕头，澄海，银川

第二组：高雄，澎湖，石河子，陇县，拉萨，昆明，晋宁，腾冲，瑞丽，九寨沟，兰州，徽县，康县，靖远，陇西，秦安，会宁，华亭

第三组：伽师，永德，镇康，临沧

四、抗震设防烈度7度，设计基本地震加速度0.15g

第一组：密云，怀柔，昌平，天津，蓟县，宝坻，静海，厦门，漳州，晋江，石狮，龙海，扬州，镇江，邯郸，任丘，河间，大城，诸州，高碑店，永清，玉田，迁安，乐亭，宣化，营口，丹东，海城，瓦房店，大同，朔州，怀仁，灵丘，五台，汾阳，孝义，侯马，稷山，喀喇沁旗，临河，赤峰，临沂，潍坊，菏泽，聊城，昌邑，昌乐，青州，临朐，诸城，五莲，长岛，蓬莱，龙口，寿光，嘉峪关，酒泉，宝鸡，礼泉，长安，蓝田，韩城，盐津，绥江，贡山，常德，郑州，濮阳，三门峡，香港

第二组：泉州，阿拉善左旗，大姚，元谋，姚安，永靖，岷县，东乡，定西，金昌

第三组：彭阳，富源，泸西，元阳，宣威，平凉

五、抗震设防烈度7度，设计基本地震加速度0.10g

第一组：大港，上海，石家庄，保定，张家口，沧州，衡水，邢台，张北，迁西，赵县，博野，蠡县，武强，冀州，合肥，蚌埠，阜阳，淮南，凤阳，安庆，南京，淮安，徐州，常州，泰州，赣榆，如皋，高邮，昆山，长治，阳泉，集宁，丰镇，扎兰屯，通辽，沈阳，鞍山，大连，朝阳，辽阳，抚顺，铁岭，盘锦，开原，台安，长春，吉林，白城，福州，安溪，南靖，烟台，威海，枣庄，淄博，梁山，郓城，广饶，文登，蒙阴，禹城，莱芜，洛阳，焦作，开封，南阳，沁阳，孟州，兰考，韶关，肇庆，东莞，清远，曲江，惠州，鹤山，成都，乐山，白贡，宜宾，北川，绵竹，汶川，都江堰，吐鲁番，和田，哈密，岳阳，广州，深圳，湛江，海丰，普宁，珠海，佛山，汨罗，临澧，张掖，澳门

第二组：秦皇岛，遵化，安国，平顺，陵川，平鲁，莆田，福清，东营，招远，栖霞，日照，平度，高密，滨州，攀枝花，眉山，峨嵋山，克拉玛依，敦煌，西宁

第三组：东胜，准格尔旗，连云港，叶城，民勤，镇原，环县

六、抗震设防烈度6度，设计基本地震加速度0.05g

第一组：崇明，金山，重庆，巫山，奉节，永川，江津，黔江，正定，围场，鹿泉，吴桥，满洲里，翁牛特旗，商都，察右后旗，奈曼旗，本溪，阜新，锦州，葫芦岛，绥中，庄河，四平，辽源，延吉，公主岭，哈尔滨，齐齐哈尔，大庆，鹤岗，牡丹江，鸡西，佳木斯，伊春，五大连池，尚志，肇东，阿城，五常，南通，无锡，苏州，通州，宜兴，江阴，洪泽，常熟，张家港，杭州，宁波，嘉兴，温州，绍兴，临安，奉化，海盐，桐乡，余杭，海宁，上虞，余姚，瑞安，永嘉，铜陵，芜湖，巢湖，马鞍山，滁州，福鼎，寿宁，古田，闽清，闽侯，漳平，龙岩，永定，泰宁，建宁，上杭，永安，南昌，九江，彭泽，瑞昌，

靖安，瑞金，德州，曲阜，邹城，乳山，荣成，兖州，商丘，信阳，平顶山，登封，虞城，汝阳，淮阳，驻马店，武汉，荆州，襄樊，襄阳，宜昌，黄石，神农架，秭归，当阳，江陵，仙桃，赤壁，崇阳，长沙，张家界，南宁，桂林，柳州，北海，兴安，三亚，泸州，内江，德阳，古蔺，南江，贵阳，龙里，赤水，延安，清涧，米脂，绥德，安塞，定边

第二组：承德，隆化，望都，曲阳，定州，枣强，阿拉善右旗，淮北，永泰，德化，仙游，济南，青岛，泰安，济宁，乐陵，沾化，利津，临邑，济阳，章丘，泗水，莱阳，莱西，即墨，汝州，睢县，绵阳，梓潼，阿坝，普安，洛川，黄陵

第三组：滦平，晋城，四子王旗，察右中旗，楚州，宿州，胶南，胶州，汶上，临清，广元，罗江，盘县，宁强，宜川，黄龙

参 考 文 献

[1] GB 50011—2010《建筑抗震设计规范》. 北京：中国建筑工业出版社，2011.
[2] 中国建筑科学研究院. 2008年汶川地震建筑震害图片集［M］. 北京：中国建筑工业出版社，2008.
[3] 高小旺，龚思礼，苏经宇，等. 建筑抗震设计规范理解与应用［M］. 北京：中国建筑工业出版社，2002.
[4] 李爱群，高振世. 工程结构抗震与防灾［M］. 南京：东南大学出版社，2003.
[5] 周德源，张晖，施卫星，等. 建筑结构抗震技术［M］. 北京：化学工业出版社，2006.
[6] 马成松，苏原. 结构抗震设计［M］. 北京：北京大学出版社，2006.
[7] 张锡增，彭亚萍. 混凝土结构：下册［M］. 北京：中国水利水电出版社，2004.
[8] 叶列平. 混凝土结构：下册［M］. 北京：清华大学出版社，2005.
[9] 郭继武. 建筑抗震疑难释义［M］. 北京：中国建筑工业出版社，2003.
[10] 沈聚敏，周锡元，等. 抗震工程学［M］. 北京：中国建筑工业出版社，2002.
[11] 方鄂华. 高层建筑结构设计［M］. 北京：中国建筑工业出版社，2005.
[12] 李国强，李杰，苏小卒. 建筑结构抗震设计［M］. 北京：中国建筑工业出版社，2005.
[13] 丰定国，王杜良. 抗震结构设计［M］. 武汉：武汉工业大学出版社，2001.
[14] 包世华，张铜生. 高层建筑结构设计和计算：上册［M］. 北京：清华大学出版社，2005.
[15] 王显利，等. 工程结构抗震设计［M］. 北京：科学出版社，2008.
[16] 吕西林，周德源，等. 建筑结构抗震设计理论与实例［M］. 上海：同济大学出版社，2002.
[17] 左宏亮，等. 建筑结构抗震［M］. 北京：中国水利水电出版社，2009.
[18] 钱永梅，等. 建筑结构抗震设计［M］. 北京：化学工业出版社，2009.
[19] Yao JTP. Concept of structural Control[J]. Journal of Engineering Structures,1972,98(7).
[20] 范立础，袁万城. 桥梁橡胶支座减、隔震性能研究［J］. 同济大学学报，1989，17(4)：447-454.
[21] 周福霖. 工程结构减震控制［M］. 北京：地震出版社，1997.
[22] 日本免震构造协会. 图解隔震结构入门［M］. 叶列平，译. 北京：科学出版社，1998.
[23] 刘小煜，施卫星，徐磊. 组合支座隔震结构及其动力反应分析［J］. 工程力学，2001（增刊）.
[24] 朱玉华，吕西林. 滑移摩擦隔震系统在多向地面运动作用下的试验研究［J］. 地震工程与工程振动，2002，22 (5)：77-84.
[25] 熊丹安. 建筑抗震设计简明教程［M］. 广州：华南理工大学出版社，2006.

[26] 李爱群，高振世．工程结构抗震与防灾［M］．南京：东南大学出版社，2003．
[27] 郭海燕，等．竖向地震作用下充满液体管道的地震反应分析［J］．振动工程学报，1998，11（2）：165-169．
[28] 郭海燕，吴士明，等．南京炼油厂 5 万立方米油罐地基抗震加固效应的有限元分析［J］．地震工程与工程振动，2000，20（1）：215-219．
[29] 孙黄胜，朱春梅，乔邦杰．粘滞阻尼器组合基础隔震结构分析［J］．山东科技大学学报，2007，26（4）：14-17．
[30] 孙跃东，周德源，肖建庄，等．不同轴力下再生混凝土框架抗震性能的试验［J］．同济大学学报，2007，35（8）：1013-1018．
[31] 彭亚萍，王铁成，张玉敏，等．FRP 加固混凝土梁柱边节点抗震性能试验［J］．哈尔滨工业大学学报，2007，39（12）：1969-1973．
[32] 窦立军，建筑结构抗震［M］．北京：机械工业出版社，2006．
[33] 王昌兴，建筑结构抗震设计及工程应用［M］．北京：中国建筑工业出版社，2008．
[34] 东南大学，建筑结构抗震设计［M］．北京：中国建筑工业出版社，1999．
[35] 周德源，张晖，施卫星，等．建筑结构抗震技术［M］．北京：化学工业出版社，2006．